工程测量
（第2版）

主　编／石长宏　徐　成
副主编／赵恒业　肖　丹
主　审／赵金平

人民交通出版社股份有限公司
北　京

内 容 提 要

全书共分17单元。单元1至单元7阐述测量学的基本知识和测量仪器的操作方法;单元8介绍测量误差的基本知识;单元9介绍小区域控制测量;单元10介绍大比例尺地形图测绘;单元11介绍建筑施工测量;单元12至单元14介绍线路中线、纵横断面、施工测量;单元15、单元16介绍桥梁、隧道施工测量;单元17介绍高速铁路测量技术。

本书适合作为高职铁道工程技术、城市轨道交通工程技术、道路与桥梁工程技术、建筑工程、地下与隧道工程技术等交通土建类专业基础课教材,也可作为职工上岗培训教材以及有关工程技术人员的参考用书。

图书在版编目(CIP)数据

工程测量 / 石长宏,徐成主编. — 2版. — 北京 :
人民交通出版社股份有限公司,2019.8

ISBN 978-7-114-15708-0

Ⅰ. ①工… Ⅱ. ①石… ②徐… Ⅲ. ①工程测量—高
等学校—教材 Ⅳ. ①TB22

中国版本图书馆CIP数据核字(2019)第142883号

Gongcheng Celiang

书　　名:工程测量(第2版)
著 作 者:石长宏　徐　成
责任编辑:刘彩云
责任校对:张　贺　龙　雪
责任印制:刘高彤
出版发行:人民交通出版社股份有限公司
地　　址:(100011)北京市朝阳区安定门外外馆斜街3号
网　　址:http://www.ccpcl.com.cn
销售电话:(010)59757973
总 经 销:人民交通出版社股份有限公司发行部
经　　销:各地新华书店
印　　刷:北京印匠彩色印刷有限公司
开　　本:787×1092　1/16
印　　张:21.25
字　　数:446千
版　　次:2011年8月　第1版
2019年9月　第2版
印　　次:2024年7月　第2版　第9次印刷　累计第17次印刷
书　　号:ISBN 978-7-114-15708-0
定　　价:49.00元

前　言

为探索、开发与“工学结合”人才培养模式相适应的课程体系，编者总结多年的教学与实践经验编写本书。

随着现代测绘技术的发展与应用，工程建设中的测绘生产技术方法发生了巨大变革。本书是为适应职业院校人才培养特点和教学改革的需求而编写的，内容上力求先进实用、简明通俗，删除了传统教材中过时、理论过深的内容，突出职业技术教育特点，侧重基本操作、测量实践的详尽讲解。在测量仪器的使用方法上，本书重点介绍了全站仪和GPS等先进仪器；对测量实践中已很少使用的DS_3微倾式水准仪和DJ_6型经纬仪不再介绍，代之以自动安平水准仪和DJ_2型经纬仪。书中每个单元除正文和课后习题外，文前设有内容导读，文后附有单元小结；为满足学生开阔视野的需求，大部分单元后还增加了知识拓展（包含工程案例）板块，供参考阅读。

本书配套了大量学习资源，包括典型任务工作单、案例分析、模拟试卷以及微课、视频、动画、图片、链接文献等，读者可扫描书中二维码查看。部分软件采用了3D、虚拟现实等先进多媒体交互技术制作，使用时，请按照提示要求安装插件。

本书还配套有教学用PPT课件、教案、课程标准、案例分析及模拟试卷的参考答案等，有需要的老师可扫描封面二维码下载。

本书由黑龙江交通职业技术学院石长宏、成都工贸职业技术学院徐成担任主编，南方测绘科技股份有限公司赵恒业、黑龙江交通职业技术学院肖丹担任副主编，黑龙江交通职业技术学院赵金平担任主审。参加本书编写的还有黑龙江交通职业技术学院崔桂霞、边波。具体分工如下：单元1、5、9、12、13、16及配套小册子由石长宏编写；单元2、8、15由徐成编写；单元3、4由边波编写；单元6、7由赵恒业编写；单元10、11由肖丹编写；单元14、17由崔桂霞编写。

限于编者水平，书中难免存在疏漏与不妥之处，恳请读者批评指正。

编　者

2019年7月

目　　录

单元1　绪　　论

内容导读

本单元介绍了测量学的基本概念、内容及作用；地面点位的表示方法；测量的基本工作、原则和要求。绪论部分的概念及知识点比较多，是学习本书后续各单元必备的基本知识。

知识目标：掌握测定、测设、水准面、大地水准面、绝对高程与高差等概念，对测量工作的程序和基本原则有初步认识。

能力目标：理解参考椭球面的概念，掌握测量坐标系与数学坐标系的区别，初步掌握高斯平面直角坐标。

素质目标：引导学生养成独立思考、自主探究的学习习惯，树立正确的工程质量观和全局观。

1.1　测量学的内容及作用

1.1.1　测量学的内容

测量学是研究地球的形状和大小以及确定地面点位的科学，它的内容包括测定和测设两部分。测定也称测绘或测图，是指使用测量仪器和工具，通过测量和计算，把地面的形状转化成图或得到所需点位的测量数据。测设也称为放样，是指用一定的测量方法将图纸上设计好的建筑物位置在实地标定出来，作为施工的依据。由此可见，测定和测设的工作恰好相反，前者是把地上实物测到图纸上，后者是将设计蓝图测到实地上。

测量学是一门既古老而又在不断发展的科学。按照所研究内容的不同，测量学可分为以下几个分支学科：大地测量学、摄影测量与遥感、地图制图学、工程测量学、海洋测绘学等。

1.1.2　工程测量学的作用

在国民经济和国防建设中，工程测量占有重要地位。工程测量的应用涉及各个方面，如铁路测量、公路测量、水利测量、矿山测量、工业与民用建筑测量等。任何建设项目都需要测量工作先行，所以测量工作者被称为工程建设的尖兵。

在土木工程建设中，从勘测设计阶段到施工、竣工阶段，都需要进行大量的测量工作。比如在公路、铁路建造以前，为了确定一条最为经济合理的路线，必须先测绘路线附近的地形图，在地形图上进行路线设计，然后将设计路线的位置标定在地面上以指导施工。当线路跨越河流时，必须建造桥梁，在建桥之前，要测绘河流两岸的地形图，测定桥梁轴线长度等，为桥梁设计提供必要的资料，最后将设计桥台、桥墩的位置用测量的方法在实地标定。当路线穿过山岭需要开挖隧道时，开挖之前，必须在地形图上确定隧道的位置。隧道施工通常是从隧道两端相向开挖，需要根据测量成果指示开挖方向，保证其正确贯通。线路建成后运营期间，还需要测量工作为线路及其构筑物的维修、养护、改建和扩建提供资料，包括变形观测和维修养护测量等。

测量工作贯穿工程建设的始终,服务于施工过程中的每一个环节,而且测量的精度和进度直接影响到整个工程的质量与进度。由此可见,测量在土木工程建设中起着十分重要的作用。

1.2 地面点位的确定

1.2.1 地球的形状和大小

珠穆朗玛峰最新高程测量

由于测量工作都是在地球表面上进行的,所以在讨论如何确定地面点位之前,应该先了解地球的形状和大小。地球的自然表面极不规则,有高山、峡谷、湖泊和海洋,有高达8848.86m的珠穆朗玛峰,也有深达11034m的马里亚纳海沟。虽然起伏如此之大,但与地球的平均半径(约为6371km)相比,还是微不足道的。由于地球表面上海水面积约占71%,陆地面积约占29%,所以我们可以把地球总的形状看作是一个被海水包围的形体。假想一个自由静止的海水面向陆地内部延伸,包围整个地球,形成一个封闭的曲面,这个曲面称为水准面。受地球重力影响,水准面上任意一点的铅垂线垂直于该点的曲面。水准面可以位于不同高度,所以有无数个,其中最接近地球形状和大小的是通过平均海水面的那个水准面,这个确定的唯一水准面叫大地水准面。大地水准面是测量的基准面。大地水准面所包围的形体称为大地体。

由于地球内部质量分布不均匀,引起铅垂线的方向产生不规则变化,致使大地水准面成为一个有微小起伏的、不规则的复杂曲面。大量测量实践表明,大地体与一个旋转椭球体的形状十分接近,这个几何形体是由椭圆NESW绕其短轴NS旋转而成的,如图1-1a)所示。旋转椭球体又称参考椭球体,其表面称参考椭球面,参考椭球面是测量计算的基准面。图1-1b)为地球表面、大地水准面和参考椭球面的示意图。

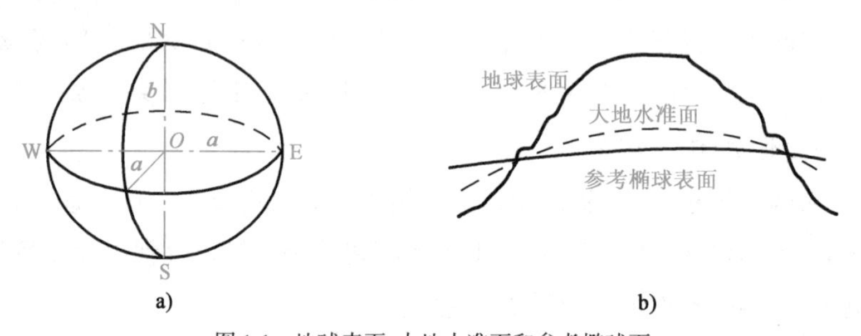

图1-1 地球表面、大地水准面和参考椭球面

决定参考椭球面形状和大小的参数是椭圆的长半轴a、短半轴b和扁率α,$\alpha=(a-b)/a$。

世界各国采用的参考椭球体的参数值是不同的,我国目前采用的参数值为$a=6378140\text{m}$,$b=6356755\text{m}$,$\alpha=1:298.257$。由于参考椭球的扁率很小,当测区范围不大时,在普通测量中可以将地球看作半径$R=(2a+b)/3=6371\text{km}$的圆球体。

由于地球半径较大,在小范围内(以10km为半径区域内)进行平面位置测量时,可以用水平面代替大地水准面。

综上所述,人们对地球的认识过程是:自然球体→大地体→参考椭球体→圆球体→局部平面。

1.2.2　确定地面点位的方法

测量工作的实质是确定地面点的位置，而地面点的空间位置由三个参数确定，即该点在参考椭球面上的投影位置（两个参数：L、B 或 x、y）和该点的高程 H（一个参数）。

1）地面点在参考椭球面上的投影位置

地面点在参考椭球面上的投影位置，可用大地坐标、高斯平面直角坐标和独立平面直角坐标表示。

（1）大地坐标

用大地经度 L 和大地纬度 B 表示地面点在参考椭球面上的投影位置，大地坐标是球面坐标，不便于直接进行各种计算，此处从略。

（2）高斯平面直角坐标

局部测量上的计算和绘图最好在平面上进行。利用高斯投影法建立的平面直角坐标系，称为高斯平面直角坐标系。高斯投影首先将地球按经线划分成带（称为投影带）。

高斯投影
（微课）

投影带的一种划分方法是从首子午线起，每隔经度 6°划分一个投影带（称为 6°带），将整个地球划分为 60 个带。带号从首子午线开始自西向东编号，用阿拉伯数字表示，东经 0° ~6°为第 1 带，东经 6° ~12°为第 2 带，依此类推，如图 1-2a）所示。位于各带中央的子午线，称为该带的中央子午线，如图 1-2b）所示。第 1 带的中央子午线的经度为 3°，任意 6°带的中央子午线经度 L_0 与投影带号 N 的关系为

$$L_0 = 6N - 3 \tag{1-1}$$

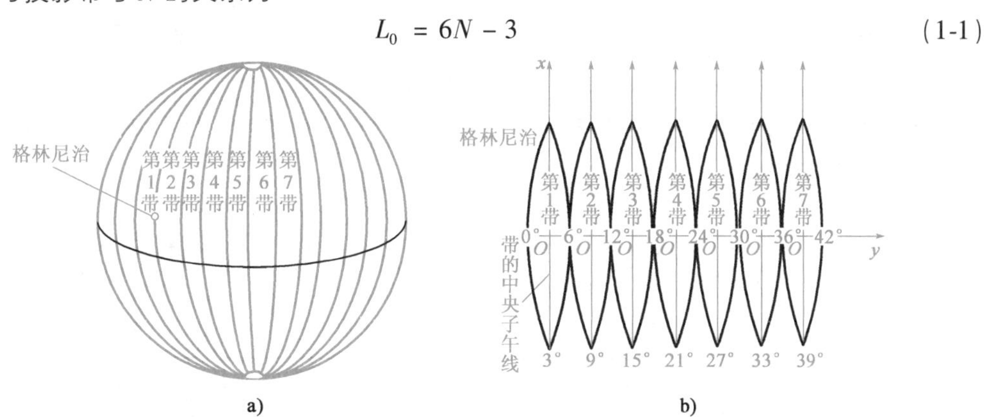

图 1-2　6°带

投影时设想用一个空心椭圆柱横套在参考椭球外面，使椭圆柱与某一中央子午线相切，如图 1-3 所示。在球面图形与柱面图形保持等角的条件下，将球面上的图形投影到柱面上，然后将椭圆柱沿着过南北极的母线切开，展开成为平面。取中央子午线投影为坐标纵轴 x，取赤道投影为坐标横轴 y，两轴的交点 O 为坐标原点，组成高斯平面直角坐标系。纵坐标 x 从赤道起向北为正，向南为负；横坐标 y 从中央子午线起向东为正，向西为负；象限按顺时针方向编号，如图 1-4a）所示。

我国位于北半球,x 坐标值恒为正,y 坐标值则有正有负。为了避免 y 坐标出现负值,我国统一规定将每带的坐标原点向西移 500km,也就是给每个点的 y 坐标值加上 500km 后使之恒为正值。实际应用中,为了根据横坐标值能够确定某点位于哪一个投影带内,还要在 y 坐标值前冠以带号,将经过加 500km 和冠以带号处理后的横坐标用 Y 表示。例如,在图 1-4a)中,$y_Q = 188903\text{m}$,$y_P = -291405\text{m}$;纵轴西移后,如图 1-4b)所示,$Y'_Q = 188903 + 500000 = 688903\text{m}$,$Y'_P = -291405 + 500000 = 208595\text{m}$;若为第 16 带,则 $Y_Q = 16688903\text{m}$,$Y_P = 16208595\text{m}$,该坐标为高斯实用坐标。

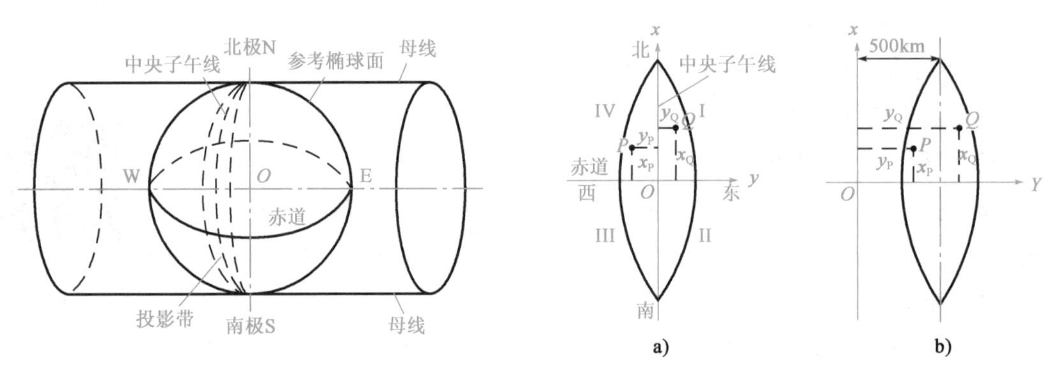

图 1-3　高斯投影

图 1-4　高斯投影平面直角坐标

在高斯投影中,离中央子午线近的部分变形小,离中央子午线愈远变形愈大。当要求投影变形更小时,可采用 3°带投影或 1.5°带投影法,也可采用任意分带法。

3°带投影是从东经 1°30′起,每隔经度 3°划分一个投影带,自西向东将整个地球划分为 120 个带,用阿拉伯数字表示带号。任意 3°带的中央子午线经度 L'_0 与投影带号 n 的关系为

$$L'_0 = 3n \tag{1-2}$$

3°带这样划分,使得 3°带的中央子午线有一半与 6°带的重合,如图 1-5 所示,给 6°带与 3°带的坐标转换带来很大方便。

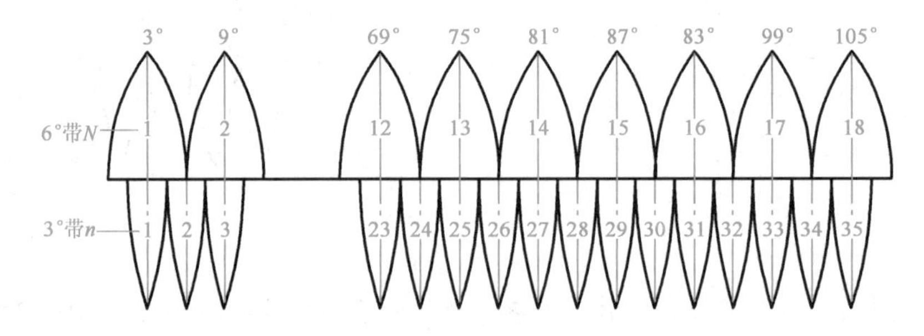

图 1-5　6°带与 3°带投影的关系

局部地区为使投影误差更小,可采用 1.5°带投影,或者以测区的中央经线作为投影带中央子午线进行投影。

(3)独立平面直角坐标

大地水准面虽是曲面,但当测量区域(如半径不大于 10km 的范围)较小时,可以用测区中

心点 P 的水平面来代替大地水准面,如图1-6所示。则在这个平面上建立的测区平面直角坐标系,称为独立平面直角坐标系,这样我们就可以用平面直角坐标来表示地面点的平面位置。

测量中所用的平面直角坐标与数学中的直角坐标稍有不同,测量中是以 x 轴作为纵轴(表示南北方向),y 轴作为横轴(表示东西方向),象限的顺序按顺时针方向计,如图1-7所示。这是因为在测量中南北方向是最容易确定的基本方向,而且确定直线方向的角度都是从纵轴北端开始按顺时针方向计量的,这样的改变并不影响三角公式的应用。

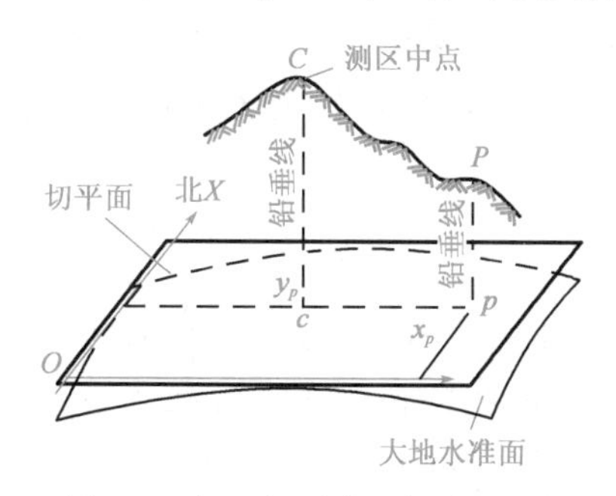

图1-6　独立平面直角坐标系原理图

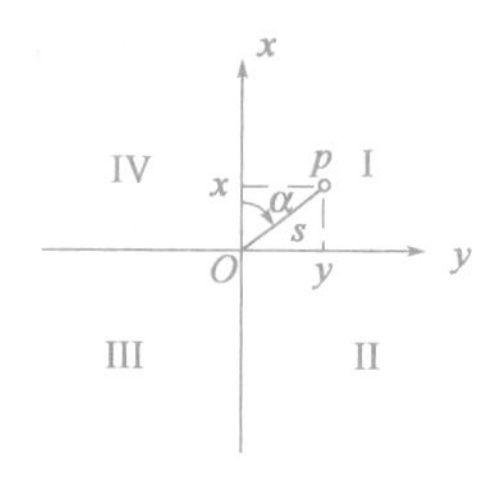

图1-7　独立平面直角坐标系

(4)我国的坐标系统

新中国成立后至今,我国先后采用了三套坐标系统,即"1954北京坐标系"、"1980西安坐标系"、"2000国家大地坐标系"。大地点的坐标 x、y 为高斯平面直角坐标。

经国务院批准,根据《中华人民共和国测绘法》,我国自2008年7月1日起,启用"2000国家大地坐标系",2008年7月1日后新生产的各类测绘成果应采用2000国家大地坐标系。

"1954坐标系""1980坐标系"与"2000坐标系"的区别在于:前者是二维非地心坐标系,而后者是三维地心坐标系;两者所采用的参考椭球的参数不同。

2)地面点的高程

地面点到大地水准面的铅垂距离称为绝对高程或海拔,简称高程,用 H 表示。在个别地区,如果引用绝对高程有困难时,可以假定一个水准面作为高程起算的基准面。地面点沿铅垂线方向到某一假定水准面的距离称为该点的相对高程(或假定高程),用 H' 表示。两点间的绝对高程或相对高程之差称为高差,用 h 表示。

如图1-8所示,A、B 两点的绝对高程分别为 H_A、H_B。A、B 两点的相对高程分别为 H'_A、H'_B。A、B 两点的高差 $h_{AB}=H_B-H_A=H'_B-H'_A$。h_{AB} 表示 B 点相对于 A 点的高程之差(也称为 A 点到 B 点的高差),h_{BA} 表示 A 点相对于 B 点的高程之差(也称为 B 点到 A 点的高差,$h_{BA}=H_A-H_B=H'_A-H'_B$)。由此可见,$h_{AB}=-h_{BA}$。

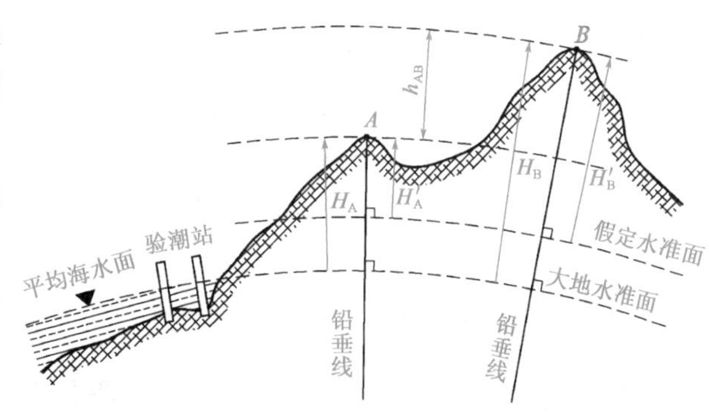

图1-8　高程和高差

1.3 测量工作概述

1.3.1 测量的基本工作

测量工作一般要经过野外观测、室内计算和绘图等步骤。野外的作业称为外业,室内的工作称为内业。

前已述及,测量工作实质上都是测量点位的工作,即测量点的平面位置和高程位置。但在实际工作中一般并不能直接测出各点的平面坐标和高程,而是要先测出角度、距离、高差等数据,然后要用相应的公式来推算出点的坐标和高程。因此,角度测量、距离测量、高差测量被称为测量的基本工作。

1.3.2 测量工作的原则

测量工作的程序通常分为两步:第一步为控制测量,如图1-9所示,先在测区内选择若干具有控制意义的点 A、B、C、D、E、F 作为控制点,用精确的仪器和方法测定各控制点之间的距离以及各控制边之间的水平夹角,再根据起始控制点的已知坐标和起始边的已知方位角,则可计算出其他控制点的坐标,从而确定它们的平面位置。同时还要测出各控制点之间的高差,再根据起始控制点的高程,即可求出其他控制点的高程。

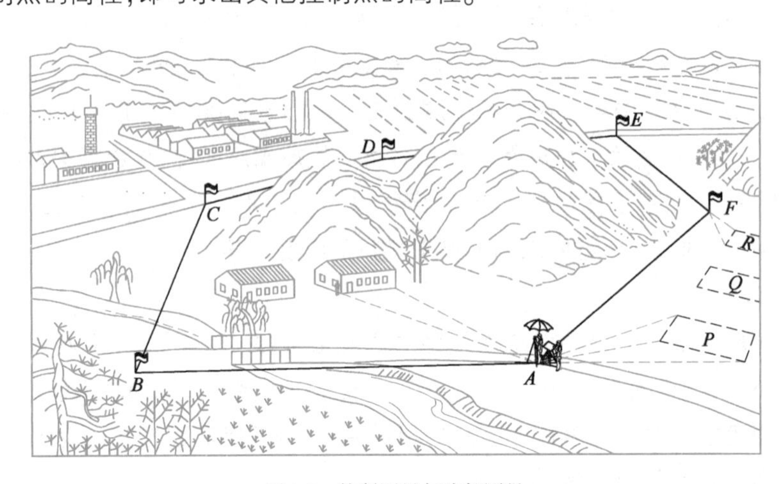

图1-9 控制测量与碎部测量

第二步为碎部(细部)测量,即根据控制点测定碎部点 P、Q、R 等的平面位置和高程。

从上述可知,当测定控制点的位置有错误时,以其为基础所测定的碎部点位也必然有错误。因此,测量工作必须严格进行检核工作,以保证测量成果的正确性。所以,测量工作应遵循以下基本原则:布局上从整体到局部、精度上由高级到低级、程序上先控制后碎部,以及"前一步工作未作检核,不得进行下一步工作"的原则。

1.3.3 测量工作的基本要求

测量工作是各项工程建设的"排头兵",测量成果质量的优劣直接影响工程建设设计方案的优劣,也影响整个施工质量的好坏。

对测量工作有以下基本要求:

(1)树立"质量第一"的观点。

(2)严肃认真、团结协作的工作态度。

(3)保持测量成果的真实、客观和原始性。记录应工整、清楚,不准随意涂改。随意涂改记录是一种违章行为,应坚决杜绝。

(4)要爱护测量仪器与工具。

测量工作的特点是实践性强,对于仪器的操作和施测方法等应该熟练掌握。同时,还要掌握好测量记录、计算和绘图的技能,这样才能顺利完成测量工作的任务,并在工作中获得优良成绩。

单元小结

测量工作的实质是确定地面点的位置,测量学的理论和实践都是紧紧围绕这一主线展开的。本单元内容较多,对于一些抽象难懂的内容,读者在学习过程中可以先有初步的认识,随着后续知识的学习和理解能力的提高会逐渐掌握的。本单元应重点掌握如下概念:测定、测设、水准面、大地水准面、绝对高程、相对高程、独立平面直角坐标系。对大地坐标、高斯平面直角坐标暂时可作一般性了解。

【知识拓展】

工程测量的发展趋势

工程测量的发展经历了一条从简单到复杂、从手工操作到测量自动化、从常规测量到精密测量的发展道路。近年来,随着空间技术、计算机技术和信息科学的发展,全球定位系统(GPS)、摄影测量与遥感(RS)和地理信息系统(GIS)即"3S"技术方面发生了革命性的变化,导致了现代测绘科学的形成。

工程测量的发展趋势和特点可概括为:测量内外业作业的一体化;数据获取及处理的自动化;测量过程控制和系统行为的智能化;测量成果和产品的数字化;测量信息管理的可视化;信息共享和传播的网络化。

测量内外业作业的一体化,系指测量内业和外业工作已无明确的界限,过去只能在室内完成的事,现在在野外可以很方便地完成。测图时,可在野外编辑修改图形;控制测量时,可在测站上平差和得到坐标;施工放样时,数据可在放样过程中随时计算。

数据获取及处理的自动化,主要指数据的自动化流程。全站仪、电子水准仪、GPS接收机都是自动化地进行数据获取。大比例尺测图系统、水下地形测量系统、大坝变形监测系统等,都可实现或都已实现数据获取及处理的自动化。用测量机器人还可实现无人观测即测量过程的自动化。

测量过程控制和系统行为的智能化,主要指通过程序实现对自动化观测仪器的智能化控制。

测量成果和产品的数字化是指成果的形式和提交方式,只有数字化才能实现计算机处理和管理。现代数字地图主要由DOM(数字正射影像图)、DEM(数字高程模型)、DRG(数字栅格地图)、DLG(数字线划地图)即"4D产品"组成。

测量信息管理的可视化包含图形可视化、三维可视化和虚拟现实等。

信息共享和传播的网络化是在数字化基础上进一步锦上添花,包括在局域网和Internet上实现。

思考与练习题

1-1 测量学研究的对象和内容是什么?

1-2 什么叫水准面、大地水准面?

1-3 什么是绝对高程?什么是相对高程?什么是高差?

1-4 已知某点 A 的高斯平面直角坐标为:$x = 2541809.16\text{m}$,$y = 19286132.73\text{m}$,问该点位于高斯6°投影带的第几带?该带中央子午线的经度是多少?该点位于中央子午线的东侧还是西侧?

1-5 测量中采用的平面直角坐标系与数学中的平面直角坐标系有何不同?

1-6 测量工作应遵循哪些原则?

单元2　水 准 测 量

内容导读

高差测量是测量的三项基本工作之一，而水准测量是高差测量最重要的一种方法。本单元主要介绍水准测量原理、施测方法、成果计算以及自动安平水准仪的构造、使用、校验和校正方法，还介绍了水准测量误差的产生和消减方法以及其他高级水准仪的基本构造和使用。

知识目标：掌握水准测量的原理、水准仪的使用方法、水准路线测量的内外业工作，了解水准测量的误差和电子水准仪的测量原理。

技能目标：熟练操作水准仪并正确进行尺读数，熟练进行水准路线的外业施测和内业计算，熟悉水准仪的检验校正方法，熟悉电子水准仪的操作。

素质目标：培养学生爱护仪器设备、严格执行操作规范的职业素质；培养学生团队协作的意识和能力。

2.1　概述

国家大地水准原点（图片）

高程是确定地面点位置的基本要素之一，高程测量的目的就是要获得点的高程，但一般只能直接测得两点间的高差，然后根据其中一点的已知高程推算出另一点的高程。

高程测量的主要方法可分为水准测量、三角高程测量、GPS 高程测量、气压高程测量等。其中水准测量是高程测量中用途广、精度高、最常用的方法。

我国的高程基准面采用黄海平均海水面。为了获取平均海水面的位置，在青岛验潮站由专门的测量队成年累月长期观测记录，从而确定平均海水面的位置。按定义其高程为零。相应于验潮标尺上的这一点，称为水准零点。水准零点经常被海水淹没，不便于由此引测高程，所以在附近的观象山上建立了一个非常坚固的点，用最精密的水准测量方法测定其高程，全国各地的高程都由这一点引测，该点称为水准原点，如图 2-1 所示。

a)

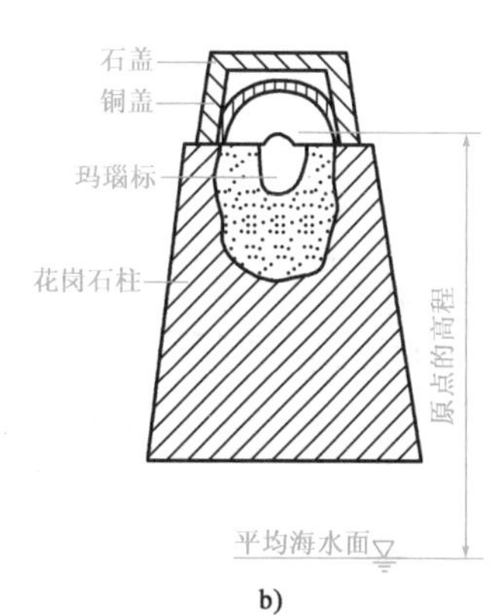

b)

图 2-1　水准原点

我国先后采用过两个高程系统:一是“1956 黄海高程系”,并据此测得国家水准原点高程为 72.289m;二是“1985 国家高程基准”,其国家水准原点高程为 72.260m,目前全国均应以此水准原点高程为准,比如 2005 年 10 月 9 日发布的珠穆朗玛峰峰顶岩石面高程为 8844.43m 就是采用的“1985 国家高程基准”。

高程测量也是按照“从整体到局部”的原则来进行。就是先在测区内设立一些高程控制点,并精确测出它们的高程,然后根据这些高程控制点测量附近其他点的高程。这些高程控制点称水准点(Bench Mark,通常简记为 BM)。

水准点的位置应选在土质坚硬、便于长期保存和使用方便的地点。水准点按其精度分为不同的等级。国家水准点分为四个等级,即一、二、三、四等水准点,一等精度最高,四等精度最低。水准点有永久性和临时性两类。永久性水准点一般用混凝土或石料制成,顶部嵌入半球状金属标志,半球状标志顶点表示水准点的点位,如图 2-2a) 所示,埋深到地面冻结线以下。有的永久性水准点用金属标志,埋设于坚固建筑物的墙上,称为墙上水准点,如图 2-2b) 所示。临时性的水准点可利用地面突起坚硬岩石等处刻画出点位或用油漆标记在建筑物上,也可用大木桩打入地下,桩面钉以半球状的金属圆帽钉,如图 2-3 所示。

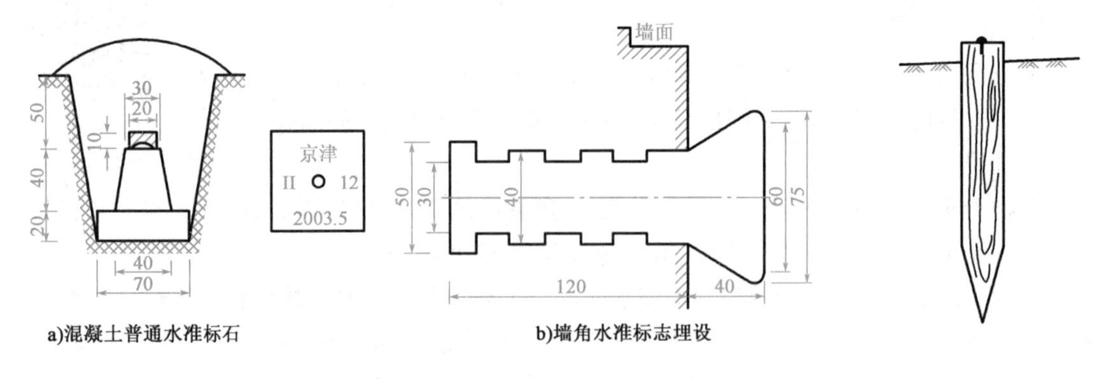

a)混凝土普通水准标石　　b)墙角水准标志埋设

图 2-2　永久水准点(尺寸单位:cm)　　图 2-3　临时水准点

2.2 水准测量的原理

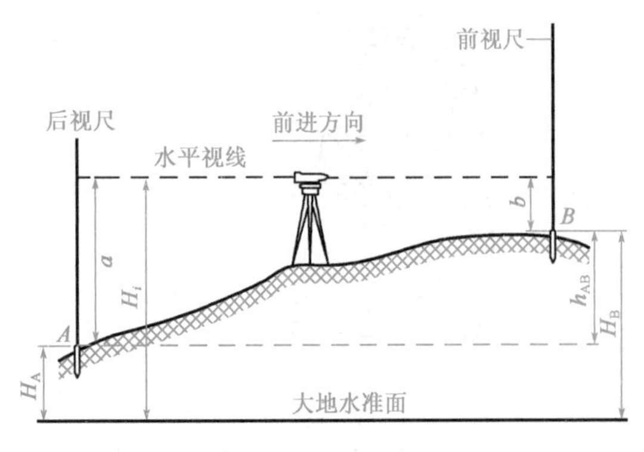

图 2-4　水准测量原理

水准测量的基本原理是利用水准仪所提供的水平视线,对竖立于两观测点上的水准尺进行读数,来测定两点间的高差,然后根据已知点的高程推算出未知点的高程。

如图 2-4 所示,在地面上有 A、B 两点,已知 A 点的高程为 H_A。为获得 B 点的高程 H_B,需先测定 A、B 两点间的高差 h_{AB}。在 A、B 两点上各竖立一根水准尺,在其间安置一架水准仪,用水准仪的水平视线分别读取 A 尺、B 尺

上的读数 a、b，则 A 点至 B 点的高差为

$$h_{AB} = a - b \tag{2-1}$$

B 点的高程为

$$H_B = H_A + h_{AB} \tag{2-2}$$

如果水准测量的前进方向是由 $A \rightarrow B$，则称 A 点为后视点，其水准尺读数为后视读数；B 点为前视点，其水准尺读数为前视读数。由此可见，两点间的高差等于后视读数减去前视读数。

高差本身有正、有负，当 $a > b$ 时，h_{AB} 值为正，说明 B 点高于 A 点；当 $a < b$ 时，h_{AB} 值为负，说明 B 点低于 A 点。为避免计算高差时发生错误，在书写高差 h_{AB} 时，必须注意 h 下标的写法。例如，h_{AB} 表示 A 点至 B 点的高差，而 h_{BA} 则表示 B 点至 A 点的高差，$h_{AB} = -h_{BA}$。

B 点高程也可以通过仪器的视线高程 H_i 求得。

$$H_i = H_A + a \tag{2-3}$$

$$H_B = H_i - b \tag{2-4}$$

由式(2-1)和式(2-2)根据高差推算高程，称为高差法；由式(2-3)和式(2-4)利用视线高程推算高程，称为视线高程法。当需要架设一次水准仪测量出多个前视点 B_1、B_2、…、B_n 点的高程时，采用视线高程法比较方便。设使用水准仪对竖立在 B_1、B_2、…、B_n 上的水准尺读数分别为 b_1、b_2、…、b_n 时，则高程 $H_{B1} = H_i - b_1$，$H_{B2} = H_i - b_2$，…，$H_{Bn} = H_i - b_n$。

如果 A、B 两点相距较远或高差较大，安置一次仪器无法测得其高差时，就需要在两点间增设若干个作为传递高程的临时立尺点，称其为转点，并依次连续设站观测，如图2-5所示，TP_1、TP_2、TP_3、…、TP_{n-1} 点为转点，各个测站的高差为

$$\left.\begin{aligned} h_{A1} &= h_1 = a_1 - b_1 \\ h_{12} &= h_2 = a_2 - b_2 \\ &\vdots \\ h_{n-1,B} &= h_n = a_n - b_n \end{aligned}\right\}$$

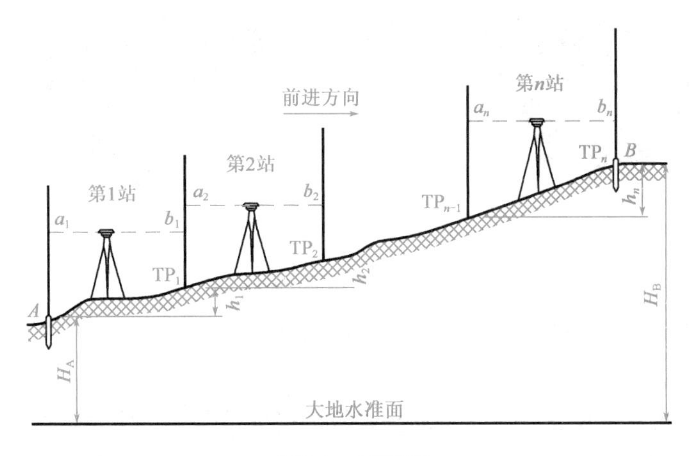

图2-5 水准测量

将以上各站高差相加,则得 A、B 两点间的高差

$$h_{AB} = h_{A1} + h_{12} + h_{23} + \cdots + h_{n-1,B} = \sum h = \sum a - \sum b \tag{2-5}$$

式(2-5)表明,起点到终点的高差,等于中间各段高差的代数和,也等于各测站后视读数总和减去前视读数总和。在实际作业中,可先算出各测站的高差,然后取它们的总和得到 h_{AB},再用后视读数之和减去前视读数之和计算出高差 h_{AB},据此检核计算是否正确。转点非常重要,转点上产生的任何差错,都会影响到以后所有点的高程。

2.3 水准测量的仪器及工具

水准仪结构名称(动画)

水准测量所使用的仪器为水准仪,工具有水准尺和尺垫。水准仪是进行水准测量的主要仪器,它可以提供水准测量所必需的水平视线。目前通用的水准仪从构造上可分为两大类:即利用水准管来获得水平视线的水准管水准仪,其主要形式有微倾式水准仪;另一类是利用补偿器来获得水平视线的自动安平水准仪。此外,尚有一种新型水准仪——电子水准仪,它配合条纹编码尺,利用数字化图像处理的方法,可自动显示高程和距离,使水准测量实现了自动化。

我国的水准仪系列标准分为 DS_{05}、DS_1、DS_3 三个等级。D 是大地测量仪器的代号,S 是水准仪的代号,取大和水两个字汉语拼音的首字母。数字下标为该类仪器每千米往返测高差中数的中误差,以毫米计。其中 DS_{05}和 DS_1 用于精密水准测量,DS_3 用于一般水准测量。

由于微倾式水准仪在使用时需要调节水准管,工作效率不高,现在已很少采用。目前常用自动安平水准仪进行普通工程测量。

1)自动安平水准仪的构造

自动安平水准仪外形结构基本相同,主要由望远镜、水准器、基座三部分组成。图 2-6 为苏州一光仪器有限公司生产的 NAL224 自动安平水准仪。

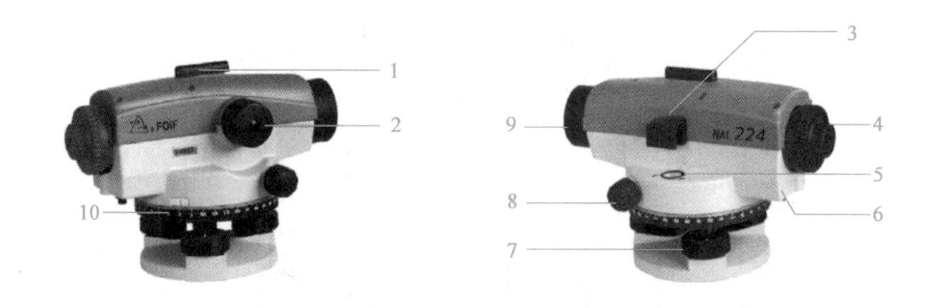

图 2-6 自动安平水准仪

1-粗瞄器;2-调焦手轮;3-水泡反光镜;4-目镜;5-圆水泡;6-检查按钮;7-脚螺旋;8-微动手轮;9-物镜;10-度盘

(1)望远镜

望远镜用于瞄准远处竖立的水准尺进行读数。望远镜分为正像望远镜和倒像望远镜。图 2-7 是倒像望远镜的结构图,它主要由物镜、调焦透镜、十字丝分划板和目镜组成。

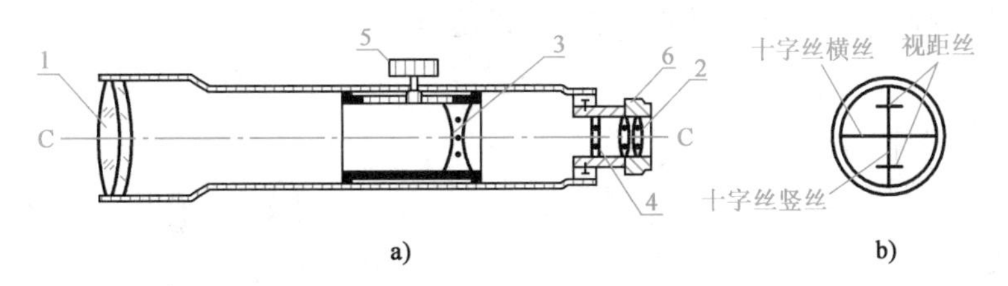

图 2-7　望远镜的结构

1-物镜;2-目镜;3-物镜调焦透镜;4-十字丝分划板;5-物镜调焦螺旋;6-目镜调焦螺旋

物镜的作用是使远处水准尺在望远镜内成倒立而缩小的实像,转动物镜调焦螺旋,调焦透镜便沿着光轴方向前后移动,使成像落在十字丝平面上。十字丝用于瞄准目标和读取水准尺上读数。目镜的作用是将十字丝及其上面的成像放大成虚像。转动目镜调焦螺旋,可以使十字丝清晰。

十字丝分划板是在直径为 10mm 的光学玻璃圆片上刻出三根横丝和一根垂直于横丝的纵丝。中间的长横丝称为中丝,用于读取水准尺上分划的读数;上下两根较短的横丝称为上丝和下丝,称为视距丝,用来测定水准仪至水准尺的距离。

十字丝交点与物镜光心的连线,称为望远镜的视准轴(C-C)。视准轴的延长线就是通过望远镜瞄准远处水准尺的视线。

(2)圆水准器

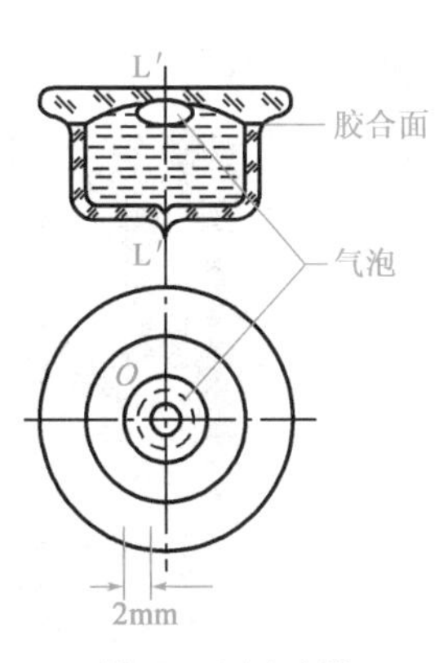

图 2-8　圆水准器

圆水准器是一个封闭的圆形玻璃容器,顶盖的内表面为一球面,半径可自 0.12m 至 0.86m,容器内盛乙醚类液体,留有一小圆气泡。容器顶盖中央刻有一小圈,小圈的中心是圆水准器的零点。通过零点的球面法线为圆水准器轴 L′-L′,如图 2-8 所示。当气泡中心与圆水准器零点重合时,表示气泡居中,这时圆水准器轴处于铅垂位置。制造水准仪时,使圆水准器轴平行于仪器竖轴,则圆气泡居中时,竖轴也处于铅垂位置。圆水准器的分划值是顶盖球面上 2mm 弧长所对应的圆心角值,大小一般为 5′~10′,其灵敏度较低,只能用于仪器的粗略整平。

(3)基座

基座的作用是支撑仪器上部,并通过连接螺旋与三脚架连接。基座主要由轴座、脚螺旋和连接板构成。脚螺旋用于调节圆水准器气泡居中。

(4)补偿器

自动安平水准仪的结构特点是没有管水准器和微倾螺旋,而是在望远镜的光学系统中装置了补偿器。当视准轴水平时,设在水准尺上的正确读数为 a,因无管水准器和微倾螺旋,依据圆水准器将仪器粗平后,视准轴相对于水平面将有微小的倾斜角 α。若无补偿器,此时在水准尺上的读数为 a';当在物镜和目镜之间设置有补偿器后,进入到十字丝分划板的光线将全部偏转 β 角,使来自正确读数 a 的光线经过补偿器后正好通过十字丝分划板的横丝,从而读出视线水平时的正确读数。视线自动安平原理如图 2-9 所示。

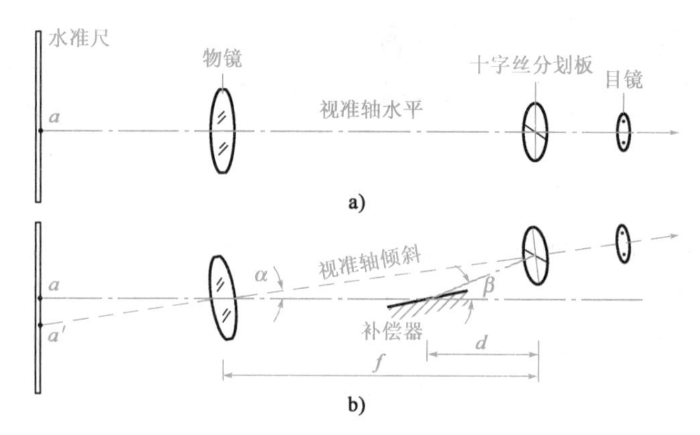

图 2-9 视线自动安平原理

在图 2-6 中,仪器上设有检查按钮 6,可检查补偿器工作状况。仪器在每次使用前都必须检查补偿器是否正常工作,避免造成差错。

2) 水准尺及尺垫

水准尺用优质木材或铝合金制成,常用的水准尺有双面水准尺和塔尺,一般式样如图 2-10 所示。塔尺长度一般为 5m,由三节尺段套接而成,可以伸缩。尺底以零起算,尺面黑白格相间以厘米分划,在每分米处注有数字。塔尺仅用于等外水准测量。

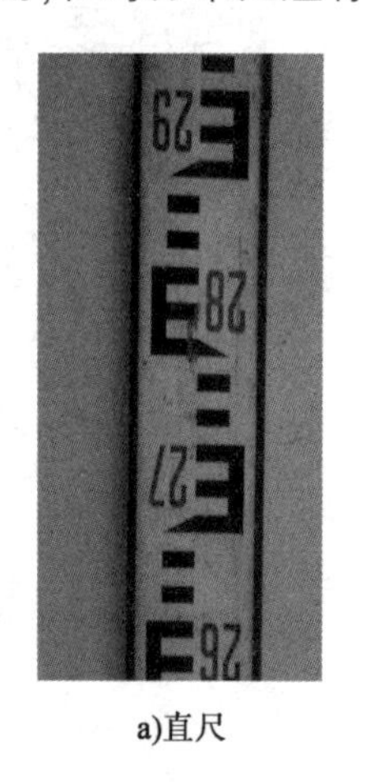

a)直尺

b)塔尺

c)尺垫

图 2-10 水准尺和尺垫

双面水准尺长度为 3m,多用于三、四等水准测量,以两把尺为一对使用。尺的两面均有分划:一面为黑白相间,称黑面尺;另一面为红、白相间,称红面尺。两面的最小分划均为 1cm,只在分米处有注记。两把尺的黑面均由零开始分划和注记。而红面,一把尺底由以 4.687m 起算,另一把尺由 4.787m 起算。在视线高度不变的情况下,读取同一根水准尺黑、红两面的读数,其差值应是常数 4.687m 或 4.787m。测量时,以此检查读数是否正确。

尺垫用于转点处放置水准尺。如图 2-10 所示,尺垫是由生铁铸成的三角形板座,上方有一突起的半球体,用于放置水准尺,下方有三个尖脚,可以踏入土中稳固以防动。

3) DSZ3 自动安平水准仪的使用

(1) 安置水准仪

首先打开三脚架，安置三脚架要求高度与视线相当，架头大致水平并牢固稳妥，在山坡上应使三脚架的两脚在坡下，一脚在坡上。然后把水准仪用中心连接螺旋连接到三脚架上，取水准仪时必须握住仪器的坚固部位，并确认已牢固地连接在三脚架上之后才可放手。

水准基本操作
（动画）

(2) 粗平

粗平即仪器的粗略整平，即调节脚螺旋或脚架使圆水准器的气泡居中。

如图 2-11 所示，图中 1、2、3 为三个脚螺旋，中间为圆水准器，虚线圆圈表示气泡所在位置。首先使圆水准器置于 1、2 两个脚螺旋一侧的中间，用两手分别以相对方向转动这两个脚螺旋，使气泡移动到 1、2 连线的中垂线上为止，如图 2-11a) 所示；然后转动脚螺旋 3 使气泡移动居中，如图 2-11b) 所示；此操作步骤应反复进行，直至气泡完全居中。操作时应记住以下三条要领：

①先旋转两个脚螺旋，然后旋转第三个脚螺旋；

②旋转两个脚螺旋时必须作相对地转动，即旋转方向应相反。

③气泡移动的方向始终和左手大拇指移动的方向一致。

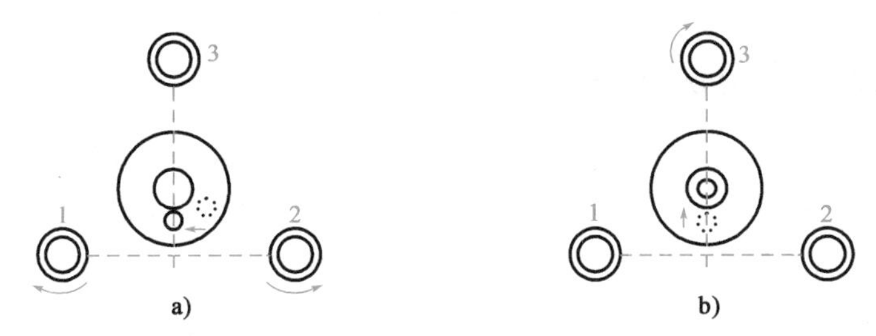

图 2-11　圆水准器整平

待操作熟练后，调平气泡时，单独调脚螺旋，单独调架腿或两者配合调都可以。

(3) 瞄准

用望远镜照准目标，必须先调节目镜调焦螺旋使十字丝清晰。然后利用望远镜上的照门和准星从外部瞄准水准尺，再从望远镜中观察目标，旋转物镜调焦螺旋使尺像清晰，也就是使尺像落到十字丝平面上。最后再转动微动螺旋使十字丝竖丝照准水准尺。为了便于读数，也可使尺像稍偏离竖丝一些。

照准目标时必须要消除视差。当观测时把眼睛稍作上下移动，如果尺像与十字丝没有相对的移动，即读数没有改变，则表示没有视差存在，如图 2-12a) 所示；反之，则有视差存在，如图 2-12b) 所示。其原因是尺像没有落在十字丝平面上，存在视差时不可能得出准确的读数。

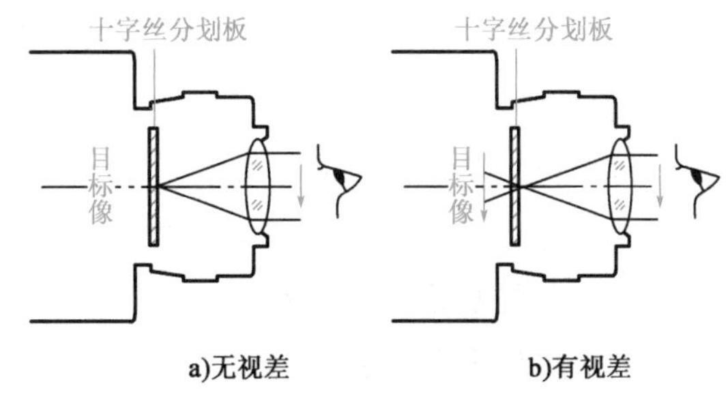

图 2-12　视差

消除视差的方法是:先转动目镜调焦螺旋,使十字丝十分清晰;将望远镜对准标尺,转动物镜调焦螺旋,使标尺像十分清晰。

(4)读数

用十字丝的中丝读取水准尺的读数。读数前应先认清水准尺的分划特点,特别应注意与注字相对应的分米分划线的位置。读数时按由小到大的方向,米位和分米位根据尺子注记的数字直接读取,厘米位则要数分划数,毫米位需要估读,所以每个读数必须有四位数。如果某一位数是零,也必须读出并记录,不可省略,如1.002m、2.100m等。图2-13为三种情况下的水准尺读数。

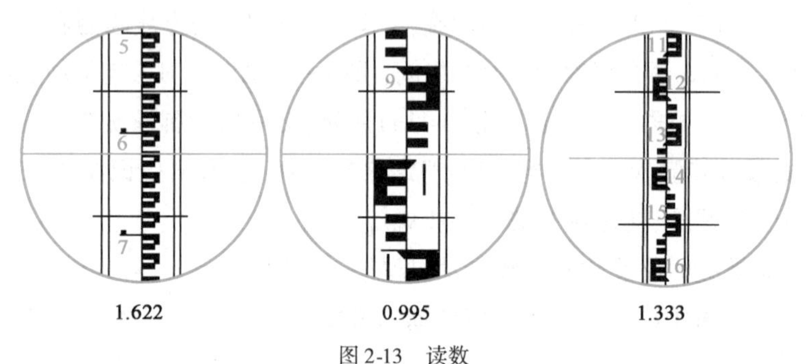

图2-13 读数

2.4 水准测量的施测方法

水准测量施测(动画)

如图2-14所示,已知水准点BM_A的高程为H_A(H_A=189.763m),BM_B为待测水准点。由于A、B两点相距较远,需分段设站进行测量,具体观测步骤、记录计算、检核方法如下。

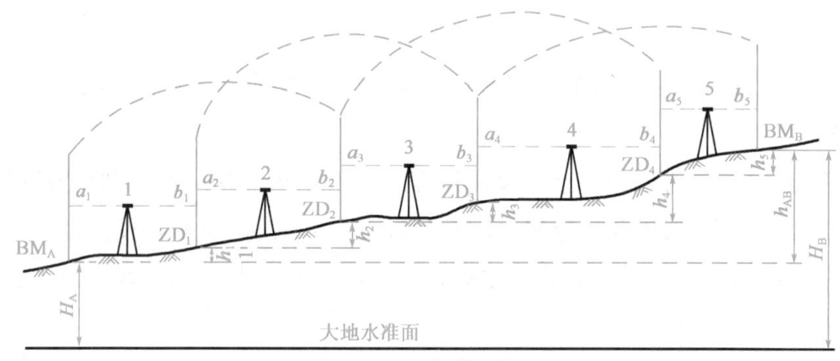

图2-14 水准测量观测

1)观测步骤

将水准尺立于已知水准点BM_A上作为后视,在施测路线前进方向上的适合位置,放尺垫作为转点,在尺垫上竖立水准尺作为前视,将水准仪安置在与后视、前视尺距离大致相等的地方,前、后视线长度最长不应超过100m。

观测员将仪器粗平后,瞄准后视尺,用中丝读后视读数(读至毫米),记录员复诵并记入手簿;转动望远镜瞄准前视尺,读取中丝读数,记录并立即计算出该站高差。此为第一测站的全部工作。

第一测站结束后，后视标尺员向前转移设转点，观测员将仪器迁至第二测站。此时，第一测站的前视点成为第二测站的后视点，用与第一测站相同的方法进行第二测站的工作。依次沿水准路线方向施测，至全部路线观测完为止（终点为 BM_B）。

2）记录与计算

观测的记录和计算校核见表2-1。

普通水准测量记录手簿　　表2-1

测站	点号	后视读数(m)	前视读数(m)	高差(m)		高程(m)	备　注
				+	−		
1	BM_A	1.339			0.063	189.763	BM_A 为已知水准点
	ZD_1	1.418	1.402				
2				0.231			
	ZD_2	1.519	1.187				
3				0.535			
	ZD_3	1.242	0.984				
4					0.105		
	ZD_4	1.267	1.347				
5				0.396			
	BM_B		0.871			190.757	
计算校核	$\sum$	6.785	5.791	0.994		0.994	
		0.994					

3）水准测量的测站检核

计算检核只能发现和纠正记录手簿中计算工作的错误，不能发现因观测、读数、记录错误而导致的高差错误。为保证每个测站观测高差的正确性，应进行测站检核。测站检核的方法有双仪器高法和双面尺法。

（1）双仪器高法

此法是在同一个测站上用两次不同的仪器高度，测得两次高差进行检核。即测得第一次高差后，改变仪器高度（大于10cm），再测一次高差。两次所测高差之差不超过容许值（例如等外水准测量容许值为±5mm），则认为符合要求。取其平均值作为该测站最后结果，否则需重测。

（2）双面尺法

双面尺法是在一测站上，仪器高度不变，分别用双面水准尺的黑面和红面两次测定高差。若所测两次高差之差的绝对值不超过5mm（四等水准），则取其平均值作为该站的高差，否则需重测。

4）水准路线及成果检核

在水准点间进行水准测量所经过的路线，称为水准路线。相邻两水准点间的路线称为一个测段。通常一条水准路线中包含多个测段，一个测段中包含多个测站。一个测段中各站高差之和为该测段的起点至终点之高差。一测站的前、后视线长度之和为该站的水准路线长，一个测段中各站水准路线长度之和为该段水准路线的长度。

在水准测量中,为了保证水准测量成果能达到一定的精度要求,必须对水准测量进行成果检核。检核方法是将水准路线布设成某种形式,利用水准路线布设形式的条件,检核所测成果的正确性。在一般的工程测量中,水准路线的基本布设形式有附合水准路线、闭合水准路线、支线水准路线三种,分别如图2-15a)、b)、c)所示。

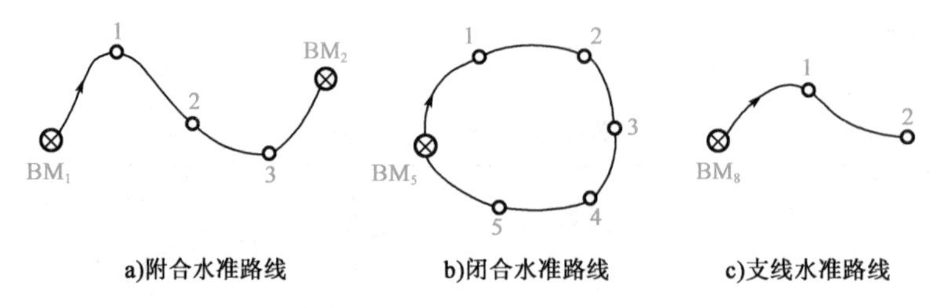

图2-15 水准路线的布设形式

(1)附合水准路线

①布设方法。如图2-15a)所示,从已知高程的水准点 BM_1 出发,沿待定高程的水准点进行水准测量,最后附合到另一已知高程的水准点 BM_2 所构成的水准路线,称为附合水准路线。

②成果检核。理论上,附合水准路线各测段高差代数和应等于两个已知高程的水准点之间的高差,即 $\sum h_{理}=H_{终}-H_{始}$。

由于实测中存在误差,使得实测的各测段高差代数和与其理论值并不相等,两者的差值称为高差闭合差,用 f_h 表示,即

$$f_h=\sum h_{测}-(H_{终}-H_{始}) \tag{2-6}$$

(2)闭合水准路线

①布设方法。如图2-15b)所示,从已知高程的水准点 BM_5 出发,沿各待定高程的水准点进行水准测量,最后又回到原出发点 BM_5 的环形路线,称为闭合水准路线。

②成果检核。理论上,闭合水准路线各测段高差代数和应等于零,即

$$\sum h_{理}=0$$

如果不等于零,则高差闭合差为

$$f_h=\sum h_{测} \tag{2-7}$$

(3)支线水准路线

①布设方法。如图2-15c)所示,从已知高程的水准点 BM_8 出发,沿待定高程的水准点进行水准测量,这种既不闭合,又不附合的水准路线,称为支线水准路线。支线水准路线需进行往返测量。

②成果检核。理论上,支线水准路线往测高差与返测高差的代数和应等于零,即

$$\sum h_{往}+\sum h_{返}=0$$

如果不等于零,则高差闭合差为

$$f_h=\sum h_{往}+\sum h_{返} \tag{2-8}$$

工程测量规范中,对不同等级水准测量的高差闭合差都规定了一个限差,用于检核水准路

线观测成果的精度,具体要求见表 2-2。

水准测量的主要技术要求　　表 2-2

等级	每千米高差中误差(mm)	路线长度(km)	水准仪的型号	水准尺	观测次数	高差闭合差(mm)	
						平地	山地
二等	2	—	DS_1	因瓦	往返各一次	$4\sqrt{L}$	—
三等	6	≤50	DS_1	因瓦	往一次	$12\sqrt{L}$	$4\sqrt{n}$
			DS_3	双面	往返各一次		
四等	10	≤16	DS_3	双面	往一次	$20\sqrt{L}$	$6\sqrt{n}$
五等	15	—	DS_3	单面	往一次	$30\sqrt{L}$	—
图根	20	≤5	DS_3	单面	往一次	$40\sqrt{L}$	$12\sqrt{n}$

注:L 为水准路线长度,以 km 为单位;n 为测站数,当每千米测站数多于 15 站时,用山地的公式计算高差闭合差。

2.5 水准测量的成果计算

水准测量外业工作结束后,首先要检查外业观测手簿,计算相邻各点间高差。之后,根据观测高差计算高差闭合差,确定观测成果的精度。若闭合差在限差范围之内,则成果合格,否则应查找原因予以纠正,必要时应返工重测,直至达到精度要求为止。观测成果精度合格后,调整高差闭合差,计算出各待求点的高程。

1)附合水准路线的计算

按图根水准测量要求施测某附合水准路线,BM_A、BM_B 为已知高程的水准点,H_A = 65.376m,H_B = 68.623m。从水准点 BM_A 开始,经过 1、2、3 待测水准点之后,附合到另一水准点 BM_B 上,各测段高差、测站数、路线长如图 2-16 所示,图中箭头表示水准测量进行方向。现以该附合水准路线为例,介绍成果计算步骤。

图 2-16　附合水准路线略图

(1)计算高差闭合差及其容许值

根据式(2-6)可得

$$f_h = \sum h_{测} - (H_{终} - H_{始}) = (h_1 + h_2 + h_3 + h_4) - (H_B - H_A)$$
$$= 3.315 - (68.623 - 65.376) = +0.068\text{m}$$

因每千米测站数小于 15 站,所以用平地的公式计算高差闭合差的容许值。该水准路线总长为 5.8km,故 $f_{h容} = \pm 40\sqrt{L} = \pm 40\sqrt{5.8} = \pm 96\text{mm}$。

$|f_h| < |f_{h容}|$,精度符合要求,可以进行闭合差调整。

(2)调整高差闭合差

根据误差理论,高差闭合差调整的原则和方法是:将闭合差 f_h 以相反的符号,按与测段长

度(或测站数)成正比例的原则进行分配,改正到各相应测段的高差上。公式表达为:

按测段长度
$$V_i = \frac{-f_h}{\sum L} \cdot L_i \tag{2-9a}$$

按测站数
$$V_i = \frac{-f_h}{\sum n} \cdot n_i \tag{2-9b}$$

各测段实测高差加上相应的改正数,得改正后高差,即

$$h_{i改} = h_{i测} + V_i \tag{2-10}$$

式中:V_i——第 i 测段的高差改正数;

$h_{i测}$——第 i 测段实测高差;

$\sum L$——路线总长度;

$\sum n$——路线总测站数;

L_i——第 i 测段的长度;

n_i——第 i 测段的测站数;

$h_{i改}$——第 i 测段改正后高差。

按上述调整原则,各测段的改正数分别为

$$V_1 = \frac{-f_h}{\sum L} \cdot L_1 = \frac{-68}{5.8} \times 1.0 = -12\text{mm}$$

$$V_2 = \frac{-f_h}{\sum L} \cdot L_2 = \frac{-68}{5.8} \times 1.2 = -14\text{mm}$$

$$V_3 = \frac{-f_h}{\sum L} \cdot L_3 = \frac{-68}{5.8} \times 1.4 = -16\text{mm}$$

$$V_4 = \frac{-f_h}{\sum L} \cdot L_4 = \frac{-68}{5.8} \times 2.2 = -26\text{mm}$$

水准路线各测段的改正数之和应与高差闭合差大小相等、符号相反,计算出改正数后还应进行检核:$\sum V_i = -f_h$。本例中$\sum V_i = -0.068\text{m} = -f_h$。

各测段改正后高差为

$$h_{1改} = 1.575 + (-0.012) = 1.563\text{m}$$
$$h_{2改} = 2.036 + (-0.014) = 2.022\text{m}$$
$$h_{3改} = -1.742 + (-0.016) = -1.758\text{m}$$
$$h_{4改} = 1.446 + (-0.026) = 1.420\text{m}$$

改正后各测段高差的代数和应等于路线高差的理论值,即$\sum h_{改} = \sum h_{理}$,以此作为检核。本例中$\sum h_{改} = 3.247\text{m} = H_B - H_A = \sum h_{理}$。

(3)计算各待定点高程

根据起始水准点 BM_A 的高程和各测段改正后高差,按顺序逐点推算各待定点高程。

$$H_1 = H_A + h_{1改} = 65.376 + 1.563 = 66.939\text{m}$$

$$H_2 = H_1 + h_{2改} = 66.939 + 2.022 = 68.961\text{m}$$

$$H_3 = H_2 + h_{3改} = 68.961 + (-1.758) = 67.203\text{m}$$

最后还应推算至终点 BM_B 的高程，进行检核。

$$H_B = H_3 + h_{4改} = 67.203 + 1.420 = 68.623\text{m}$$

推算值与已知值相等，说明计算无误。

上述计算过程最好采用表格形式完成，见表2-3。首先按顺序将各点号、测段长度（或测站数）、实测高差及水准点的已知高程填入表2-3相应栏内，然后从左到右逐列计算，有关高差闭合差的计算部分填在辅助计算一栏。

水准测量成果计算表　　表2-3

测段编号	点名	距离（km）	实测高差（m）	改正数（mm）	改正后高差（m）	高程（m）	备注
	BM_A					65.376	
1		1.0	1.575	−12	1.563		
	1					66.939	
2		1.2	2.036	−14	2.022		
	2					68.961	
3		1.4	−1.742	−16	−1.758		
	3					67.203	
4		2.2	1.446	−26	1.420		
	BM_B					68.623	
$\sum$		5.8	3.315	−68	3.247		
辅助计算	$f_h = \sum h_{测} - (H_B - H_A) = 3.315 - (68.623 - 65.376) = +68\text{mm}$ $f_{h容} = \pm 40\sqrt{L} = \pm 40\sqrt{5.8} = \pm 96\text{mm}$　$\lvert f_h \rvert < \lvert f_{h容} \rvert$，精度合格						

2）闭合水准路线成果计算

闭合水准路线成果计算的步骤与附合水准路线相同。图2-17为按图根水准测量要求施测的一闭合水准路线示意略图，其计算结果见表2-4。

水准测量成果计算表　　表2-4

测段编号	点名	测站数	实测高差（m）	改正数（m）	改正后高差（m）	高程（m）	备注
	BM_1					45.836	
1		12	−2.437	0.011	−2.426		
	A					43.410	
2		10	−1.869	0.009	−1.860		
	B					41.550	
3		15	2.806	0.014	2.820		
	C					44.370	
4		14	2.754	0.013	2.767		
	D					47.137	
5		16	−1.315	0.014	−1.301		
	BM_1					45.836	
$\sum$		67	−0.061	0.061	0		
辅助计算	$f_h = \sum h_{测} - \sum h_{理} = \sum h_{测} - 0 = \sum h_{测} = -0.061\text{m}$ $f_{h容} = \pm 12\sqrt{n} = \pm 12\sqrt{67} = \pm 98\text{mm}$　$\lvert f_h \rvert < \lvert f_{h容} \rvert$，精度合格						

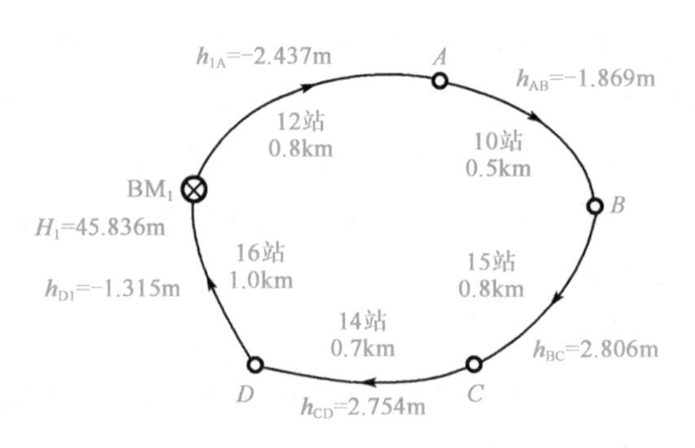

图 2-17　闭合水准路线略图

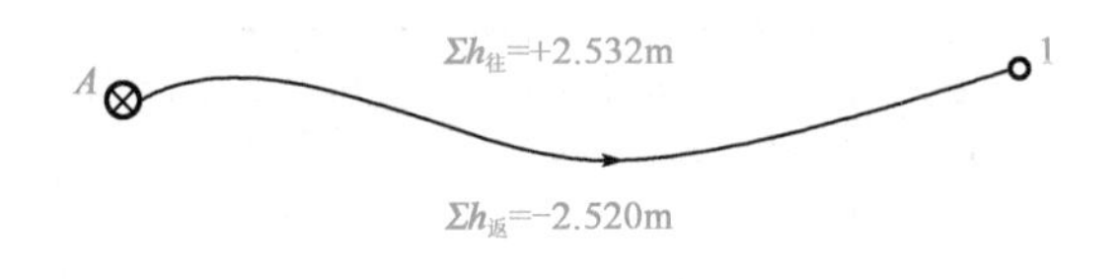

图 2-18　支线水准路线略图

3)支线水准路线的计算

图 2-18 为按图根水准测量要求施测的一支水准路线示意略图,已知水准点 A 的高程为 163.276m,往、返测站各为 8 站,则 1 点的高程计算如下。

(1)计算高差闭合差及其容许值

根据式(2-8)可得

$$f_h = \sum h_{往} + \sum h_{返} = 2.532 + (-2.520) = +0.012\text{m}$$

高差闭合差的容许值 $f_{h容} = \pm 12\sqrt{n} = \pm 12\sqrt{8} = \pm 34\text{mm}$

$|f_h| < |f_{h容}|$,精度合格。

(2)计算改正后高差

支线水准路线的往测高差加上 $\frac{-f_h}{2}$,为改正后高差,即

$$h_{A1改} = h_{A1往} + \left(\frac{-f_h}{2}\right) = 2.532 + (-0.006) = 2.526\text{m}$$

(3)计算待定点高程

待定点 1 的高程为 $H_1 = H_A + h_{A1改} = 163.276 + 2.526 = 165.802\text{m}$

2.6 自动安平水准仪的检验和校正

图 2-19　水准仪的主要轴线

如图 2-19 所示,自动安平水准仪的主要轴线有视准轴 CC、竖轴 VV 和圆水准器轴 LL。自动安平水准仪应满足的条件是:①圆水准器轴平行于竖轴;②十字丝横丝垂直于竖轴;③补偿器工作正常;④初始条件下视准轴垂直于竖轴。

1)圆水准器轴应平行于仪器的竖轴

目的:使圆水准器轴平行于仪器竖轴。当圆水准器

气泡居中时，竖轴便位于铅垂位置。

检验方法：旋转脚螺旋使圆水准器气泡居中，然后将仪器上部在水平方向绕竖轴旋转180°，若气泡仍居中，则表示圆水准器轴已平行于竖轴，若气泡偏离中央则需进行校正。

校正方法：用脚螺旋使气泡向中央方向移动偏离量的一半，另一半用2mm内六角扳手校正，使气泡移至圆圈中央。由于一次拨动不易使圆水准器校正得很完善，所以需重复上述的检验和校正，直到使仪器上部旋转到任何位置气泡都能居中为止。

2）十字丝横丝应垂直于竖轴

目的：使十字丝横丝垂直于竖轴。当竖轴铅直时，横丝处于水平，丝上任何位置读数均相同。

检验方法：如图2-20所示，整平仪器后，用十字丝一端瞄准一固定目标，然后转动望远镜微动螺旋，使望远镜左右移动。如果横丝始终未离开固定目标点，则表示条件满足；如果离开目标点则必须进行校正。

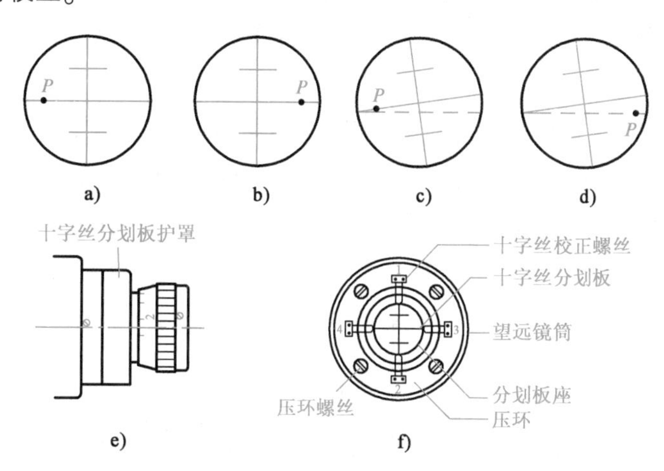

图2-20　十字丝横丝的检验

校正方法：松开十字丝压环上相邻的两个校正螺丝，轻轻转动十字丝环，再进行观察，直到横丝不离开那个点为止，最后拧紧松开过的螺丝，旋上护罩。

3）补偿器性能的检验

此项检验，目的是检验补偿器能否在规定的范围内，起到补偿作用。自动安平水准仪的补偿器检验一般分为以下两种情况进行。

（1）仪器具有补偿器检查钮

仪器在圆水泡居中时瞄准一目标，如图2-6所示，把检查按钮6按到底并立即放掉，同时观察目标，如若标尺像摆动后水平丝回复原位，则补偿器处于正常状态，视线水平。如果圆水准气泡偏离中心，当按检查按钮6时，标尺像不是正常摆动，而是急促短暂地跳动，表明补偿器超出工作范围碰到限位丝，则必须将仪器整平，使气泡居中。

（2）仪器未设补偿器检查钮

如图2-21所示，A、B两点相距约50m，在B点竖立水准尺，在A点安置水准仪，并使两个脚螺旋①、②的连线与AB线垂直。旋转脚螺旋使圆水准气泡居中，读取水准尺上读数b。然

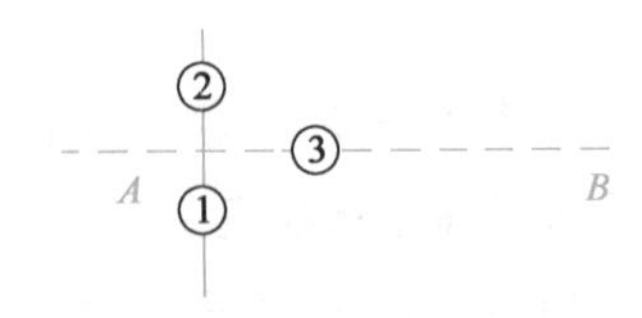

图 2-21　补偿器性能的检验

后旋转视线方向上的脚螺旋③,让气泡中心偏离零点少许,使竖轴向前稍倾斜,读取水准尺上读数,再次旋转脚螺旋③,使气泡中心向相反方向偏离零点少许并读数;重新整平仪器,用位于垂直于视线方向的两个脚螺旋①、②,先后使仪器向左、右两侧倾斜,分别在气泡中心稍偏离零点后读数。对于普通水准测量,如果仪器竖轴向前、后、左、右倾斜时所得读数与仪器整平时所得读数 b 之差不超过 3mm,则可认为补偿器工作正常,否则应送仪器修理部门进行检修。检验时气泡中心偏离零点的大小,应根据补偿器的工作范围及圆水准器的分划值来决定。例如,当补偿工作范围为 ±8′、圆水准器分划值为 8′/(2mm)时,气泡中心偏离零点不应超过 8 ÷ 8 × 2 = 2mm。补偿器工作范围和圆水准器的分划值在仪器说明书中均可查得。

4)视准轴经过补偿后应与水平线一致

若视准轴经补偿后不能与水平线一致,则构成 i 角,产生读数误差。

(1)检验方法

如图 2-22a)所示,在较平坦的场地选择相距约 80m 的 A、B 两点,在 A、B 两点放尺垫或打木桩标定点位并立上水准尺,用皮尺丈量定出 A、B 的中点 C,在 C 点安置水准仪,用双仪高法或双面尺法测定出 A、B 的高差 h_1,当两次高差之差不大于 3mm 时,取其平均值作为观测结果。

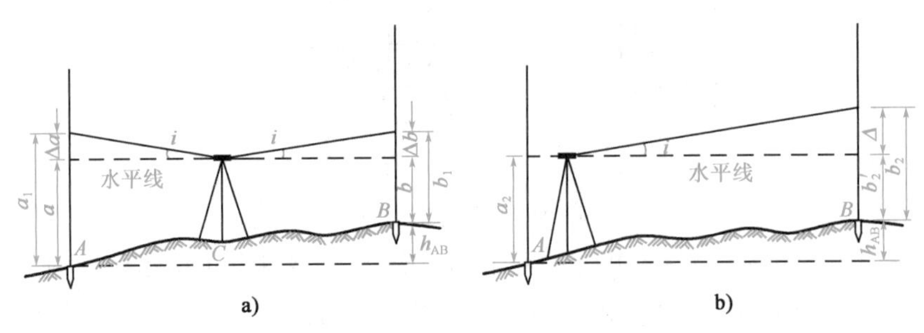

图 2-22　视线水平度的检验

在图 2-22a)中,仪器至 A、B 两点的距离相等,则 i 角误差在 A、B 尺上所引起的读数偏差 Δa、Δb 相等,其正确高差为

$$h_{AB} = a - b = (a_1 - \Delta a) - (b_1 - \Delta b) = a_1 - b_1$$

由此可见,虽然存在 i 角误差,但当仪器的前、后视距相等时,直接根据水准尺读数 a_1、b_1 算出的高差仍是正确的。

然后,将水准仪安置于 A 点(或 B 点)附近距离尺子 2 ~ 3m 处,如图 2-22b)所示,分别读得 A 尺、B 尺的读数 a_2、b_2。由于仪器离 A 尺很近,故可以忽略 i 角对 A 尺读数的影响,将 a_2 看作视线水平时的读数,这时可求得视线水平时 B 尺上应有的读数 b_2',$b_2' = a_2 - h_2$。如果实际读出的读数 b_2 与应有读数 b_2' 相等,则说明视准轴经过补偿后与水平线一致;若两者不相等,则说明视准轴与水平线之间存在 i 角,其值为 $i = \dfrac{\Delta}{D_{AB}} \cdot \rho'' = \dfrac{b_2 - b_2'}{D_{AB}} \cdot \rho''$,其中 ρ'' 为一个弧度值化为秒的常数，即$\rho''=206265$。对于DS_3水准仪，当$i>20''$时，需要进行校正。

(2)校正方法

如图2-23所示，在壳体目镜一端的下方有一个孔，孔内有十字丝分划板校正螺丝，用2.5mm内六角扳手松动或拧紧分划板校正螺丝，使十字丝横丝对准正确读b_2'。

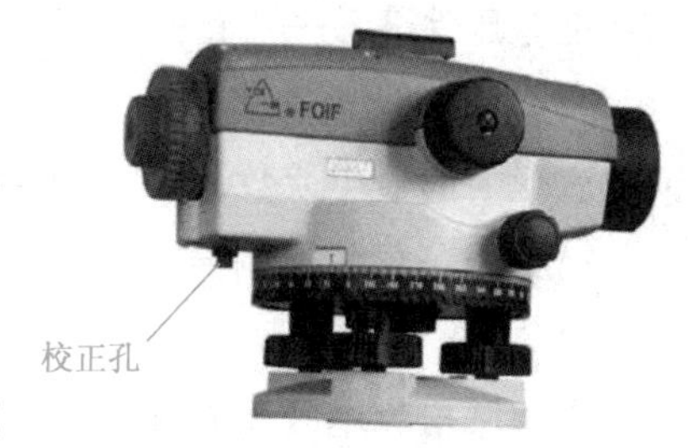

图2-23 视线水平度的校正

上述每一项检验校正都要反复进行，直至达到要求为止。

2.7 水准测量误差及观测注意事项

水准测量误差包括仪器误差、观测误差和外界条件的影响误差三方面。在水准测量作业中，应根据产生误差的原因，采取相应措施，尽量减弱或消除误差的影响。

1)仪器误差

(1)视准轴不水平误差

自动安平水准仪在使用前，虽然经过检验校正，但实际上很难做到视准轴经过补偿后与水平线严格保持一致。视准轴与水准管轴严格平行，还会留有残余的i角误差。i角引起的水准尺读数误差与仪器至标尺的距离成正比，只要观测时注意使后、前视距相等，便可消除或减弱i角误差的影响。实际上，在水准测量的每站观测中，使后、前视距完全相等是不容易做到的，因此，测量规范对每一测站的后、前视距离之差和每一测段的后、前视距离的累计差规定了一个限值，这样，就把残余i角对所测高差的影响限制在可忽略的范围内。

(2)水准尺误差

水准尺误差包括尺长误差、分划误差和零点误差。这些误差均会影响水准测量的精度，因此，水准尺需经过检验才能使用。至于一对水准尺的零点差，可在每个测段的观测中采用设置偶数个测站的方法予以消除。

2)观测误差

(1)估读误差

普通水准测量观测中的毫米位数字，是根据十字丝横丝在水准尺厘米分划内的位置进行估读的。其误差大小与望远镜的放大倍数以及视线长度有关，视距愈长，读数误差愈大。有关规范对不同等级水准测量的视距长均做了规定，作业时应认真执行。

(2)视差的影响误差

当存在视差时，由于十字丝平面与水准尺影像不重合，若眼睛的位置不同，便读出不同的读数，而产生读数误差。因此，观测时要仔细调焦，严格消除视差。

(3)水准尺倾斜的影响误差

水准尺倾斜，将使尺上读数增大，从而带来误差。如水准尺倾斜3°30′，在水准尺上1m处读数时,将产生 2mm 的误差。为了减少这种误差的影响,水准尺必须扶直。在水准尺上安装圆水准器是保证尺子竖直的主要措施。如果尺子上没有圆水准器或水准器不起作用,可应用“摇尺法”进行读数。读数时,向前、后缓慢摇动尺子,使十字丝横丝在尺上的读数缓慢改变,读取变化中的最小读数,即为尺子竖直时的读数。

3)外界条件的影响误差

(1)水准仪下沉误差

在土壤松软地区测量时,水准仪在测站上随操作时间的增加而下沉,发生在两尺读数之间的下沉,会使后读数的尺子读数比应有读数小,造成高差测量误差。采用“后—前—前—后”的观测顺序可以减少仪器下沉的影响。

(2)尺垫下沉误差

仪器在搬到下一站尚未读后视读数的一段时间内,转点处尺垫下沉,使该站后视读数增大,从而引起高差误差。采用往返观测,取其成果的平均值,可以减弱该项误差影响。

为了防止水准仪和尺垫下沉,测站和转点应选在土质坚实处,并踩实三脚架和尺垫,使其稳定。

(3)地球曲率及大气折光的影响

①地球曲率的影响。理论上,水准测量应根据水准面来求出两点的高差(图 2-24),但视准轴是一直线,因此使读数中含有由地球曲率引起的误差。

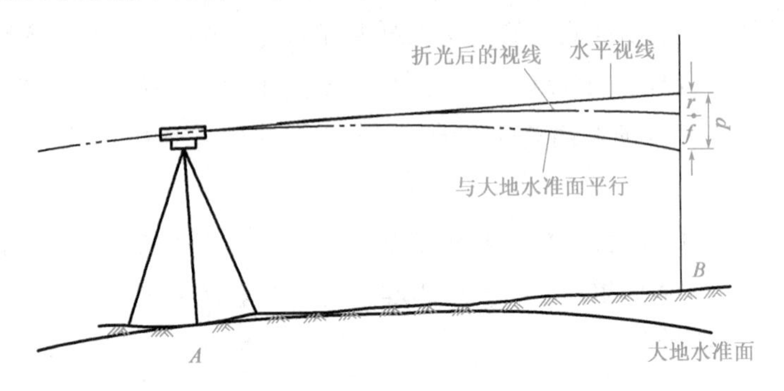

图 2-24　地球曲率及大气折光的影响

②大气折光的影响。视线在大气中穿过时,会受到大气折光影响。一般视线离地面越近,光线的折射也就越大。观测时应尽量使视线保持一定高度,这样可减少大气折光的影响。有关规范对不同等级水准测量的视线离地面高度规定了一个限值,作业时应认真执行。

地球曲率和大气折光的影响是同时存在的,当采用中间水准测量(前、后视距离相等)时,通过高差计算可消除或减弱此两项误差的影响。

(4)日照及风力引起的误差

当日光照射水准仪时,由于仪器各构件受热不匀而引起的不规则膨胀,将影响仪器轴线间的正常关系,使观测产生误差。风大时,会使仪器抖动、不易整平等,这些都会引起误差。为减弱日照及风力引起的误差影响,除尽量选择好的天气进行作业外,在观测时,应注意给仪器撑伞遮阳。

2.8 电子水准仪的使用

1) 电子水准仪的工作原理

电子水准仪又称数字水准仪,如图2-25所示。它是以自动安平水准仪为基础,在望远镜光路中增加了分光镜和探测器(CCD)等部件,并采用配套条码标尺和图像识别处理系统所构成的光、机、电、信息存储与处理一体化的水准测量系统。整个水准尺的条码信号存储在仪器的微处理器内,作为参考信号,瞄准后,探测器将采集到的水准尺上条码图像光信号转换成电信号传送给信息处理器,经过处理器译释、对比、数字化后,即可求得水平视线的水准尺读数和视距值,并以数字的形式将测量结果显示出来。

条码水准尺,其条码设计随电子读数方法不同而不同,各个厂家标尺的条码图案各不相同,不能互换使用。条码水准尺通常为因瓦带或玻璃钢制成的单面尺或双面尺。双面尺的分划,一面为条形码,供电子测量用;另一面为长度单位分划(与普通水准尺的分划相同),供光学测量使用,如图2-26所示。

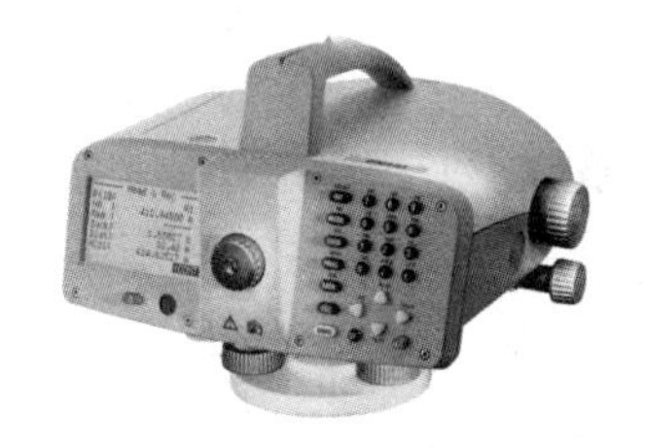
a)徕卡DNA03

b)拓普康DL-111C

图2-25　电子水准仪

图2-26　南方条形码水准尺

2) 电子水准仪的特点

电子水准仪与传统光学水准仪相比有以下特点。

(1)读数客观。不存在误报、误记问题,没有人为读数误差。

(2)精度高。视线高和视距读数都是采用大量条码分划图像经处理后取平均得出来的,因此削弱了标尺分划误差的影响。多数仪器都有进行多次读数取平均的功能,可以削弱外界条件影响,不熟练的作业人员业也能进行高精度测量。

(3)速度快。由于省去了报数、听记、现场计算的时间以及人为出错的重测数量,测量时间与传统仪器相比可以节省1/3左右。

(4)效率高。只需调焦和按键就可以自动读数,减轻了劳动强度。视距还能自动记录、检核、处理并能输入电子计算机进行后处理,可实现内外业一体化。

3) 电子水准仪的外形结构和菜单介绍

下面以Trimble DiNi为例简介电子水准仪的外形结构和菜单内容。

(1)外形结构

如图2-27所示电子水准仪包括显示屏、键盘、目镜、物镜及遮光罩、调焦旋钮、水平微动螺旋、水平气泡、触发键、圆气泡、电源(通信)接口等结构。图2-28为Trimble DiNi配套条码尺。

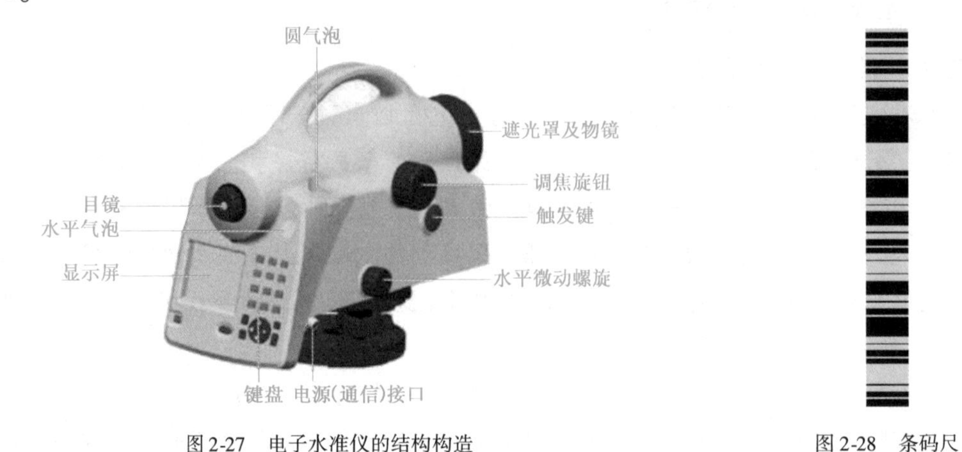

图2-27　电子水准仪的结构构造

图2-28　条码尺

(2)键盘和显示器

图2-29为电子水准仪键盘和显示器、包括开/关键、测量键、方向键、回车键、放弃/返回键、数字/字母切换键、Trimble功能键、删除键等。

图2-29　电子水准仪键盘和显示器

(3)菜单介绍

如图2-30所示为文件、配置、测量三项主菜单。

菜单详细说明见表2-5。

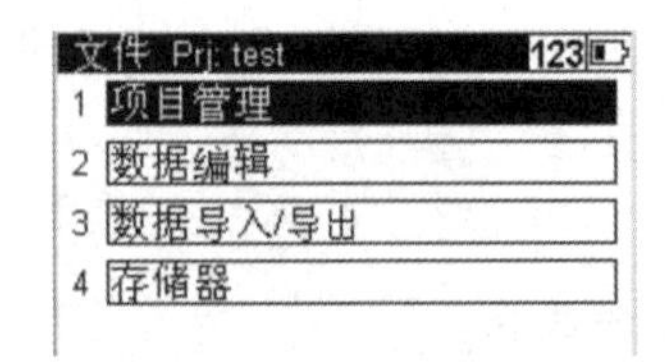

配置菜单
1 输入
2 限差/测试
3 校正
4 仪器设置
5 记录设置

测量菜单
1 单点测量
2 水准线路
3 中间点测量
4 放样
5 继续测量

图2-30　电子水准仪主菜单

菜 单 说 明 表2-5

主菜单	子 菜 单	子 菜 单	说 明
文件	项目管理	选择项目	选择以前的一个项目
		新建项目	开始一个新的项目
		项目重命名	给项目重新命名
		删除项目	删除已有的项目
		项目间复制	在两个项目间复制数据
	数据编辑		输入、编辑数据、代码
	数据导入/导出	DiNi 到 USB	将数据传输到一个 USB 设备
		USB 到 DiNi	将 USB 设备中的数据传输到 DiNi 仪器中
	存储		内部和外部的存储器;格式化内/外部存储器
配置	输入	大气折射	输入大气折射率改正
		加常数	标尺读数改正
		日期	日期
		时间	时间
	限差/测试	最大视距	仪器与标尺的最大测量距离
		最小视线高	最低视线高度
		最大视线高	水准测量的最大视线高度
		30cm 检测	测量的最小标尺尺段
		单站前后视距差	单站前后视距差
		水准线路前后差	水准线路前后差
	校正		对水准仪进行校正
	仪器设置		设置单位、小数位数据、关机时间、语言、时间日期格式
	记录设置		设置数据记录格式、开始点号及步长等信息
测量	单点测量		单点测量(没有参考高程的测量)
	水准测量		水准测量(闭合、附合水准测量)
	中间点测量		中间点测量(支线水准测量)
	放样		放样
	继续测量		继续上一次的测量
计算	线路平差		线路平差

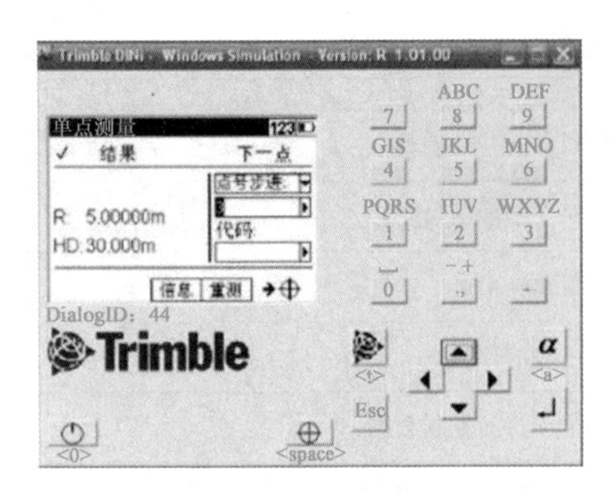

图 2-31　单点测量

4) 测量操作示例

限于篇幅,此处仅就电子水准仪的“单点测量”和“水准测量”加以说明,其他功能与设置详见使用说明书。

(1) 单点测量

所谓“单点测量”即只用来测量标尺读数和距离,而不进行高程计算。

首先对仪器进行初平,再开机,在菜单中选择:测量→单点测量,如图 2-31 所示。

①输入点号,如“3”。

②瞄准标尺,点击测量按钮进行测量。

③在屏幕的左边“结果”部分可以看到测量的结果。此处,R 为读数,HD 为距离。在屏幕的右边“下一点”部分是下一个要测量点的信息。

④如果对测得的结果不满意,还可以进行重测。

(2) 水准线路测量

首先对仪器进行初平,再开机。在菜单中选择:测量→水准测量,如图 2-32 所示。

①输入新线路的名称,如 1(或者从项目中选择一旧线路继续测量)。

②设置测量模式,如 BF(测量模式有 BF、BFFB、BFBF、BBFF、FBBF)。

此处,B 为后视,F 为前视。

③奇偶站交替,利用方向键中的向左键进行选择。

④输入要测量的点号,如图 2-33 所示。

图 2-32　水准线路测量选项

图 2-33　水准线路测量点号输入选项

⑤可以输入代码。

⑥输入基准高,如 102.5。

⑦瞄准要测量的标尺,点击测量键测量,如图 2-34 所示。

屏幕左边表示上一点(后视点)的测量结果;屏幕右边表示将要测量的下一个点(前视

点)；如果测量的结果不满足要求，可以重新进行测量，如图 2-35 所示。点击“信息”可以看到更多的信息，如图 2-36 所示。点击“显示”可以看到更多的信息，如图 2-37 所示。点击“重测”可以对最后的测量或最后的测站进行重测，如图 2-38 所示。点击“结束”可以结束一条水准线路的测量，如图 2-39 所示。

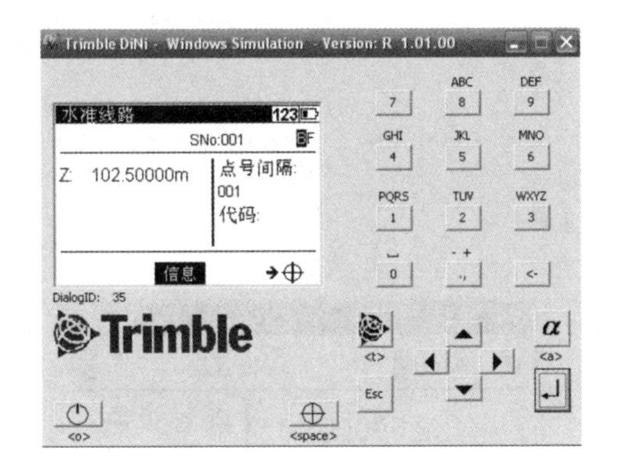

图 2-34　水准线路测量标尺瞄准选项

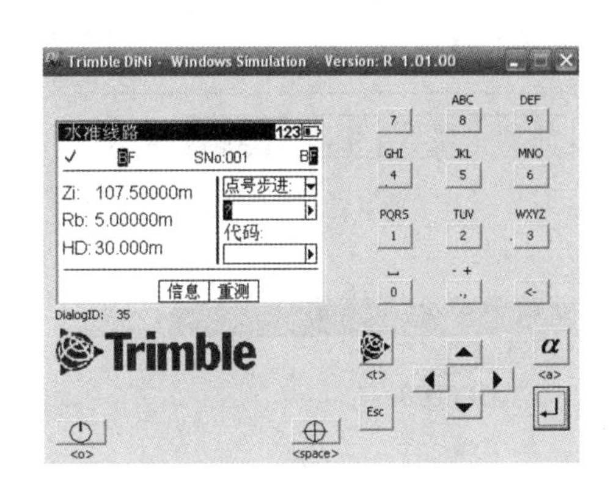

图 2-35　水准线路测量重测选项

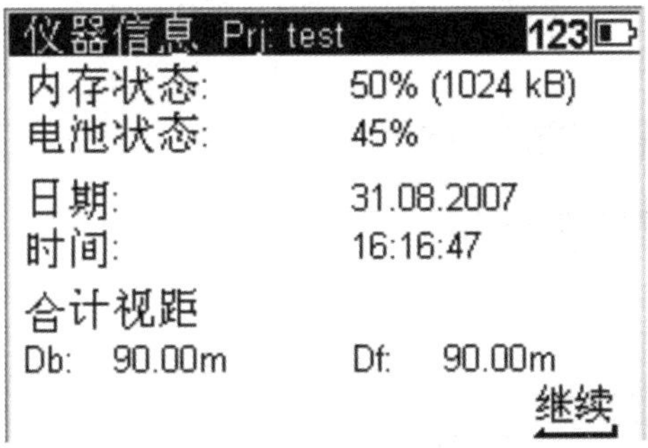

a)

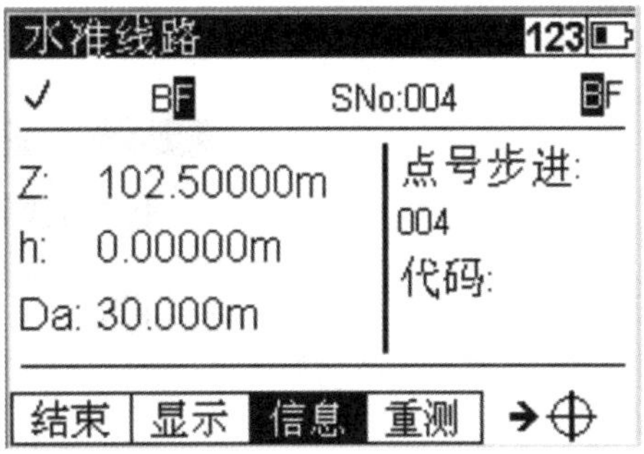

b)

图 2-36　水准线路测量信息选项

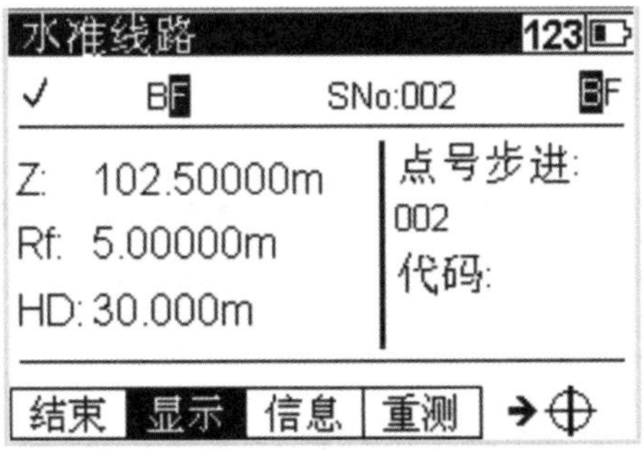

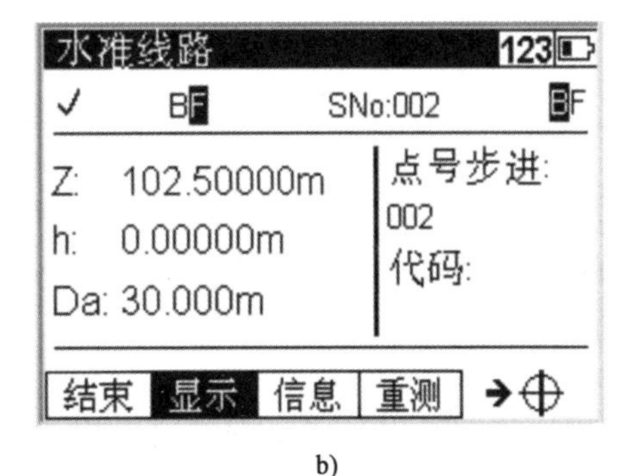

a)

b)

图 2-37　水准线路测量显示选项

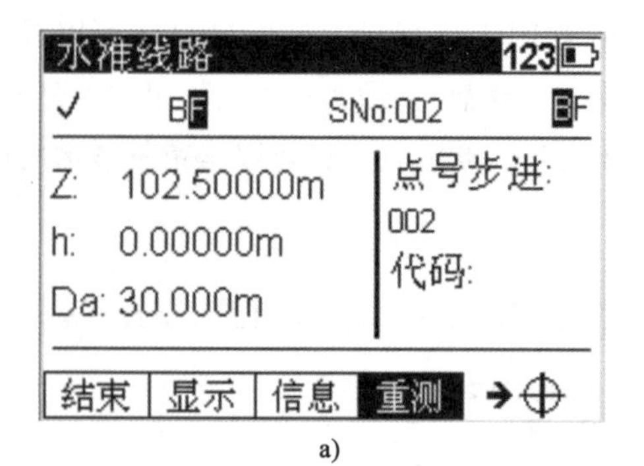

a)

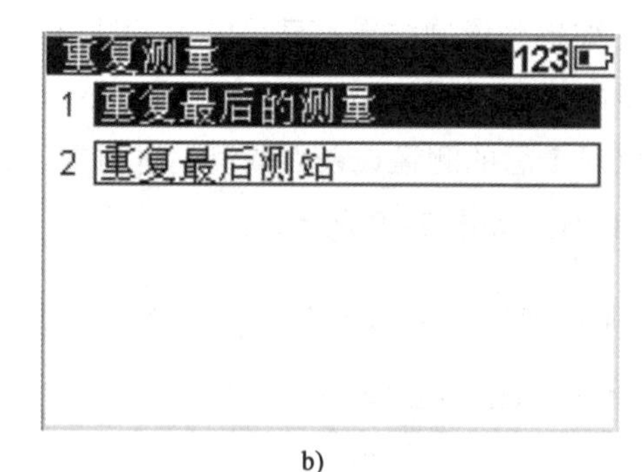

b)

图 2-38 水准线路测量重测选项

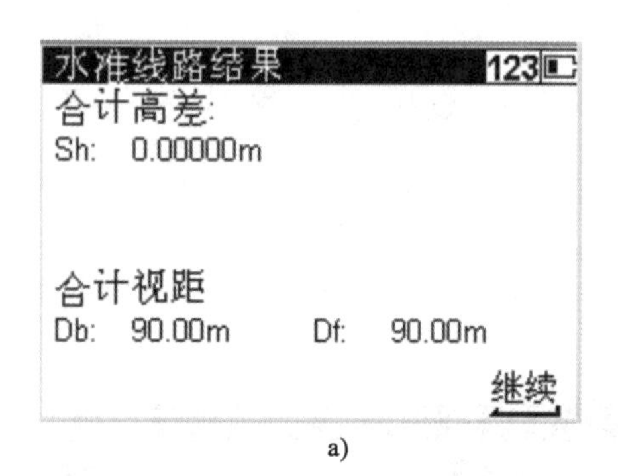

a)

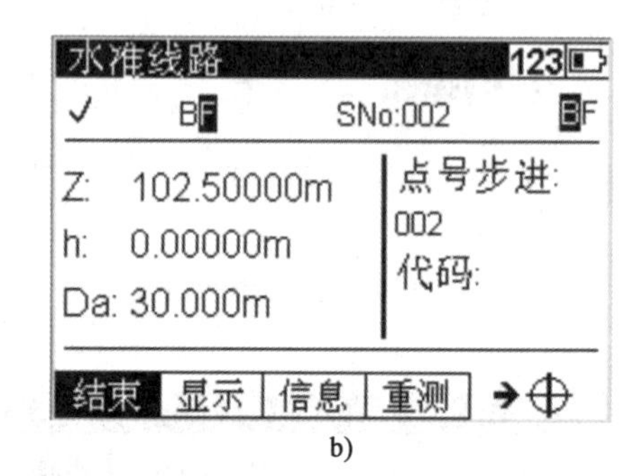

b)

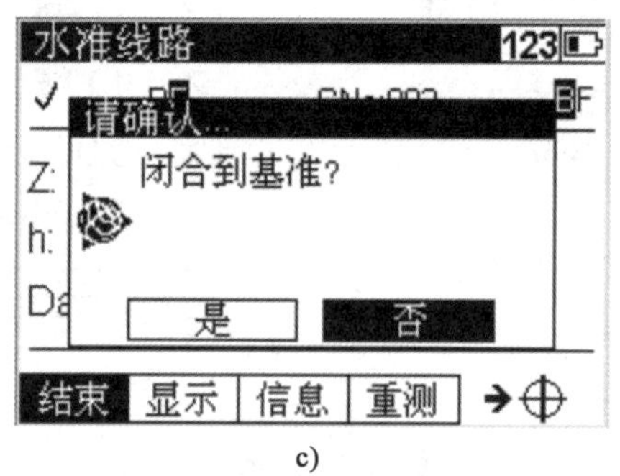

c)

图 2-39 水准线路测量结束选项

单元小结

水准测量的基本原理是利用水准仪所提供的水平视线,通过读取竖立在两个点上水准尺的读数,测定两点间的高差,从而由已知点高程推求未知高程,这是确定地面点高程的常用方法。本单元主要从以下几个方面进行叙述。

1)水准仪及其使用

本单元阐述了常用的DSZ3水准仪的使用。对于这部分内容,要在熟悉DSZ3水准仪构造的基础上,重点掌握水准仪的粗平、瞄准和读数的方法,这是水准测量的基本功,也是使用其他水准仪的基础。

2)普通水准测量的施测与内业计算

这是本单元的核心内容。水准测量的施测主要以观测的基本步骤、数据的记录计算和测量检核三个环节为主。内业计算的重点是搞清楚水准测量的高差闭合差的计算与调整。

3)水准仪的检验和校正

在正式作业前,必须对仪器进行全面检查、检验和校正,在了解水准仪应满足的几何条件的基础上,掌握圆水准器、十字丝、视准轴和补偿器的检验和校正方法。

4)水准测量的误差和注意事项

了解水准测量主要误差的来源,掌握消除或减少误差的基本措施,对于做好测量工作,提高测量精度具有重要意义。特别要注意保持前、后视距离相等,这样可以消减地球曲率、大气折光和视准轴不水平的影响。

【知识拓展】

精密水准仪和精密水准尺简介

1)精密水准仪

精密水准仪(DS_{05}、DS_1)主要用于国家一、二等水准测量和高精度的工程测量中,例如建(构)筑物的沉降观测、大型桥梁工程的施工测量和大型精密设备安装的水平基准测量等。如图 2-40 为徕卡新 N3 微倾式精密水准仪外形图,每千米往返测高差中数中误差 ±0.3mm。图 2-41 为其各部件名称图示。

图 2-40　徕卡新 N3 微倾式精密水准仪

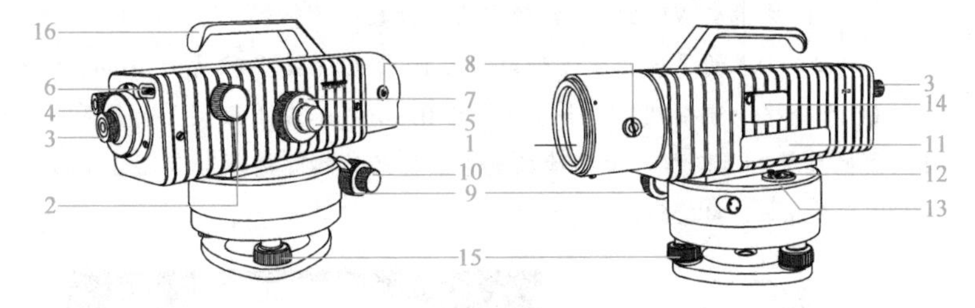

图 2-41　徕卡新 N3 微倾式精密水准仪结构部件

1-平板玻璃窗;2-物镜调焦螺旋;3-目镜;4-管水准气泡与测微尺观察窗;5-测微螺旋;6-微倾螺旋行程指示器;7-微倾螺旋;8-平板玻璃板旋转轴;9-制动螺旋;10-微动螺旋;11-管水准器照明窗;12-圆水准器;13-圆水准器校正螺丝;14-圆水准器观察装置;15-脚螺旋;16-手柄

精密水准仪与一般水准仪比较,其特点是能够精密地整平视线和精确地读取读数。

精密水准仪的特点如下:

(1)望远镜放大倍数大,分辨率高。放大倍数:$DS_1 \geq 38$ 倍;$DS_{05} \geq 40$ 倍。

(2)管水准器分划值为 10″/2mm,精平精度高。

(3)望远镜物镜有效孔径大,亮度好,十字丝的中丝刻成楔形,能较精确地瞄准水准尺的分划。

(4)视准轴与水准轴之间的联系相对稳定。精密水准仪均采用钢构件,并且密封起来,受温度变化影响小。

(5)具有光学测微器装置。可直接读取水准尺一个分格(1cm 或 0.5cm)的 1/100 单位(0.1mm 或 0.05mm),提高读数精度。

(6)配备精密水准尺。

2)精密水准尺

精密水准仪必须配有精密水准尺。尺长多为 3m,两根为一副。这种尺一般是在木质尺身凹槽内引张一根因瓦合金钢带,零点端固定在尺身,另一端用弹簧以一定拉力引张在尺身上。因瓦合金钢带不受尺身伸缩变形的影响,长度分划在因瓦合金钢带上。数字注记在木质尺身上,分划值有 10mm 和 5mm 两种。

图 2-42 精密水准尺

(1)一种是尺身上刻有左右两排分划,右边为基本分划,左边为辅助分划。如图 2-42a)所示为徕卡 N3 精密水准仪配套的精密水准尺。右边为基本分划,零点为 0m;左边为辅助分划,零点为 3.0155m。基辅分划差 K 为 3.01550m。

(2)另一种是尺身上两排均为基本划分,如图 2-42b)所示。其最小分划为 10mm,但彼此错开 5mm。尺身一侧注记米数,另一种侧注记分米数。尺身标有大、小三角形,小三角形表示半分米处,大三角形表示分米的起始线。这种水准尺上的注记数字比实际长度增大了一倍,即 5cm 注记为 1dm。因此使用这种水准尺进行测量时,要将观测高差除以 2 才是实际高差。

3)精密水准仪的操作方法

精密水准仪的操作方法与一般水准仪基本相同,只是读数方法有些差异。在水准仪精平后,十字丝中丝往往不恰好对准水准尺上某一整分划线,这时就要转动测微轮使视线上、下平行移动,十字丝的楔形丝正好夹住一个整分划线,被夹住的分划线读数为 m、dm、cm。此时视线上、下平移的距离则由测微器读数窗中读出 mm。

(1)徕卡新 N3 微倾式精密水准仪读数

旋转 N3 的平行玻璃板可以产生的最大视线平移量为 10mm,它对应测微尺上的 100 个分格。测微尺上 1 个分格等于 0.1mm,如在测微尺上估读到 0.1 分格,则可以估读到 0.01mm。将标尺上的读数加上测微尺上的读数就等于标尺的实际读数。如图 2-43 所示,读数(基本分划)为 148 + 0.655 = 148.655cm = 1.48655m。

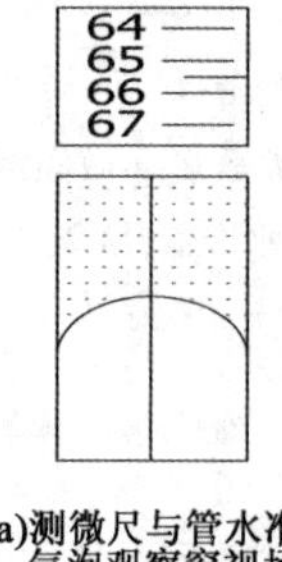

a)测微尺与管水准气泡观察窗视场

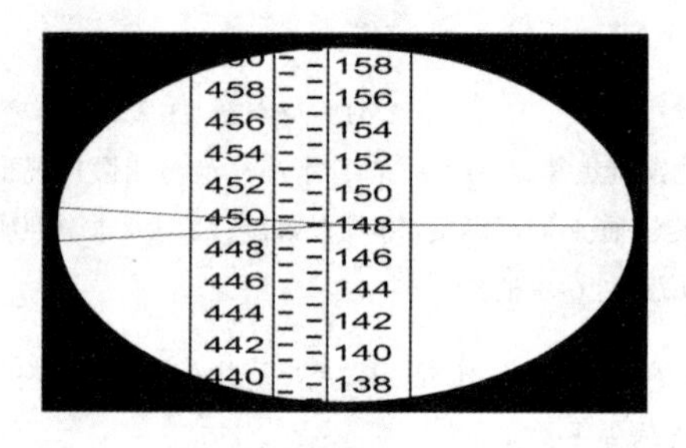

b)望远镜视场

图 2-43 精密水准仪读数

同上法读取辅助分划读数。基辅分划读数差应为 K 值（3.01550m），由于存在读数误差，基辅差与 K 的差数，应不超过国家相应规范的要求，如一等水准测量不准超过0.3mm。

(2) 国产 DS_1 型精密水准仪尺读数

国产 DS_1 型精密水准仪与分格值为5mm的精密水准标尺配套使用。如图2-44所示，在标尺上读数为1.98m，测微尺上读数为1.50mm，整个读数为1.98150m。

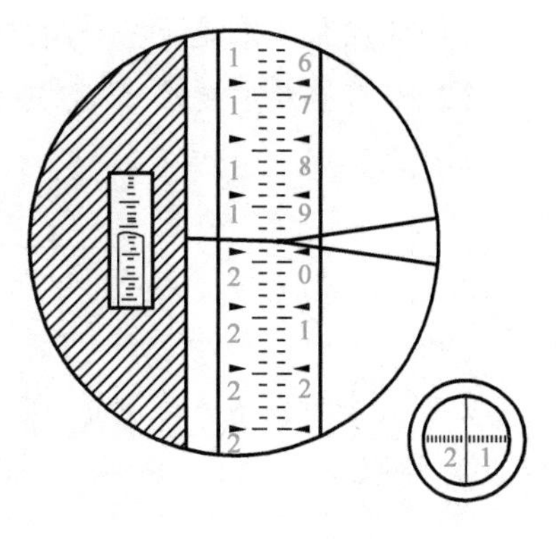

图2-44 精密水准仪读数

思考与练习题

2-1 什么是水准原点？什么是水准点？它们在测量中的作用是什么？

2-2 产生视差的原因是什么？怎样消除视差？

2-3 什么是后视点、后视读数？什么是前视点、前视读数？

2-4 水准仪的基本操作主要包括哪些内容？

2-5 什么叫转点？转点的作用是什么？

2-6 水准测量中测站检核的作用是什么？有哪几种方法？

2-7 什么是水准路线？水准路线一般布设成哪几种形式？

2-8 与普通水准仪比较，电子水准仪有何特点？

2-9 水准测量的主要误差来源有哪些？如何消除或消减其影响？

2-10 设 A 点为后视点，B 点为前视点，已知 A 点高程为67.563m。当后视中丝读数为0876，前视中丝读数为1456时，问 A、B 两点的高差是多少？B 点比 A 点高还是低？B 点的高程是多少？要求绘图说明。

2-11 已知水准点1的高程为47.251m。由水准点1到水准点2的施测过程及读数如图2-45所示。试填写记录表格并计算水准点2的高程。

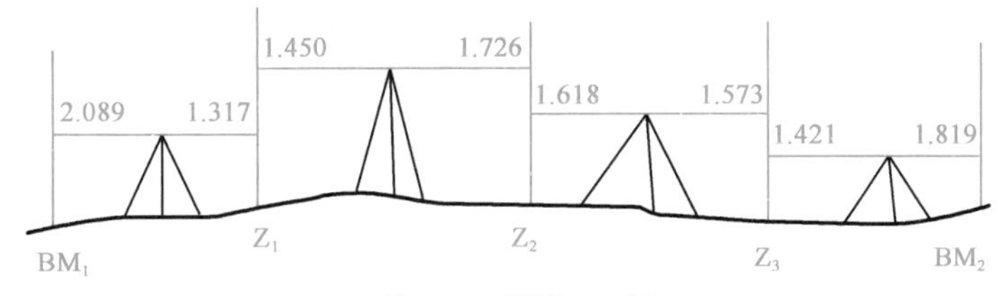

图2-45 习题2-11图

2-12 要求在铁路水准点 BM_1 与 BM_2 间增设3个临时水准点，已知 BM_1 的高程为214.216m，BM_2 的高程为222.450m，采用图根水准测量，各测段的高差和水准路线长度如图2-46所示。

(1)该测量成果是否符合精度要求?

(2)若符合精度要求,调整其闭合差,并求出各临时水准点的高程。

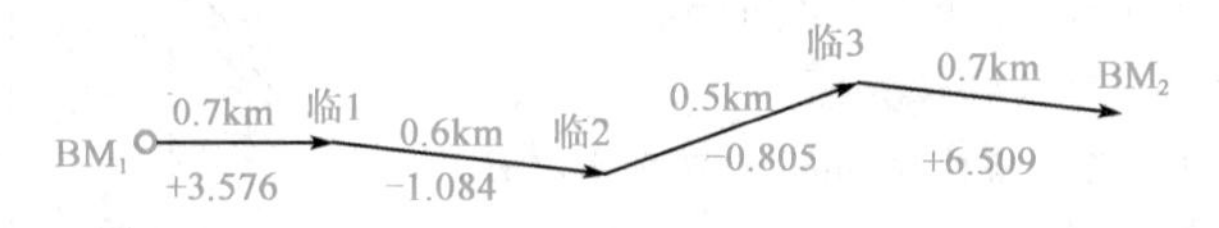

图2-46　习题2-12图

2-13　进行图根水准测量,某闭合水准路线的观测成果如图2-47所示,试列表计算各待定点的高程。

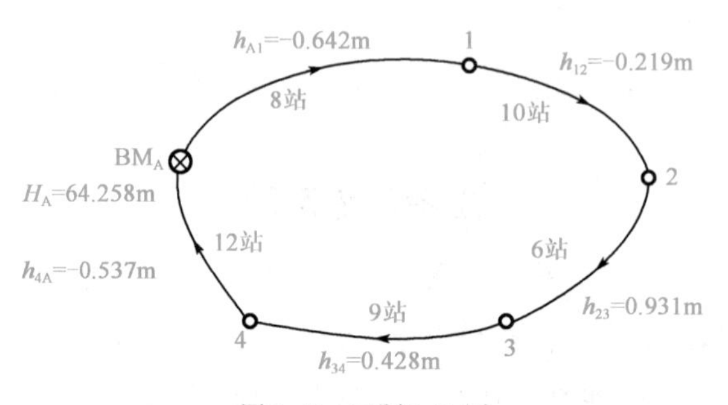

图2-47　习题2-13图

单元3　角 度 测 量

角度测量（软件）

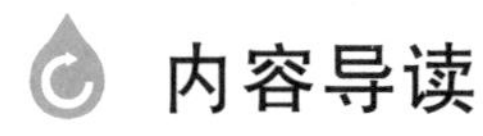

内容导读

在单元2我们学习了测量三项基本工作中的高差测量，掌握了如何通过水准仪来测量点与点之间的高差，从而求得未知点的高程。但仅仅求得一个点的高程，是不足以确定它的空间位置的。在本单元，我们继续学习第二项测量基本工作——角度测量。

知识目标：了解经纬仪的基本构造，掌握经纬仪的安置方法，掌握水平角与竖直角的观测、记录、计算方法，熟悉经纬仪的检验与校正方法，了解角度测量的误差来源及消减方法。

能力目标：熟练地进行经纬仪的对中整平，水平角及竖直角的测回法观测，掌握经纬仪的检验与校正方法。

素质目标：培养学生刻苦钻研、勇于实践的学习精神和执行力；培养学生认真负责、一丝不苟的工作作风。

3.1　角度测量原理

角度测量是确定地面点位的基本工作之一，它包括水平角测量和竖直角测量。测量水平角是为了确定地面点的平面位置，测量竖直角的目的是为了间接测定地面点的高程。常用的测量角度的仪器是经纬仪。

3.1.1　水平角测量原理

地面上某点到两目标的方向线铅垂投影在水平面上所成的角度，称为水平角，其取值为 0° ~ 360°。如图3-1所示，A、O、B为地面上高程不同的三个点，沿铅垂线方向投影到水平面P上，得到相应A_1、O_1、B_1点，则水平投影线O_1A_1与O_1B_1构成的夹角β，称为地面方向线OA与OB两方向线间的水平角。

为了测定水平角的大小，设想在O点铅垂线上任一处O'点水平安置一个带有顺时针均匀刻画的水平度盘，通过右方向OA和左方向OB各作一铅垂面与水平度盘平面相交，在度盘上截取相应的读数为a和b，则水平角β为右方向读数a减去左方向读数b，即

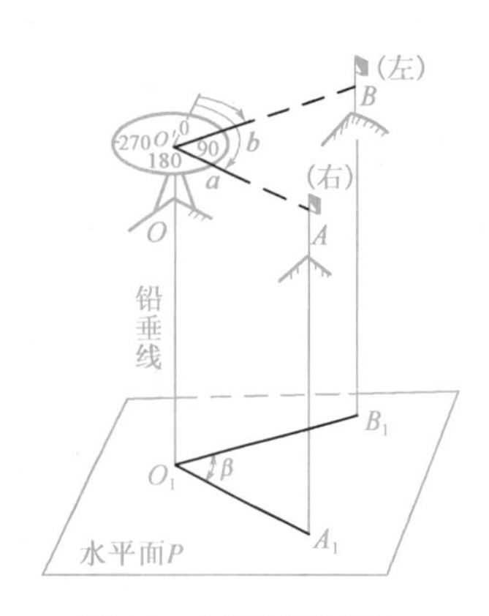

图3-1　水平角测量原理

$$\beta = a - b \tag{3-1}$$

3.1.2　竖直角测量原理

在同一竖直面内，地面某点至目标的方向线与水平视线间的夹角，称为竖直角。如图3-2所示，目标的方向线在水平视线的上方，竖直角为正（$+a$），称为仰角；目标的方向线在水平视线的下方，垂直角为负（$-a'$），称为俯角。所以垂直角的取值是 0° ~ ±90°。

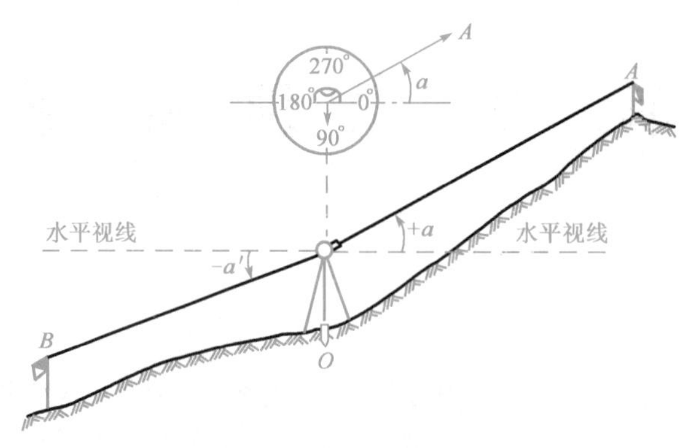

图 3-2　竖直角测量原理

同水平角一样,垂直角的角值也是垂直安置并带有均匀刻画的竖直度盘上的两个方向的读数之差,所不同的是其中一个方向是水平视线方向。对某一光学经纬仪而言,水平视线方向的竖直度盘读数应为 90°的整倍数,因此测量垂直角时,只要瞄准目标,读取竖直度盘读数,就可以计算出垂直角。

常用的光学经纬仪就是根据上述测角原理及其要求制成的一种测角仪器。

3.2　光学经纬仪及其使用

光学经纬仪类型较多,较常见的有 DJ_6 和 DJ_2 两种。D、J 分别是大地测量和经纬仪两个词的汉语拼音的第一个字母。"6""2"分别表示该类仪器水平角测量一测回方向中误差为 ±6″、±2″。鉴于工程现场实际已很少采用 DJ_6 型仪器,故本节着重介绍 DJ_2 级光学经纬仪的基本构造及使用方法。

经纬仪构造

(动画)

3.2.1　基本构造

光学经纬仪主要由基座、照准部、水平度盘三部分组成。图 3-3 为 DJ_2 经纬仪实物图片,图 3-4 为光学经纬仪的构造图示,图 3-5 为 DJ_2 光学经纬仪各部件名称图示。

图 3-3　DJ_2 光学经纬仪实物图

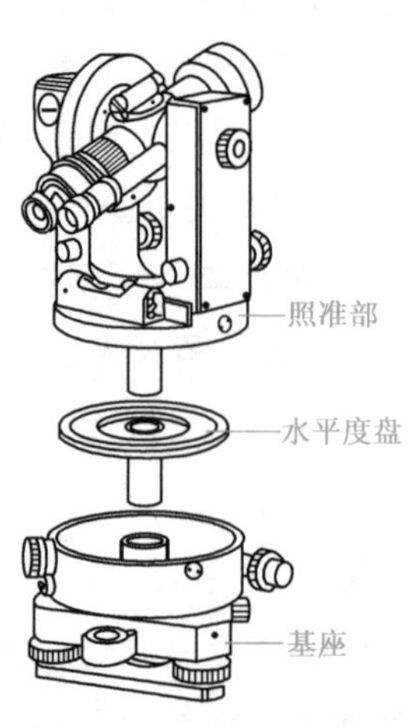

图 3-4　光学经纬仪的构造

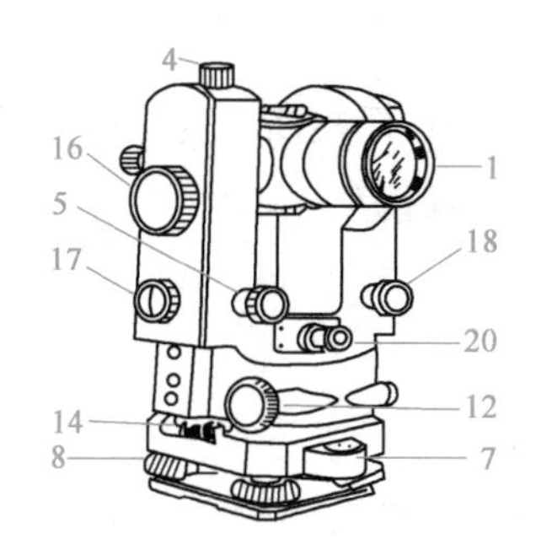

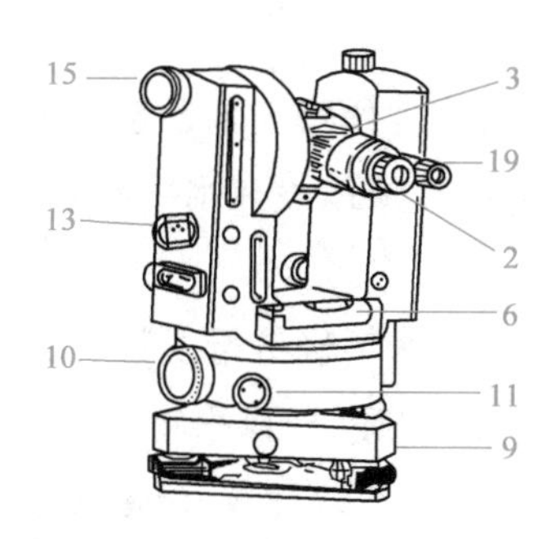

图3-5 DJ_2 光学经纬仪各部件名称

1-物镜;2-目镜调焦螺旋;3-物镜调焦螺旋;4-望远镜制动螺旋;5-望远镜微动螺旋;6-照准部水准管;7-圆水准器;8-脚螺旋;9-基座;10-水平度盘采光盘;11-水平制动螺旋;12-水平微动螺旋;13-符合水准器;14-水平度盘变换手轮;15-竖直度盘采光镜;16-测微轮;17-度盘光路转换螺旋;18-竖盘指标水准管微动螺旋;19-读数目镜;20-光学对中器

1)基座

基座支撑整个仪器的底部,起连接和调节作用。基座上有定平用的脚螺旋和连接三脚架的连接垫板,另外在基座一侧有一个固定螺旋,它是连接仪器和基座的螺旋,一般禁止松动该螺旋,以免仪器分离脱落后摔坏。

2)照准部

照准部是指经纬仪基座上部能绕竖轴旋转的全部部件的总称,主要有望远镜、竖直度盘、水准器、竖轴和读数设备等。照准部在水平方向的转动由水平制动、水平微动螺旋控制,微动螺旋只有在制动时才能起作用。

(1)望远镜

经纬仪的望远镜与水准仪的望远镜构造基本相同,也由物镜、目镜、调焦透镜、十字丝分划板组成。经纬仪望远镜为了测角,需要照准不同高低的目标,它可以随横轴作上下转动。望远镜在纵向的转动由望远镜制动、望远镜微动螺旋控制,微动螺旋只有在制动时才能起作用。

(2)竖直度盘

竖直度盘(简称竖盘)由光学玻璃制成,呈圆环状,盘上按0°~360°顺时针(或逆时针)刻画,每格为1°或30′。

(3)水准器

水准器是用来整平经纬仪的,它分为圆水准器和管水准器两种。圆水准器用于粗平仪器,管水准器用于精平仪器。

(4)光学对中器

光学对中器的构造如图3-6所示,它实际上是一个小型望远镜。为观测方便,望远镜是水平安置的。在它的物镜前面,有一块转向棱镜,使视线偏转90°,而与仪器竖轴中心线方向重合。当仪器竖轴铅垂时,从光学对中器中观察,如果地面标志的成像位于目镜分划板上圆圈中央,则说明仪器已经与地面标志对中。推拉目镜可进行物镜对光,旋转目镜则可进行分划板对光。

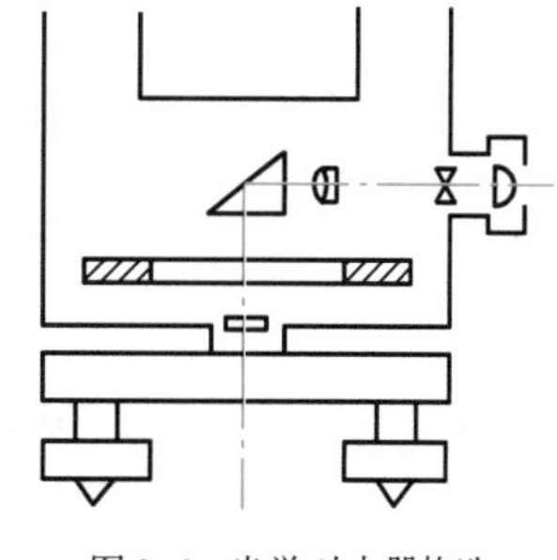

图3-6 光学对中器构造

(5)竖轴

照准部的旋转轴称为仪器竖轴。竖轴在照准部下面,插在筒状的轴座内,整个照准部可以绕竖轴在水平方向转动,所以设有水平制动螺旋和微动螺旋。

(6)测微轮

测微轮是经纬仪用来精确进行读数的装置。

(7)度盘光路转换螺旋(换像手轮)

DJ_2 型以及精度更高的经纬仪,通常在其读数窗中只能看到一个度盘(水平度盘或竖直度盘)的分划成像,当需要看另一个度盘的成像时,需要通过转动此螺旋来转换。

3)水平度盘部分

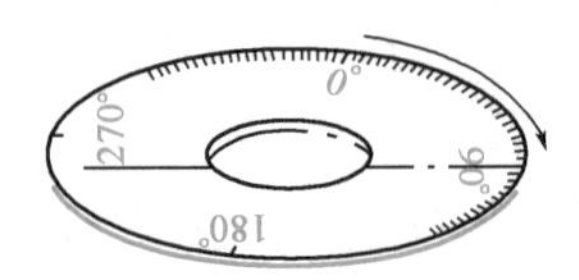

图3-7　水平度盘

如图3-7所示,水平度盘是用光学玻璃制成的圆环,圆环边缘顺时针刻有0°~360°的分划线,用以测量水平角。水平度盘的轴为空心,又称为外轴套。

DJ_2 拨盘机构是一种设置水平度盘读数位置的装置。在使用仪器进行观测的过程中,为了减少水平度盘刻画不均匀误差的影响,可以拨动度盘,使之在不同位置进行测角。以北京博飞仪器有限责任公司生产的 TDJ_2 型仪器为例,拨动时可先按手把,然后推进手轮,即可拨动水平度盘,把水平度盘的读数值配置为所规定的读数,拨完后轻按手把,手轮即自行弹起。

3.2.2　读数装置与读数方法

读数装置包括度盘、光路系统、读数显微镜和测微器等。水平度盘和竖盘上的分划线通过一系列透镜和棱镜成像显示在望远镜旁的读数显微镜内。不同精度、不同厂家生产的经纬仪,其基本构造是相同的,但测微装置及读数方法有所不同。DJ_2 型经纬仪都采用双平板玻璃测微器,也称对径符合读数装置,它具有以下特点:

(1)直接获取度盘对径相差180°处的两个读数的平均值作为瞄准方向的读数。此方法可消除照准部偏心误差的影响,提高了读数精度。

(2)因该读数目镜内只显示一个度盘读数,故在测量时应利用换像手轮使所读度盘与所测角度一致,即测竖直角用竖盘,测水平角用水平盘。

近年来,为使读数更加方便和不易出错,DJ_2 型经纬仪均采用光学数字化的方法。如图3-8所示,读数显微镜中的三个窗口分述如下:

①度盘注记窗口:显示度盘整度数及整10′数;

②对径线窗口:当对径线符合(上下线对齐)时,可读出该方向的正确读数;

③测微尺窗口:显示10′以下的分秒数,测微尺最小分划为1″,每隔10″有一注记。

具体读数方法:精确瞄准目标后,首先转动测微轮,使对径线符合(上下短线对齐),依次读取度盘注记窗口中的度数,整10′数及测微尺窗口中10′以下的分秒细数,将以上数值相加就得到整个读数。故其读数为:

①度盘上的度数:190°(度数均为3位数字,仅完整出现才可读取);

②度盘上整10′数:50′(5×10′,此处数字为0~5);

③测微尺上分、秒数:9′30.4″(估读到0.1″,或直接取舍为整数秒);

④完整读数为:190°59′30.4″。

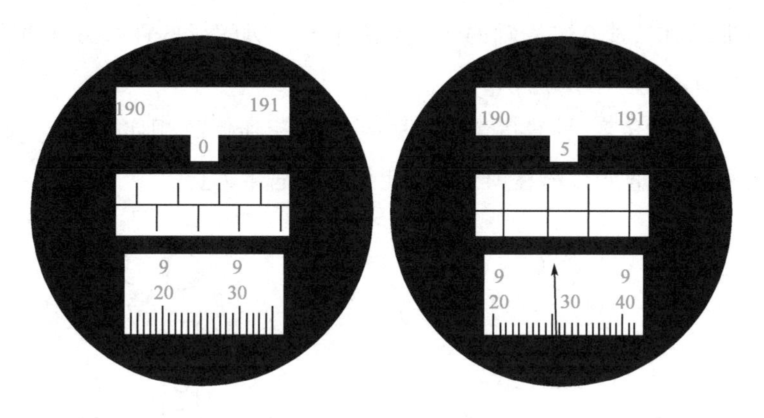

图3-8　DJ_2级光学经纬仪读数窗

3.2.3　经纬仪的安置

根据角度测量原理,在测角时应将经纬仪安置在角的顶点上(该点也称测站),使仪器中心与角顶点在同一铅垂线上,并使水平度盘水平。上述两项工作,前者叫对中,后者叫整平。对中、整平工作称为经纬仪的安置。对中的目的,是把经纬仪的中心安置在测站点的铅垂线上。整平的目的,是使仪器的竖轴处于铅垂位置,水平度盘处于水平位置。

经纬仪器基本操作(动画)

1)经纬仪的安装

打开三脚架腿,调节好其长度使脚架高度适合观测者的高度。张开三脚架,将其安置在测站上,使架头大致水平。从仪器箱中取出经纬仪放置在三脚架头上,并使仪器基座中心基本对齐三脚架头的中心,旋紧中心连接螺旋。

2)粗对中(平移架腿对中)

(1)移动脚架目估仪器中心大致在测站点的正上方。

(2)先转动对中器的目镜对光螺旋,使对中器中的分划板影像清晰,拉伸对中器,使地面测站点成像清晰。

(3)将一个脚架踩入土中固定,双手握住身体两侧的脚架,轻轻提起,眼睛一边观测测站点,一边慢慢移动这两条架腿,当测站点进入对中器分划板中心时,就轻轻收拢并放下架腿,同时注意架头大致水平,然后将这两个架腿踏实。

3)粗整平(伸缩架腿粗平)

一手卡住架腿,一手松开脚架的蝶形螺旋,调节架腿高度,使圆水准器气泡居中,然后拧紧蝶形螺旋。通常需要在两个架腿上反复调节。

4)精确整平(调节脚螺旋精平)

(1)转动照准部使水准管轴平行于任意两个脚螺旋的连线方向,如图3-9a)所示,两手以相反方向旋转这两个脚螺旋,使气泡居中。转动脚螺旋时应掌握左手大拇指转动的方向与气泡移动的方向一致这一原则。

(2)转动照准部90°,使水准管轴的方向与原来两个脚螺旋的连线方向垂直,再旋转另一脚螺旋,使气泡居中,如图3-9b)所示。

(3)回到图3-9a)的位置,检查气泡是否居中,如果有所偏离,则重新进行调节。

(4)这样反复调节,直到仪器在两个方向上气泡都居中为止。

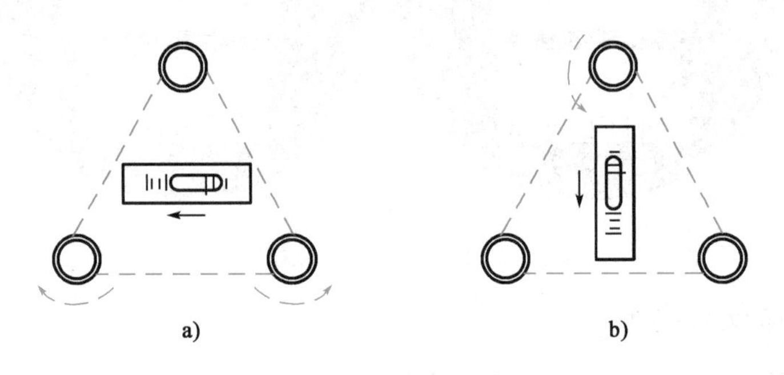

图3-9 精确整平

5)精确对中(平移仪器头对中)

松动仪器中心连接螺旋,眼睛一边观察对中器,一边在架头上双手移动仪器基座,使测站点和对中器中心重合,然后拧紧中心连接螺旋。在对中时应用双手压紧架头,以免在移动经纬仪时带动脚架,经纬仪移动时只能前后和左右移动,不能转动。精确对中后,勿忘拧紧中心连接螺旋。

旋转照准部,在相互垂直的两个方向检查水准管气泡的居中情况,若仍然居中,则仪器安置完成,否则应从上述的精平开始重复操作。

注意:对中容许偏差为1mm,整平容许偏差为1/4格。

3.3 测回法观测水平角

测回法是观测水平角的一种基本方法,通常用以观测两个方向之间的单角。

经纬仪测回法测水平角(动画)

如图3-10所示,为了测出∠ABC的角值,先安置经纬仪于角顶点B上,进行对中、整平,并在A、C两点竖立相应的照准标志,然后即可进行测角。

角度测量时瞄准的目标一般是竖立在地面点上的测钎、标杆、觇牌等,如图3-11所示。测水平角时,要用望远镜十字丝竖丝的单丝平分目标或用双丝夹住目标,如图3-12所示。

图3-10　测回法观测水平角

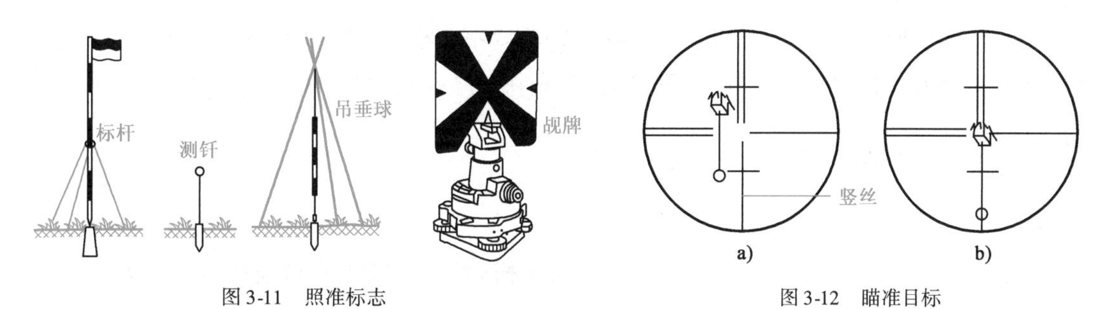

图3-11　照准标志　　　　图3-12　瞄准目标

测回法观测水平角步骤如下。

1)盘左位置(竖盘位于望远镜的左侧,也称为正镜)

松开照准部制动螺旋,顺时针旋转照准部,使望远镜瞄准左侧观测点 A,固定制动螺旋,旋转照准部微动螺旋和望远镜微动螺旋,使十字丝交点(或竖丝)精确瞄准 A 点(对光、消除视差),读取水平度盘读数,设为0°01′06″,记入记录表格内,见表3-1。

水平角观测记录(测回法)　　　　表3-1

测站	盘位	目标	水平度盘读数	半测回角值	一测回角值	备　注
B	左	*A*	0°01′06″	69°19′24″	69°19′18″	*B*—*A*, *B*—*C*
		C	69°20′30″			
	右	*A*	180°01′12″	69°19′12″		
		C	249°20′24″			

松开照准部制动螺旋(同时松开望远镜制动螺旋),按顺时针方向转动照准部,瞄准右侧观测点 C,固定制动螺旋,旋转微动螺旋,精确瞄准 C 点,读取水平度盘读数,设为69°20′30″,记入记录表格中。

则水平角等于右观测点读数减去左观测点读数,即

$$\beta_{左}=69°20'30''-0°01'06''=69°19'24'' \tag{3-2}$$

以上用盘左位置进行观测,称为上半个测回。为了消除仪器误差和提高测角精度,再用盘右位置(竖盘位于望远镜的右侧,也称倒镜)观测下半个测回。

2)盘右位置

先顺时针旋转照准部瞄准右观测点 C,读取水平度盘读数,设为 249°20′24″,记入记录表格中。再瞄准左侧观测点 A,读取水平度盘读数,设为 180°01′12″,记入记录表格中。

则水平角 $\beta_{右} = 249°20'24'' - 180°01'12'' = 69°19'12''$

以上用盘右位置进行观测,称为下半个测回,两个半测回合称为一个测回。

按照《铁路测量技术规则》的规定,用 DJ_2 型经纬仪测水平角时,两个半测回角值之差 $\Delta\beta$ 不超过 ±20″。若在此规定范围内,则取其平均值作为 β 角的观测结果。即

$$\beta = (\beta_{左} + \beta_{右})/2 \tag{3-3}$$

本例 $\Delta\beta = 12''$,精度合格。

$\beta = (69°19'24'' + 69°19'12'')/2 = 69°19'18''$

若两个半测回角值之差超过规定限值时,则精度不合格,需要重新观测。

在计算角 β 的值时,若被减数小于减数,应先将被减数加 360°,再相减。

3.4 竖直角观测

3.4.1 DJ_2 型经纬仪竖盘的构造特点

(1)竖盘与横轴固定连接在一起,竖盘盘面与横轴垂直,其中心与横轴中心重合,当望远镜上下转动时,竖盘跟着一起转动,竖盘上的刻度位置也在变化。

(2)竖盘的读数指标安置在竖直(或水平)位置上,它不受竖盘的影响,当竖盘随望远镜转动时,指标不动。根据指标线,可在竖盘上读取读数。

(3)采用了竖盘自动归零补偿器装置,就是在仪器竖盘光路中,悬挂一光学器件(补偿器)。当经纬仪有轻微倾斜时(在仪器整平的精度范围内),由于悬挂器件受重力作用,会自动调整光路,通过补偿器仍能读出正确的竖盘读数,称为自动归零。其基本原理与自动安平水准仪的补偿器装置原理相同,图 3-13 为竖盘自动归零补偿器结构图。

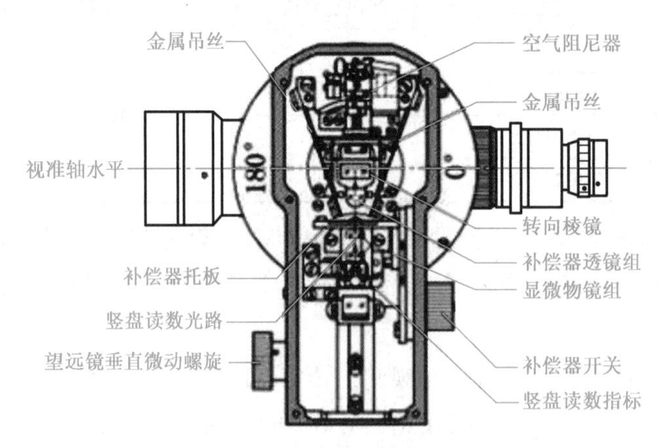

图 3-13 吊丝式竖盘指标自动归零补偿器结构图

仪器整平后,立即照准目标进行竖直角观测,并能直接读数。使用时,应旋转竖盘自动补偿器开关,使其处于打开状态,在转动时,可听到仪器内部有轻微的零件碰撞声,同时垂直读数

窗照明正常，补偿器处于工作状态。使用结束，应及时旋转自动补偿器开关，使其处于制动状态，以防损坏。自动归零装置是该仪器最为容易被损坏或失灵的部位，必须经常检查校正。

3.4.2　竖直度盘的注记形式和竖直角的计算公式

1）竖盘的注记形式

光学经纬仪的竖盘有全圆顺时针方向注记和全圆逆时针方向注记两种形式，如图3-14所示。逆时针方向注记的仪器已较少见了，此处不做介绍。全圆顺时针注记形式的度盘采用全圆式刻画，如图3-14a）所示，靠近目镜端为0°，顺时针方向增加。当视线水平时，盘左读数为90°，盘右读数为270°。

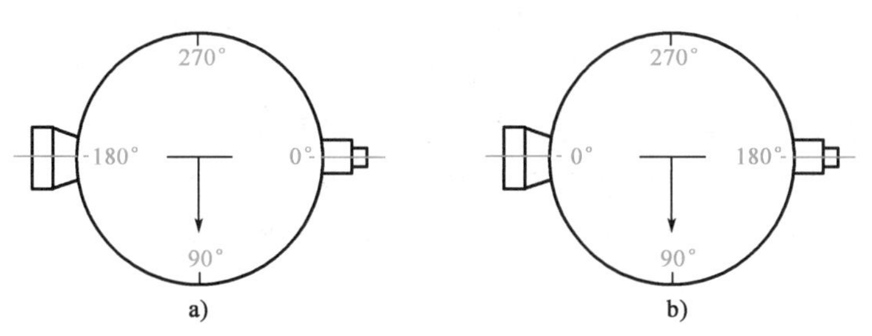

图3-14　竖盘的注记形式

2）竖直角的计算公式

以全圆顺时针类型的经纬仪为例。设 α_L 为盘左时观测的竖直角，α_R 为盘右时观测的竖直角，L 为盘左时观测点的竖盘读数，R 为盘右时观测点的竖盘读数。

（1）盘左

如图3-15a）所示，当视线逐渐抬高，竖盘读数随之减少，竖直角为仰角，角值为正值。竖直角的计算公式为

$$\alpha_L = 90° - L \tag{3-4}$$

当视线逐渐下俯时，竖盘读数随之增加，竖直角为俯角，角值应为负值，竖直角计算公式仍为式（3-4）。

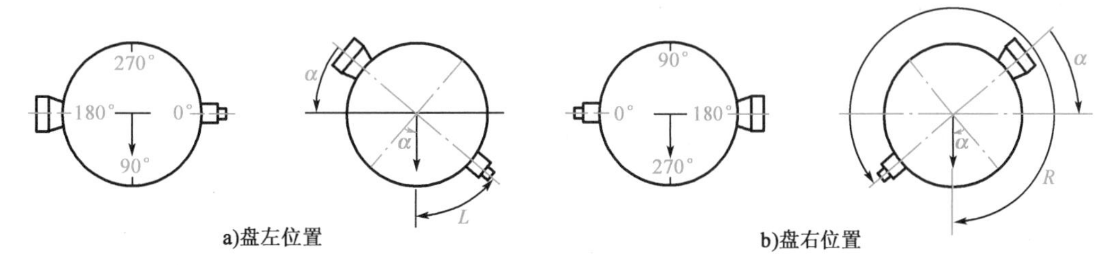

图3-15　竖直角计算

（2）盘右

如图3-15b）所示，竖直角计算公式为

$$\alpha_R = R - 270° \tag{3-5}$$

视线为仰角时，视线逐渐抬高，竖盘读数增大，竖直角值为“正”；当视线下俯时，竖盘读数

减少,竖直角值为"负"。

(3)计算平均竖直角 α

$$\alpha = \frac{1}{2}(\alpha_L + \alpha_R) \tag{3-6}$$

3.4.3 竖盘指标差

当视线水平(或竖盘已自动归零)时,竖盘指标应指在正确位置的读数上,如盘左 90°或盘右 270°。但因仪器在使用过程中受到振动,或者是制造上的不严密,使指标指向位置偏移,结果在视线水平、竖盘水准管气泡居中时指标所指的读数不是应读的正确读数,而与正确读数有一差值,此差值称为竖盘指标差,用 x 表示。指标偏移方向与竖盘注记方向一致时,x 为正;反之,若指标偏移方向与竖盘注记方向相反,则 x 值为负。

由于指标差的影响,使所测出的竖直角含有一个误差值 x。

如图 3-16 所示的全圆顺时针注记竖盘,经纬仪的竖盘存在指标差 x。当望远镜盘左位置瞄准目标时,如图 3-16 所示,读数中包含一个 x 值,正确的竖直角为:

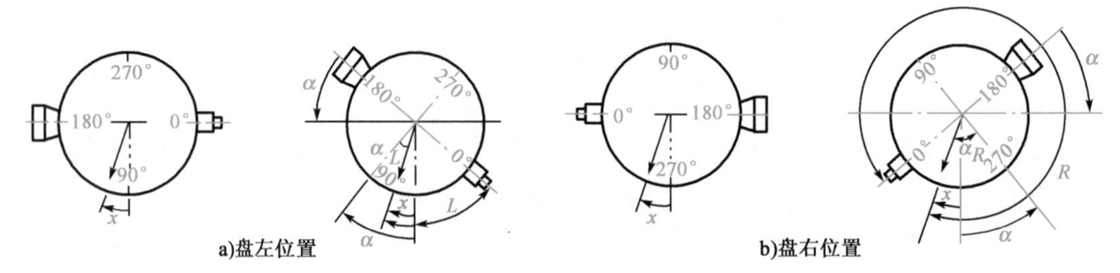

图 3-16 竖盘指标差

盘左位置,其正确的垂直角计算公式为

$$\alpha = 90° - L + x = \alpha_L + x \tag{3-7}$$

盘右位置,其正确的垂直角计算公式为

$$\alpha = R - 270° - x = \alpha_R - x \tag{3-8}$$

则竖直角的计算公式为

$$\alpha = \frac{1}{2}(\alpha_L + \alpha_R) = \frac{1}{2}(R - L - 180°) \tag{3-9}$$

将式(3-7)与式(3-8)相减,并除以 2,得到竖盘指标差的计算公式:

$$x = \frac{1}{2}(\alpha_R - \alpha_L) = \frac{1}{2}(L + R - 360°) \tag{3-10}$$

由此可知,用盘左、盘右测得竖直角的平均值,可以消除竖盘指标差 x 对所测竖直角的影响。

§例 3-1§ 用全圆顺时针注记竖盘的经纬仪观测一点 P,盘左与盘右测得的竖盘读数分别为 $L=95°22'00''$,$R=264°36'48''$,试计算竖直角值 α 和竖盘指标差 x。

解 由式(3-4)、式(3-5)知

$$\alpha_L = 90° - L = 90° - 95°22'00'' = -5°22'00''$$

$$\alpha_R = R - 270° = 264°36'48'' - 270° = -5°23'12''$$

由式(3-9)、式(3-10)得

$$\alpha = \frac{1}{2}(\alpha_L + \alpha_R) = \frac{1}{2}(-5°22'00'' - 5°23'12'') = -5°22'36''$$

$$x = \frac{1}{2}(\alpha_R - \alpha_L) = \frac{1}{2}(-5°23'12'' + 5°22'00'') = -36''$$

3.4.4　竖直角的测量方法

经纬仪在测站上对中、整平后,应用中横丝瞄准目标的特定位置,例如标杆的顶部或标尺上的某一位置。用全测回法测量,其步骤为:

1)盘左位置

以十字丝交点(或中横丝)精确瞄准目标的所需位置,打开竖盘自动归零补偿器开关,使补偿器处于工作状态,读竖盘读数 L。

2)盘右位置

倒镜使仪器转成盘右位置,以同样的方法再观测目标的同一位置,读出竖盘读数 R。每次的竖盘读数,均需及时报给记录者记入记录表中,见表3-2。

竖直角观测记录　　表3-2

测站	目标	盘位	竖盘读数	半测回角值	一测回角值	备　注
O	P	左	95°22′00″	−5°22′00″	−5°22′36″	$\alpha_L = 90° - L$ $\alpha_R = R - 270°$ $x = -36''$
		右	264°36′48″	−5°23′12″		

盘左半测回、盘右半测回合称为一个测回。

利用盘左、盘右观测读数,根据公式即可计算出竖直角 α。有时也可以只作盘左或盘右半个测回的观测,但必须进行指标差改正,计算出正确的竖直角。

竖直角的计算,可按表3-2所示步骤进行。备注中应注明竖盘注记形式或采用的计算公式,并注明指标差 x 值。

竖直角观测时,指标差互差的限差:DJ_2 型经纬仪不得超过 ±15″;超过该值,则应检查有无错误或仪器是否需要校正。

3.5　经纬仪的检验与校正

3.5.1　经纬仪的主要轴线及其应该满足的几何条件

如图3-17所示,经纬仪的主要轴线有视准轴CC、横轴HH、照准部水准管轴LL、竖轴VV。

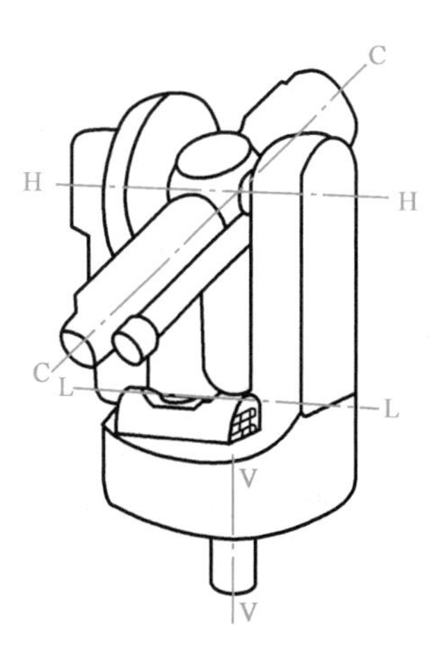

图3-17　经纬仪的主要轴线

从水平角及竖直角的测角原理得知,为满足测角需要,经纬仪的望远镜绕横轴旋转时,视线应形成一个铅垂的平面,竖丝也应在这个铅垂面内。为便于竖直角的计算,竖盘的指标差也应为零。为达到以上目的,经纬仪的主要轴线间就应满足一定的几何关系。

这些主要轴线应满足的条件为:

(1)照准部水准管轴应垂直于竖轴(LL⊥VV)。只有满足这个条件,当水准管气泡居中时,才能保证竖轴居于铅垂的位置。

(2)视准轴应垂直于横轴(CC⊥HH)。满足这个条件后,视准轴绕横轴旋转时,才能形成一个与横轴垂直的平面。

(3)十字丝竖丝应垂直于横轴(竖丝⊥HH)。即竖丝位于垂直横轴的平面内,当横轴水平时,竖丝位于铅垂面内。

(4)横轴应垂直于竖轴(HH⊥VV)。当仪器整平后横轴才能水平。视线绕其旋转所形成的平面才处于铅垂位置。

(5)为了对中时仪器中心能准确地对准地面标志点,还应满足光学对中器的视准轴与竖轴的旋转中心重合。

3.5.2 经纬仪检验与校正

1)照准部水准管的检校

(1)检校原理

如图3-18所示,如果照准部水准管轴LL与竖轴VV不垂直,而是相差α角,则用脚螺旋使气泡居中后,竖轴并不位于铅垂位置,其所偏离的角度即为α。将照准部平转180°后,由于竖轴的位置不动,所以水准管轴LL与水平位置构成了2α角,这个角就在气泡偏离中心的距离上表现出来。所以,在校正时,改正偏离距离的一半,即可达到理想关系。

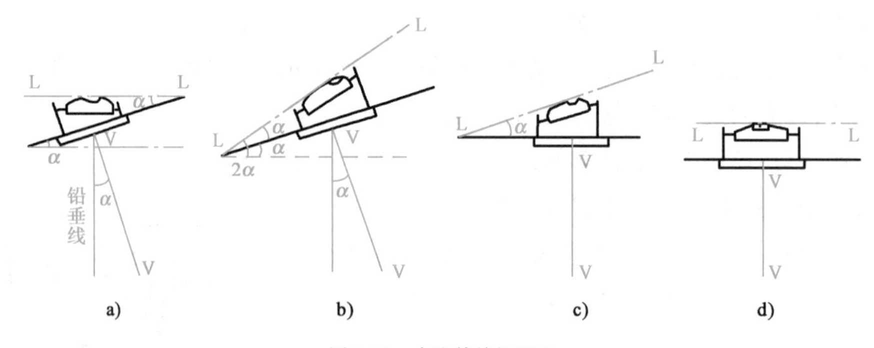

图3-18 水准管检校原理

(2)校正方法

经上述步骤检验,如气泡不居中时,转动脚螺旋,使气泡中点返回偏离零点格数的一半,此时竖轴处于铅垂位置,而水准管轴仍倾斜一个α角,需要校正水准管。用校正针拨动水准管一端的校正螺丝,使气泡居中,此时水准管轴处于水平位置,也垂直于竖轴。

重复上述检验、校正步骤,直至水准管气泡在任何位置都居中为止。

在仪器上若装配有圆水准器,也需要检验与校正,方法如单元2所述。也可以用已校正的长水准管先整平仪器，若圆水准器气泡不居中，可直接调整圆水准器下面的三个调整螺栓，使气泡居中。

2）十字丝竖丝的检校

（1）检校原理

如果十字丝的竖丝位于垂直横轴的平面内，当视准轴绕横轴旋转时，十字丝竖丝必然与视准轴移动的轨迹重合。如果不重合，则说明理想关系不满足。这时可以旋转十字丝分划板座，使其达到理想关系。

（2）检校方法

用十字丝竖丝的一端照准一个明显的固定点，将照准部制动后，转动望远镜微动螺旋，使视准轴上下移动，如果该目标始终位于竖丝上，说明理想关系满足，如图3-19a）所示。若移动视准轴使目标位于竖丝的另一端时，目标偏离了竖丝，则需要校正。校正时旋转十字丝分划板座，将竖丝调至偏移距离的一半，如图3-19b）中虚线所示，则理想关系得到满足。

十字丝分划板是安装在望远镜筒内靠近目镜的一端。将它的护盖拧下以后，则可看到四个固定螺栓，如图3-20所示。将四个固定螺栓稍稍松开，则十字丝分划板座即可转动。将十字丝转动至理想位置后，再检查一次，如果理想关系确已满足，就将固定螺栓旋紧，并拧上护盖。

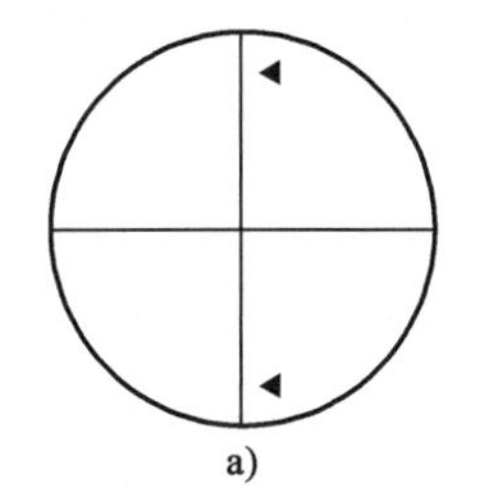

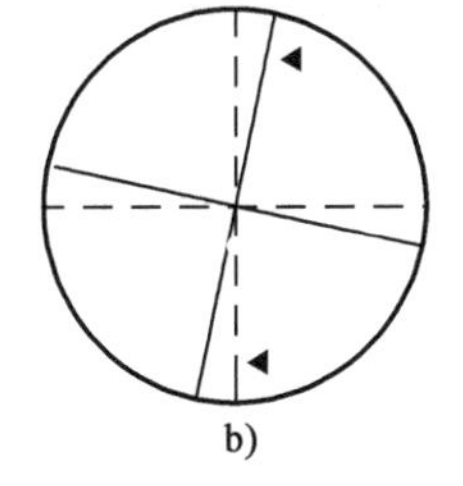

图3-19　十字丝竖丝检校

校正螺丝
压环螺栓

图3-20　分划板固定螺栓

3）视准轴的检校

（1）检校原理

视准轴检校的目的是使视准轴垂直于横轴。视准轴不垂直于横轴时，其偏离垂直位置的角值 c 称为视准轴误差或照准差。

如图3-21所示，如果视准轴垂直于横轴，则仪器在盘左位置先照准 A 点，然后望远镜倒转180°后，其视准轴方向必在 OA 的反向延长线上。当视准轴不垂直于横轴时，假设视准轴和横轴垂直方向的夹角为 c 值，则倒转望远镜后的视准轴方向必然偏离 OA 反向延长线方向 $2c$。为了能够准确判断是否有所偏离，还应该用盘右位置再次照准 A 点后，倒转望远镜。这样，两次倒转望远镜后，因其偏离方向相反，

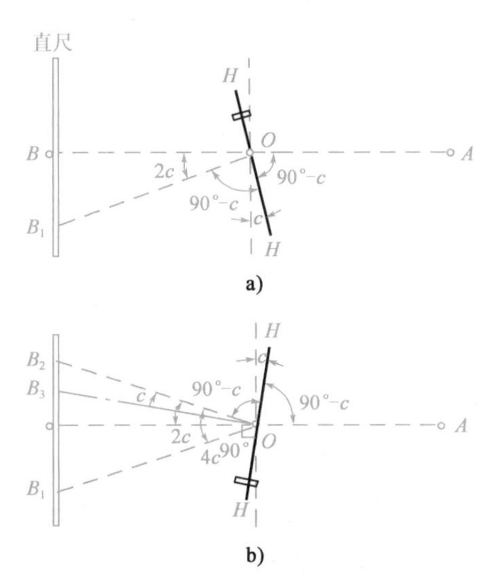

图3-21　视准轴的检验原理

两方向间构成 $4c$ 角。据此,可判断视准轴垂直于横轴这个条件是否满足,以及偏差的大小。

当检验出 c 角后,把视准轴改正 c 角,即可达到理想关系。

(2)检校方法

找一平坦场地架设仪器,距仪器 50~100m 选取一点插一测钎,作为 A 点的标志。在 B 点水平地横放一根水准尺,使尺身垂直于视线 OB,并尽可能与仪器同高。盘左位置瞄准 A 点后,固定照准部,松开望远镜制动螺旋,倒转望远镜,在 B 点水准尺上精确读取读数 B_1,如图 3-21a)所示。松开照准部再以盘右位置瞄准 A 点,固定照准部,再倒镜瞄准 B 点上的水准尺,读取读数 B_2,如图 3-21b)所示。如果 B_1、B_2 两个读数相同,则说明视准轴垂直于横轴,条件已满足,否则,应在 B_1B_2 间靠近 B_2 的 1/4 处(B_3)插一测钎,旋转图 3-20 中的左右两个校正螺旋,使其一松一紧,同时从目镜中观察十字丝交点移动情况,直至交点落在 B_3 点为止。校正好后,应将校正螺旋在保持十字丝交点位置不动的情况下拧紧。

4)横轴的检校

(1)检校原理

横轴检校的目的是使横轴垂直于竖轴。如果横轴不垂直于竖轴,视准轴绕横轴旋转所扫出的平面就不是铅垂面。在盘左、盘右照准同一高处的目标后,分别使视准轴水平,如果两盘位的视准轴方向不重合,就说明横轴不垂直于竖轴,需要抬高或降低横轴的一端,以达到两轴垂直的目的。

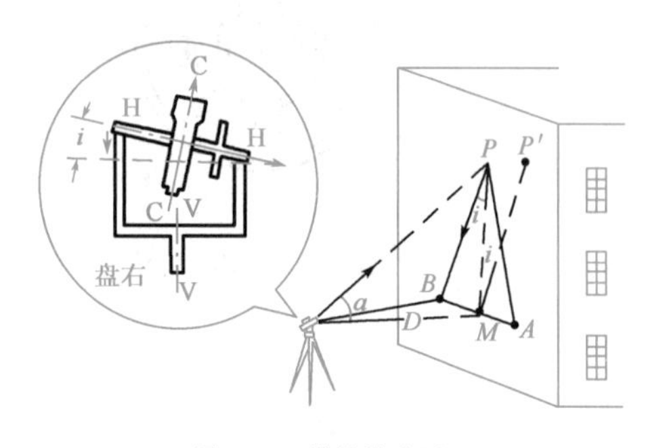

图 3-22　横轴检验原理

(2)检校方法

如图 3-22 所示,在一高建筑物的附近安置仪器。将仪器整平后,以盘左、盘右的位置分别照准高处的一个明显的点 P(要求该点的竖直角约为 30°左右),然后将视准轴放平,并在建筑物上标出视准轴水平时在其上的交点 A、B,如图 3-22 所示,若 A、B 两点不重合,说明理想关系没有满足,需要校正。

校正时,先使视准轴照准 A、B 的中点 M,然后抬高望远镜,此时视准轴必然不再瞄准 P 点,而是瞄准 P'。在照准部不动的条件下,抬高或降低横轴的一端,直至视准轴通过 P 点为止。该项校正需要在无尘的室内环境中,使用专用的平行光管进行操作,当用户不具备条件时,一般交由专业维修人员校正。

5)光学对中器的检校

(1)检校原理

检校的目的是使光学对中器视准轴与仪器竖轴的旋转中心重合。当光学对中器安装于照准部上时,如果这一关系满足,则旋转照准部时,视准轴在地面上照准的位置始终保持不变,否则在地面上的轨迹为一圆圈。由图 3-6 可知,构成这种情况的原因有二:一是直角棱镜的反射点不在竖轴的中心线上；二是棱镜的反射面与竖轴的中心线不成45°角。对于前一原因，其影响极微，一般可不做校正；对于后一个原因，则需校正棱镜的倾斜。

(2)检校方法

将仪器安置好后，在地面上铺一张白纸，根据对中器的视准轴在纸上标出一点。旋转照准部180°，再根据视准轴在纸上标出另一点，如果两点重合，说明理想关系满足。否则，应标出地面两点的中点位置，校正直角棱镜，直到视线落在中点上，理想关系才得到满足。

6)校正次序

上述各项校正，都不可能一次完成，而是需要反复数次，直至检查不出明显的误差为止。

各项校正的次序也不可随意颠倒，因此后一步校正是在前一步已经满足理想关系的前提下，才有可能校正到正确的位置。否则检验校正出来的误差，包含了其他误差的影响，其校正量将不准确。有些校正是校正同一部位，如竖丝及视准轴的校正，都需要校正十字丝分划板，其相互干扰是不可避免的。在这种情况下，就应把重要的校正放在后面。但有些校正的次序是任意的，如光学对中器的校正。

3.6 水平角测量的误差与注意事项

测量水平角的误差来源主要有仪器误差、观测误差及外界条件影响三个方面。

1)仪器误差

仪器误差主要包括仪器制造和检校后的剩余误差。仪器制造方面的误差，如度盘分划不均匀、水平度盘偏心误差等；仪器检校不完善的误差，如视准轴不垂直于横轴、横轴不垂直于竖轴、水准管轴不垂直于竖轴等。

采用盘左、盘右观测取平均值的方法，可以消除视准轴不垂直于横轴、横轴不垂直于竖轴、水平度盘偏心误差、竖盘指标差等误差影响。采用变换度盘位置观测取平均值的方法，可以减弱水平度盘分划不均匀的误差影响。仪器竖轴倾斜引起的水平角观测误差，无法用观测方法来消除。因此，在视线倾斜大的地区观测水平角，尤其当观测目标间高低相差较大时，要特别注意仪器的整平。

2)观测误差

观测误差是由于观测者的工作不够细心，或受人的观察器官限制而引起的误差。它主要包括测站偏心、目标偏心、照准误差及读数误差。

测站偏心是由于仪器对中不准造成的。仪器对中误差对水平角的影响与偏心距成正比，与测站点到目标的距离成反比。因此，当边长较短时，更应注意仪器的对中，把对中误差限制到最小的限度。

目标偏心是由于测站上所树立的观测标志不与地面点重合或没有竖直而引起的。目标偏心在一个方向上所产生的误差，与观测目标的高度及目标的倾斜角度成正比，而与边长成反比。因此，为减小这种误差，应尽量照准标杆的底部。

影响照准误差的因素有人眼睛的分辨力、望远镜的放大倍率、目标的大小及宽度、操作的仔细程度。人眼睛的最小分辨角一般为60″，经望远镜放大，则可达60″/v。v 为望远镜的放大倍率，一般为25～30倍，故分辨力为2″～2.4″，照准时应仔细地消除视差。如目标过小，则用十字丝竖丝的双丝对称地夹在中间；目标过大时，则应用单丝平分目标。

读数误差的大小，主要取决于读数设备的构造及操作的仔细程度。此外，也与光线的明亮程度及刻画与指标的影像是否位于同一平面有关。DJ_2 型经纬仪的读数误差可达±2″～±3″。

3）外界条件的影响

外界条件对测角的影响，其因素极为复杂。如松软的土壤和风力影响仪器的稳定；日晒和环境温度的变化引起管水准气泡的运动和视准轴的变化；太阳照射地面产生热辐射引起大气层密度变化带来目标影像的跳动；大气透明度低时目标成像不清晰；视线太靠近建筑物时引起的旁折光等。

这些因素都会给水平角观测带来误差。通过选择有利的观测时间，布设测量点位时注意避开松软的土壤和建筑物等措施，来削弱它们对水平角观测的影响。

单元小结

在本单元，我们主要学习了经纬仪测回法观测水平角和竖直角。在学习过程中应做到对水平角、竖直角的概念和测角原理深刻领会。经纬仪的安置（对中整平）是操作仪器的基本功，该环节做得好，可以大幅度地提高测量效率，必须勤练、巧练方可。对于经纬仪的检验校正，初学者重在检验。

经纬仪除普通光学经纬仪外，还有电子经纬仪和激光经纬仪等。不过，随着全站仪的出现及普及，电子经纬仪的电子测角功能和激光经纬仪的激光指向功能都可以由全站仪代替。因此，对电子经纬仪及激光经纬仪的使用在本单元不再叙述。

【知识拓展】

方向观测法

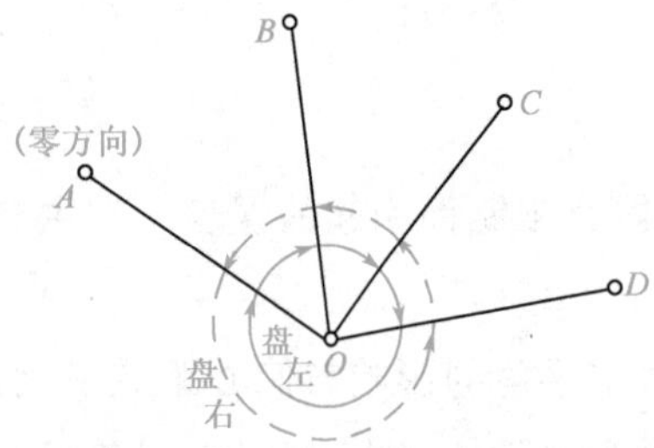

图3-23　方向观测法

1）方向观测法操作步骤

方向观测法又称全圆测回法，用于两个以上目标方向的水平角观测。如图3-23所示，设 O 为测站点，A、B、C、D 为观测目标，今用方向观测法观测各方向间的水平角，其操作步骤如下：

（1）将经纬仪安置于测站 O 点，对中、整平，在 A、B、C、D 等观测目标处竖立照准标志。

（2）盘左位置：先将水平度盘读数配置在稍大于0°处，选取远近合适、目标清晰的方向作为起始方向（称为零方向，本例选取 A 方向作为零方向）。瞄准零方向 A，水平度盘读数为0°00′06″，记入表3-3方向观测法记录手簿第4栏。

松开照准部水平制动螺旋，按顺时针旋转照准部，依次照准 B、C、D 各目标方向，分别读取水平度盘读数，记入表3-3第4栏。为了检查观测过程中度盘位置有无变动，最后再观测零方向 A，称为上半测回归零，其水平度盘读数为0°00′18″，记入表3-3第4栏，以上称为上半测回。

方向观测法观测记录表　　表 3-3

测站	测回	目标	水平度盘读数		$2c$ = 左 − (右 ± 180°)	平均读数 = [左 + (右 ± 180°)]/2	归零后的方向值	各测回归零方向值平均值
			盘左 (L)	盘右 (R)				
			(° ′ ″)	(° ′ ″)	(″)	(° ′ ″)	(° ′ ″)	(° ′ ″)
1	2	3	4	5	6	7	8	9
0	1	A	0 00 06	180 00 06	0	(0 00 09) 0 00 06	0 00 00	0 00 00
		B	31 45 18	211 45 06	+12	31 45 12	31 45 03	31 45 04
		C	92 26 12	272 26 06	+6	92 26 09	92 26 00	92 25 58
		D	145 17 39	325 17 36	+3	145 17 37	145 17 28	145 17 29
		A	0 00 18	180 00 06	+12	0 00 12	—	—
	2	A	90 02 30	270 02 24	+6	(90 02 24) 90 02 27	0 00 00	—
		B	121 47 36	301 47 24	+12	121 47 30	31 45 06	—
		C	182 28 24	2 28 18	+6	182 28 21	92 25 57	—
		D	235 20 00	55 19 48	+12	235 19 54	145 17 30	—
		A	90 02 24	270 02 18	+6	90 02 21	—	—

(3)盘右位置：先照准零方向 A，读取水平度盘读数为 180°00′06″，接着旋转照准部，按逆时针方向依次照准 D、C、B 各目标方向，分别读取水平度盘读数，由下向上记入表 3-3 第 5 栏。同样最后再照准零方向 A，称为下半测回归零，其水平度盘读数为 180°00′06″，记入表 3-3 第 5 栏，此为下半测回。

上、下半测回合称一测回。为了提高精度，有时需要观测 m 个测回，则各测回间起始方向(零方向)水平度盘读数应变换 $180°/m$。

2)方向观测法的计算

现就表 3-3 说明方向观测法记录计算及限差：

(1)计算上、下半测回归零差(即两次瞄准零方向 A 的读数之差的绝对值)

见表 3-3 第 1 测回上、下半测回归零差分别为 12″和 0″，半测回归零差的限差见表 3-4，本例归零差均满足限差要求。

方向观测法各项限差　　表 3-4

仪器级别	半测回归零差	各测回同方向 $2c$ 值互差	各测回同方向归零方向值互差
DJ_2	12″	18″	12″
DJ_6	18″	—	24″

(2)计算两倍视准轴误差 $2c$ 值

$$2c = L - (R \pm 180°) \tag{3-11}$$

式中：L——盘左读数；

R——盘右读数。

当盘右读数大于 180°时取“−”号，反之取“+”号。以第 1 测回 B 方向和 D 方向为例：

$$B\text{方向}\quad 2c = 31°45'18'' - (211°45'06'' - 180°) = +12''$$

$$D\text{方向}\quad 2c = 145°17'39'' - (325°17'36'' - 180°) = +3''$$

对同一测回,各方向的 $2c$ 值互差是衡量观测质量的一个重要指标。本例 B 方向和 D 方向的 $2c$ 值互差为 9″,各测回同方向 $2c$ 值互差限差见表 3-4。

(3)计算各方向的平均读数

$$\text{平均读数} = [\text{盘左读数} + (\text{盘右读数} \pm 180°)]/2 = [L + (R \pm 180°)]/2$$

由于零方向 A 有两个平均读数,故应再取平均值,填入表 3-3 第 7 栏上方小括号内,如第 1 测回括号内数值(0°00′09″) = (0°00′06″ + 0°00′12″)/2。各方向的平均读数填入第 7 栏。

(4)计算各方面归零后的方向值

将各方向的平均读数减去零方向最后平均值(括号内数值),即得各方向归零后的方向值,填入表 3-3 第 8 栏,注意零方向归零后的方向值为 0°00′00″。

(5)计算各测回归零方向值的平均值

本例表 3-3 记录了两个测回的测角数据,故取两个测回归零后方向值的平均值作为各方向最后成果,填入表 3-3 第 9 栏。在填入此栏之前应先计算各测回同方向的归零后方向值互差,其限差见表 3-4。

思考与练习题

3-1 什么是水平角?什么是竖直角?

3-2 光学经纬仪由哪几部分组成?经纬仪的制动螺旋和微动螺旋各有何作用?什么时候微动螺旋才会起作用?

3-3 对中整平的目的是什么?简述经纬仪安置方法。

3-4 经纬仪换像手轮起什么作用?

3-5 试述测回法测量水平角的操作步骤。

3-6 请整理表 3-5 中测回法测量水平角的成果。

水平角观测记录(测回法) 表 3-5

测站	盘位	目标	水平度盘读数	半测回角值	一测回角值	备 注
O	左	A	0°00′42″			
		B	185°33′12″			
	右	A	180°01′19″			
		B	5°34′06″			

3-7 为什么测水平角时要在两个方向上读数,而测竖直角只需要在一个方向上读数?

3-8 什么是竖盘指标差?怎样用竖盘指标差来衡量竖直角观测成果是否合格?

3-9 经纬仪有哪些主要轴线?经纬仪有哪些主要轴线?

3-10 在水平角观测中,采用盘左、盘右观测取平均值的方法,可以消除哪些仪器误差的影响?能否消除因仪器竖轴倾斜引起的水平角观测误差?

3-11 整理表 3-6 中竖直角的观测成果。

竖直角观测记录　　表3-6

测站	目标	盘位	竖盘读数	半测回角值	一测回角值	备　注
O	*P*	左	103°23′36″			
		右	256°35′00″			
O	*P*	左	82°47′42″			
		右	277°11′48″			

单元4 距离测量

内容导读

前面我们已经学习了高差、角度测量这两种基本的测量工作，为了确定点的空间位置，我们还必须学习第三项基本测量工作，即距离测量。本单元主要学习如何使用钢尺和经纬仪进行水平距离的测量。

知识目标：学会使用各种距离测量的工具，学会使用钢尺进行水平距离的测量并进行精度评定，学习视距法测量水平距离和高差的测量方法及记录计算，了解光电测距的原理和使用方法。

能力目标：熟练进行经纬仪定线、钢尺斜坡平量，熟练进行视距测量的观测、记录和计算。

素质目标：培养学生严谨的学习态度和工作态度，树立吃苦耐劳、爱岗敬业的职业精神。

距离测量的主要任务是测量水平距离。水平距离是指地面上两点垂直投影在同一水平面上的直线距离。

距离测量的方法有钢尺量距、视距测量、光电测距和GPS测量等。钢尺量距是用钢卷尺沿地面丈量距离；视距测量是利用经纬仪或水准仪望远镜中的视距丝及视距标尺按几何光学原理进行测距；光电测距是通过测定光波在测线两端点往返传播的时间来解算出距离；GPS测量时利用两台GPS接收机接收卫星发射的精密测距信号，通过解算得出两台GPS接收机之间的距离。本单元介绍钢尺量距、视距测量和光电测距三种常用的距离测量方法。

4.1 钢尺量距

4.1.1 钢尺量距的工具

普通量距工具主要有钢尺、测钎、标杆、垂球等，如图4-1所示。

1）钢尺

钢尺又称钢卷尺。为了保护钢尺及方便携带，钢尺都是卷放在圆盒内或是绕在架子上，如图4-1a）所示。钢尺是用薄钢带制成，尺宽1～1.5cm，长度有20m、30m、50m等几种。有的钢尺全长刻有厘米分划，只在尺端一分米内刻有毫米分划；有的钢尺全尺刻有毫米分划。钢尺在每分米及米的分划处均注有数字。由于钢尺的零点位置不同，又分为刻线式与端点式，如图4-2所示。

端点式钢尺如图4-2a）所示，是以钢尺的外端点为零点。刻线式钢尺如图4-2b）所示，在尺的起始端刻有一细线作为尺的零点。使用钢尺前应看清分划注记，确认零点位置后再使用。

2）测钎

用长30～40cm的粗铁丝制成，如图4-1b）所示。在丈量距离时，用它固定尺段端点位置和计算钢尺丈量的段数。此外，还可以用它作为照准的标志。

3)标杆

如图4-1c),所示全长2～3m,杆上涂以20cm红白相间的油漆,标杆下端装有铁尖脚,以便插在土中,作为测量标志。

4)垂球

用金属制成,如图4-1d)所示。在斜坡上丈量水平距离时,用于投射点位或在测站上对中时应用。

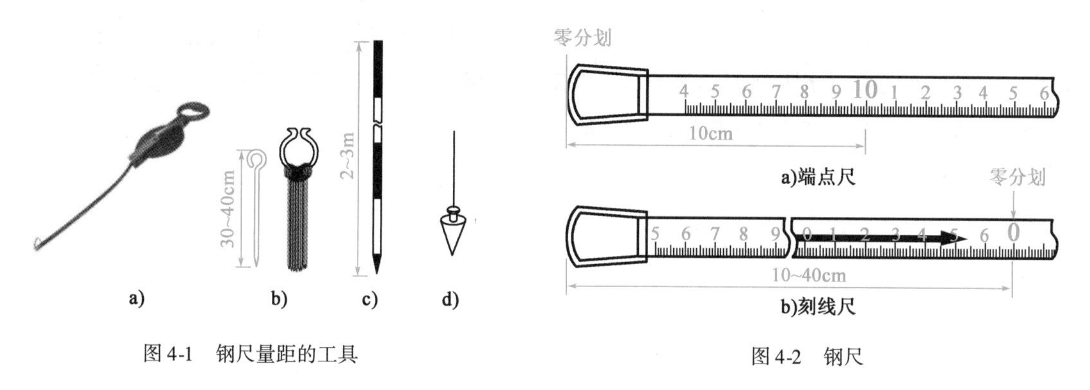

图4-1 钢尺量距的工具

图4-2 钢尺

4.1.2 直线定线

当距离较长时,一般要分段丈量。为了不使距离丈量偏离方向,通常要在直线方向上设立若干标记点(如插上标杆或测钎),这项工作称为直线定线。直线定线一般可采用下面两种方法:

1)目估法

如图4-3所示,设A、B两点互相通视,要在A、B两点的直线上标出分段点1、2点。先在A、B点上竖立标杆,甲站在A点标杆后约1m处,指挥乙左右移动标杆,直到甲从在A点沿标杆的同一侧看到A、2、B三个标杆成一条线为止,同法可以定出直线上的其他点。

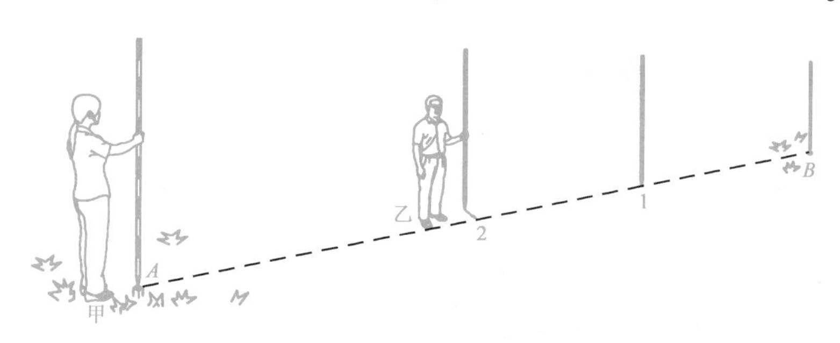

图4-3 目估法定线

2)经纬仪法

如图4-4所示,设A、B两点互相通视,将经纬仪安置在A点,用望远镜竖丝瞄准B点,制动照准部,上下转动望远镜,指挥在两点间某一点上的助手,左右移动标杆或测钎,直至标杆(测钎)像被竖丝所平分。经纬仪定线适用于钢尺的精密量距。

4.1.3 钢尺量距的一般方法

1）在平坦地面上丈量

要丈量平坦地面上 A、B 两点间的距离，其做法是：先在标定好的 A、B 两点立标杆，进行直线定线，然后进行丈量，如图 4-5 所示。丈量时后尺手拿尺的零端，前尺手拿尺的末端，两尺手蹲下，后尺手把零点对准 A 点，喊"预备"，前尺手把尺通过定线时做的记号，两人同时拉紧尺子，当尺拉紧后，后尺手观测到零点刚好在所标定的点上的同时喊"好"，前尺手同时对准尺的终点刻画将一测钎垂直插在地面上，这样就完成了第一个尺段的测量。

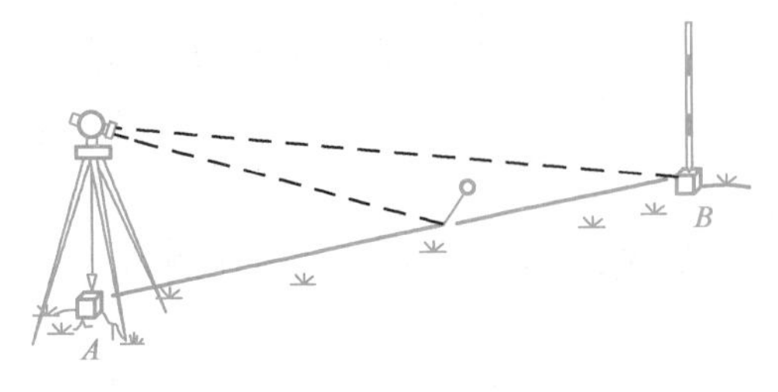

图 4-4 经纬仪定线

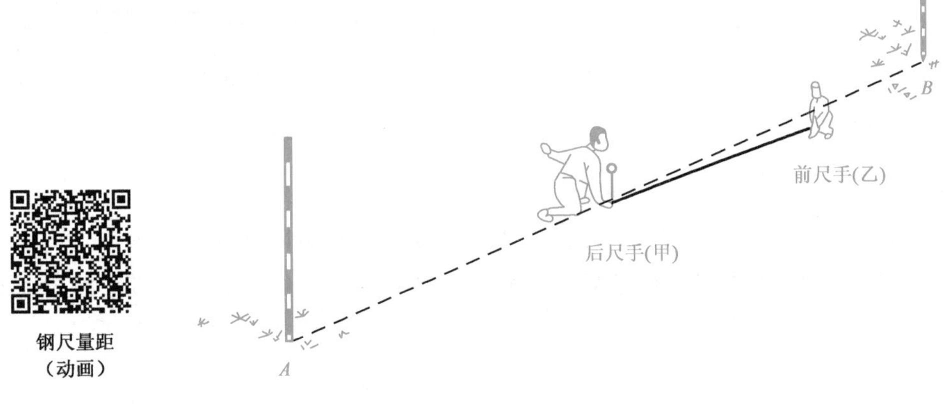

图 4-5 钢尺量距

用同样的方法，继续向前测量第 2 尺段、第 3 尺段、……、第 N 尺段。量完每一尺段时，后尺手必须将插在地面上的测钎拨出收好，用来计算量过的整尺段数。最后量不足一整尺的零尺段距离 Δl。

上述过程称为往测，往测的长度用下式计算：

$$D = nl + \Delta l \tag{4-1}$$

式中：l——整尺段的长度；

n——丈量的整尺段数；

Δl——零尺段长度。

接着再掉转尺头，用以上方法，从 B 点至 A 点进行返测，直至 A 点为止。然后再根据式（4-1）计算出返测的长度。

一般往返各丈量一次为一测回，在符合精度要求时，取往返距离的平均值作为丈量的测回值。记录计算见表 4-1。

2）在倾斜地面上丈量

当地面稍有倾斜时，可把尺一端稍许抬高，按整尺段依次水平丈量，此法称为斜坡平量法，如图 4-6a)所示。若地面倾斜较大,则使尺子一端靠高地点桩顶,对准端点位置,尺子另一端用垂球线仅靠尺子的某分划,将尺拉紧且水平。放开垂球线,使它自由下坠,其垂球尖端位置,即为低点桩顶,然后量出两点的水平距离,如图 4-6b)所示。

距 离 丈 量　　表 4-1

次数＼直线	*A-B*	
	往　测	返　测
1	30	30
2	30	30
3	30	30
4	30	30
5	30	30
6	18.768	18.726
Σ	$D_{往}=168.768$	$D_{返}=168.726$
较差	$\Delta D=0.042$	
精度	$K=\frac{0.042}{168.747}=\frac{1}{\frac{168.747}{0.042}}=\frac{1}{4018}<\frac{1}{2000}$(合格)	
平均	$D_{平均}=168.747$	

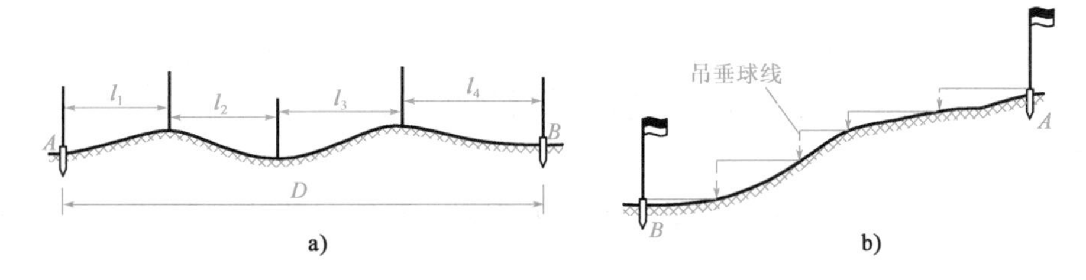

图 4-6　在倾斜地面丈量水平距离

在倾斜地面上丈量,仍需往返进行,在符合精度要求时,取其平均值作为丈量结果。

3)丈量成果精度评定

为提高测量精度,距离丈量要求往返测量。用往返丈量距离差 ΔD 与平均距离 $D_{平均}$ 之比来衡量它的精度,此比值用分子为 1 的分数形式来表示,称为相对误差 K,即

$$\Delta D = D_{往} - D_{返}$$

$$D_{平均} = \frac{1}{2}(D_{往} + D_{返})$$

$$K = \frac{|\Delta D|}{D_{平均}} = \frac{1}{\frac{D_{平均}}{|\Delta D|}} \tag{4-2}$$

一般情况下,普通量距要求相对误差 $K \leqslant 1/2000$,如果超限应重新丈量。若相对误差在规定范围内,取往返平均值作为最后观测结果。

§例4-1§ 丈量一直线段,$D_{往}=168.768\text{m}$,$D_{返}=168.726\text{m}$。试计算该直线的长度,并检验是否合乎精度要求。

解 $\Delta D=168.768-168.726=0.042\text{m}$

$$D_{平均}=\frac{1}{2}(D_{往}+D_{返})=168.747\text{m}$$

$$K=\frac{0.042}{168.747}=\frac{1}{\frac{168.747}{0.042}}\approx\frac{1}{4018}$$

$$K=\frac{1}{4018}<\frac{1}{2000}(\text{精度合乎要求})$$

4.1.4 钢尺量距注意事项

1)影响量距成果的主要因素

(1)尺身不水平

钢尺量距时,尺身不水平或中间下垂而成曲线时,会使量得的长度比实际长度长。例如用30m钢尺量距,当尺身两端的高差为0.4m时,距离误差约为3mm。所以要求在钢尺量距时要特别注意把尺身抬平,整尺段悬空时,中间应有人托住钢尺,否则将产生垂曲误差。

(2)定线不直

定线不直使丈量沿折线进行,其影响和尺身不水平的误差一样,当尺长为30m时,其误差也为3mm,在实测中,只要认真操作,目估定线偏差也不会超过0.1m,丈量误差较小。在起伏较大的山区,或直线较长、精度要求较高时应用仪器定线。

(3)拉力不均

钢尺在丈量时所受拉力应与检定时的拉力相同。若拉力变化±2.6kg,尺长将改变±1mm,故一般丈量中只要保持拉力均匀即可。

(4)对点和投点不准

丈量时用测钎在地面上标志尺端点的位置,若前、后尺手配合不好,插钎不准,很容易造成3~5mm的误差,若在倾斜地区丈量,用垂球投点,误差可能更大。在丈量中应尽力做到对点准确、配合协调,尺要拉稳,测钎应直立,投点时要把垂球扶稳。

(5)丈量中常出现的错误

主要有认错尺的零点和注字,例如6误认为9;读尺时,由于精力集中于小数而对分米、米有所疏忽,或把数字读错、读颠倒;记录员听错、记错等。为防止错误就要认真核对,提高操作水平,加强工作责任心。

2)注意事项

(1)丈量距离会遇到地面平坦、起伏或倾斜等各种不同的地形情况,但不论何种情况,丈量距离都有三个基本要求:直、平、准。直:就是要丈量两点间的直线长度,不是折线或曲线长度,为此定线要直,尺要拉直;平:就是要量两点间的水平距离,要求尺身水平,如果量取斜距也要改算成水平距离;准:就是对点、计算要准,丈量结果不能有错误,并符合精度要求。

(2)丈量时,前后尺手要配合好,尺身要置水平,尺要拉紧,用力要均匀,投点要稳,对点要准,尺稳定时再读数。

(3)钢尺在拉出和收卷时,要避免钢尺打卷。在丈量时,不要在地上拖拉尺,更不要扭折,防止行人踩踏和车压,以免折断。

(4)尺子用过后,要用软布擦干净,涂以防锈油,再卷入盒中。

4.2 视距测量

视距测量是一种间接测距方法,它利用望远镜内十字丝分划板上的视距丝在刻有厘米分划的标尺上截取读数,应用三角公式来计算两点间的水平距离和高差。视距法测距相对误差约为1/200~1/300,低于钢尺量距;测定高差的精度低于水准测量。视距测量广泛用于地形测量的碎部测量中。

4.2.1 视距测量的计算公式

1)望远镜视线水平时测量水平距离和高差的计算公式

如图4-7所示,测地面M、N两点的水平距离和高差。在M点安置仪器,在N点竖立视距尺,当望远镜视线水平时,水平视线与标尺垂直,中丝读数为v,上、下视距丝在视距尺上A、B的位置读数之差为视距间隔,用L表示。

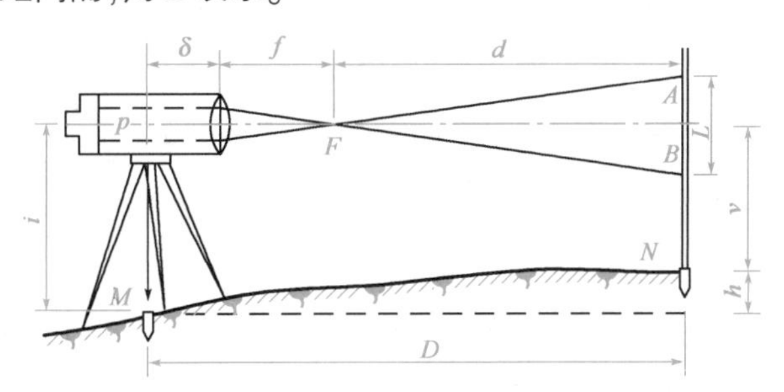

图4-7 视距测量原理

(1)水平距离的计算公式

设仪器中心到物镜中心的距离为δ,物镜焦距为f,十字丝上、下丝间隔为p,物镜焦点F到N点的距离为d。由图4-7可知M、N两点间的水平距离为$D=d+f+\delta$。根据图中相似三角形成比例的关系得两点间水平距离D为

$$D=\frac{f}{p}\times L+f+\delta \tag{4-3}$$

式中:$\frac{f}{p}$——视距乘常数,用K表示,其值在设计中为100;

$f+\delta$——视距加常数,仪器设计为0(内对光)。

则视线水平时水平距离公式为

$$D = KL \tag{4-4}$$

(2)高差的计算公式

当地面两点起伏不大,水平视线能够读出中丝读数 v 时,M、N 两点间的高差 h 为

$$h = i - v \tag{4-5}$$

式中:i——仪器高,地面点至仪器横轴中心的高度;

v——中丝读数。

2)望远镜视线倾斜时测量水平距离和高差的计算公式

当视准轴倾斜时,由于视线不垂直视距尺,所以不能直接应用式(4-4)、式(4-5)计算水平距离和高差。如图4-8所示,下面介绍视准轴倾斜时水平距离和高差的计算公式。由于 φ 角很小,约为34′,所以有 $\angle MO'M' = \alpha$,也即只要将视距尺绕与望远镜视线的交点 O' 旋转图示的 α 角后就能与视线垂直,并有 $l' = l\cos\alpha$。

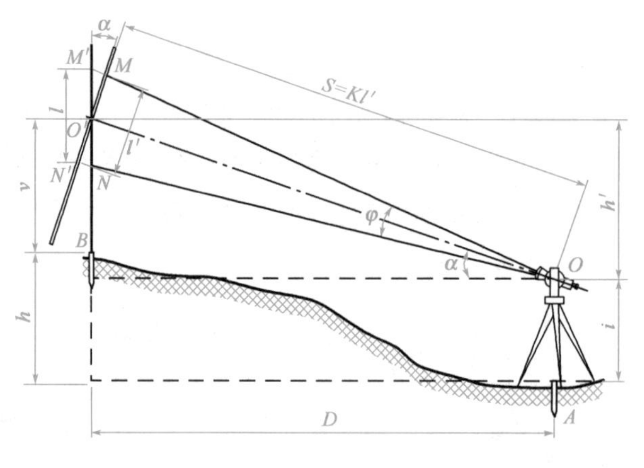

图4-8 视距测量原理

则望远镜旋转中心 O 与视距尺旋转中心 O' 之间的视距为:$S = Kl' = Kl\cos\alpha$,因此求 A,B 两点间的水平距离可用式(4-6),两点高差公式为式(4-7)。

$$D = S\cos\alpha = Kl\cos^2\alpha \tag{4-6}$$

$$h = D\tan\alpha + i - v \tag{4-7}$$

为了计算简便,实际工作中,通常使中丝照准视距尺上与仪器同高处,使 $i = v$。则上述计算高差的公式简化为

$$h = D\tan\alpha \tag{4-8}$$

4.2.2 视距测量的计算

§例4-2§ 已知视距测量时,上丝读数1.982m,中丝读数 $v = 1.320$m,下丝读数0.659m,竖盘读数为87°12′36″(盘左仰视),仪器高 $i = 1.415$m,问:①水平距离 D 是多少?高差 h 是多少?②若测站点高程为500.000m,则立尺点高程 H 是多少?

解 ①$l = 1.982 - 0.659 = 1.323$m

$\alpha = 90° - 87°12'36'' = 2°47'24''$

$D = Kl\cos^2\alpha = 100 \times 1.323\cos^2 2°47'24'' = 131.986\text{m}$

$h = D\tan\alpha + i - v = 131.986\tan 2°47'24'' + 1.415 - 1.320 = 6.527\text{m}$

②$H = 500.000 + 6.527 = 506.527\text{m}$

4.3 视距测量误差及注意事项

影响视距测量精度的因素很多，其中主要有视距尺倾斜误差和读数误差。

4.3.1 水准尺倾斜误差

视距公式是在视距尺铅垂的条件下推得的，视距尺倾斜对视距测量的影响与竖直角的大小有关，竖直角越大对视距测量的影响越大，特别是在山区测量时，应尽量扶直水准尺。

4.3.2 读数误差的影响

用视距丝在水准尺上读数的误差是影响视距测量精度的主要因素。读数误差与水准尺最小分划的宽度、距离远近、望远镜的放大倍率及成像的清晰程度等因素有关。所以在作业时，应使用厘米刻画的标尺，根据测量精度限制最远视距，使成像清晰，消除视差，读数要仔细。

4.4 光电测距

光电测距是以光波作为载波，通过测定光波在测线两端点间往返传播的时间来测量距离，与传统的钢尺量距相比，具有测程远、精度高、作业速度快和受地形限制少等特点。现在光电测距已成为距离测量的主要方法之一。

测距仪一次所能测的最远距离称为测程。光电测距仪按其测程可分为短程光电测距仪（2km 以内）、中程光电测距仪（3 ~ 15km）和远程光电测距仪（大于 15km）；按其采用的光源可分为红外测距仪和激光测距仪等。图 4-9 为国产 ND3000 红外相位式测距仪。

4.4.1 光电测距的基本原理

如图4-10 所示，欲测 A、B 两点的距离，在 A 点置测距仪，在 B 点置反射棱镜。由测距仪在 A 点发出的测距电磁波信号至反光镜经反射回到仪器。如果电磁波信号往返所需时间为 t，设信号的传播速度为 c，则 A、B 之间的距离为

图 4-9　ND3000 红外测距仪

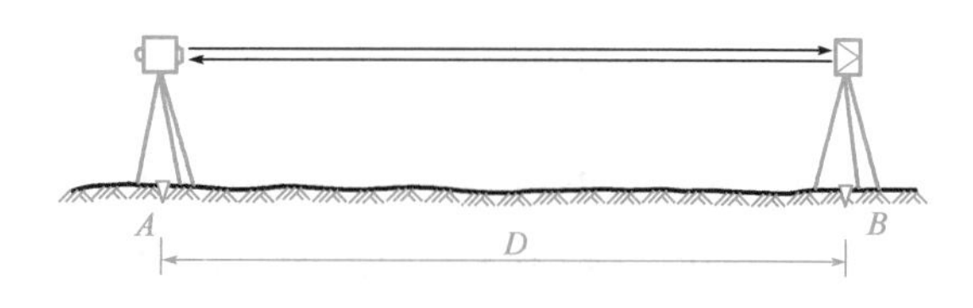

图 4-10　光电测距的基本原理

$$D = \frac{1}{2}ct \tag{4-9}$$

式中:c——电磁波信号在大气中的传播速度,其值约为 3×10^8m/s。

由此可见,测出信号往返 A、B 所需时间,即可测量出 A、B 两点的距离。

由式(4-9)可以看出测量距离的精度主要取决于测量时间的精度。在电子测距中,测量时间一般采用两种方法:直接测时和间接测时。对于第一种方法,若要求测距误差 $\Delta D\leqslant10$mm,则要求时间 t 的测定误差 $\Delta t\leqslant2/3\times10^{-10}$s,要达到这样的精度是非常困难的。因此,对于精密测距,多采用后者。目前用得最多的是通过测量电磁波信号往返传播所产生的相位移来间接测时,即相位法。

4.4.2 测距仪使用简介

测距仪一般要与经纬仪(光经或电经)组合起来使用,如图 4-11 所示,图 4-12 为配合测距使用的反射棱镜,以下简介光电测距仪的操作使用。

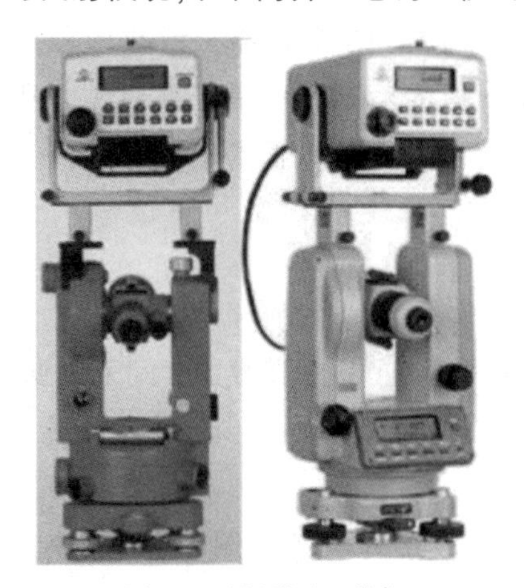

图 4-11 测距仪和经纬仪

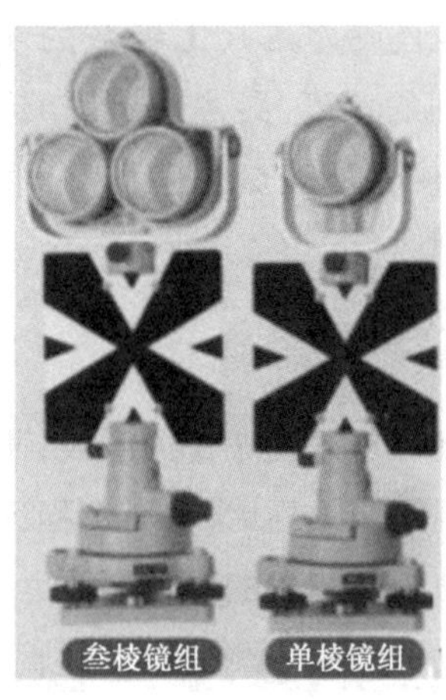

图 4-12 反射棱镜

1)安置仪器

先在测站上安置好经纬仪,对中、整平后,将测距仪主机安装在经纬仪支架上,用连接器固定螺栓锁紧,将电池插入主机底部、扣紧。在目标点安置反射棱镜,对中、整平,并使镜面朝向主机。

2)观测垂直角、气温和气压

用经纬仪十字横丝照准觇板中心,测出垂直角 α。同时,观测和记录温度和气压计上的读数。观测垂直角、气温和气压,目的是对测距仪测量出的斜距进行倾斜改正、温度改正和气压改正,以得到正确的水平距离。

3)测距准备

按电源开关键 PWR 开机,主机自检并显示原设定的温度、气压和棱镜常数值,自检通过后将显示"good"。若修正原设定值,可按 TPC 键后输入温度、气压值或棱镜常数(一般通过 ENT 键和数字键逐个输入)。一般情况下,只要使用同一类的反光镜,棱镜常数不变,而温度、气压每次观测均可能不同,需要重新设定。

4)距离测量

调节主机照准轴水平调整手轮(或经纬仪水平微动螺旋)和主机俯仰微动螺旋,使测距仪望远镜精确瞄准棱镜中心。在显示“good”状态下,精确瞄准也可根据蜂鸣器声音来判断,信号越强,声音越大,上下左右微动测距仪,使蜂鸣器的声音最大,便完成了精确瞄准,出现“*”。精确瞄准后,按MSR键,主机将测定并显示经温度、气压和棱镜常数改正后的斜距。斜距到平距的改算,一般在现场用测距仪进行,方法是:按V/H键后输入垂直角值,再按SHV键显示水平距离。连续按SHV键可依次显示斜距、平距和高差。

目前,由于光电技术,特别是微电子技术的飞速发展,光电测距仪器正向小型化、多功能集成、智能化方向发展,与电子测角、微处理器及软件组合成智能型测量仪器——全站仪。我们将在单元6详细介绍全站仪测量技术。

单元小结

通过对本单元的学习,我们应重点掌握距离测量的两种方法,即钢尺量距和视距法测量。钢尺量距一般适用于精度要求比较高的距离测量,而视距法测量一般适用于经纬仪测绘地形图场合。对于钢尺量距,应首先掌握好直线定线的方法,量距过程中要严格按照操作要求和注意事项来实施,测量完毕能够进行成果计算和精度评定。

对于光电测距,由于测量技术的飞速发展,工程上单独使用测距仪来测距的情况很少,取而代之的是功能更强的全站仪测量技术。

思考与练习题

4-1 什么是水平距离?距离测量的方法有哪些?

4-2 在用钢尺丈量距离之前,为什么要进行直线定线?经纬仪定线的过程是什么?

4-3 用钢尺丈量一条直线,往测丈量的长度为217.312m,返测为217.383m,此测量成果是否合格?

4-4 简述用钢尺在平坦地区丈量距离的步骤。

4-5 表4-2为视距测量的观测值,试完成表中各项计算。

视距测量记录表 表4-2

点号	上丝、下丝	视距间隔(m)	竖盘读数	竖直角	中丝读数	水平距离(m)	高差(m)	备注
1	1.987 1.145		85°11′24″		1.566			仪器高为1.452m,竖盘为顺时针注记
2	2.239 1.378		74°57′54″		1.809			
3	1.356 0.758		109°12′18″		1.057			

4-6 简述光电测距的基本原理。

单元5　直线定向

内容导读

测量学的实质是确定地面点位的空间位置。若要确定两点间平面位置的相对关系，仅仅测得两点间的距离足够吗？你知道测量学上的三北方向吗？本单元主要介绍直线定向的方法。

知识目标：掌握真子午线方向、磁子午线方向、轴子午线方向的概念，坐标方位角和象限角的概念和转换关系。

能力目标：坐标方位角的推算，罗盘仪测定磁方位角的方法。

素质目标：培养学生树立对待工作高标准、严要求的行动导向；培养学生提出问题、分析问题和解决问题的能力。

5.1　标准方向的种类

确定地面两点间的平面相对位置，除了要已知直线的距离外还必须已知直线的方向。直线定向就是确定地面直线与标准方向间水平夹角的工作。

测量上常用的标准方向有三种：即真子午线方向、磁子午线方向和坐标纵轴方向。

5.1.1　真子午线方向

（1）如图5-1所示，通过地球上某点和地球的南北两极所作的平面（真子午面）与地面相交，该交线即为真子午线。真子午线方向即地面上任一点在其真子午线处的切线方向，简称真北方向。

（2）真子午线方向是一个完全固定的方向，因此它是测量中高精度定向的依据，可以用天文测量方法或用陀螺经纬仪来测定。

（3）地球上各点的真子午线都是指向真北和真南，因而在经度不同的点上，真子午线方向互不平行。两点真子午线方向间的夹角称为子午线收敛角，如图5-2中的γ角，收敛角的大小与两点所在的纬度及东西方向的距离有关。

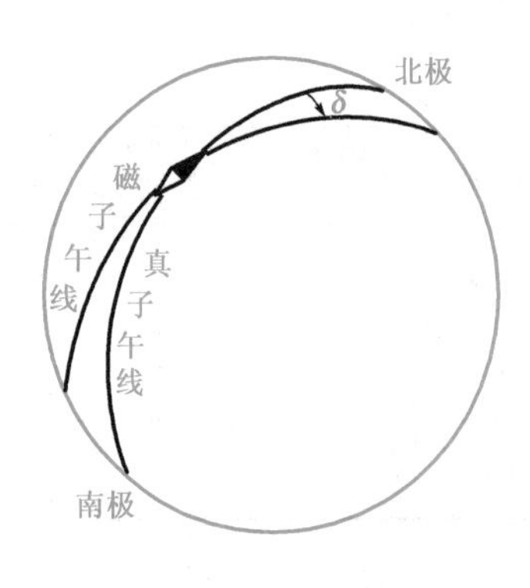

图5-1　真子午线与磁子午线

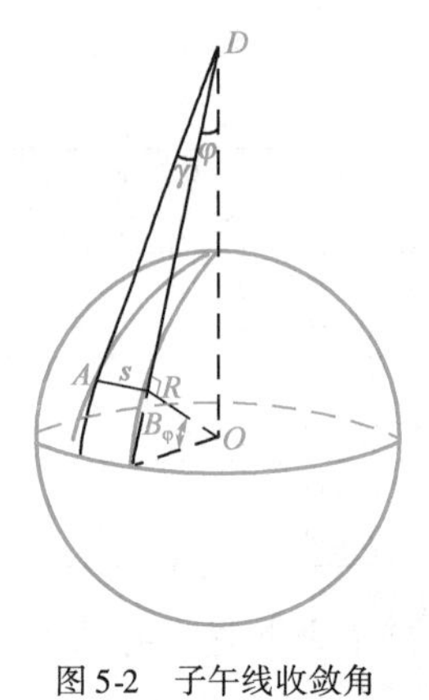

图5-2　子午线收敛角

5.1.2 磁子午线方向

(1)通过地球上某点和地球的南北磁极所作的平面(磁子午面)与地面相交,该交线即为磁子午线。地面上任一点在其磁子午线处的切线方向即为磁子午线方向。

(2)地球本身就是一块大磁铁,自由旋转的磁针静止下来所指的方向就是磁子午线方向,简称磁北方向。该方向可用罗盘仪来测定。

(3)由于地磁的两极与地球的两极并不一致,所以同一地点的磁子午线方向与真子午线方向不一致,其夹角称为磁偏角,用 δ 表示,如图5-1所示。磁子午线方向北端在真子午线方向以东时称为东偏,δ 定为"+",以西时称为西偏,δ 定为"-"。

磁偏角的大小随时间、地点而异,中国的磁偏角约为 $+6°$(西北地区)到 $-10°$(东北地区)之间。由于地球磁极的位置在不断变化,以及局部磁性异常变化等影响,所以磁子午线方向不宜作为高精度定向依据,但由于磁子午线定向方法简便,所以在独立的小区域测量工作中仍可采用。

5.1.3 坐标纵轴方向

(1)过地面任一点且与其所在的高斯平面直角坐标系或者假定坐标系的坐标纵轴平行的直线称为该点的坐标纵轴方向,简称轴北方向。

(2)不同点的真子午线方向或磁子午线方向都是不平行的,这使直线方向的计算很不方便。采用坐标纵轴方向作为标准方向,这样各点的标准方向都是平行的,使得方向的计算十分方便。

(3)在图5-3中,以过 O 点的真子午线方向作为坐标纵轴,因此任意点 A 或 B 的真子午线方向与坐标纵轴方向间的夹角就是任意点与 O 点间的子午线收敛角 γ,当坐标纵轴方向的北端偏向真子午线方向以东时,γ 为"+",以西时,γ 为"-"。

(4)图5-4所示为三个标准方向间的基本关系,即三北方向之间的关系。

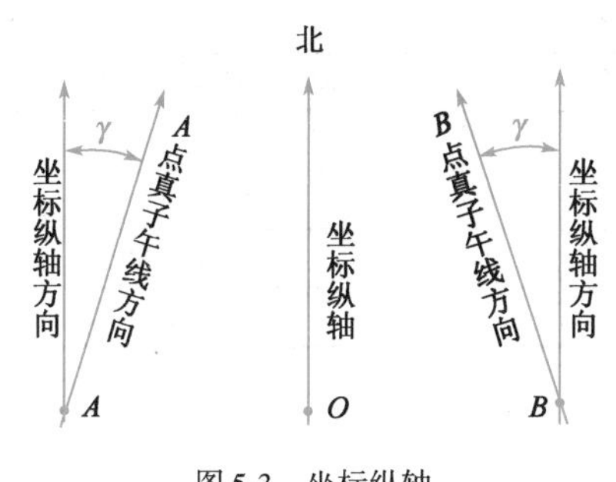

图5-3 坐标纵轴

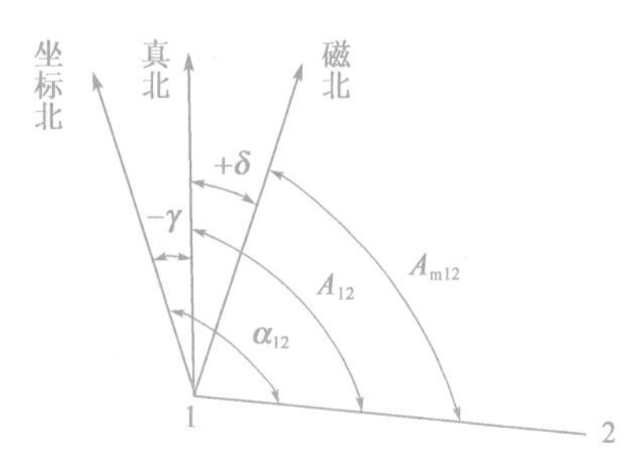

图5-4 标准方向间关系

5.2 直线方向的表示方法

5.2.1 方位角

方位角是指由标准方向的北端顺时针量到直线的水平夹角,其范围为 $0°\sim360°$。确定一条直线的方位角,首先要在直线的起点作出标准方向。以真子午线方向作为标准方向的方位角称为真方位角,用 A 表示;以磁子午线方向作为标准方向的方位角为磁方位角,用 A_m 表示;

以坐标纵轴方向作为标准方向的方位角称为坐标方位角,用 α 表示,如图 5-4 所示。

一点的真子午线方向与磁子午线方向之间的夹角是磁偏角 δ,真子午线方向与坐标纵轴方向之间的夹角是子午线收敛角 γ,所以由图 5-4 可以得出真方位角与磁方位角、坐标方位角的关系为

$$\text{真方位角}\ A_{12} = \text{磁方位角}\ A_{m12} + \text{磁偏角}\ \delta = \text{坐标方位角}\ \alpha_{12} + \text{子午线收敛角}\ \gamma \tag{5-1}$$

式中 δ 和 γ 的值,东偏时为"+",西偏时为"-"。

5.2.2 象限角

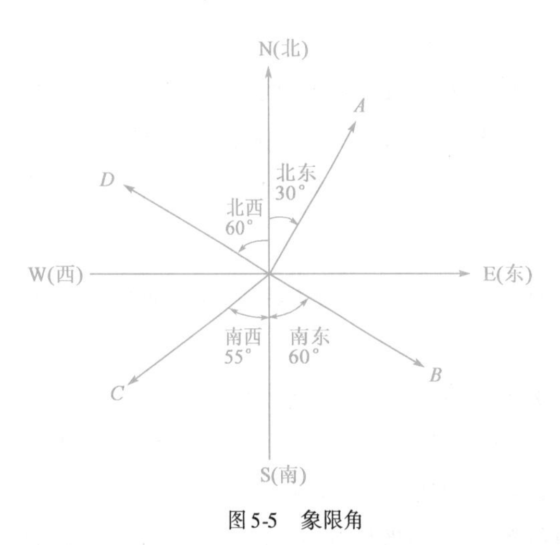

图 5-5 象限角

直线与标准方向所夹的锐角称为该直线的象限角。象限角由标准方向的指北端或指南端开始向东或向西计量,用 R 表示,角值范围为 0°~90°。用象限角表示直线的方向,除了要说明象限角的大小外,还应在角值前注明直线所在的象限名称,象限的名称有"北东""北西""南东""南西"四种。实际应用时,北、南、东、西可用英文字母 N、S、E、W 表示。象限角的表示方法如图5-5所示。

采用象限角时,标准方向可以采用真子午线方向、磁子午线方向或坐标纵轴方向,一般情况下多为坐标象限角。

5.2.3 方位角和象限角的换算关系

坐标方位角与象限角的关系很容易换算。两者的相互关系在表 5-1 中列出。

方位角与象限角关系 表 5-1

象　限	由象限角求方位角	由方位角求象限角
I	$\alpha = R$	$R = \alpha$
II	$\alpha = 180° - R$	$R = 180° - \alpha$
III	$\alpha = 180° + R$	$R = \alpha - 180°$
IV	$\alpha = 360° - R$	$R = 360° - \alpha$

5.2.4 正、反坐标方位角

一条直线有正反两个方向,在直线起点量得的直线方向称为正方向,反之在直线终点量得该直线的方向称为反方向。按正方向量得的坐标方位角称为正坐标方位角,按反方向量得的坐标方位角称为反坐标方位角。

如图 5-6 所示,α_{AB} 为直线 AB 的正坐标方位角,α_{BA} 为直线 AB 的反坐标方位角。$\alpha_{BA} = \alpha_{AB} + 180°$,$\alpha_{AB} = \alpha_{BA} - 180°$。可见,正反坐标方位角相差 180°,即

$$\alpha_{反} = \alpha_{正} \pm 180° \tag{5-2}$$

式中,$\alpha_{正} < 180°$ 时用"+",$\alpha_{正} > 180°$ 时用"-"。

5.2.5　坐标方位角的推算

在控制测量中，将测区内相邻控制点(导线点)连成直线而构成的折线图形称之为导线。按导线前进方向，在导线左侧的角称为左角，在右侧的角称为右角。

如图 5-7 所示，假定导线的起始边 12 的坐标方位角 α_{12} 为已知，则 23 边及 34 边的坐标方位角可按下列公式计算：$\alpha_{23}=\alpha_{12}+180°-\beta_2$；$\alpha_{34}=\alpha_{23}-180°+\beta_3$。

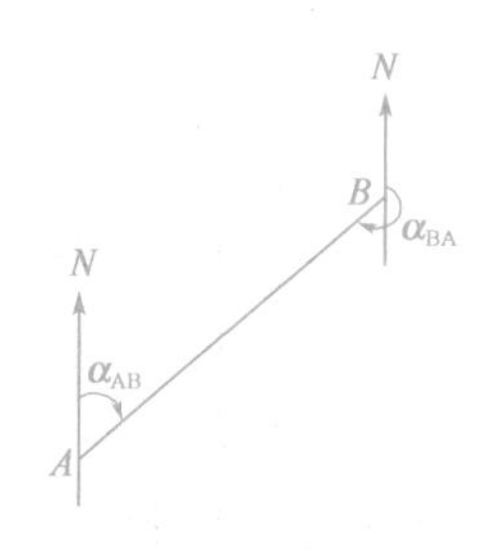

图 5-6　正、反坐标方位角

图 5-7　推算坐标方位角

由此可见，导线前一边的坐标方位角，等于后一边的方位角加上或减去 180°，再减去前后两边所夹的导线右角或加上导线左角，即

$$\alpha_{前}=\alpha_{后}-\beta_{右}+180° \tag{5-3a}$$

$$\alpha_{前}=\alpha_{后}+\beta_{左}-180° \tag{5-3b}$$

根据方位角的定义可知其角值范围为 0°～360°。所以，当计算结果出现负值时，应加上 360°；当计算结果大于 360°时，应减去 360°。

5.3　罗盘仪测定磁方位角

5.3.1　罗盘仪

罗盘仪是用来测定地面上直线的磁方位角或磁象限角的一种仪器，如图 5-8 所示。图 5-9 为罗盘仪的构造图，它主要由望远镜、罗盘盒和基座三部分组成。

a)

b)

图 5-8　罗盘仪

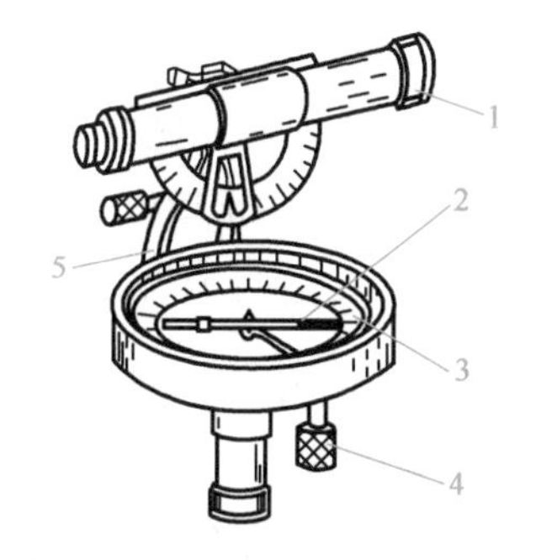

图 5-9　罗盘仪构造图

1-望远镜；2-磁针；3-度盘盒；4-磁针固定螺旋；5-支架

1)望远镜

罗盘仪的望远镜与水准仪望远镜相似，主要由物镜、目镜、十字丝组成。望远镜的一侧附

有一个竖直度盘,可以测得竖直角。

2)罗盘盒

罗盘盒的主要部件是磁针和刻度盘。

磁针是一个人造磁铁,中间支承在度盘中心的顶针上,可以自由转动,静止时所指方向即为磁子午线方向。我国处于北半球,磁针受磁北极的吸引导致其指北端下倾,故在磁针南端绕有铜丝,使磁针水平,并借以分辨磁针的南北端。

刻度盘安装在度盘盒内。度盘上刻有1°或$\frac{1}{2}$°的分划,其注记方式有两种。一种注记方式是自0°起按逆时针方向增加到360°,过0°和180°的直径和望远镜视准轴方向一致,这种刻度的罗盘仪可直接读出直线的磁方位角,故称之为方位罗盘仪,如图5-10所示。另一种注记方式是以一个直径的两端各为0°,向两侧分别增加至90°,把一周分为四个象限。一端0°注以"北",另一端0°注以"南",在90°分划处分别注有"东"和"西",但东西两字的位置与正常的位置相反,过0°的直径和望远镜视准轴方向一致,这种刻度的罗盘仪可以直接读出磁象限角,故称为象限罗盘仪,如图5-11所示。

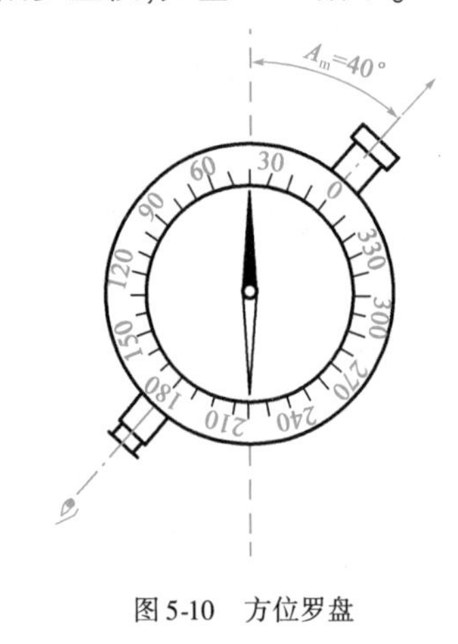

图5-10 方位罗盘

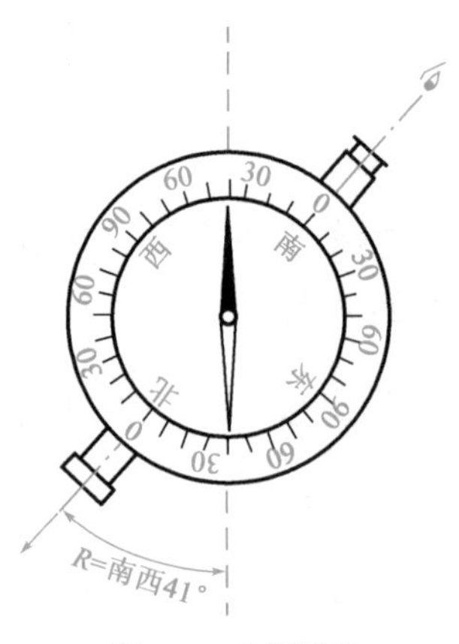

图5-11 象限罗盘

3)基座

基座是一种球臼结构,松开球臼接头螺旋,摆动罗盘盒,使水准器气泡居中,再旋紧球臼连接螺旋,度盘处于水平位置。

5.3.2 磁方位角的测定

用罗盘仪测定直线的磁方位,首先将罗盘仪安置在直线的起点,对中、整平后,瞄准直线的另一端,然后放松磁针,当磁针静止后,即可进行读数。

对于方位罗盘仪,如观测时物镜靠近0°,目镜靠近180°,则用磁针的北端读出磁方位角。反之则用磁针的南端读数。如图5-10所示,读出方位角为40°。

对于象限罗盘仪,如观测时物镜靠近度盘上的"北",目镜靠近"南",则用磁针的北端读出磁方位角。反之,则用磁针的南端读数。如图5-11所示,读出磁象限角为南西41°。

使用罗盘仪时，要避开高压电线，要避免铁质物体接近仪器。为保护磁针和顶针，测量完毕后应旋紧磁针固定螺旋，将磁针托起，压紧在玻璃盖上。

单元小结

本单元主要介绍了直线定向方法。测量中常见的标准方向有三种，即真北、磁北和轴北方向。通过学习应重点掌握坐标方位角和象限角的概念以及推算公式；掌握磁方位角的测定方法。坐标方位角学习质量的好坏将直接影响着诸如导线测量内业计算、全站仪的坐标测量和坐标放样等内容的学习，因此必须引起足够重视。另外，在工程测量实践中，应分清不同的适用场合和项目要求来选择使用不同的方位角进行直线定向。

【知识拓展】

陀螺经纬仪测定真方位角

测定真方位角用在需要精确定向的场合，如《既有铁路测量技术规则》（TBJ 105—1988）规定"导线与国家大地点联测有困难时，应在导线起终点和不远于 30km 观测真北"。真子午线方向要用天文测量或用陀螺经纬仪来测定。

陀螺经纬仪是由陀螺仪和经纬仪组合而成的一种定向仪器。陀螺仪内绕其对称轴高速旋转的陀螺具有两个重要特性：一是定轴性，即在没有外力矩的作用下，陀螺转轴的方向始终指向初始恒定方向；二是进动性，即在外力矩的作用下，陀螺转轴产生进动，沿最短路程向外力矩的旋转轴所在铅垂面靠拢，直到两轴处于同一铅垂面为止。真子午线与地球自转轴处于同一铅垂面内。当陀螺仪的陀螺高速旋转、其转轴不在地面真子午线的铅垂面内时，陀螺转轴在地球自转的力矩作用下产生进动，向真子午线和地球自转轴所在的铅垂面靠近，于是陀螺的转轴就可以自动地指示出真北方向。

下面以西安测绘研究所研制、西安第 1001 工厂生产的 Y/JTG-1 陀螺经纬仪为例，介绍真方位角的测定。

1）Y/JTG-1 陀螺经纬仪

图 5-12a）为 Y/JTG-1 陀螺经纬仪实物图，5-12b）为其结构名称图示，Y/JTG-1 陀螺经纬仪由自准直经纬仪、陀螺仪、控制器和电源四部分组成。

a)实物图

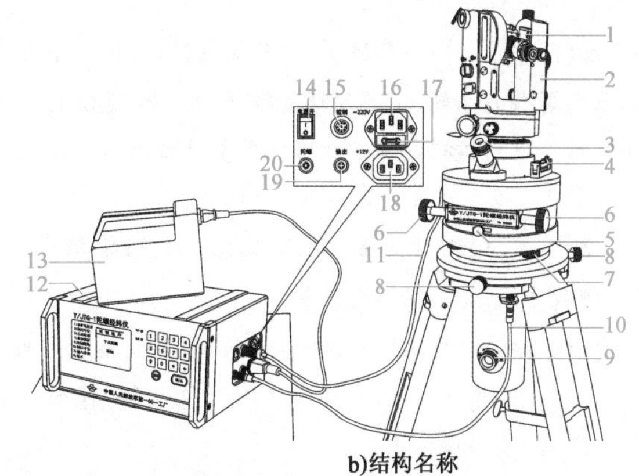

b)结构名称

图 5-12　Y/JTG-1 陀螺经纬仪

1-自准直座；2-自准直经纬仪；3-陀螺观测目镜；4-管水准器；5-陀螺跟踪制动螺旋；6-陀螺跟踪微动螺旋；7-脚螺旋；8-对中调整螺栓；9-锁放手轮；10-陀螺控制电缆；11-测量控制电缆；12-控制器；13-镍镉可充电电池；14-电源开关；15-测量控制电缆插座；16-220V 电源插座；17-熔断器（3A）；18-12V 电池插座；19-打印机电缆插座；20-陀螺控制电缆插座

仪器的主要性能和技术指标如下:

一次定向中误差≤±7″(中纬度地区);一次定向测量时间≤20min;陀螺电机寿命≥1000h;陀螺仪转子额定转速:15000r/min;仪器主机质量≤17kg;电源:220V交流电或12V直流电池;使用环境温度:-10~+45℃;电池充电时间为9~10h,充满电的电池可供仪器连续观测8h,也可以直接将220V交流电接到控制器上,为仪器供电。

2)Y/JTG-1陀螺经纬仪测定真方位角的方法

(1)罗盘仪粗定向

在测站上架好脚架,将仪器附件中的罗盘仪放置在脚架头上,测定出测站的磁北方向。移开罗盘仪,在测站上放置好Y/JTG-1陀螺经纬仪,使陀螺转轴粗略指向南北方向,固定陀螺跟踪制动螺旋5和锁放手轮9,面向磁南方向。

(2)步进法概略定北与光电积分法精密定北

接好电源线和控制电线,确定锁放手轮9处于"锁"位置。打开控制器的电源开关,进入"参数自检"状态。控制器自动对陀螺自摆周期、陀螺启动不跟踪周期、扭力系数X、比例当量K的数据进行检查。当控制器平面显示"参数自检正常"后,按任一数字键。

控制器屏幕显示"1.常温测量;2.高温测量;3.低温测量"。常温为5~35℃,高温为35~45℃,低温为-10~5℃。操作员需根据当前环境温度按相应的数字键选择,完成响应后,仪器开始预热。预热结束后,屏幕显示主菜单:"1.方位测量;2.周期测量;3.输入常数;4.设置时间"。

当测站纬度超过2°或环境温度变化超过10℃时,应进行仪器周期测量。按操作面板上的"1"键进入方位角测量子菜单:"1.基准镜测量;2.测前零位;3.启动陀螺;4.积分测量;5.制动陀螺;6.测后零位;7.输入读数;8.返回"。

操作员应按菜单的顺序逐项进行,当测量过程中需要返回主菜单时,按[8]键。

①基准镜测量:按[1]键,屏幕显示"正在基准镜测量,请稍等……"。蜂鸣声响过后,屏幕显示"下放陀螺,限幅"。顺时针旋转锁放手轮,下放陀螺灵敏部,将陀螺摆幅限制在±(2~5)格以内。

②测前零位:按[7]键,屏幕显示"正在测前零位,请稍等……"。蜂鸣声响过后,屏幕显示"锁紧陀螺",逆时针旋转锁放手轮,锁紧陀螺灵敏部。

③启动陀螺:按[3]键,屏幕显示"按确认键进行,按数字键退出"。按"确认"键,屏幕显示"下放陀螺,跟踪"。顺时针旋转锁放手轮,下放陀螺灵敏部,采用步进法将陀螺摆幅限制在±(2~5)格以内。转动经纬仪照准部,用双盘位观测待测各目标方向的水平度盘读数。步进法概略定北的操作程序完成,即可进入"积分测量"程序。

④积分测量:按[4]键,屏幕显示"正在积分测量,请稍等……"。蜂鸣声响过后,屏幕显示"锁紧陀螺"。逆时针旋转锁放手轮,锁紧陀螺灵敏部。

⑤制动陀螺:按[5]键,屏幕显示"按确认键进行,按数字键退出"。按"确认"键,屏幕显示"正在制动陀螺,请稍等……"。蜂鸣声响过后,屏幕显示"下放陀螺,限幅"。顺时针旋转锁放手轮,下放陀螺灵敏部,将陀螺摆幅限制在±(2~5)格以内。

⑥测后零位:按[6]键,屏幕显示"正在测后零位,请稍等……"。蜂鸣声响过后,屏幕显示"锁紧陀螺"。逆时针旋转锁放手轮,锁紧陀螺灵敏部。

⑦输入读数:按[7]键,屏幕依次提示输入各目标的盘左、盘右方向值(按度、分、秒的顺序分别输入,输错时按"←"键消除错误值),按"确认"键。

控制器完成计算后显示并打印各目标方向的真子午线方位角值。一个熟练的操作员，完成方位角测量大约仅需要 15min。

思考与练习题

5-1　直线定向的目的是什么？它与直线定线有何区别？

5-2　直线定向采用的标准方向有哪几种？

5-3　什么叫方位角和象限角？

5-4　什么叫坐标方位角？什么叫正、反坐标方位角？

5-5　已知两直线 OB、OC 的象限角分别为北东 45°15′、南西 45°15′，求这两条直线的方位角各是多少？

5-6　如图 5-13 所示，已知 $\alpha_{12}=65°$，β_2 及 β_3 的角值均标注于图上，试求 α_{23} 和 α_{34}。

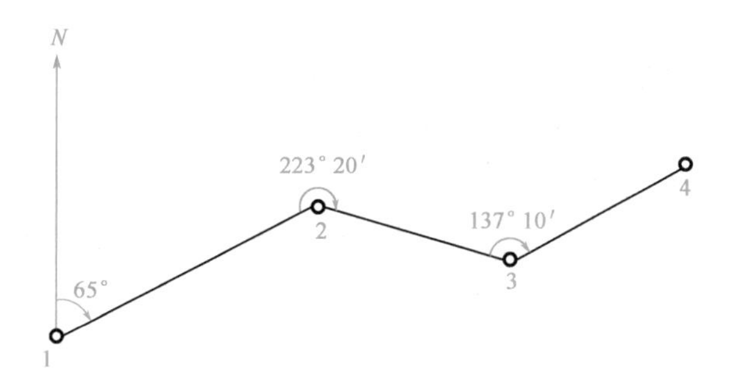

图 5-13　习题 5-6 图

5-7　叙述用罗盘仪测定磁方位角的方法。

5-8　叙述用 Y/JTG-1 陀螺经纬仪测定真方位角的施测步骤。

单元6　全站仪测量技术

内容导读

在前面几单元我们学习了水准仪测量高差，经纬仪测量角度，钢尺测量距离，那么能否只用一种仪器就可以完成所有的测量工作呢？全站仪就具备这样的功能，它可以一站式完成全部测量工作。

知识目标：掌握全站仪的基本构造、角度测量、距离测量，理解坐标测量和坐标放样的原理。

能力目标：熟悉全站仪的程序测量，能够进行全站仪的坐标测量、坐标放样、对边测量和面积测量等操作。

素质目标：培养学生作为工程测量人的自信心和职业自豪感；培养学生对海量信息的整合及处理能力。

6.1 概述

全站型电子速测仪简称全站仪，是一种集光、机、电为一体的高技术测量仪器。它可以进行角度（水平角、竖直角）、距离（斜距、平距）、高差测量和数据处理，因其一次安置仪器就可完成该测站上全部测量工作，所以称之为全站仪。

全站仪自动化程度高、功能多、精度高，通过配置适当的接口，可使野外采集的测量数据直接接入计算机进行处理或进入自动化绘图系统，大大地加快了测量的进度和精度，使劳动效率和经济效益明显提高。全站仪的发展如图6-1所示。

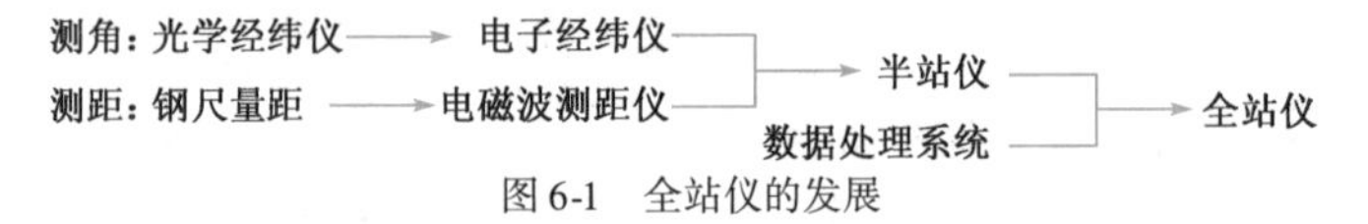

图6-1　全站仪的发展

目前，世界各地相继出现全站仪研制、生产热潮，主要厂家有瑞士徕卡（Leica），日本拓普康（Topcon）、宾得（Pentax）、索佳（Sokkia）、尼康（Nikon），美国天宝（Trimble）等公司。我国研制生产全站仪的主要有北京测绘仪器厂、广州南方测绘仪器公司、苏州第一光学仪器厂、常州大地测量仪器厂等。

本单元以南方测绘公司生产的NTS350型全站仪为例，介绍全站仪的功能以及测量方法。需要指出，对于不同厂家、不同型号的全站仪，其基本测量原理是相同的，只是在其开发的功能多少、使用的方便程度、测量的精度等方面有所不同。读者在掌握全站仪的基本使用原理和方法后，具体到使用某种全站仪时，还需参阅随机携带的操作说明书。全站仪的安置（对中、整平）与普通光学经纬仪一样，在此不再重述。

全站仪使用指导（视频）

6.2 全站仪的构造和功能

6.2.1　NTS350型全站仪的基本构造

NTS350型全站仪主要由主机、电池和反光棱镜等几部分组成。图6-2为NTS350型全站仪，图 6-3 为其操作键盘。

图 6-2　NTS350 型全站仪

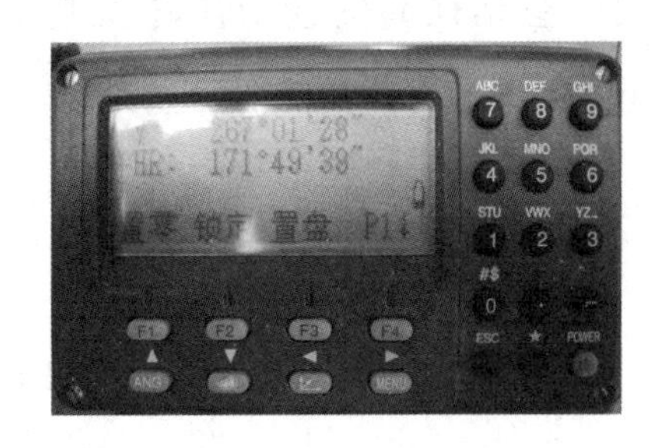

图 6-3　全站仪操作键盘

1）主机

主机包括望远镜、显示屏、操作键盘、数据通信接口等组成。各部件名称如图 6-4a）、b）所示。

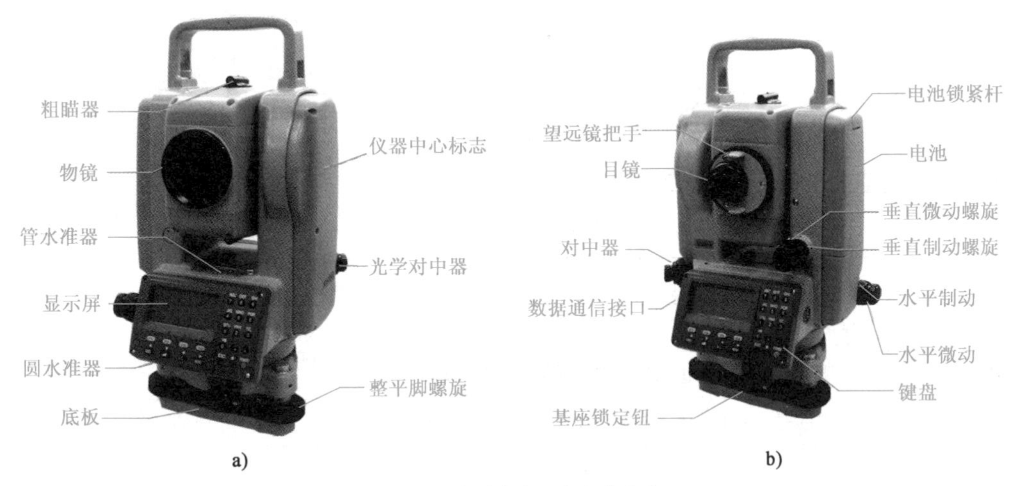

图 6-4　全站仪主机各部位名称

2）电池

装电池时，将电池底部按入仪器的槽中，按压电池顶部按钮，使其卡入仪器中的固定位置。卸下电池时，应先关闭仪器电源，否则仪器容易损坏，按压电池顶部按钮，将其取下。电池可重复充电 300～500 次，电池完全放电会缩短其使用寿命。为更好地获得电池的最长使用寿命，应保证每月充电一次。

3）反射棱镜

全站仪在进行高精度的测量距离等作业时，须在目标点处放置反射棱镜。反射棱镜有单（叁）棱镜组，可通过基座将棱镜安置在三脚架上，也可直接安置在对中杆上，如图 6-5 所示。

a)

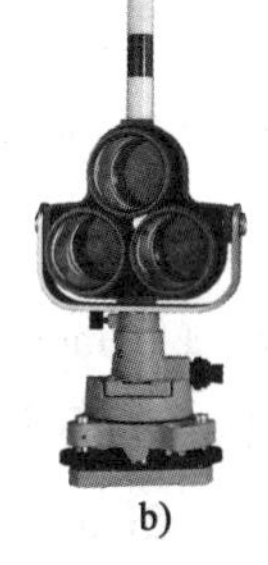

b)

c)

图 6-5　反射棱镜

测量时需要对棱镜的常数(PSM)进行设置。

6.2.2 全站仪的键盘功能与信息显示

图 6-6 为全站仪面板功能图示。

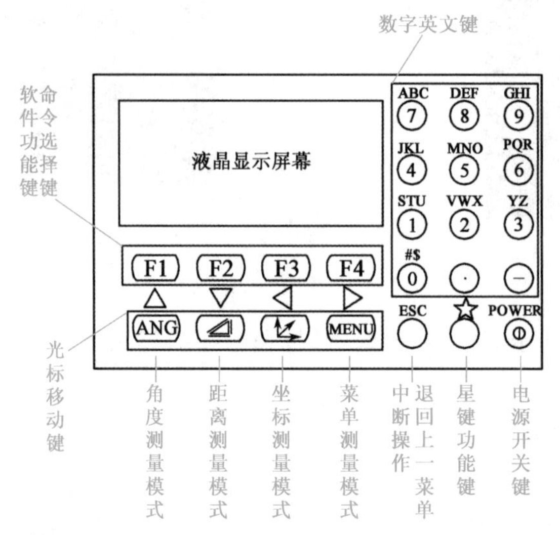

图 6-6　全站仪面板功能

表 6-1 为键盘符号功能,表 6-2 为屏幕符号表示内容。

键盘符号功能　　表 6-1

按键	名　称	功　能
ANG	角度测量键	进入角度测量模式(△上移键)
⊿	距离测量键	进入距离测量模式(▽下移键)
↗	坐标测量键	进入坐标测量模式(◁左移键)
MENU	菜单键	进入菜单模式(▷右移键)
ESC	退出键	返回上一级状态或返回测量模式
POWER	电源开关键	电源开关
F1 ~ F4	软键(功能键)	对应于显示的软键信息
0 ~ 9	数字键	输入数字和字母、小数点、负号
☆	星键	进入星键模式

6.2.3 NTS350 全站仪的主要性能指标

(1)测角精度:5″。

(2)测距精度:±(3mm+2ppm·D),其中,3mm 为仪器的固定误差,D 为测距长度(km)。

用该仪器测 1km 的距离,测距精度为 $\pm(3\text{mm}+2\times10^{-6}\times1\text{km}) = \pm(3\text{mm}+2\times10^{-6}\times1\times10^{6}\text{mm}) = \pm(3\text{mm}+2\text{mm}) = \pm5\text{mm}$,即 1km 的测距精度为 ±5mm。

(3)最大测程:单个棱镜 1.8km,三棱镜组 2.3km。

(4)工作环境温度:-20~+45℃。

屏幕符号表示内容 表6-2

显示符号	内容	显示符号	内容
V%	垂直角(坡度显示)	E	东向坐标
HR	水平角(右角)	Z	高程
HL	水平角(左角)	*	EDM(电子测距)正在进行
HD	水平距离	m	以米为单位
VD	高差	ft	以英尺为单位
SD	倾斜	fi	以英尺与英寸为单位
N	北向坐标		

6.3 全站仪基本测量操作

将全站仪从仪器箱中取出,对中整平后,照准棱镜(棱镜也要进行对中整平,之后照准主机),仪器装好电池,打开电源开关即可进行相应基本测量操作。以下我们介绍星键功能设置、角度测量模式与距离测量模式。

6.3.1 星键功能设置

点击☆键,初始界面如图6-7所示。

全站仪基本操作(视频)

F1——照明,选择开关背景光。

F2——补偿,选择开关倾斜改正。

F3——指向,选择开关激光指向功能。

F4——参数,可以对棱镜常数和温度气压进行设置,并且可以查看回光信号的强弱。

1)反射体、对比度的调节

反射体调节:通过按MENU键,可以选择反射体。反射体分为有棱镜、反射片和无棱镜三种。其中,有棱镜测程最远、精度最高;无棱镜测程近、精度稍低,但使用方便,特别适用于一些无法架射棱镜的场合。

对比度调节:如图6-8所示,按△或按▽键,可以调节液晶显示对比度,对比度显示范围是0~8。

2)补偿功能

NTS-350对竖轴在X方向倾斜的垂直角读数进行补偿。为了确保角度测量的精度,当仪器处于一个不稳定状态或有风天气,垂直角显示将是不稳定的,在这种状况下必须打开垂直角自动倾斜补偿功能。

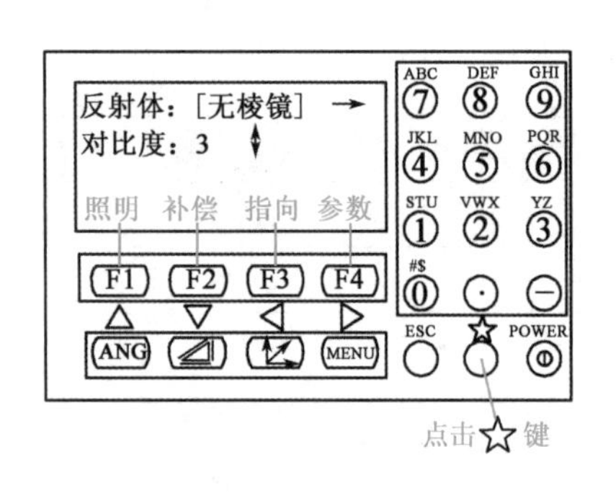

图 6-7 星键功能初始界面

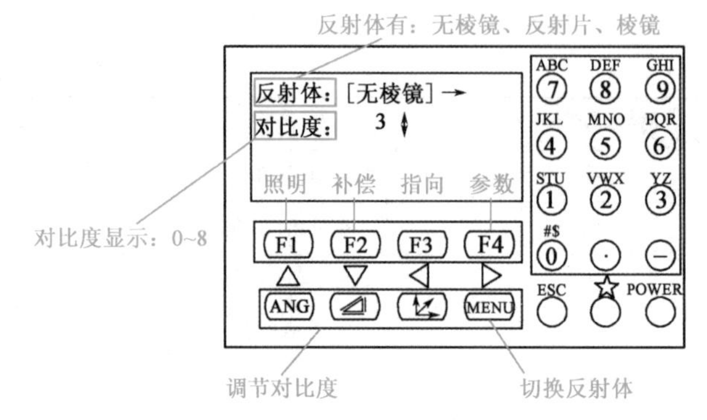

图 6-8 反射体、对比度调节

在星键初始界面下，按F2键进入补偿功能设置。有两种情况，第一种是补偿器在允许值范围内，第二种是补偿器超过补偿范围。

(1)补偿器在允许值内，如图 6-9 所示。

F1——单轴，补偿器打开。“X”值有显示时，补偿器在允许值范围内。

F2——无命令。

F3——关，补偿器关闭。

F4——确认，选择完成后点击“确认”。

(2)补偿器超过允许值，如图 6-10 所示。

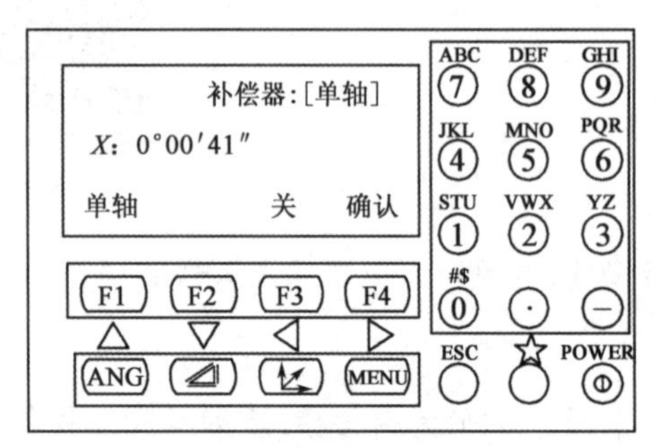

图 6-9 补偿器在允许值内

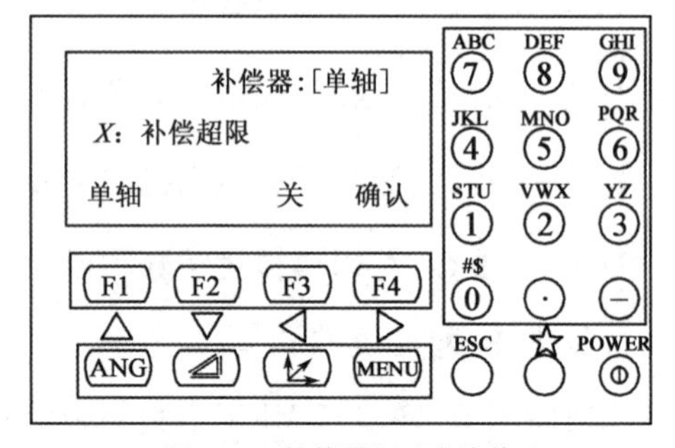

图 6-10 补偿器超过允许值

点击F1键选择“单轴”命令，“X”值显示补偿超限，说明补偿器超过允许值，仪器需要人工整平。

3)参数设置

在星键初始界面下，按F4键选择“参数”命令，显示界面如图 6-11 所示。

F1——棱镜，定义棱镜常数。

F2——PPM，大气改正值。

F3——T-P，输入温度和大气压强。

注:在此状态下还可以查看回光信号的强弱。一旦接收到来自棱镜的反射光,仪器即发出蜂鸣声,当目标难以寻找时,使用该功能可很容易地照准目标。

(1)棱镜常数设置,操作界面如图6-12所示。

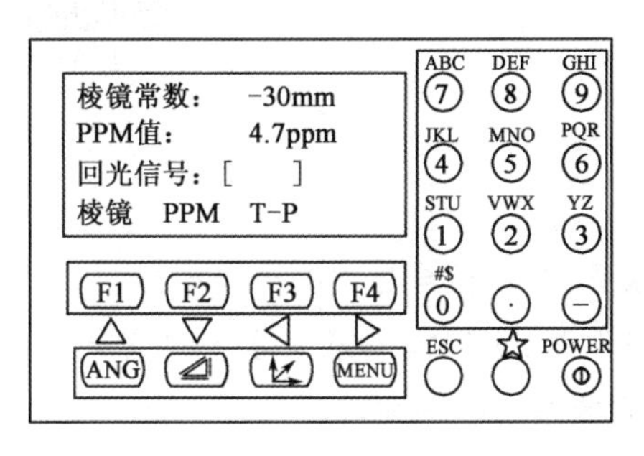

图6-11 参数设置

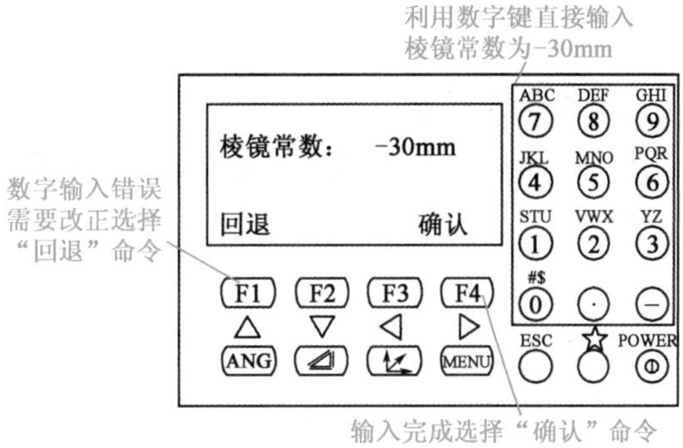

图6-12 棱镜常数设置

在图6-11参数设置界面下,按F1键进行棱镜常数的设置。输入数字的方法,直接键盘上按相应的数字键即可。

光在玻璃中的传播速度要比在空气中慢,因此光在反射棱镜中传播所用的超量时间会使所测距离增大某一数值,通常我们称作棱镜常数。棱镜常数的大小与棱镜直角玻璃锥体的尺寸和玻璃的类型有关。实际上,棱镜常数已在厂家所附的说明书或在棱镜上标出,供测距时使用。国产棱镜常数一般为-30mm,进口棱镜一般为0mm。

(2)PPM(大气改正值)设置,操作界面如图6-13所示。

在图6-11参数设置界面下,按F2键进行"PPM"设置。大气改正值可以直接输入数值,也可以根据输入的温度和气压算出大气改正值,如果大气改正值超过±999.9ppm[1]范围,则操作过程自动返回,需重新输入数据。

(3)T-P设置,操作界面如图6-14所示。

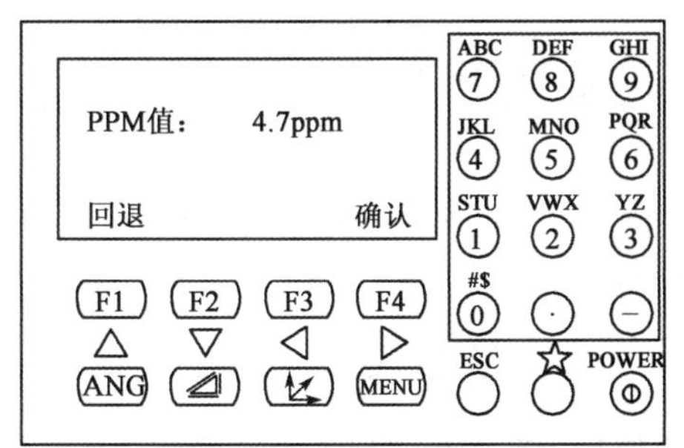

图6-13 大气改正设置

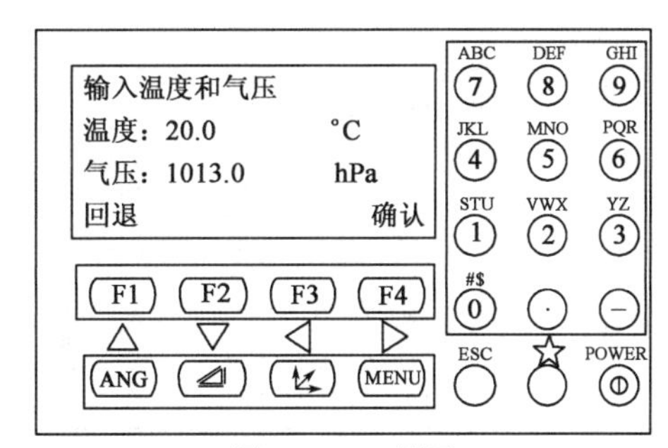

图6-14 T-P设置

在图6-11参数设置界面下,按F3键选择"T-P"命令。输入温度和大气压值,温度输入范围:-30~+60℃,气压输入范围:560~1066hPa。

[1]为旧时用法,指10^{-6},本书为便于与测量设备显示相一致,保留了此用法。—编辑注

6.3.2 角度测量模式

本模式下可以进行水平角、竖直角的测量。全站仪开机后一般默认的测量模式为角度测量模式，如果不是角度测量模式可以按ANG键进入角度测量模式。

水平角测量
(微课)

1) 角度测量功能

角度测量模式共有三页命令，如图6-15所示。

说明：

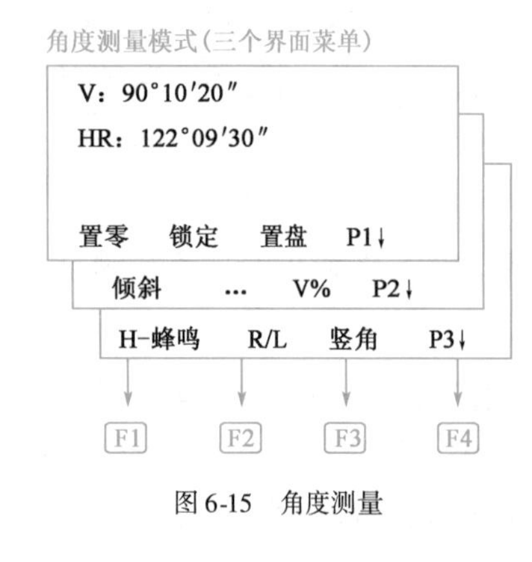

图6-15 角度测量

(1) 每一页的软键、显示符号与功能见表6-3。

(2) 使用者在操作时，应根据屏幕上显示的信息，结合自己的需要进行相应的按键操作即可。

(3) 部分功能的区别如下。

①锁定与置盘功能。“锁定”是先调全站仪水平角值为所需度分秒，然后按键锁定，旋转照准部瞄准目标的过程中，水平角读数不变，确定瞄准目标后再按键解锁。“置盘”则是先精确瞄准目标，然后再通过数字键输入水平读数为所需的度分秒值。

角度测量模式功能设置 表6-3

页 数	软键	显示符号	功 能
第1页(P1)	F1	置零	水平角置为0°0′0″
	F2	锁定	水平角读数锁定
	F3	置盘	通过键盘输入数字设置水平角
	F4	P1↓	显示第二页软键功能
第2页(P2)	F1	倾斜	设置倾斜改正开或关，若选择开则显示倾斜改正
	F2	……	……
	F3	V%	垂直角与百分比坡度的切换
	F4	P2↓	显示第三页软键功能
第3页(P3)	F1	H-蜂鸣	仪器转动至水平角0°、90°、180°、270°是否蜂鸣的设置
	F2	R/L	水平角右/左计数方向的转换
	F3	竖角	垂直角显示格式(高度角/天顶距)的切换
	F4	P3↓	显示第一页软键功能

②HR与HL切换。HR与HL切换是指“水平角右/左的切换”。“HR”表示设置为右角模式，水平度盘向右转动时读数增加；“HL”表示设置为左角模式，表示水平度盘向左转动时读数增加。

③天顶距与垂直角。天顶距是指将测站点铅垂线的天顶方向作为0°，角值范围为0°～180°；而垂直角是以视线水平时的方向作为0°，即通常所说的竖直角，其绝对值角值范围是0°～90°，仰角为“+”，俯角为“-”。图6-16为天顶距与垂直角区别图示。

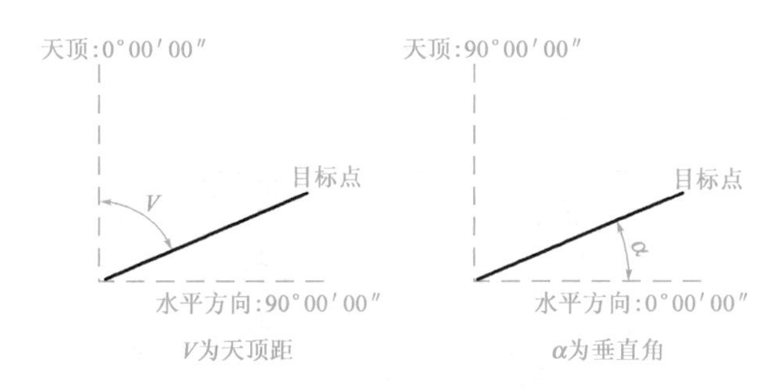

图 6-16　天顶距和垂直角

2)全站仪测量水平角

(1)全站仪测量水平角步骤,如图 6-17 所示。

全站仪安置好后,切换测角模式为 HR(右角模式)。

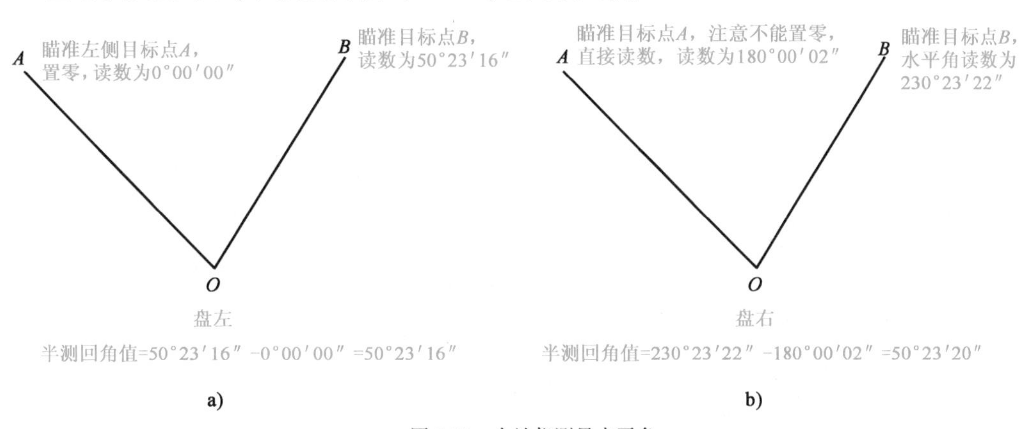

图 6-17　全站仪测量水平角

(2)水平角记录和计算,见表 6-4。

水平角观测记录(测回法)　　表 6-4

测站	盘位	目标	水平角读数	半测回角值	一测回角值	备　注
O	左	*A*	0°00′00″	50°23′16″	50°23′18″	半测回角值精度在 ±20″,精度合格。 半测回角值的平均数为一测回角值,(50°23′16″ + 50°23′20″)/2 = 50°23′18″
		B	50°23′16″			
	右	*A*	180°00′02″	50°23′20″		
		B	230°23′22″			

6.3.3　距离测量模式

距离测量
(视频)

本模式下可以测量两点间水平距离(HD)、斜距(SD)和高差(VD)。

照准目标棱镜中心,按[◺]键进入距离测量模式,距离测量开始,如图 6-18 所示。

如图 6-19 所示为距离测量两个显示结果界面的转换。

1)距离测量功能

距离测量模式共有两页界面菜单,图 6-20、图 6-21 分别为第一页菜单、第二页菜单。

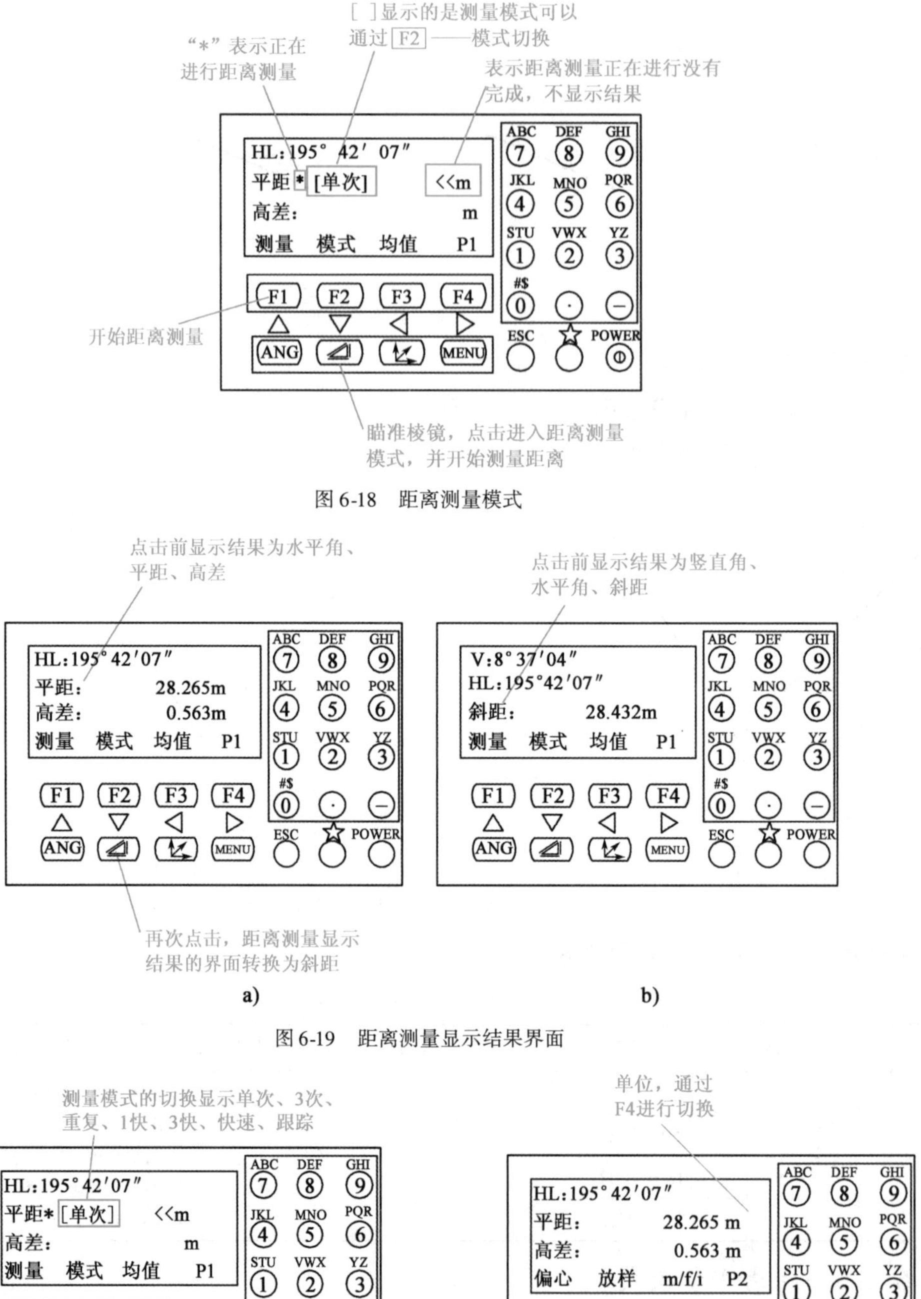

图 6-18 距离测量模式

a)

b)

图 6-19 距离测量显示结果界面

图 6-20 距离测量模式第一页菜单

图 6-21 距离测量模式第二页菜单

说明：

(1)如图6-20所示，按F2键，可以进行测距模式的切换。全站仪的测距模式有精测、跟踪测、粗测等模式。精测是最常用的测距模式，测量时间约2.5s，最小显示单位1mm；跟踪模式，常用于跟踪移动目标或放样时连续测距，最小显示为1cm，测距时间最短，约为0.3s；粗测模式，测量时间约0.7s，最小显示单位1cm或1mm。

(2)测距显示的高差值(VD)是指全站仪横轴中心与棱镜中心的高差，而非测站点与目标棱镜的地面高差，此数值加上仪器高减去棱镜高才等于地面两点高差。

(3)特殊情况下可以进行全站仪的无棱镜测距。

(4)从距离模式返回到角度测量模式，可按ANG键。

2)距离测量的方法和步骤

距离测量前要对温度、气压、棱镜常数进行设置，设置方法可以通过星键功能进行设置。

(1)设置大气改正值(PPM)

光在大气中的传播速度会随大气的温度和气压而变化，在进行高精度测距前，可输入实测的温度和气压值，全站仪会自动计算大气改正值(也可直接输入大气改正值)，并对测距结果进行改正。

(2)设置反射棱镜常数

棱镜常数(PSM)的设置：进口棱镜PSM=0，国产棱镜PSM=－30。具体情况可参考仪器使用说明书，测距前将棱镜常数输入仪器中，仪器会自动对所测距离进行改正。

(3)实施测距

照准目标棱镜中心，按◢键，距离测量开始，测距完成时显示斜距、平距、高差。

3)距离放样

在图6-22a)界面下，按F2键进入放样模式，在此输入放样的距离后，显示出测量的距离与输入的放样距离之差，前后移动棱镜，当数据显示为0时，即为放样点的位置，如图6-22b)所示。

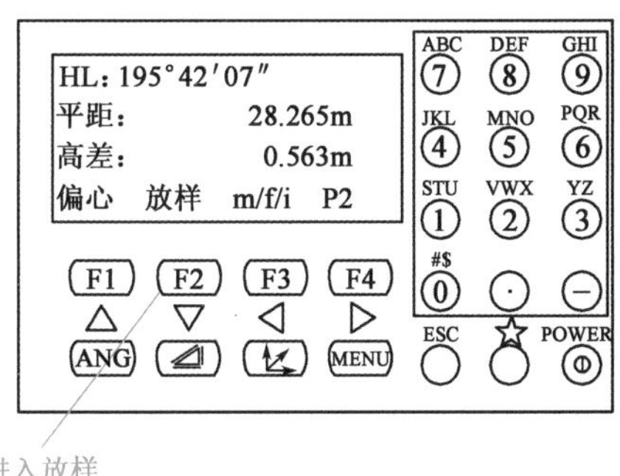

a)

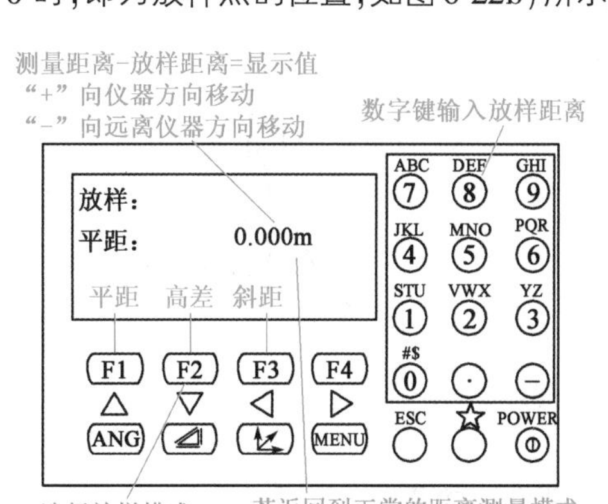

b)

图6-22　距离放样

说明：

(1)放样时可选择平距(HD),高差(VD)和斜距(SD)中的任意一种放样模式。

(2)若要返回到正常的距离测量模式,应设置放样距离为0m或关闭电源。

6.4 全站仪程序测量

内存管理数据传输(视频)

全站仪有很多实用、重要的功能可以通过机器内置的程序来完成。操作者只需按照正确的操作步骤来进行“人机对话”式操作即可实现目的。在此我们重点介绍全站仪的“数据采集”“放样”“对边测量”“面积测量”功能操作。

6.4.1 数据采集

全站仪坐标测量(动画)

全站仪的坐标测量有两种方式,一是“正常坐标测量模式”,即点击[icon]进入坐标测量模式进行相应的设置操作,它适用于测量单点或较少点的坐标;另一种是“数据采集”模式,它适用于批量点的坐标测量工作,实践中大多采用后者。

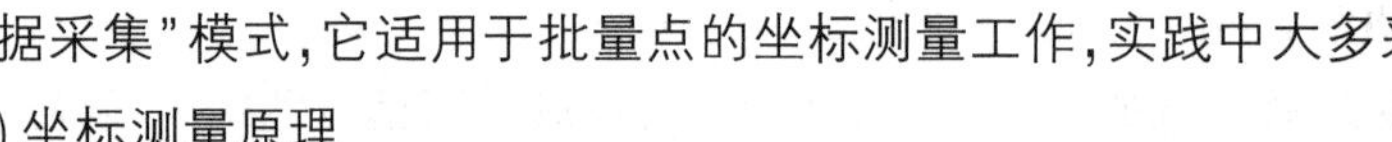

1)坐标测量原理

图6-23为坐标测量原理图。未知点的坐标由下面公式计算并显示出来：

测站点坐标:(N_0, E_0, Z_0)　　相对于仪器中心点的棱镜中心坐标:(n, e, z)

仪器高:仪高　　未知点坐标:(N_1, E_1, Z_1)

棱镜高:镜高　　高差:Z(VD)

$N_1 = N_0 + n$

$E_1 = E_0 + e$

$Z_1 = Z_0 +$ 仪高 $+ Z -$ 镜高

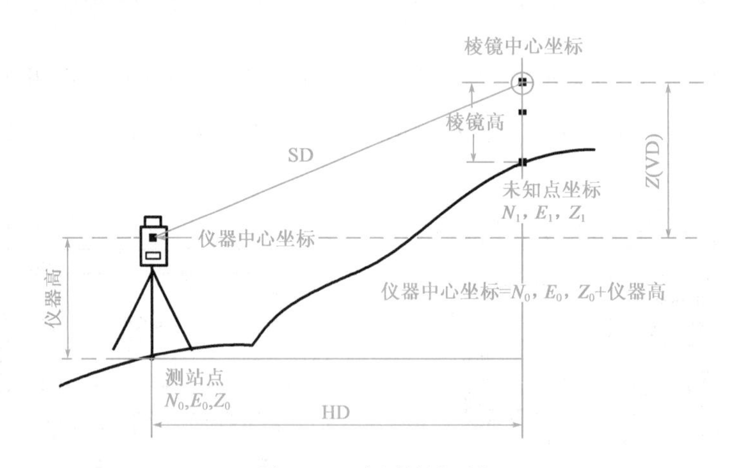

图6-23　坐标测量原理图

2)数据采集操作

图6-24为数据采集的菜单层次图。按下[MENU]键,仪器进入主菜单1/3模式;按下[F1](数据采集)键,显示数据采集菜单1/2。

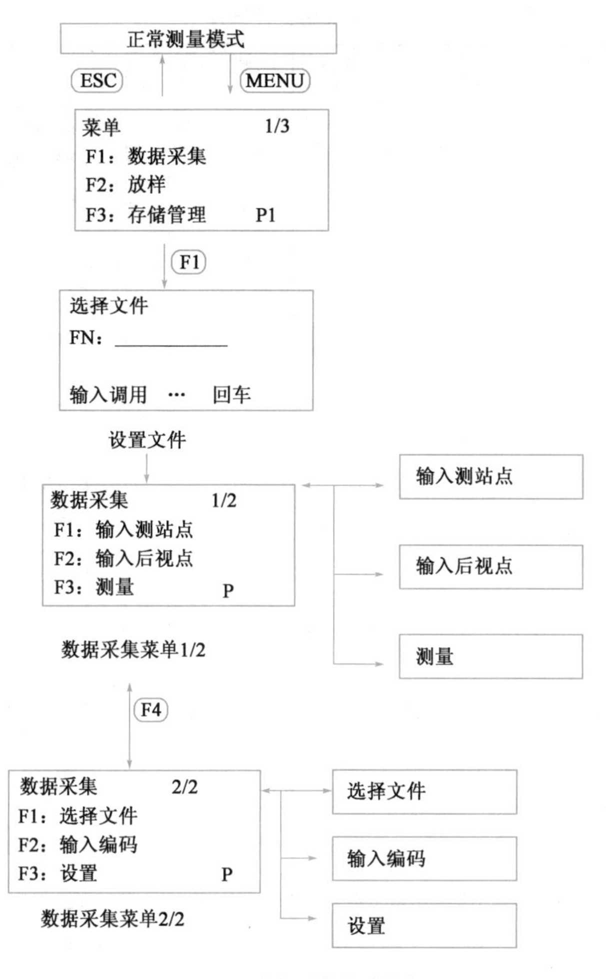

图 6-24　数据采集菜单结构

(1)数据采集操作步骤

①选择数据采集文件，使其所采集数据存储在该文件中。

②选择坐标数据文件，可进行测站坐标数据及后视坐标数据的调用。(当无须调用已知点坐标数据时，可省略此步骤)

③置测站点，包括仪器高和测站点号及坐标。

④置后视点，通过测量后视点进行定向，确定方位角。

⑤置待测点的棱镜高，开始采集，存储数据。

(2)数据采集人机对话操作过程

①数据采集文件的选择，见表 6-5。

②坐标文件的选择

若需调用坐标数据文件中的坐标作为测站点或后视点坐标，则预先应由数据采集菜单2/2选择一个坐标文件，操作过程见表 6-6。

数据采集文件选择　　表 6-5

操作过程	操　作	显　示
		菜单　1/3 F1：数据采集 F2：放样 F3：存储管理　P↓
①由主菜单 1/3 按 F1 (数据采集)键	F1	选择文件 FN：＿＿＿＿ 输入　调用　---　回车
②按 F2 (调用)键,显示文件目录①	F2	SOUDATA　/M0123 ->*LIFDATA　/M0234 DIEDATA　/M0355 ---　查找　---　回车
③按△或▽键使文件表向上下滚动,选定一个文件②	△或▽	LIFDATA　/M0234 DIEDATA　/M0355 ->KLSDATA　/M0038 ---　查找　---　回车
④按 F4 (回车)键,文件即被确认显示数据采集菜单 1/2	F4	数据采集　1/2 F1：输入测站点 F2：输入后视点 F3：测量　P↓

注:①如果您要创建一个新文件,并直接输入文件名,可按 F1 (输入)键,然后键入文件名。

②如果菜单文件已被选定,则在该文件名的左边显示一个符号“*”。按 F2 (查找)键可查看箭头所标定的文件数据内容。选择文件也可由数据采集菜单 2/2 按上述同样方法进行。

坐标文件的选择　　表 6-6

操作过程	操　作	显　示
①由数据采集菜单 2/2 按 F1 (选择文件)键	F1	数据采集　2/2 F1：选择文件 F2：编码输入 F3：设置　P↓
②按 F2 (坐标文件)键	F2	选择文件 F1：测量文件 F2：坐标文件

续上表

操作过程	操　　作	显　　示
③"数据采集文件的选择"介绍的方法选择一个坐标文件		选择文件 FN：__________ 输入　调用　---　回车

③测站点与后视点

测站点与定向角在数据采集模式和正常坐标测量模式是相互通用的，可以在数据采集模式下输入或改变测站点和定向角数值。

测站点坐标可按以下两种方法设定：

a. 利用内存中的坐标数据来设定。

b. 直接由键盘输入。

后视点定向角可按以下三种方法设定：

a. 利用内存中的坐标数据来设定。

b. 直接键入后视点坐标。

c. 直接键入设置的定向角。

注意：方位角的设置一定要通过测量来确定。

表 6-7 为设置测站点的示例，利用内存中的坐标数据来设置测站点的操作步骤。

表 6-8 为设置定向角示例，通过输入点号设置后视点，将后视定向角数据寄存在仪器内。

测站点的设置　　表 6-7

操作过程	操　　作	显　　示
①由数据采集菜单 1/2，按[F1]（输入测站点）键，即显示原有数据	[F1]	点号　->PT-01 标识符：__________ 仪高：　0.000 m 输入　查找　记录　测站
②按[F4]（测站）键	[F4]	测站点 点号：　PT-01 输入 调用　坐标　回车

续上表

操作过程	操　作	显　示
③按F1(输入)键	F1	测站点 点号：　PT-01 1234　5678　90　-　[ENT]
④输入点号,按F4键	输入点号 F4	点号　->PT-11 标识符： 仪高：　0.000　m 输入　查找　记录　测站
⑤输入标识符,仪高*	输入标识符 输入仪高	点号　->PT-11 标识符： 仪高：　1.235　m 输入　查找　记录　测站
⑥按F3(记录)键	F3	点号　->PT-01 标识符： 仪高：　1.235　m 输入　查找　记录　测站 >记录?　[是]　[否]
⑦按F3(是)键,显示屏返回数据采集菜单1/3	F3	数据采集　1/2 F1：　输入测站点 F2：　输入后视点 F3：　测量　P↓

注：*标识符可能通过输入编码库中登记号数的方法输入,为了显示编码库文件内容,可按F2(查找)键。如果不需要输入仪高(仪器高),则可按F3(记录)键。在数据采集中存入的数据有点号,标识符和仪高,如果在内存中找不到给定的点,则在显示屏上就会显示"该点不存在"。

后视点的设置(定向角)　　表6-8

操作过程	操　作	显　示
①由数据采集菜单1/2,按F2(后视)键,即显示原有数据	F2	后视点　-> 编码　： 镜高　：　0.000　m 输入　置零　测量　后视
②按F4(后视)键①	F4	后视 点号-> 输入　调用　NE/AZ　[回车]

续上表

操作过程	操作	显示
③按[F1](输入)键	[F1]	后视 点号 ： 1234 5678 90.– [ENT]
④输入点号,按[F4](ENT)键,按同样方法,输入点编码,反射镜高[②]	输入 PT # [F4]	后视点 ->PT-22 编码 ： 镜高 ： 0.000 m 输入 置零 测量 后视
⑤按[F3](测量)键	[F3]	后视点 ->PT-22 编码 ： 镜高 ： 0.000 m 角度 *斜距 坐标 ---
⑥照准后视点,选择一种测量模式并按相应的软键 例:[F2](斜距)键,进行斜距测量,根据定向角计算结果设置水平度盘读数测量结果被寄存,显示屏返回到数据采集菜单 1/2	照准 [F2]	V: 90° 00′ 00″ HR: 0° 00′ 00″ SD* <<< m >测量… 数据采集 1/2 F1: 输入测站点 F2: 输入后视点 F3: 测量 P↓

注:①每次按[F3]键,输入方法就在坐标值,设置角和坐标点之间交替交换。

②点编码可以通过编码库中的登记号来输入,为了显示编码库文件内容,可按[F2](查找)键。

④进行待测点的测量,并存储数据,见表6-9。

待测点的测量 表6-9

操作过程	操作	显示
①由数据采集菜单1/2,按[F3](测量)键,进入待测点测量	[F3]	数据采集 1/2 F1: 测站点输入 F2: 输入后视 F3: 测量 P↓ 点号 -> 编码 ： 镜高 ： 0.000 m 输入 查找 测量 同前

续上表

操作过程	操作	显示
②按F1(输入)键,输入点号后,按F4键确认	F1 输入点号 F4	点号 = PT-01 编码 : 镜高 : 0.000 m 1234 5678 90.– [ENT] 点号 = PT-01 编码 –> 镜高 : 0.000 m 输入 查找 测量 同前
③按同样方法输入编码、棱镜高	F1 输入编码 F4 F1 输入镜高 F4	点号 : PT-01 编码 -> SOUTH 镜高 : 1.200 m 输入 查找 测量 同前 角度 *斜距 坐标 偏心
④按F3(测量)键	F3	
⑤照准目标点	照准	
⑥按F1 ~ F3中的一个键,例:按F2(斜距)键开始测量,数据被存储,显示屏变换到下一个镜点	F2	V: 90° 00′ 00″ HR: 0° 00′ 00″ SD* [n] <<< m >测量… < 完成>
⑦输入下一个镜点数据并照准该点		点号 ->PT-02 编码 : SOUTH 镜高 : 1.200 m 输入 查找 测量 同前
⑧按F4(同前)键,按照上一个镜点的测量方式进行测量,测量数据被存储,按同样方式继续测量,按ESC键即可结束数据采集模式	照准 F4	V: 90° 00′ 00″ HR: 0° 00′ 00″ SD* [n] <<< m >测量… < 完成>

6.4.2　坐标放样

在实际的工程测量中，有很多情况需要把设计图纸上已知坐标的点位测设到地面上，这时我们就可以使用全站仪的放样功能来达到目的。

全站仪坐标放样(视频)

1）放样原理

先在待放样点的大致位置立棱镜对其进行观测，测出当前棱镜位置的坐标。将当前坐标与放样点的坐标相比较，计算出其距离差值 d_{HD} 和角度差 d_{HR}。根据显示的 d_{HD}、d_{HR} 逐渐找到放样点的位置。当 $d_{HD}=0$，$d_{HR}=0°00'00''$ 时，则该点即为放样点。图 6-25 为坐标放样原理图。

2）放样步骤

（1）选择坐标数据文件，可进行测站坐标数据及后视坐标数据的调用。

（2）置测站点。

（3）置后视点，确定方位角。

（4）输入所需的放样坐标，开始放样。

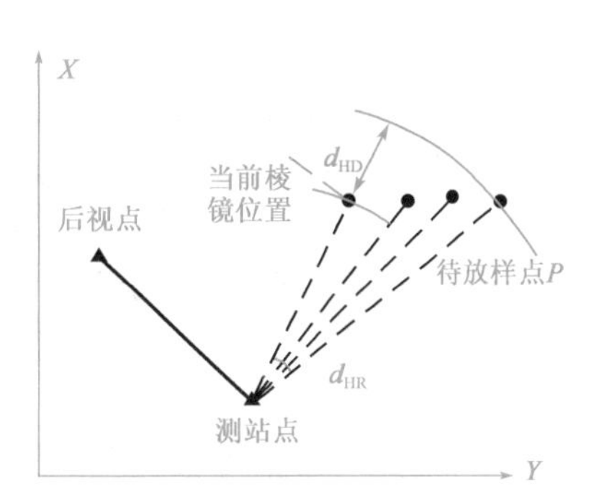

图 6-25　坐标放样原理

3）放样操作人机对话操作

（1）坐标数据文件的选择，见表 6-10。

（2）设置测站点与后视点。

坐标放样中测站点、后视点的设置方法和数据采集中的设置方法相同。表 6-11 以直接键入测站点坐标为例，表 6-12 以直接输入后视点坐标为例。

坐标数据文件的选择　　表 6-10

操作过程	操作	显示
①由放样菜单 2/2 按[F1]（选择文件）键	[F1]	放样　2/2 F1：选择文件 F2：新点 F3：格网因子　P↓ 选择文件 FN：________ 输入　调用　---　回车
②按[F2]（调用）键，显示坐标数据文件目录*	[F2]	CEEFEDATA　/C0322 ->*SOUTHDATA　/C0228 SATADDATA　/C0080 ---　查找　---　回车

续上表

操作过程	操　作	显　示
③按△或▽键可使文件表向上或向下滚动,选择一个工作文件	△或▽	*SOUTHDATA　/C0228 SATADDATA　/C0080 KLLLSDATA　/C0085 ---　查找　---　回车
④按F4(回车)键,文件即被确认	F4	放样　2/2 F1:　选择文件 F2:　新点 F3:　格网因子　P↓

注:* 如果要直接输入文件名,可按F1(输入)键,然后输入文件名。

测 站 点 设 置　表 6-11

操作过程	操　作	显　示
①由放样菜单 1/2 按F1(测站点号输入)键,即显示原有数据	F1	测站点 点号: ________ 输入 调用　坐标　回车
②按F3(坐标)键	F3	N:　0.000　m E:　0.000　m Z:　0.000　m 输入　---　点号　回车
③按F1(输入)键,输入坐标值按F4(ENT)键	F1 输入坐标 F4	N:　10.000　m E:　25.000　m Z:　63.000　m 输入　---　点号　回车
④按同样方法输入仪器高,显示屏返回到放样菜单 1/2	F1 输入仪高 F4	仪器高 输入 仪高:　0.000　m 输入　---　---　回车 1234　5678　90.–　[ENT]
⑤返回放样菜单	F1 输入 F4	放样　1/2 F1:　输入测站点 F2:　输入后视点 F3:　输入放样点　P↓

后视点设置　　表6-12

操作过程	操　作	显　示
①由放样菜单1/2按[F2]（后视）键，即显示原有数据	[F2]	后视 点号　=： 输入 调用　NE/AZ　回车
②按[F3]（NE/AZ）键	[F3]	N->　　0.000　m E:　　0.000　m 输入　---　点号　回车
③按[F1]（输入）键，输入坐标值按[F4]（回车）键	[F1] 输入坐标 [F4]	后视 H(B) =　120°30′20″ >照准?　　[是]　[否]
④照准后视点	照准后视点	
⑤按[F3]（是）键，显示屏返回到放样菜单1/2	照准后视点 [F3]	放样　　1/2 F1：输入测站点 F2：输入后视点 F3：输入放样点　　P↓

(3)实施放样

实施放样有以下两种方法可供选择：

①通过点号调用内存中的坐标值。

②直接键入坐标值。

表6-13以调用内存中的坐标值为例实施放样。

放样实施　　表6-13

操作过程	操　作	显　示
①由放样菜单1/2按[F3]（放样）键	[F3]	放样　　1/2 F1：输入测站点 F2：输入后视点 F3：输入放样点　　P↓ 放样 点号：________ 输入 调用　坐标　回车

续上表

操作过程	操　　作	显　　示
②F1(输入)键,输入点号,按F4(ENT)键*	F1 输入点号 F4	镜高 输入 镜高:　0.000　m 输入　---　---　回车
③按同样方法输入反射镜高,当放样点设定后,仪器就进行放样元素的计算。 HR:放样点的水平角计算值 HD:仪器到放样点的水平距离计算值	F1 输入镜高 F4	计算 HR:　122°　09′　30″ HD:　245.777　m 角度　距离　---　---
④照准棱镜,按F1键 点号:放样点 HR:实际测量的水平角 d_{HR}:对准放样点仪器应转动的水平角=实际水平角-计算的水平角 当d_{HR}=0°00′00″时,表明放样方向正确	照准 F1	点号:　LP-100 HR:　2°　09′　30″ dHR:　22°　39′　30″ 距离　---　坐标　---
⑤按F1(距离)键 HD:实测的水平距离 d_{HD}:对准放样点尚差的水平距离=实测高差-计算高差	F1	HD*[r]　< m dHD:　m dZ:　m 模式　角度　坐标　继续 HD*　245.777 m dHD:　-3.223 m dZ:　-0.067m 模式　角度　坐标　继续
⑥按F1(模式)键进行精测	F1	HD*[r]　< m dHD:　m dZ:　m 模式　角度　坐标　继续 HD*　244.789 m dHD:　-3.213 m dZ:　-0.047m 模式　角度　坐标　继续
⑦当显示值d_{HR}、d_{HD}和d_Z均为0时,则放样点的测设已经完成		
⑧按F3(坐标)键,即显示坐标值	F3	N:　12.322 m E:　34.286 m Z:　1.5772 m 模式　角度　---　继续

续上表

操作过程	操　作	显　示
⑨按[F4](继续)键,进入下一个放样点的测设	[F4]	放样 点号:＿＿＿＿＿＿ 输入 调用 坐标 回车

注:* 若文件中不存在所需的坐标数据,则无须输入点号。

6.4.3　对边测量

对边测量（动画）

对边测量功能可以直接测量两个目标棱镜之间的水平距离(d_{HD})、斜距(d_{SD})、高差(d_{VD})和水平角(HR),也可输入坐标值或调用坐标数据文件进行计算。

对边测量模式有两个功能:第一个功能,测量 A-B、A-C 模式,即测量起点到各点的距离,如图 6-26 所示;第二个功能,测量 A-B、B-C 模式,即按瞄准的顺序测量后一点到前一点(相邻点)的距离,如图 6-27 所示。

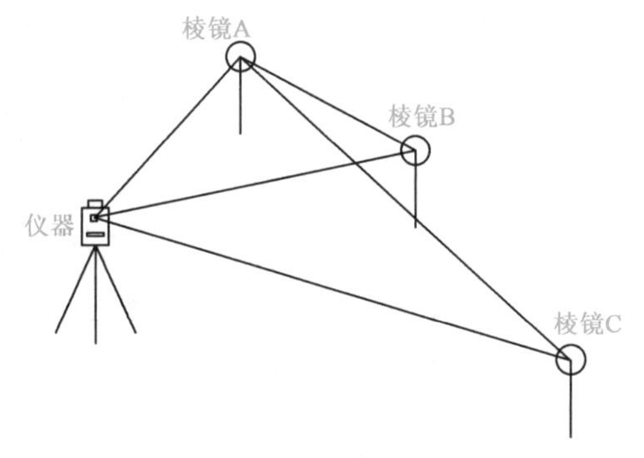

图 6-26　测量 A-B、A-C 模式

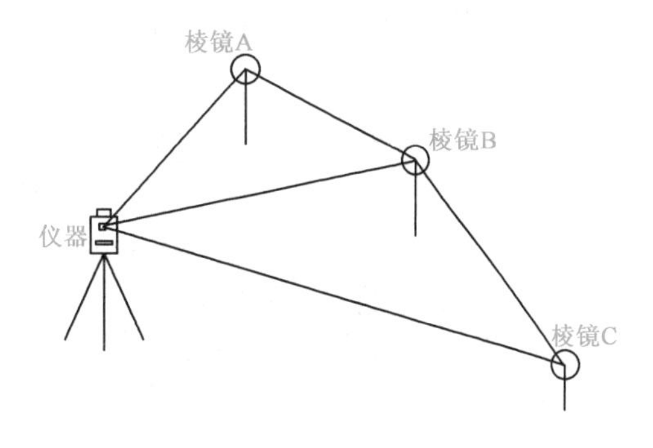

图 6-27　测量 A-B、B-C 模式

下面以测量 A-B、A-C 模式为例,介绍对边测量,步骤如下(部分省略):

(1)对边测量功能位于[MENU]菜单的第二页"程序"功能下,选择对边测量后,进入界面,如图 6-28 所示。

(2)对边测量界面,点击[F2]键"不使用文件数据"后,如图 6-29 所示。

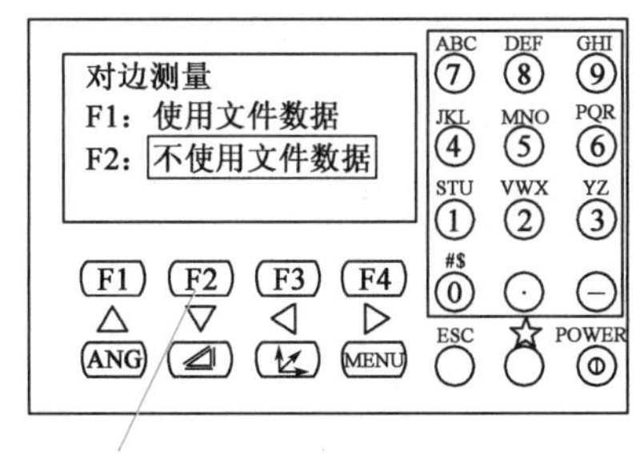

图 6-28　对边测量界面

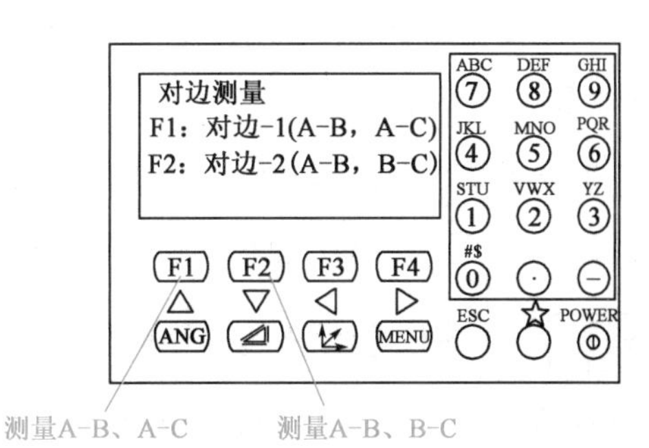

图 6-29　选择测量模式

(3)选择测量模式,点击F1键对边-1(A-B、A-C)测量模式,测量起点到各点的距离。

(4)瞄准起点棱镜 A,点击F1键测量,如图 6-30 所示。

(5)瞄准棱镜 B,点击F1键测量,如图 6-31 所示。

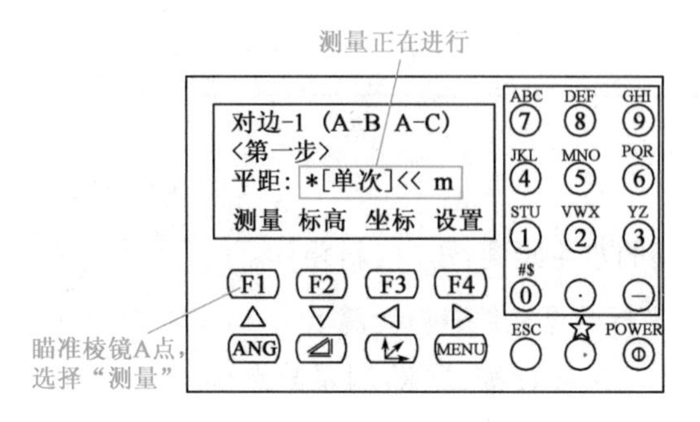

图 6-30 瞄准棱镜 A 测量

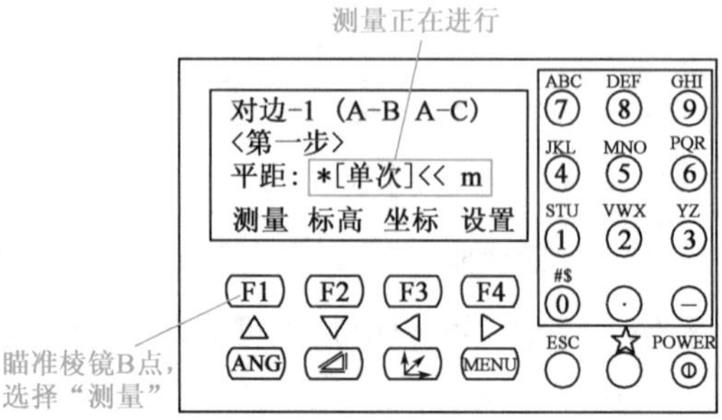

图 6-31 瞄准棱镜 B 测量

(6)测量完成后,显示结果为 A 到 B 的距离,如图 6-32 所示。

(7)继续瞄准下一点 C,显示结果为 A 到 C 的距离,如图 6-33 所示。

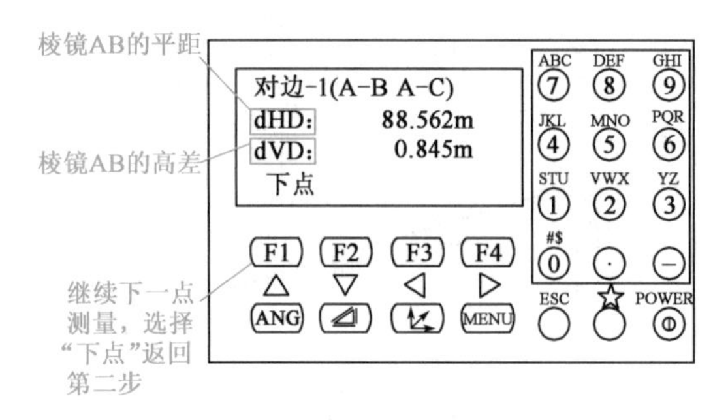

图 6-32 显示 A-B 测量结果

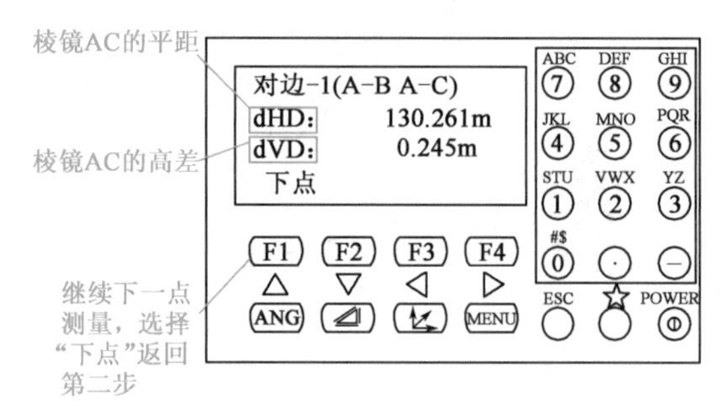

图 6-33 显示 A-C 测量结果

6.4.4 面积测量

该模式用于计算闭合图形的面积,如果图形边界线相互交叉,则面积不能正确计算。面积计算所用的点数是没有限制的。混合坐标文件数据和测量数据来计算面积是不可能的。所计算的面积不能超过 200000m^2 或 2000000ft^2(1ft = 0.3048m)。

面积测量也位于MENU菜单的第二页“程序”功能下,选择“面积”命令后,进入面积测量界面,如图 6-34 所示。面积计算有如下两种方法:第一种方法是,用文件数据计算面积;第二种方法是用测量数据计算面积。此处采用第二种方法,点击F2键,使用测量数据,依次瞄准各点进行测量。图 6-35 为面积测量步骤(部分省略)图示。

6.5 全站仪使用的注意事项

(1)新购置的仪器,如果首次接触使用,应结合仪器认真阅读仪器使用说明书。通过反复学习、使用和总结,力求做到“得心应手”,最大限度发挥仪器的作用。

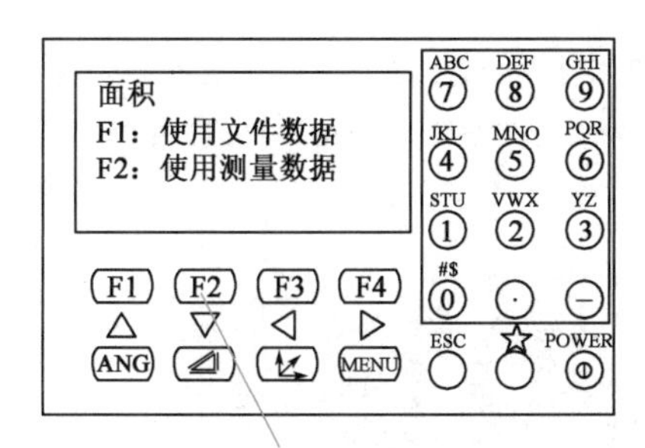

图6-34　面积测量界面

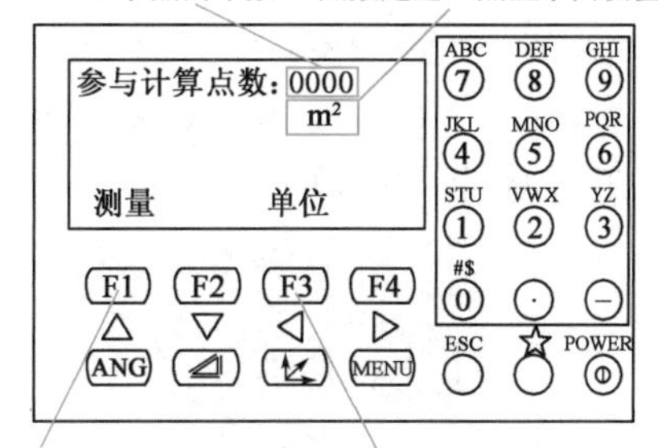

图6-35　面积测量步骤

(2)开箱后提取仪器前，要看准仪器在箱内放置的方式和位置。仪器用毕，先盖上物镜罩，并擦去表面的灰尘。装箱时各部位要放置妥当，合上箱盖时应无障碍。

(3)键盘的键要轻按，以免损坏键盘。

(4)全站仪的测距头不能直接照准太阳，以免损坏测距的发光二极管。

(5)在阳光下或阴雨天气进行作业时，应打伞遮阳、遮雨。

后方交会法设新点(视频)

(6)仪器应保持干燥，遇雨后应将仪器擦干净，放在通风处，待仪器完全晾干后才能装箱。仪器箱应保持清洁、干燥。由于仪器箱一般密封程度很好，因而箱内潮湿会损坏仪器。

(7)冬天室内、室外温差较大时，仪器搬出室外或搬入室内，应隔一段时间后才能开箱。

(8)仪器长期不用时，应以一月左右定期取出通风防霉并通电驱潮，以保持仪器良好的工作状态。

(9)运输过程中必须注意防震，长途运输最好装在原包装箱内。

单元小结

全站仪目前已广泛应用于地上与地下工程建设领域。相对于过去用钢尺量距、光学经纬仪测角度，全站仪的出现带来了革命性的变化，它极大地降低了测量外业的劳动强度，成倍地提高了测绘工作效率和质量。

本单元主要介绍了全站仪的基本测量操作(角度测量、距离测量等)和程序测量操作(数据采集、放样、对边测量、面积测量等)。其中，数据采集与放样操作步骤较多，有相同点，也有不同之处，读者只有充分理解它们各自的测量原理，操作起来才会得心应手。

由于篇幅所限，全站仪的一些功能和设置比如偏心测量、内存管理、数据传输等没有在文中述及，读者需要时须查阅相应的仪器使用说明书。

【知识拓展】

测量机器人

测量机器人是一种能代替人进行自动搜索、跟踪、识别和精确照准目标并获取角度、距离、三维坐标以及影像等信息的智能型电子全站仪。它是在全站仪基础上集成步进马达、CCD影像传感器构成的视频成像系统，并配置智能化的控制及应用软件发展而成。

下面以TPS1200型全站仪为例介绍测量机器人的结构及功能特点。TPS1200是徕卡最新开发的高端全站仪,可以和徕卡GPS1200完全地融为一体。图6-36~图6-38分别为TPS1200型全站仪、TPS1200键盘与主菜单、TPS1200全站仪测量系统图示。

图6-36 TPS1200型全站仪

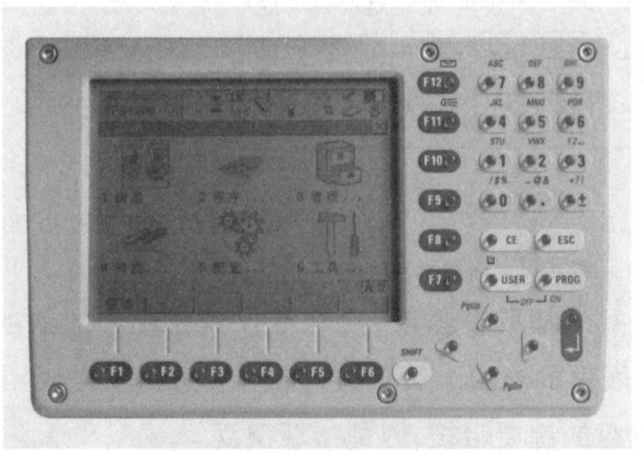

图6-37 TPS1200键盘与主菜单

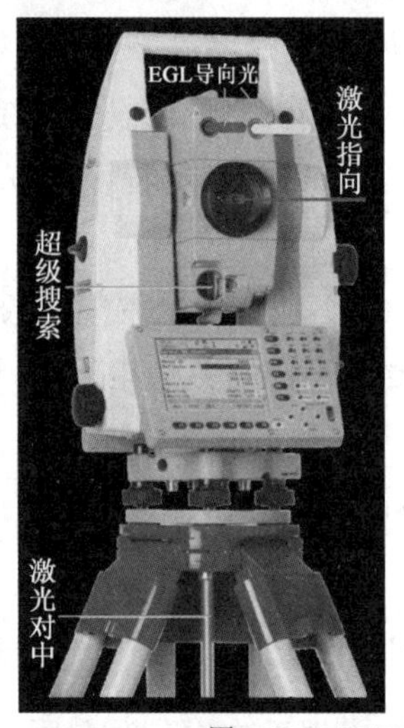

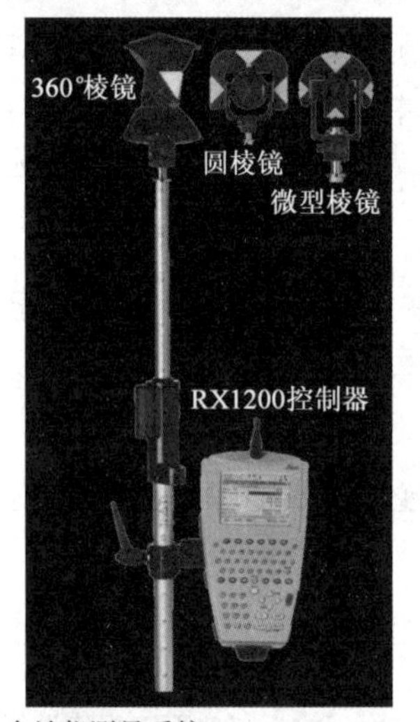

图6-38 TPS1200全站仪测量系统

(1)自带电子罗盘仪,视线磁方位角精度——±1°。

(2)免棱镜测距:TPS1200提供两种测程的无棱镜测距选项:R100标准型和R300超长型。

①R100——1级可见红色激光测距,测程为170m。

②R300——3级可见红色激光测距,测程为500m。

两个EGL导向光发射镜交替发射闪烁光,有效距离150m,在100m处指向精度为±5cm。

(3)自动目标识别模式,只需粗略照准棱镜,仪器内置CCD相机能立即对返回信号进行分析,通过伺服马达驱动照准部与望远镜旋转,自动照准棱镜中心进行正、倒镜观测。该观测模式对于需要进行多次重复观测的点非常有用,如可以实现对大坝变形点进行无人值守的连续观测。

(4)自动跟踪模式,自动锁定目标棱镜并对360°移动棱镜自动跟踪测量。径向跟踪速度4m/s,切向跟踪速度25m/s(100m处)。智能化软件用CCD相机对返回信号进行分析处理,保证锁定目标暂时失锁时,能立即恢复跟踪。

(5)镜站遥控测量,司镜员单人即可进行整个测量工作。镜站操作 RX1220 控制器,遥控测站全站仪进行放样测量,放样数据及镜站当前坐标显示在 RX1220 控制器中。

(6)测量获取的点位直接展绘在屏幕上,可为点、线、面附加编码和属性信息,生成图形文件可用 AutoCAD 打开。

(7)通过系统集成和可上载方式,向用户开放了更多(约 12 个)的应用测量程序,可使用 GeoC ++ 编写专业机载程序。

测量机器人的优势是显而易见的,它的发展和使用,在一定程度上改变了我们的工作方式,大大提高了生产效率。目前测量机器人广泛应用于自动变形观测、精密轨道测量与监测、自动引导测量、自动扫描测量、精密工程控制网测量等领域。

思考与练习题

6-1　全站仪的主要功能有哪些?

6-2　什么是棱镜常数? 国产棱镜与进口棱镜常数一般为多少?

6-3　简述全站仪水平角测量的操作步骤。

6-4　简述全站仪的角度测量的操作步骤。

6-5　简述全站仪测量坐标的原理。

6-6　试述坐标放样的操作步骤。

单元7　GPS 测量技术

内容导读

GPS(全球定位系统)测量技术是除水准仪、经纬仪与全站仪外的最新测量科技之一,具有常规测量手段无法比拟的优点。本单元主要内容包括 GPS 测量的基本原理和测量方法,GPS 接收机的使用,GPS 静态测量,以及 GPS-RTK 测量技术。

知识目标:了解 GPS 测量原理,掌握 GPS 接收机的操作方法,熟悉 GPS 数据的内业处理过程。

能力目标:GPS 静态网数据采集,GPS-RTK 测量操作。

素质目标:激发学生的民族自信和爱国情怀,树立赶超世界最新科技,为祖国而学、为民族而练的信心和勇气。

7.1　GPS 测量概述

7.1.1　概述

全球定位系统(Global Positioning System,简称 GPS)是美国从 20 世纪 70 年代开始研制的用于军事部门的新一代卫星导航与定位系统,历时 20 年,耗资 300 多亿美元,分三阶段研制,陆续投入使用,并于 1994 年全面建成。目前,GPS 在航空、航天、军事、交通、运输、资源勘探、通信、气象等几乎所有的领域中,都被作为一项非常重要的技术手段和方法,用来进行导航、授时、定位、地球物理参数测定和大气物理参数测定等。

作为较早采用 GPS 技术的领域,在测量中,它最初主要用于高精度大地测量和控制测量,建立各种类型和等级的测量控制网。现在,它除了继续在这些领域发挥着重要作用外,还在测量领域的其他方面得到充分的应用,如用于各种类型的施工放样、测图、变形观测、航空摄影测量、海测和地理信息系统中地理数据的采集等。尤其是在各种类型的测量控制网的建立这一方面,GPS 定位技术已基本上取代了常规测量手段,成为主要的技术手段。我国采用 GPS 技术布设了新的国家大地测量控制网,很多城市也都采用 GPS 技术建立了城市控制网。

全球导航卫星系统(Global Navigation Satellite System,简称 GNSS)泛指所有的卫星导航系统,包括全球的、区域的和增强的。如美国 GPS、俄罗斯"格洛纳斯"(GLONASS)、欧盟"伽利略"(GALILEO)和中国北斗(BDS)卫星导航系统以及相关的增强系统,还涵盖在建和以后要建设的其他卫星导航系统。国际 GNSS 系统是个多系统、多层面、多模式的复杂组合系统。

北斗卫星导航系统是中国独立发展、自主运行,并与世界其他卫星导航系统兼容互用的全球卫星导航系统。目前,北斗卫星导航系统正按照"质量、安全、应用、效益"的总要求,坚持"自主、开放、兼容、渐进"的发展原则,按照"三步走"发展战略,稳步推进。2020 年中国北斗系统已全面建成,北斗将面向全球用户提供更优质的服务。在中国及周边地区,所提供的星基增强、地基增强、精密单点定位等服务将为北斗高精度的泛在化应用奠定坚实基础。从全球范围来讲,北斗三号系统除提供更优的定位、导航和授时服务外,也可以提供全球短报文服务和全球搜救服务。2035 年前还将建设完善更加泛在、更加融合、更加智能的综合时空体系。北斗系统具有以下特点:

(1)北斗系统空间段采用三种轨道卫星组成的混合星座,与其他卫星导航系统相比高轨卫星更多,抗遮挡能力强,尤其低纬度地区性能特点更为明显。

(2)北斗系统提供多个频点的导航信号,能够通过多频信号组合使用等方式提高服务精度。

(3)北斗系统创新融合了导航与通信能力,具有实时导航、快速定位、精确授时、位置报告和短报文通信服务五大功能。

从目前的竞争格局看,GPS 还占据着主导地位,但它的优势正逐步被其他三大系统所取代。从技术和应用前景上看,四大系统各有优劣,如果说 GPS 胜在成熟,"伽利略"胜在精准,那么"格洛纳斯"的最大价值就在于其抗干扰能力强,而北斗系统最大的不同在于它不仅能使用户知道自己所在的位置,还可以告诉别人自己的位置,特别适用于需要导航与移动数据通信的应用场合。

7.1.2　GPS 系统的构成

GPS 整个系统由三大部分组成,如图 7-1 所示,即由空间部分、地面控制部分和用户部分所组成。

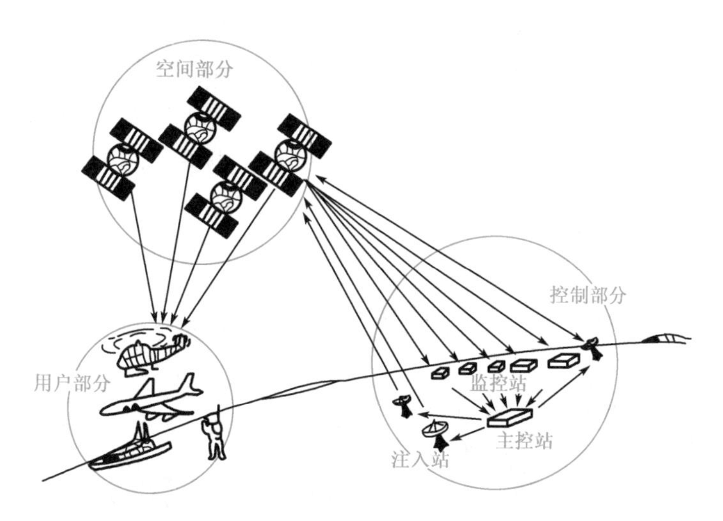

图 7-1　全球定位系统(GPS)构成示意图

1)空间部分

GPS 的空间部分是由 24 颗 GPS 工作卫星所组成,其中 21 颗为可用于导航的卫星,3 颗为活动的备用卫星。这 24 颗卫星分布在 6 个倾角为 55°的轨道上绕地球运行,轨道面之间夹角为 60°。轨道平均高度为 20 200km,运行周期为 11 小时 58 分钟。这种星座布局(图 7-2)可保证地球任一点任一时刻均可收到 4 颗以上卫星的信号,实现瞬时定位。图 7-3 为 GPS 卫星图。

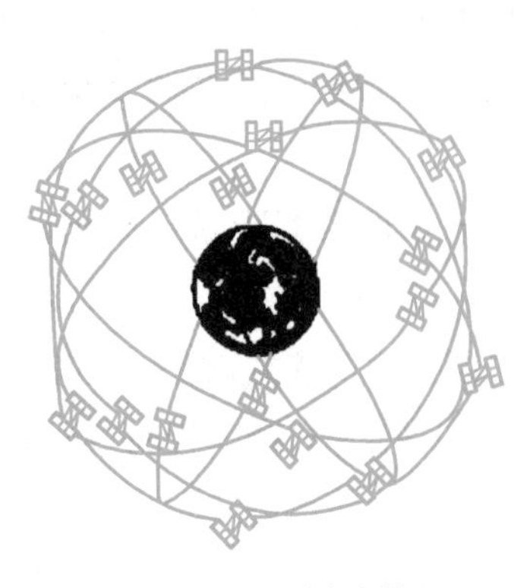

图 7-2　GPS 星座布局

图 7-3　GPS 卫星

2)控制部分

GPS 的控制部分由分布在全球的若干个跟踪站所组成的监控系统所构成,根据其作用的不同,这些跟踪站又被分为主控站、监控站和注入站。主控站有 1 个,位于美国科罗拉多(Colorado)的法尔孔(Falcon)空军基地,它的作用是根据各监控站对 GPS 的观测数据,计算出卫星的星历和卫星钟的改正参数等,并将这些数据通过注入站注入卫星中去;同时,它还对卫星进行控制,向卫星发布指令,当工作卫星出现故障时,调度备用卫星,替代失效的工作卫星工作;另外,主控站也具有监控站的功能。监控站有 5 个,除了主控站外,其他四个分别位于夏威夷(Hawaii)、阿松森群岛(Ascencion)、迭哥伽西亚(Diego Garcia)、卡瓦加兰(Kwajalein),监控站的作用是接收卫星信号,监测卫星的工作状态。注入站有 3 个,它们分别位于阿松森群岛(Ascencion)、迭哥伽西亚(Diego Garcia)、卡瓦加兰(Kwajalein),注入站的作用是将主控站计算出的卫星星历和卫星钟的改正数等注入卫星中去。图 7-4 为 GPS 地面站的分布图。

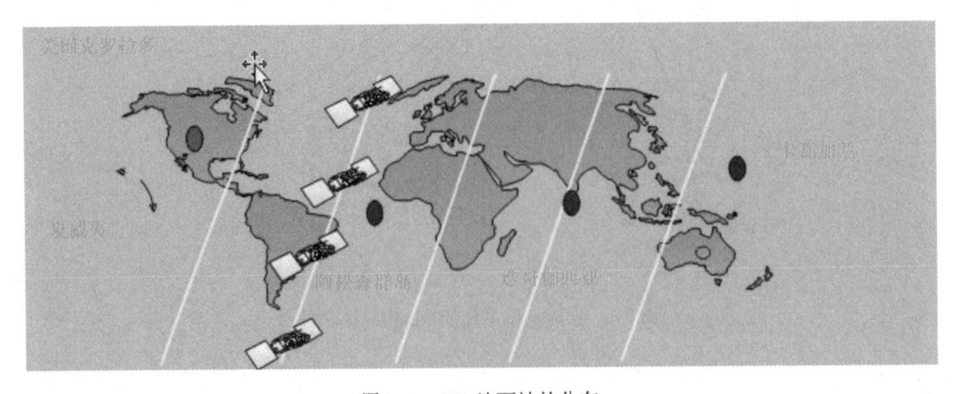

图 7-4　GPS 地面站的分布

3)用户部分

GPS 的用户部分由 GPS 接收机、数据处理软件及相应的用户设备如计算机、气象仪器等所组成。GPS 接收机的任务是捕获卫星信号,跟踪并锁定卫星信号,对接收到的信号进行处理,译出卫星广播的导航电文,进行相位测量和伪距测量,实时计算接收机天线的三维坐标、速度和时间。

GPS 接收机按用途分为导航型、测地型和授时型接收机;按使用的载波频率分为单频接收机(用 L_1 载波)和双频接收机(用 L_1、L_2 载波)。

7.1.3 GPS 测量的特点

相对于常规的测量技术来说,GPS 测量的主要特点如下:

(1)观测站之间无须通视。GPS 测量不要求观测站之间相互通视,因而不再需要建造觇标。这一优点既可大大减少测量工作的经费和时间(一般造觇标费用占总经费的 30% ~ 50%),同时也使点位的选择变得甚为灵活。

应该指出,GPS 测量虽不要求观测站之间相互通视,但必须保持观测站的上空开阔(净空),以使接收 GPS 卫星的信号不受干扰。

(2)定位精度高。大量试验表明,目前在小于 50km 的基线上,其相对定位精度可达到 $(1\sim2)\times10^{-6}$,而在 100 ~ 500km 的基线上可达到 $10^{-6}\sim10^{-7}$。随着光测技术与数据处理方法的改善,有望在 1000km 的距离上,相对定位精度达到或优于 10^{-8}。

(3)观测时间短。静态定位每站观测时间一般在 1 ~ 2h,采用快速静态定位,观测时间更短。动态相对定位仅需几秒钟。

(4)提供三维坐标。GPS 测量在精确测定观测站平面位置的同时,可以精确测定观测站的大地高程。

(5)操作简便。GPS 测量的自动化程度很高,在观测中测量员的主要任务只是安装并开关仪器、量取仪器高、监控仪器的工作状态和采集环境的气象数据,而其他观测工作,如卫星的捕获、跟踪观测和记录等均由仪器自动完成。

(6)全天候作业。GPS 观测工作,可以在任何地点,任何时间连续地进行,一般不受天气状况的影响。

7.2 GPS 坐标系统

7.2.1 WGS-84 坐标系

WGS-84 坐标系(world geodical system-84,世界大地坐标系-84,由美国国防部制图局建立),如图 7-5 所示,是目前 GPS 所采用的坐标系统,GPS 所发布的星历参数就是基于此坐标系统的。

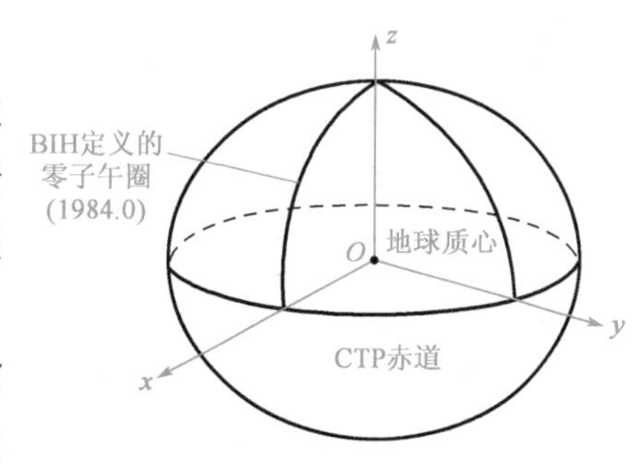

图 7-5 WGS-84 坐标系

WGS-84 坐标系的坐标原点位于地球的质心,Z 轴指向 BIH1984.0 定义的协议地球极方向,X 轴指向国际时间局(BIH)1984.0 定义的起始子午面和赤道的交点,Y 轴与 X 轴和 Z 轴构成右手系。

采用椭球参数为:$a = 6378137\text{m}$, $f = 1/298.257223563$。

7.2.2 GPS 测量中的坐标转换

在工程应用中使用 GPS 全球定位系统采集到的数据是 WGS-84 坐标系数据,而目前我们测量成果普遍使用的是以北京 54 坐标系、西安 80 坐标系或是地方(任意)独立坐标系为基础的坐标数据。因此,这就存在几种坐标系(统)互相转换的问题。

图 7-6 为 WGS-84 经纬度坐标转化为施工坐标的流程。

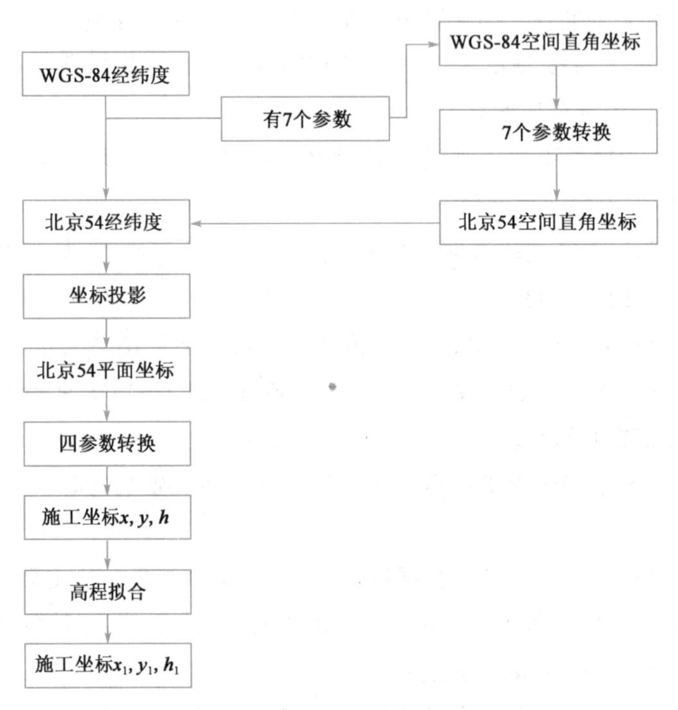

图 7-6 GPS 测量坐标转换流程

说明:(1)四参数:它是同一个椭球内不同坐标系之间进行转换的参数,即一个旋转角度,两个平移,一个尺度。它没有涉及高程的转换,只是二维上的简单转换,参与计算的控制点原则上至少需求 2 个或 2 个以上。实践表明,对于 10km 内的小范围测区而言,四参数法是最为可靠、简单而实用的坐标转换方法。

(2)七参数:是分别位于两个椭球(即 WGS-84 参考椭球与我国参考椭球)内的两个坐标系之间的转换参数,包括 3 个平移参数、3 个旋转参数和 1 个尺度参数。解算这 7 个参数,至少要用到 3 个已知点(2 个坐标系统的坐标都知道),采用间接平差模型进行解算。

(3)高程拟合参数:GPS 的高程系统为大地高(椭球高),而测量中常用的高程为正常高。所以 GPS 测得的高程需要改正才能使用,高程拟合参数就是完成这种拟合的参数。计算高程拟合参数至少需要 3 个已知点,参与计算的公共控制点数目不同,得到的精度自然也不一样。

实践中,测量人员在野外只需要按相应的操作程序用GPS接收机采集公共已知点的三维数据即可,各参数的取得是靠专业软件自动计算的。

7.3 GPS定位基本原理

利用GPS进行定位的基本原理是空间后方交会(图7-7),即以GPS卫星和接收机天线之间的距离为观测量,根据已知的卫星瞬时坐标来确定用户接收机所对应点的三维坐标(x,y,z)。由此可见,GPS定位的关键是测定接收机至GPS卫星之间的距离,根据测距原理,其定位原理及方法主要有伪距测量、载波相位测量、差分(相对)定位等。

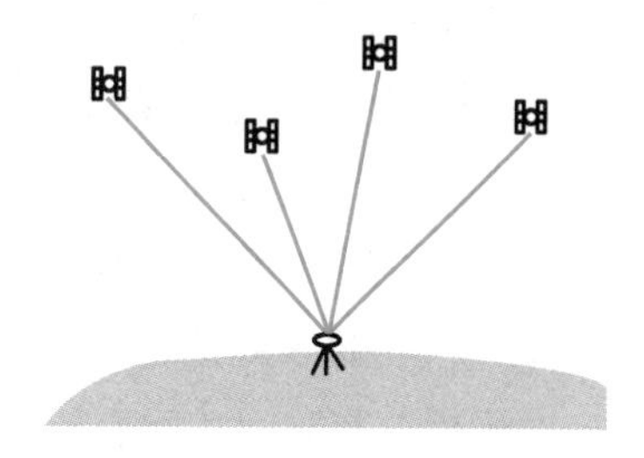

图7-7 GPS定位的基本原理

7.3.1 按照定位采用的观测值

1)伪距测量

在待测点上安置GPS接收机,通过测定某颗卫星发送信号的时刻到接收机天线接收到该信号的时刻Δt,就可以求得卫星到接收机天线的空间距离ρ:

$$\rho = \Delta t \cdot c \tag{7-1}$$

式中:c——电磁波在大气中的传播速度。

由于卫星和接收机的时钟均有误差,电磁波经过电离层和对流层时又会产生传播延迟,因此,Δt与空中电磁波传播速度c相乘后得到的距离中含有较大误差,不是接收机到卫星的几何距离,故称为伪距,以$\tilde{\rho}$来表示。若用δ_t、δ_T表示卫星和接收机时钟相对于GPS时间的误差改正数,用δ_I表示信号在大气中传播的延迟改正数,则

$$\rho = \tilde{\rho} + c(\delta_t + \delta_T) + \delta_I \tag{7-2}$$

其中,卫星时钟误差改正数δ_t可由卫星发出的导航电文给出,δ_I可采用数学模型计算出来,δ_T为未知数,ρ为接收机至卫星的几何距离。设$r=(X_s,Y_s,Z_s)$为卫星在世界大地坐标系中的位置矢量,可由卫星发出的导航电文计算得到,$R=(X,Y,Z)$为接收机天线(待测点)在大地坐标系中的位置矢量,是待求的未知量。则上式中的ρ可表示为

$$\rho = \sqrt{(X_s - X)^2 + (Y_s - Y)^2 + (Z_s - Z)^2} \tag{7-3}$$

结合式(7-2)和式(7-3)可知,每一个伪距观测方程中仅含有X、Y、Z和δ_T四个未知数。如图7-7所示,在任一测站只要同时对4颗卫星进行观测,取得4个伪距观测值$\tilde{\rho}$,即可解算出4个未知数,从而求得待测点的坐标(X,Y,Z)。当同时观测的卫星多于4颗时,可用最小二乘法进行平差处理。

2)载波相位测量

载波相位测量,顾名思义是以GPS卫星发射的载波信号为观测量。由于载波的波长比测

距码波长要短得多,因此对载波进行相位测量,就可以得到较高的定位精度。

若不顾及卫星和接收机的时钟误差及电离层和对流层对信号传播的影响,在任一时刻 t 可以测定卫星载波信号在卫星处的相位 φ_s 与该信号到达待测点天线时的相位 φ_r 间的相位差 φ,即

$$\varphi = \varphi_r - \varphi_s = N \cdot 2\pi + \delta_\varphi \tag{7-4}$$

式中:N——信号的整周期数;

δ_φ——不足整周期的相位差。

由于相位和时间之间有一定的换算公式,卫星与待测点天线之间的距离可由相位差表示为

$$\rho = \frac{c}{f}\frac{\varphi}{2\pi} = \frac{c}{f}\left(N + \frac{\delta_\varphi}{2\pi}\right) \tag{7-5}$$

考虑到卫星与接收机的时钟误差、电离层和对流层对信号传播的影响,上式又可写为

$$\rho = \frac{c}{f}\left(N + \frac{\delta_\varphi}{2\pi}\right) + c(\delta_t + \delta_T) + \delta_I \tag{7-6}$$

或写成

$$\frac{\delta_\varphi}{2\pi} = \frac{f}{c}(\rho - \delta_I) - f(\delta_t + \delta_T) - N \tag{7-7}$$

由于相位测量只能测定不足一个整周期的相位差 δ_φ,无法直接测得整周期数 N,因此载波相位测量的解算比较复杂。N 又称整周模糊度,N 的确定是载波相位测量中特有的问题,也是进一步提高 GPS 定位精度、提高作业速度的关键所在,目前 N 可由多种方法求出。

7.3.2 按照定位的模式

1)绝对定位

绝对定位又称为单点定位,是在一个待测点上,用一台接收机独立跟踪 GPS 卫星,以测定待测点的绝对坐标(图 7-8)。单点定位一般采用伪距测量。这种定位模式的特点是作业方式简单,一般用于导航和精度要求不高的应用中。

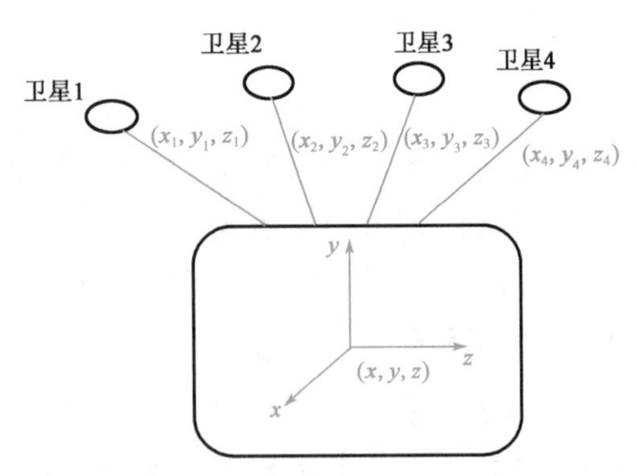

图 7-8　GPS 单点定位原理示意图

2)相对定位

GPS 相对定位也叫 GPS 差分定位,是目前 GPS 定位中精度最高的一种,广泛用于大地测量、精密工程测量、地球动力学研究和精密导航。

如图 7-9 所示,相对定位的最基本情况是两台 GPS 接收机,在两测站上同步跟踪相同的卫星信号,以求定两台接收机之间相对位置的方法。两点间的相对位置也称为基线向量,在 GPS 观测中常用 GPS-84 坐标系下的三维直角坐标差($\Delta X, \Delta Y, \Delta Z$)表示,也可用大地坐标之差($\Delta B, \Delta L, \Delta h$)表示。当其中一个端点坐标已知时,则可推算另一个待定点的坐标。

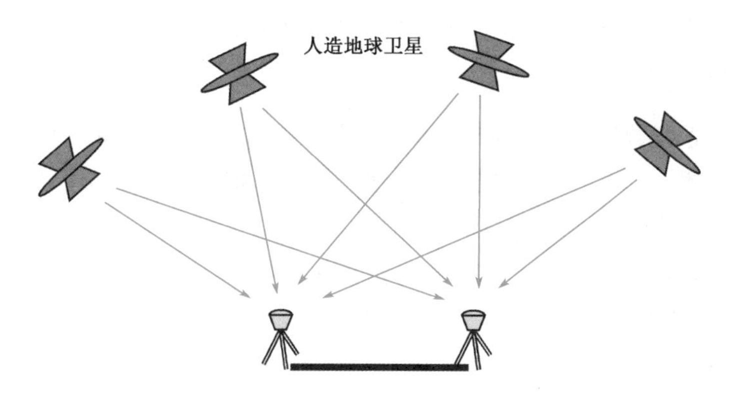

图7-9 GPS相对定位原理示意图

这种方法，一般可以推广到多台接收机安置在若干基线的端点，通过同步观测GPS卫星，以确定多条基线向量的情况。因为在两个观测站或多个观测站，同步观测相同卫星的情况下，卫星的轨道误差、卫星钟差、接收机钟差以及电离层和对流层的折射误差等，对观测量的影响具有一定的相关性，所以利用这些观测量的不同组合进行相对定位，可有效地消除或者减弱上述误差的影响，从而提高相对定位的精度。

7.4 GPS测量误差来源

7.4.1 与GPS卫星有关的因素

(1)SA(selective availability):选择性定位能力。美国政府从其国家利益出发，通过降低广播星历精度技术、在GPS基准信号中加入高频抖动技术等方法，人为降低普通用户利用GPS进行导航定位的精度。

(2)卫星星历误差:在进行GPS定位时，计算在某时刻GPS卫星位置所需的卫星轨道参数是通过各种类型的星历提供的，但不论采用哪种类型的星历，所计算出的卫星位置都会与其真实位置有所差异，这就是所谓的星历误差。

(3)卫星钟差:卫星钟差是GPS卫星上所安装的原子钟的钟面时间与GPS标准时间之间的误差。

(4)卫星信号发射天线相位中心偏差:卫星信号发射天线相位中心偏差是GPS卫星上信号发射天线的标称相位中心与其真实相位中心之间的差异。

7.4.2 与传播途径有关的因素

(1)电离层延迟:大气层的电离层对电磁波的折射效应，使得GPS信号的传播速度发生变化，这种变化称为电离层延迟。

(2)对流层延迟:对流层对电磁波的折射效应，使得GPS信号的传播速度发生变化，这种变化称为对流层延迟。

(3)多路径效应:由于接收机周围环境的影响，使得接收机所接收到的卫星信号中还包含有各种反射和折射信号的影响,这就是所谓的多路径效应。

7.4.3 与接收机有关的因素

(1)接收机钟差:接收机钟差是 GPS 接收机所使用的时钟钟面时与 GPS 标准时之间的差异。

(2)接收机天线相位中心偏差:接收机天线相位中心偏差是 GPS 接收机天线的标称相位中心与其真实的相位中心之间的差异。

(3)接收机软件和硬件造成的误差:在进行 GPS 定位时,定位结果还会受到诸如处理与控制软件和硬件等的影响。

7.4.4 其他

(1)GPS 控制部分人为或计算机造成的影响:由于 GPS 控制部分的问题或用户在进行数据处理时引入的误差等。

(2)数据处理软件的影响:数据处理软件的算法不完善对定位结果的影响。

7.5 GPS 静态测量

目前,GPS 静态定位在测量中被广泛地用于大地测量、工程测量、地籍测量、物探测量及各种类型的变形监测等方面,其主要还是用于建立各种级别、不同用途的控制网。在这些应用方面,GPS 技术已基本上取代了常规的测量方法,成为主要手段。

7.5.1 GPS 静态测量工作程序

GPS 测量工作与经典大地测量工作相类似,按其性质可分为外业和内业两大部分。其中:外业工作主要包括选点(即观测站址的选择)、建立观测标志、野外观测作业以及成果质量检核等;内业工作主要包括 GPS 测量的技术设计、测后数据处理以及技术总结等。如果按照 GPS 测量实施的工作程序,则大体可分为这样几个阶段:技术设计、选点与建立标志、外业观测、成果检核与处理。

GPS 测量是一项技术复杂、要求严格、耗费较大的工作,对这项工作总的原则是,在满足用户要求的情况下,尽可能地减少经费、时间和人力的消耗。因此,对其各阶段的工作都要精心设计和实施。

GPS 静态测量程序如图 7-10 所示。

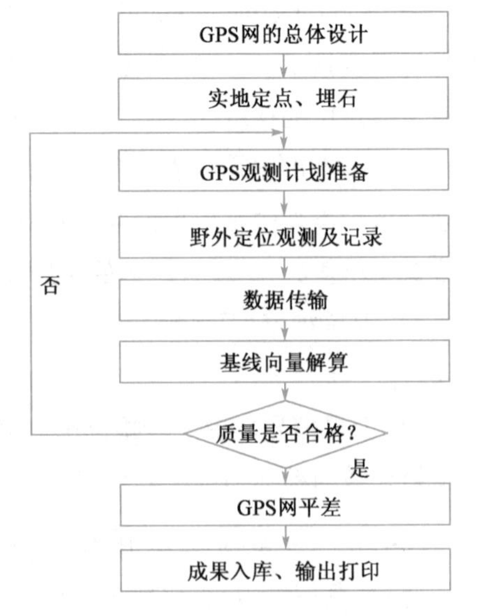

图 7-10 GPS 静态测量程序

7.5.2 GPS 网技术设计

GPS 网的技术设计是 GPS 测量工作实施的第一步,是一项基础性工作。这项工作应根据网的用途和用户的要求来进行,其主要内容包括精度指标的确定,网的图形设计和网的基准设计。

1)测量的精度标准

对 GPS 网的精度要求,主要取决于网的用途。精度指标通常均以网中相邻点之间的距离误差来表示,其形式为

$$m_R = \delta_D + pp \times D \tag{7-8}$$

式中:m_R——网中相邻点间的距离误差(mm);

δ_D——与接收设备有关的固定误差(mm);

pp——比例误差(ppm);

D——相邻点间的距离(km)。

根据 GPS 网的不同用途,其精度可划分为如表 7-1 所列的五类标准。

不同级别 GPS 网的精度标准　　表 7-1

类　别	测 量 类 型	常量误差 δ_D(mm)	比例误差 pp(ppm)
A	地壳形变测量或国家高精度 GPS 网	≤5	≤0.1
B	国家基本控制测量	≤8	≤1
C	控制网加密,城市测量,工程测量	≤10	≤5
D	控制网加密,城市测量,工程测量	≤10	≤10
E	控制网加密,城市测量,工程测量	≤10	≤20

2)网的图形设计

网的图形设计虽然主要取决于用户的要求,但是经费、时间和人为的消耗以及所需接收设备的类型、数量和后勤保障条件等,也都与网的设计有关。

(1)设计的一般原则

①GPS 网一般应通过独立观测边构成闭合图形,例如三角形、多边形或附合线路,以增加检核条件,提高网的可靠性。

②GPS 网点应尽量与原有地面控制网点相重合。重合点一般不应少于 3 个(不足时应联测)且在网中应分布均匀,以便可靠地确定 GPS 网与地面网之间的转换参数。

③GPS 网点应考虑与水准点相重合,而非重合点一般应根据要求以水准测量方法(或相当精度的方法)进行联测,或在网中设一定密度的水准联测点,以便为大地水准面的研究提供资料。

④为了便于观测和水准联测,GPS 网点一般应设在视野开阔和容易到达的地方。

⑤为了便于用经典方法联测或扩展,可在网点附近布设一通视良好的方位点,以建立联测方向。方位点与观测站的距离,一般应大于 300m。

(2)布设形式

①三角形网。如图 7-11 所示,GPS 网中的三角形边由独立观测边组成。根据经典测量可知,这种图形的几何结构强,具有良好的自检能力,能够有效地发现观测成果的粗差,以保障网

的可靠性。同时,经平差后网中相邻点间基线向量的精度分布均匀。但其观测工作量较大,尤其当接收机的数量较少时,将使观测工作的总时间大为延长,因此通常只有当网的精度和可靠性要求较高,接收机数目在三台以上时,才单独采用这种图形。

②环形网。如图7-12所示,环形网是由若干含有多条独立观测边的闭合环所组成的网,这种网形与经典测量中的导线网相似,图形的结构比三角形稍差。此时闭合环中所含基线边的数量决定了网的自检能力和可靠性。一般来说,闭合环中包含的基线边不能超过一定的数量。

环形网的优点是观测工作量较小,且具有较好的自检性和可靠性,其缺点主要是,非直接观测的基线边(或间接边)精度较直接观测边低,相邻点间的基线精度分布不均匀。作为环形网特例,在实际工作中还可以按照网的用途和实际的情况,采用所谓附合线路。这种附合线路与经典测量中的附合导线相似。采用这种图形的条件是,附合线路两端点间的已知基线向量,必须具有较高的精度,另外,附合线路所包含的基线边数,也不能超过一定的限制。

③星形网。如图7-13所示,星形网的几何图形简单,但其直接观测边之间,一般不构成闭合图形,所以其检验与发现粗差的能力较差。

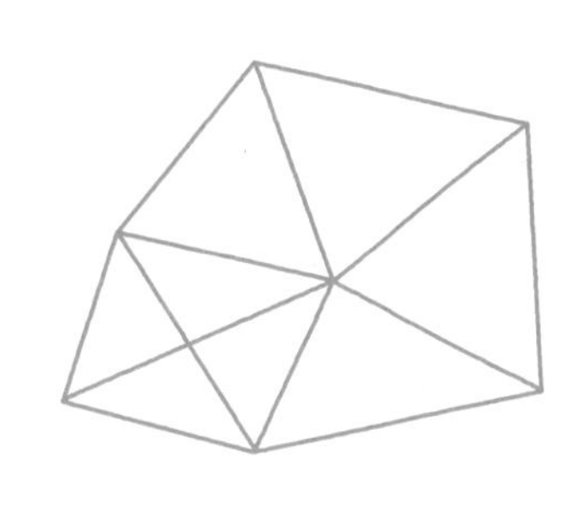

图7-11　三角形网

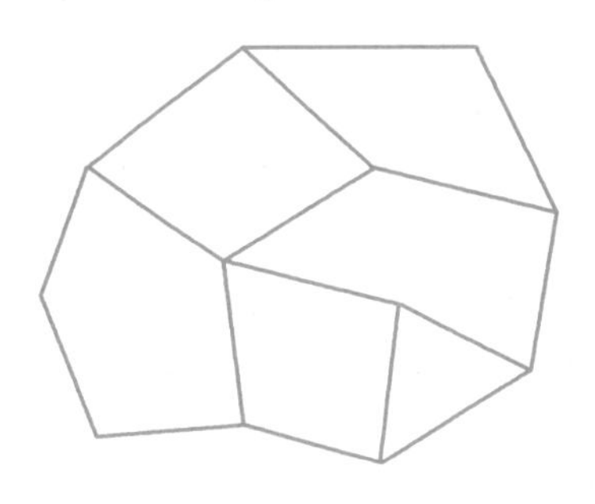

图7-12　环形网

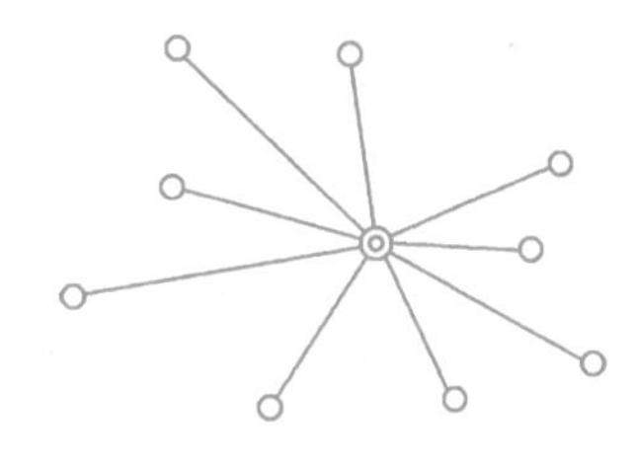

图7-13　星形网

这种网的主要优点是观测中通常只需要两台GPS接收机,作业简单。因此在快速静态定位和动态定位等快速作业模式中,大多采用这种网形。它广泛用于工程放样、边界测量、地籍测量和碎部测量等。

三角形和环形网,是大地测量和精密工程测量中普遍采取的两种基本图形。用户还可以根据实际情况采用上述两种图形的混合网形。

3)基线长度

GPS接收机对收到的卫星信号量测可达毫米级的精度。但是,由于卫星信号在大气传播时不可避免地受到大气层中电离层及对流层的扰动,导致观测精度的降低。因此在GPS测量中,通常采用差分的形式,用两台接收机来对一条基线进行同步观测。在同步观测同一组卫星时,大气层对观测的影响大部分都被抵消了。基线越短,抵消的程度越显著,因为这时卫星信号通过大气层到达两台接收机的路径几乎相同。

因此,建议用户在设计基线边时以20km以内为宜。基线边过长,一方面观测时间势必增加，另一方面由于距离增大而导致电离层的影响有所增强。

7.5.3　GPS 静态测量步骤

以下以南方 9600GPS 接收机为例说明利用 GPS 接收机进行外业观测及内业数据处理的一般过程，其他型号的 GPS 接收机使用过程大体相同，具体可参阅相关的硬件与软件使用说明书。

1）外业采集

（1）在选好的观测站点上安放三脚架。注意观测站周围的环境必须符合上述的条件，即净空条件好，远离反射源，避开电磁场干扰等。因此，安放时用户应尽量避免将接收机放在树荫、建筑物下，也不要在靠近接收机的地方使用对讲机、手提电话等无线电设备。

（2）小心打开仪器箱，取出基座及对中器，将其安放在脚架上，在测点上对中、整平基座。在观测的过程中，不要进行再次的对中整平。在离仪器 5m 内尽量不要使用手机、对讲机等通信工具，以免影响观测数据的精度。

（3）从仪器箱中取出接收机，将其安放在对中器上，并将其锁紧。

（4）如图 7-14 所示，量取天线高即仪器高。

安置好仪器后，用户应在各观测时段的前后，各量测天线高一次，量至毫米。量测时，由标石（或其他标志）或者地面点中心顶端量至天线中部，即天线上部与下部的中缝。

采用下面公式计算天线高：

$$H = \sqrt{h^2 - R_0^2} + h_0 \tag{7-9}$$

式中：h——标石或其他标志中心顶端到天线下沿所量的斜距（即 h 为客户用钢卷尺由地面中心位置量至天线边缘的斜距）；

R_0——天线半径（天线相位中心为准），可取 99mm；

h_0——天线相位中心至天线中部的距离，可取 13mm。

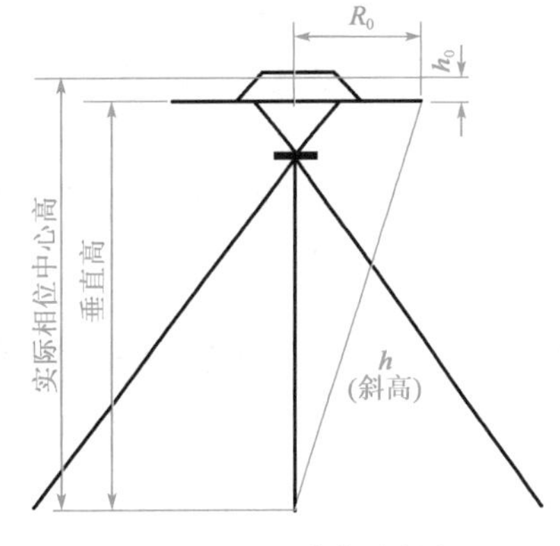

图 7-14　量取天线高示意图

所算 H 即为天线高理论计算值。两次量测的结果之差不应超过 3mm，并取其平均值采用。

注意：实际输入仪器天线高时要求输入 h，即用钢卷尺由地面中心位置量至天线边缘的斜距。

（5）启动仪器

在接收机控制面板上打开电源开关，我们可以选择智能或手动模式进行数据采集，当卫星状态达到采集要求时接收机便开始记录观测数据，我们可以通过主机的控制面板输入站点名、时段号、天线高，这些信息也可以在观测结束后在室内传输数据的时候输入。一般观测时段超过 40min 就可以参与解算。

2）内业数据处理

外业观测完成后，利用数据线将仪器内的观测数据导入计算机进行处理。仪器厂商生产的 GPS 接收机均配有后处理软件，GPS 数据的处理，可使用相应的软件自动完成。现以某控制网计算的全过程为例展示南方数据后处理软件 Gpsadj4.4 的各项操作。

（1）新建项目

在图 7-15 建立项目中，根据要求完成各个项目的填写并点击 确定 按钮确认。

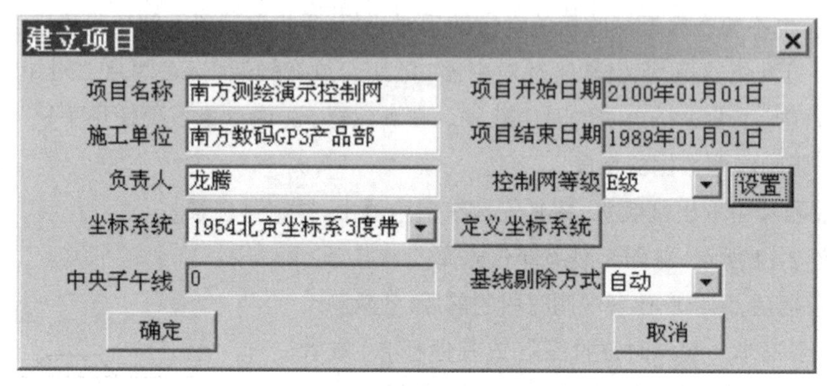

图 7-15 建立项目

在选择坐标系时，若是自定义坐标系统，则点击 定义坐标系统 选项，弹出对话框如图 7-16 所示，根据“系统参数”中的配置完成自定义坐标系的设置。

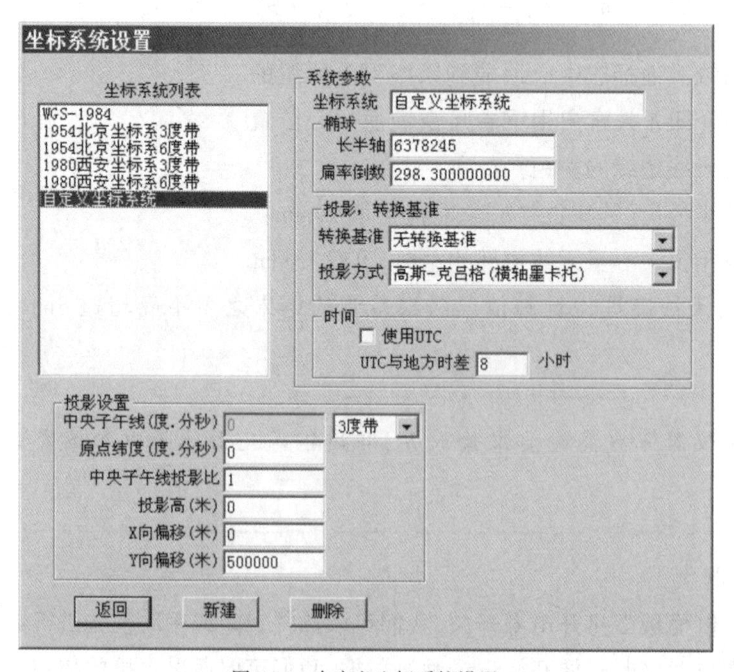

图 7-16 自定义坐标系统设置

(2) 增加观测数据

如图 7-17 所示，将野外采集数据调入软件，可以用鼠标左键点击文件，一个个单选，也可 全选 所有文件。

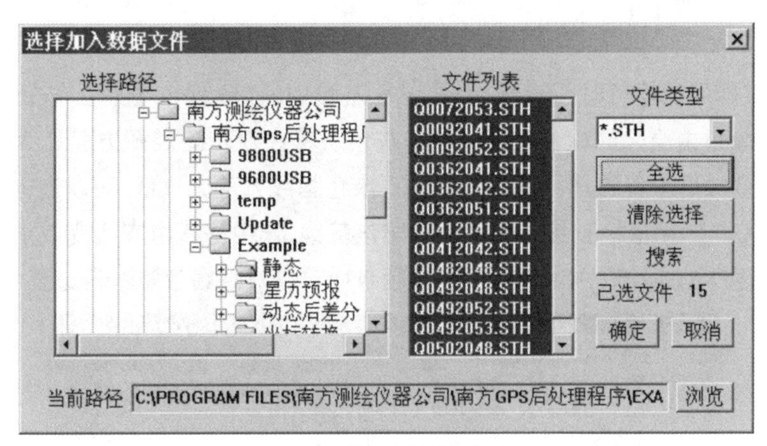

图 7-17　数据文件录入菜单

点击 确定 按钮，弹出数据录入进度条如图 7-18 所示。

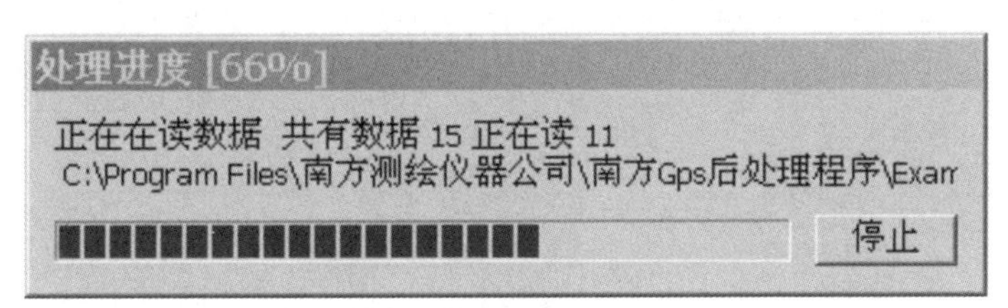

图 7-18　数据录入进度

然后稍等片刻，调入完毕后，网图如图 7-19 所示。

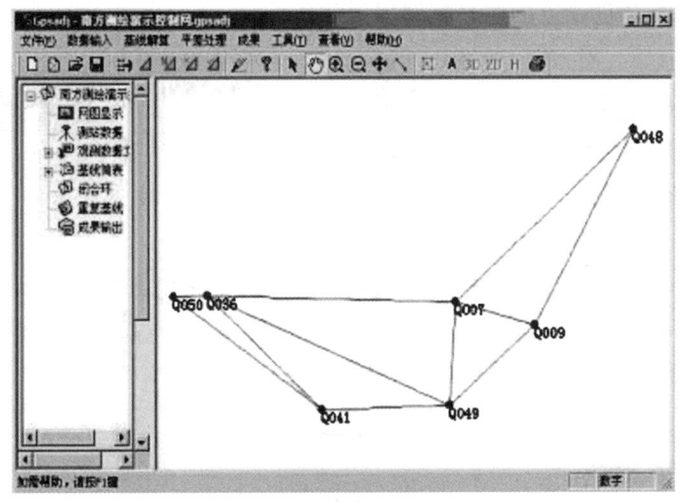

图 7-19　演示网图

(3) 解算基线

选择解算全部基线，自动计算进度条显示如图 7-20 所示。

图 7-20　解算基线进度

这一解算过程可能等待时间较长,处理过程若想中断,请点击 停止 按钮。基线处理完全结束后,网图颜色由原来的绿色变成红色或灰色。基线双差固定解方差比大于 3 的基线变红(软件默认值 3),小于 3 的基线颜色变灰色。灰色基线方差比过低,可以进行重解。例如对于基线"Q009-Q007",用鼠标直接在网图上双击该基线,选中基线由实线变成虚线后弹出基线解算对话框,如图 7-21 所示,在对话框的显示项目中可以对基线解算进行必要的设置。

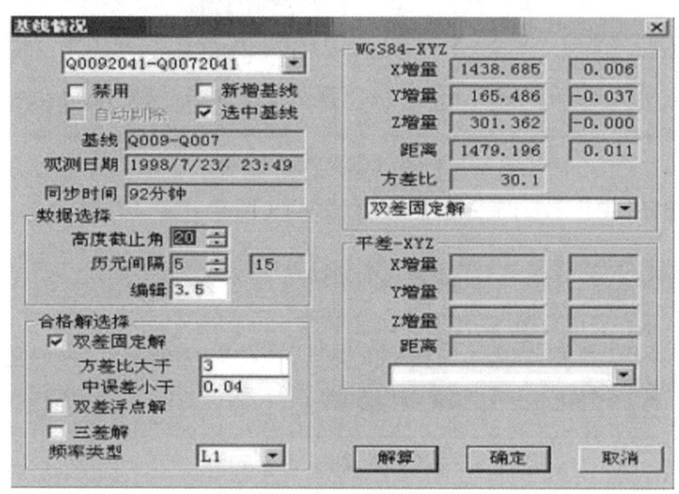

图 7-21　基线情况

基线解算对话框各项设置的意义和使用说明如下:

Q0092041-Q0072041 :显示当前处理的基线。当基线"Q009-Q007"中存在重复基线,可点击右端的小三角框选择要修改的重复基线,如图 7-22 所示。其中,文件"Q0092041"中"Q009"表示点名,"204"表示测量日期是 1 年 365 天中的第 204 天,"1"表示时段数。

图 7-22　选择基线

禁用　新增基线　自动剔除　选中基线 :在白色小方框中单击鼠标左键后小方框中出现小勾,表示此功能已经被选中。"禁用"表现禁用当前的基线;"新增基线"表示当前基线为新增基线;"选中基线"表示当前基线为正在处理的选中基线。

数据选择　高度截止角 20　历元间隔 5　15　编辑 3.5 :数据选择系列中的条件是对基线进行重解的重要条件。可以对高度截至角和历元间隔进行组合设置完成基线的重新解算以提高基线的方差比。历元间隔中的左边第一个数字历元项为解算历元,第二项为数据采集历元。当解算历元小于采集历元时,软件解算采用采集历元,反之则选用设置的解算历元。“编辑”中的数字表示误差放大系数。

“合格解选择”:设置基线解的方法。分别有“双差固定解”“双差浮点解”“三差解”三种,默认设置为双差固定解。

点击左边状态栏中的“基线简表”,可以查看基线的解算情况,包括观测量、观测时间、解算后的方差比和中误差、*xyz* 方向的基线增量、基线距离和相对误差。基线经过解算后的情况如图 7-23 所示。

基线名	观...	同步...	方差比	中误差	X 增量	Y 增量	Z 增量
Q0362041-Q05...	L1	72分钟	25.09	0.012	579.834	194.247	11.
Q0072053-Q03...	L1	90分钟	6.67	0.017	4367.004	1066.542	60.
Q0412042-Q04...	L1	113分钟	12.61	0.010	-2243.608	-580.418	75.
Q0092052-Q00...	L1	59分钟	82.62	0.008	1438.689	165.468	301.
Q0092041-Q00...	L1	92分钟	8.96	0.011	1438.680	165.486	301.
Q0092052-Q04...	L1	57分钟	99.99	0.007	1306.499	1038.668	-1121.
Q0072052-Q04...	L1	57分钟	99.99	0.008	-132.189	873.198	-1423.1
Q0072053-Q04...	L1	92分钟	35.63	0.012	-132.193	873.187	-1423.1
Q0362042-Q04...	L1	110分钟	76.82	0.010	-4499.197	-193.339	-1483.7
Q0492053-Q03...	L1	89分钟	16.55	0.014	4499.197	193.356	1483.7
Q0412041-Q03...	L1	72分钟	8.37	0.014	2255.584	-387.079	1559.
Q0412042-Q03...	L1	114分钟	29.75	0.012	2255.590	-387.082	1559.
Q0412041-Q05...	L1	71分钟	11.24	0.016	2835.418	-192.829	1570.
Q0072041-Q04...	L1	90分钟	47.21	0.009	-2763.411	-2163.580	2436.
Q0092041-Q04...	L1	89分钟	22.41	0.010	-1324.723	-1998.084	2737.

图 7-23　基线简表

无效历元过多可在左边状态栏中观测数据文件下剔除,例如在 Q0412041. STH 数据双击弹出数据编辑框(图 7-24)。点中 ,然后按住鼠标左键拖拉圈住图中有历元中断的地方即可剔除无效历元,点中 可恢复剔除历元。在删除了无效历元后重解基线,若基线仍不合格,就应该考虑对不合格基线进行重测了。

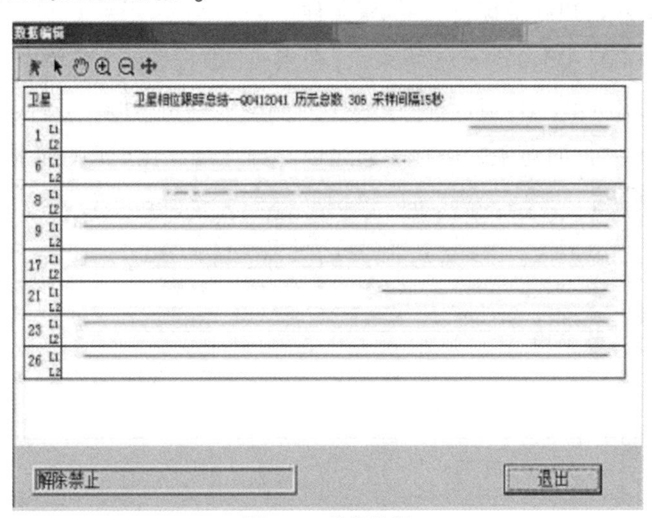

图 7-24　数据编辑

(4)检查闭合环和重复基线

待基线解算合格后(少数几条解算基线不合格可让其不参与平差),在“闭合环”窗口中进行闭合差计算。首先,对同步时段任一三边同步环的坐标分量闭合差和全长相对闭合差按独立环闭合差要求进行同步环检核,然后计算异步环。程序将自动搜索所有的同步、异步闭合环。

搜索闭合环点左边状态栏中闭合环,由图7-25显示闭合差。

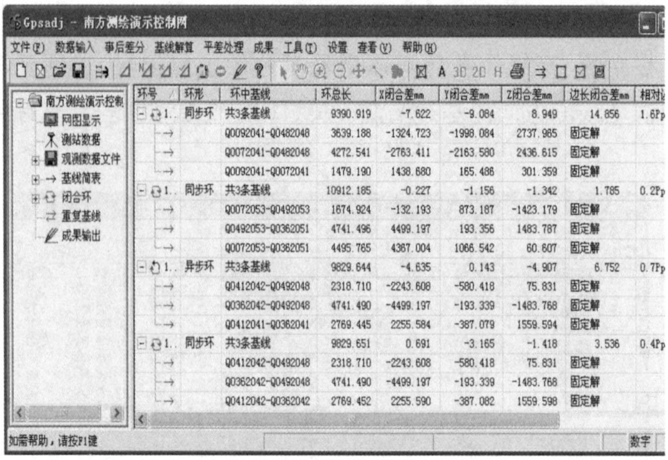

环号	环形	环中基线	环总长	X闭合差mm	Y闭合差mm	Z闭合差mm	边长闭合差mm	相对误
1..	同步环	共3条基线	9390.919	-7.622	-9.084	8.949	14.856	1.6Pp
→		Q0092041-Q0482048	3639.188	-1324.723	-1998.084	2737.965	固定解	
→		Q0072041-Q0482048	4272.541	-2763.411	-2163.580	2436.615	固定解	
→		Q0092041-Q0072041	1479.190	1438.680	165.486	301.359	固定解	
1..	同步环	共3条基线	10912.185	-0.227	-1.156	-1.342	1.785	0.2Pp
→		Q0072053-Q0492053	1674.924	-132.193	873.187	-1423.179	固定解	
→		Q0492053-Q0362051	4741.496	4499.197	193.356	1483.787	固定解	
→		Q0072053-Q0362051	4495.765	4367.004	1066.542	60.607	固定解	
1..	异步环	共3条基线	9829.644	-4.635	0.143	-4.907	6.752	0.7Pp
→		Q0412042-Q0492048	2318.710	-2243.608	-580.418	75.831	固定解	
→		Q0362042-Q0492048	4741.490	-4499.197	-193.339	-1483.768	固定解	
→		Q0412041-Q0362041	2769.445	2255.584	-387.079	1559.594	固定解	
1..	同步环	共3条基线	9829.651	0.691	-3.165	-1.418	3.536	0.4Pp
→		Q0412042-Q0492048	2318.710	-2243.608	-580.418	75.831	固定解	
→		Q0362042-Q0492048	4741.490	-4499.197	-193.339	-1483.768	固定解	
→		Q0412042-Q0362042	2769.452	2255.590	-387.082	1559.598	固定解	

图7-25　闭合环

从图7-25中看出,此网所有的同步闭合环均小于10ppm,小于四等网(≤10ppm)的要求。

闭合差如果超限,那么必须剔除粗差基线(基线选择的原则方法请查看使用提示)。点击"基线简表"状态栏重新算。根据基线解算以及闭合差计算的具体情况,对一些基线进行重新解算,具有多次观测基线的情况下可以不使用或者删除该基线。当出现孤点(即该点仅有一条合格基线相连)的情况下,必须野外重测该基线或者闭合环。

(5)网平差及高程拟合

①数据录入:输入已知点坐标,给定约束条件。

本例控制网中Q007、Q049为已知约束点,在点击"数据输入"菜单中的"坐标数据录入"弹出对话框如图7-26所示,在"请选择"中选中"Q007",单击"Q007"对应的"北向X"的空白框后,空白框就被激活,此时可录入坐标。通过以上操作最终完成已知数据的录入。

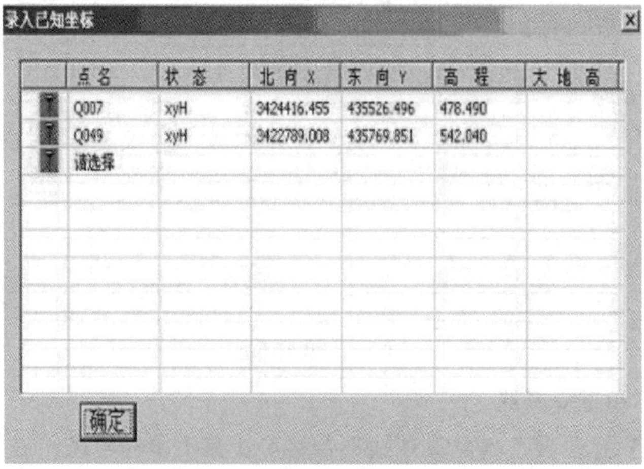

点名	状态	北向X	东向Y	高程	大地高
Q007	xyH	3424416.455	435526.496	478.490	
Q049	xyH	3422789.008	435769.851	542.040	
请选择					

图7-26　录入已知数据

②平差处理：进行整网无约束平差和已知点联合平差。根据以下步骤依次处理。

a. 自动处理：基线处理完后点此菜单，软件将会自动选择合格基线组网，进行环闭合差。

b. 三维平差：进行 WGS-84 坐标系下的自由网平差。

c. 二维平差：把已知点坐标带入网中进行整网约束二维平差。但要注意的是，当已知点的点位误差太大时，软件会提示如图 7-27 所示。在此时点击“二维平差”是不能进行计算的。用户需要对已知数据进行检合。

图 7-27　错误提示窗口

d. 高程拟合：根据“平差参数设置”中的高程拟合方案对观测点进行高程计算。

注意：“网平差计算”的功能可以一次实现以上几个步骤。

---

(6) 平差成果输出或者打印

成果菜单如图 7-28 所示。

①基线解输出：南方测绘 GPS 基线解算结果 Ver 4.4 格式在此菜单项下文本输出，输出结果可用其他平差软件进行平差计算。单击基线解算输出如图 7-29 所示对话框，这时可以选择存储路径，单击“确定”即可。

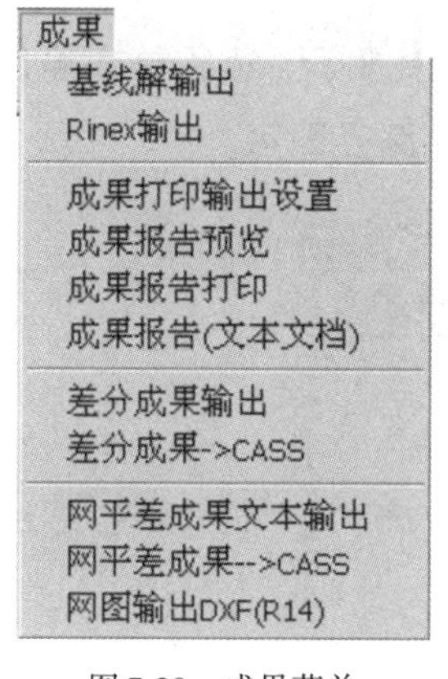

图 7-28　成果菜单

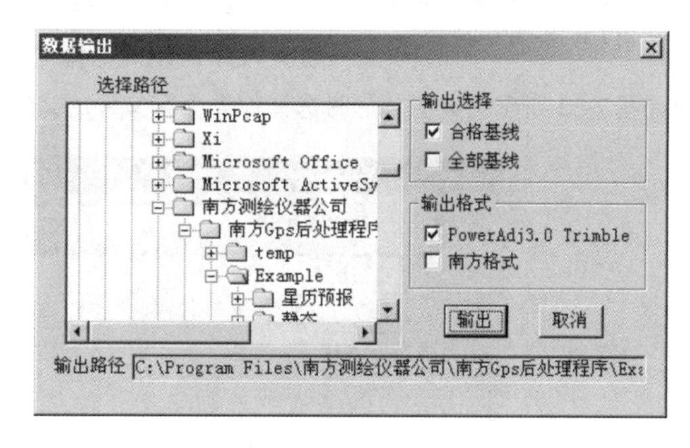

图 7-29　基线解输出

②成果打印输出设置：执行本命令后，出现图 7-30 界面，用户可根据需要自行设定所需输出的成果。

能输出的成果如下。

a. 报告预览：打印前预览网平差成果报告。

b. 成果报告打印：打印网平差成果报告。

c. 成果报告（文本文档）：以文本文档形式输出网平差成果报告。单击成果报告后出现文件输出对话框，选择保存路径后确定即可。

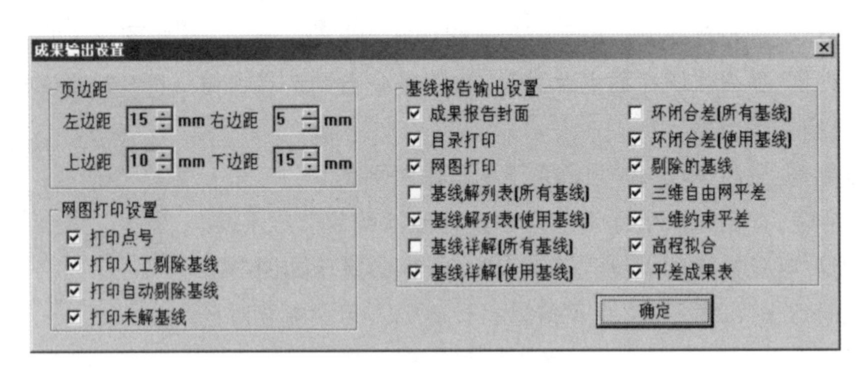

图7-30　成果打印输出设置

d. 差分成果输出:输出事后差分解算的成果报告,在弹出的窗口中选择目标目录。

e. 差分成果(CASS):将事后差分成果以CASS格式输出。

f. 网平差成果文本输出:输出控制网平差成果报告文本格式。

g. 网平差成果(CASS):将网平差成果以CASS格式输出。

图7-31　网图输出设置

以上均为了将软件处理后的基线结果和平差结果输出文本,输出后,文件保存在你选择的路径下,例如:以上文本文件输出在“C:\Documents and Settings\Administrator\桌面”。

h. 网图输出DXF(R14):输出控制网图形,单击后出现如图7-31所示对话框,选择你要的比例尺,然后单击输出后出现如图7-32所示的页面。这时选择你要保存文件的文件名和保存路径即可。

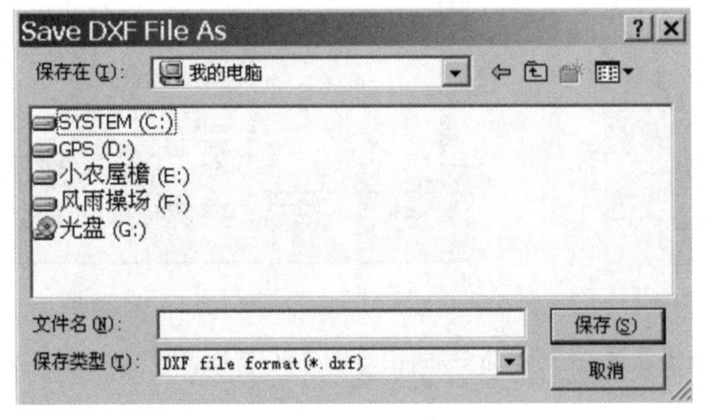

图7-32　输出文件名设置

7.5.4　解算常见问题

影响基线解算结果的因素主要有以下几条:

(1)基线解算时所设定的起点坐标不准确,起点坐标不准确,会导致基线出现尺度和方向上的偏差。

(2)当卫星的观测时间太短时,会导致与该颗卫星有关的整周未知数无法准确确定,而对于基线解算来讲,对于参与计算的卫星,如果与其相关的整周未知数没有准确确定的话,就将影响整个网的解算与平差。

(3)在整个观测时段里,有个别时间段里周跳太多,致使周跳修复不完善。

(4)在观测时段内,多路径效应比较严重,观测值的改正数普遍较大。

(5)对流层或电离层折射影响过大。

7.5.5　某工程 GPS 静态测量应用实例(节选)

1)工程概况

某区的神龙山观光园是一个以苗圃、经济林及药材种植为主,集休闲、娱乐、旅游、度假等功能于一体的综合项目。工程位于龙门西山,占地 2.5km²,测区地形属山地丘陵地貌。高差约 100m。山上树木茂盛,地形复杂,通视困难,行走不便。为了该工程的设计和施工,需建立首级控制网。考虑到工程复杂、工期较紧、测区通视困难、地形起伏大等因素,决定采用 GPS 测量。

2)GPS 测量的技术设计

(1)设计依据。GPS 测量的技术设计主要依据《城市测量规范》(CJJ/T 8—2011)、《全球定位系统(GPS)测量规范》(GB/T 18314—2009)及工程测量合同有关要求制定的。

(2)设计精度。根据工程需要和测区情况,选择城市或工程二级 GPS 网作为测区首级控制网。要求平均边长小于 1km,最弱边相对中误差小于 1/10000,GPS 接收机标称精度的固定误差 $a \leqslant 15$mm,比例误差系 $b \leqslant 20 \times 10^{-6}$。

(3)设计基准和网形。如图 7-33 所示,控制网共 12 个点,其中联测已知平面控制点 2 个(112,113),高程控制点 5 个(112,113,105,109,110,其高程由四等水准测得)。采用 3 台 GPS 接收机观测,网形布设成多边形式。

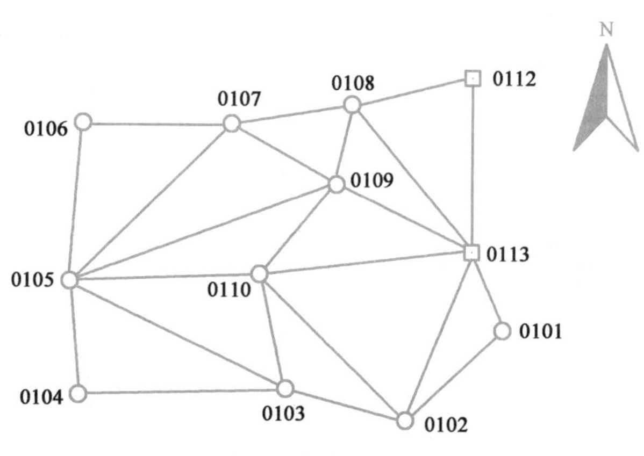

图 7-33　控制网设计图

(4)观测计划。根据 GPS 卫星的可见预报图和几何图形强度(空间位置因子 PDOP),选择最佳观测时段(卫星多于4颗,且分布均匀,PDOP值小于6),并编排作业调度表。

3)GPS测量的外业实施

(1)选点。GPS测量测站点之间不要求一定通视,图形结构也比较灵活,因此,点位选择比较方便。但考虑GPS测量的特殊性,并顾及后续测量,选点时应着重考虑:

①每点最好与某一点通视,以便后续测量工作的使用;

②点周围高度角15°以上不要有障碍物,以免信号被遮挡或吸收;

③点位要远离大功率无线电发射源、高压电线等,以免电磁场对信号的干扰;

④点位应选在视野开阔、交通方便、有利扩展、易于保存的地方,以便观测和日后使用;

⑤选点结束后,按要求埋设标石,并填写点之记。

(2)观测。根据GPS作业调度表的安排进行观测,采取静态相对定位,卫星高度角15°,时段长度30min,采样间隔10s。在3个点上同时安置3台接收机天线(对中、整平、定向),量取天线高,测量气象数据,开机观察,当各项指标达到要求时,按接收机的提示输入相关数据,则接收机自动记录,观测者填写测量手簿。

4)GPS测量的数据处理

GPS网数据处理分为基线解算和网平差两个阶段,采用随机软件(中海达GPS平差测量软件)完成。经基线解算、质量检核和网平差后,得到GPS控制点的三维坐标(表7-2),其各项精度指标符合技术设计要求。

GPS坐标及高程成果表 表7-2

点号	坐标		桩顶 H (m)	备注
	X(m)	Y(m)		
0101	38209.686	44116.525	203.370	埋石
0102	38001.472	44060.975	213.782	埋石
0103	38134.095	44813.326	258.500	埋石
0104	38253.205	44557.277	272.510	埋石
0105	38277.040	44552.207	247.384	埋石
0106	38283.889	44583.385	222.941	埋石
0107	38672.225	44859.886	253.682	埋石
0108	38743.054	45008.271	210.247	埋石
0109	38536.709	44956.558	233.269	埋石
0110	38330.531	44819.596	246.526	埋石
0112	38374.567	45096.838	203.854	X,Y,H已知
0113	38790.230	45097.337	241.278	X,Y,H已知

5)结语

通过 GPS 在测量中的应用,得到以下体会。

(1)GPS 控制网选点灵活,布网方便,基本不受通视、网形的限制,特别是在地形复杂、通视困难的测区,更显其优越性。但由于测区条件较差,边长较短(平均边长不到 300m),基线相对精度较低,个别边长相对精度大于 1/10000。因此,当精度要求较高时,应避免短边,无法避免时,要谨慎观测。

(2)GPS 接收机观测基本实现了自动化、智能化,且观测时间短,大大降低了作业强度,观测质量主要受观测时卫星的空间分布和卫星信号的质量影响。但由于个别点的选定受地形条件限制,造成树木遮挡,影响对卫星的观测及信号的质量,经重测后通过。因此,应严格按有关要求选点,择最佳时段观测,并注意手机、步话机等设备的使用。

(3)GPS 测量的数据传输和处理采用随机软件完成,只要保证接收卫星信号的质量和已知数据的数量、精度,即可方便地求出符合精度要求的控制点三维坐标。但由于联测已知高程点较少(仅联测 5 个),致使控制网中的部分控制点高程精度较低。因此,要保证控制点高程的精度,必须联测足够的已知高程点。

7.6 GPS-RTK 测量

常规 GPS 的测量方法,如静态、快速静态、动态测量都需要事后进行解算才能获得厘米级的精度,而 RTK 是能够在野外实时得到厘米级定位精度的测量方法,它采用了载波相位动态实时差分(real-time kinematic)方法,是 GPS 应用的重大里程碑,它的出现为工程放样、地形测图,各种控制测量带来了新曙光,极大地提高了外业作业效率。

7.6.1 GPS-RTK 测量原理

高精度的 GPS 测量必须采用载波相位观测值,RTK 定位技术就是基于载波相位观测值的实时动态定位技术,它能够实时地提供测站点在指定坐标系中的三维定位结果,并达到厘米级精度。

在 RTK 作业模式下,基准站通过数据链将其观测值和测站坐标信息一起传送给流动站。流动站不仅通过数据链接收来自基准站的数据,还要采集 GPS 观测数据,并在系统内组成差分观测值进行实时处理,同时给出厘米级定位结果,历时不到 1s。

流动站可处于静止状态,也可处于运动状态;可在固定点上先进行初始化后再进入动态作业,也可在动态条件下直接开机,并在动态环境下完成整周模糊度的搜索求解。在整周未知数解固定后,即可进行每个历元的实时处理,只要能保持 4 颗以上卫星相位观测值的跟踪和必要的几何图形,则流动站可随时给出厘米级定位结果。GPS-RTK 测量原理如图 7-34 所示。

图 7-35 为 GPS-RTK 测量示意图,图 7-36 为测量基准站与移动站设备。

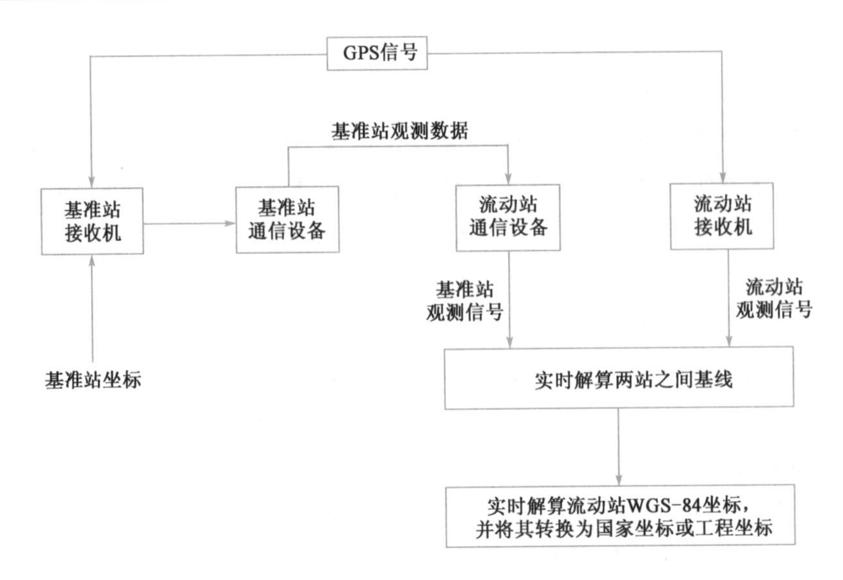

图 7-34　GPS-RTK 测量原理

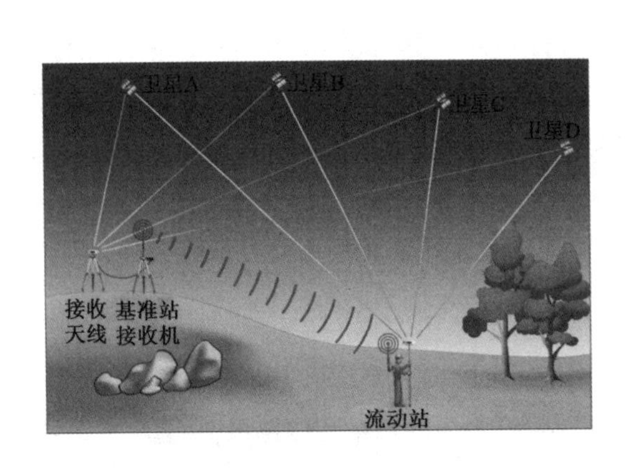

图 7-35　GPS-RTK 测量示意图

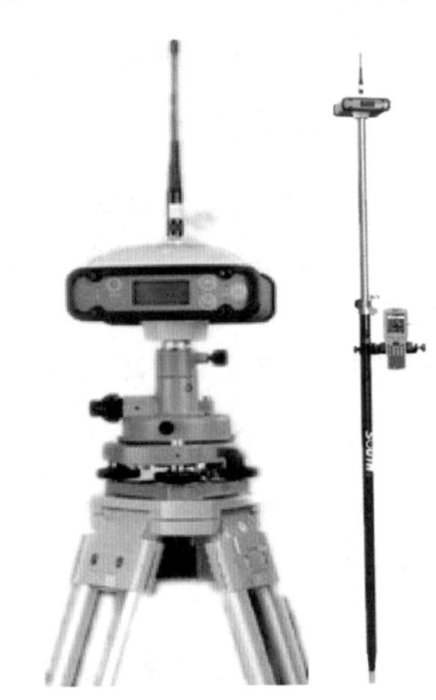

图 7-36　灵锐 S86RTK 基准站与移动站设备

7.6.2　常规 GPS-RTK 测量作业方法

RTK 测量工作比较简单，下面以南方测绘仪器有限公司生产的灵锐 S86 为例进行 RTK 应用讲解。灵锐 S86RTK 接收机将接收单元、数据采集单元、电源、电台等合为一体，GSM、CDMA 、GPRS 模块并存，可以利用手机网络实现远距离野外测量，图 7-36为灵锐 S86RTK 基准站与移动站设备。

GPS 测量技术（软件）

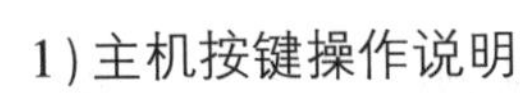
1）主机按键操作说明

图 7-37 为灵锐 S86 主机外形图，图 7-38 为灵锐 S86 主机按键和指示灯。主

机有操作按键(重置键、电源键)、功能键(F1、F2键)和液晶屏。

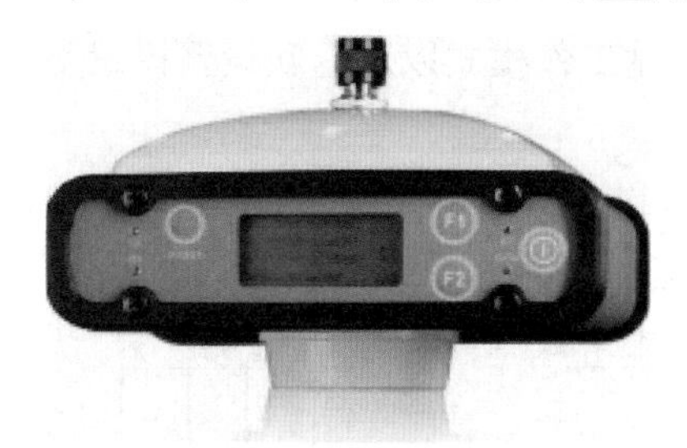

图 7-37 灵锐 S86 主机

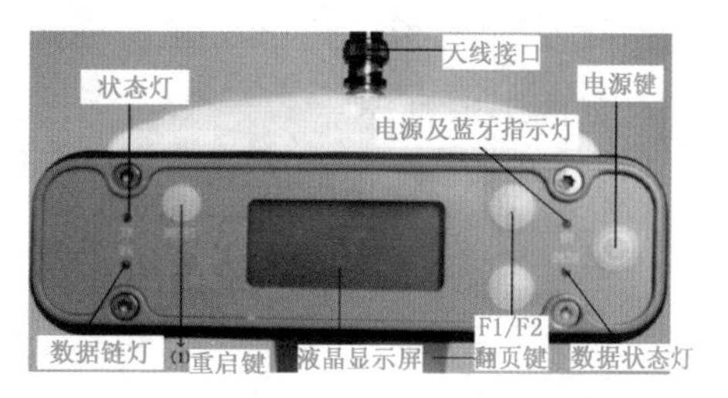

图 7-38 灵锐 S86 主机按键和指示灯

各种模式下指示灯状态说明见表 7-3。

各种模式下指示灯状态说明　　表 7-3

项　目	功　能	作用或状态
开机键	开关机,确定,修改	开机,关机,确定修改项目,选择修改内容
键或键	翻页,返回	一般为选择修改项目,返回上级接口
重置键	引制关机	特殊情况下关机键,不会影响已采集数据
DATA 灯	数据传输灯	按采集间隔或发射间隔闪烁
BT 灯	蓝牙灯	蓝牙接通时 BT 灯长亮
RX 灯	接收信号指示灯	按发射间隔闪烁
TX 灯	发射信号指示灯	按发射间隔闪烁

2)RTK 测量作业方法

(1)架设基准站

在基准站上安置接收机并整平。架设基准站有两种方式,一种是“基准站架设在未知点”,另一种是“基准站架设在已知点”,动态测量一般采用“基准站架设在未知点”的方式。

基准站架设应具备的条件:

①在 10°截止高度角以上的空间部位应没有障碍物;

②邻近不应有强电磁辐射源,如电视发射塔、雷达电视发射天线等,以免对 RTK 电信号造成干扰,离其距离不得小于 200m;

③基准站最好选在地势相对高的地方,以利于电台的作用距离;

④地面稳固,易于点的保存;

⑤用户如果在树木等对电磁传播影响较大的物体下设站,当接收机工作时,接收的卫星信号将产生畸变,影响 RTK 的差分质量,使得移动站很难被确定。

(2)打开基准站主机并进行设置

打开灵锐 S86 电源后进入程序初始接口。初始接口有两种模式选择:设置模式、采集模式;初始接口下按F2键进入设置模式,不选择则进入自动采集模式。在设置工作模式下按F1或F2键可选择静态模式、基准站工作模式、移动站工作模式以及返回设置模式主菜单,其模式设置流程如图7-39所示。

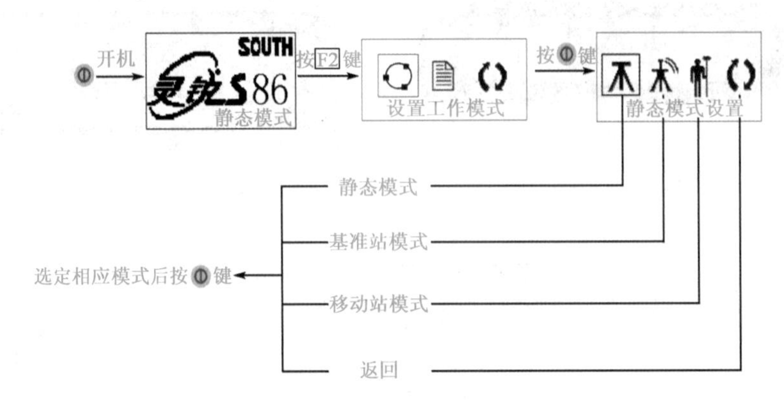

图7-39 模式设置流程图

注:基准站只有静态模式和基准站工作模式两个菜单。

(3)移动站安装与设置

①移动站安装:将移动站主机接在碳纤对中杆上,并将接收天线接在主机顶部,同时将手簿使用托架夹在对中杆的适合位置。

②移动站设置:打开移动站主机,进入移动站模式,移动站模式参数设置必须与基准站相应参数一致,启动后主机开始自动初始化和搜索卫星,当达到一定条件后,RX灯按发射间隔闪烁(必须在基准站正常发射差分信号的前提下),表明已经收到基准站差分信号;DATA灯在收到差分数据后按发射间隔闪烁。

(4)启动手簿上的工程之星

在电子手簿的显示界面上,先双击FlashDisk,再双击Setup,之后双击Prtkpro2.0.exe,即可启动工程之星软件,同时在屏幕桌面上自动形成工程之星快捷方式。

如图7-40所示,工程之星有工程、设置、测量、工具、关于五个下拉菜单,状态后面是卫星个数,状态分:无数据(蓝牙不通)、无效解(无卫星或者卫星少于4颗)、单点解(无差分信号)、差分解(米级精度)、浮点解(亚米精度)、固定解(厘米精度),HRMS(平面精度),VRMS(高程精度)。

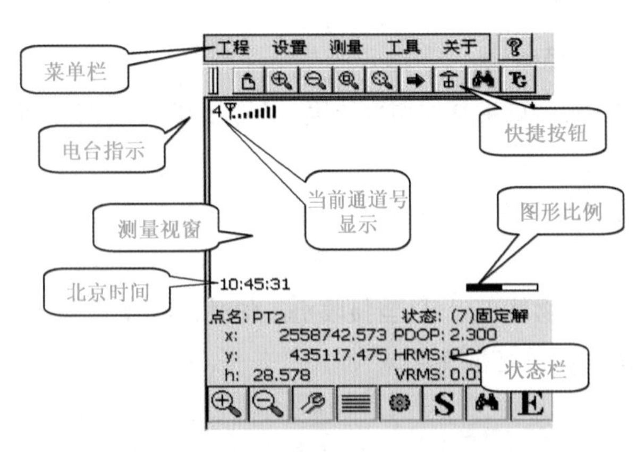

图7-40 工程之星软件主界面

(5)通过蓝牙连接手簿与主机,进行相应设置和测量(以测量碎部点坐标为例)

①电台设置:软件和主机连通后,软件首先会让移动站主机自动去匹配基准站发射时使用的通道。如果自动搜频成功,则

软件主界面左上角会有差分信号在闪动，并在左上角有个数字显示，要与电台上显示一致。如果自动搜频不成功，则需要进行电台设置（设置/电台设置/在“切换通道号”后选择与基准站电台相同的通道/点击“切换”）。

②在工程下面选择新建工程，输入工程名，点击[ok]键；输入椭球系、投影参数设置（中央子午线）等，点击“确定”。

③在工具下面选择校正向导，选择“基准站架在未知点”（假设基准站设在未知点），将移动站设在已知点上面，输入当前已知点的已知坐标、天线高和量取方式，将移动站对中后单击“校正”，按提示点击“确定”。校正以后将该点坐标采集（按[A]键自动采点，双击[B]键查看测量点）下来，然后将移动站移到另外的已知点上采点，将采集下来的坐标和已知坐标进行比对。如果在误差范围内，则可以直接进行采点工作；如果误差较大，则要求转换参数。

④采集工作完成以后，在工程下面选择文件输出，选择相应的格式，源文件就是最初新建的文件，目标文件就是要转出的文件。

单元小结

GPS（全球定位系统）具有高精度、观测时间短、测站间不需要通视和全天候作业等优点，已广泛应用到工程测量的各个领域，并显示了极大的优势。本单元较为全面地介绍了GPS工作原理、误差来源、坐标转换流程、静态测量方法及采集数据的软件处理过程、GPS－RTK测量技术等方面内容。

在工程中应用GPS技术，可以进行线路、桥梁、隧道的勘测和施工放样等多种工作。应用GPS技术，使得工程测量的手段和作业方法产生了革命性的变革。特别是实时动态（RTK）定位技术系统，既有良好的硬件，也有极为丰富的软件可供选择，施工中对点、线、面以及坡度的放样均很方便、快捷，精度可达厘米级，在线路勘测、施工放样、监理、竣工测量、养护测量、GIS前端数据采集诸多方面有着广阔的应用前景。

【知识拓展】

网络RTK技术

网络RTK技术就是利用地面布设的一个或多个基准站组成GPS连续运行参考站（Continuous Operational Reference System，缩写为CORS），综合利用各个基站的观测信息，通过建立精确的误差修正模型，通过实时发送RTCM差分改正数再修正用户的观测值精度，在更大范围内实现移动用户的高精度导航定位服务。

网络RTK技术集Internet技术、无线通信技术、计算机网络管理技术和GPS定位技术于一体，是参考站网络式GPS多功能服务系统的核心支持技术和解决方案，其理论研究与系统开发均是GPS技术科研和应用领域最热门的前沿。

单基站CORS，就是只有一个连续运行参考站，如图7-41所示。单基站CORS类似于一加一或一加N的RTK，只不过基准站由一个连续运行的基准站代替。它将尖端科技领域的卫星定位技术和地理信息技术、通信技术和先进的软件开发技术有机地结合在一起，为用户提供了全新、透明、可视、实时的测量服务。基准

图7-41　连续运行参考站

站上有一个控制软件实时监控卫星的状态,存储和发送相关数据,同时有一个服务器提供网络差分服务和用户管理。

根据系统功能的要求,本系统由如下几个单元组成:GPS基站、网络服务器、电源系统、用户系统,如图7-42所示。

系统运作的流程如下:

基准站连续不间断的观测GPS的卫星信号获取该地区和该时间段的“局域精密星历”及其他改正参数,按照用户要求把静态数据打包存储,并把基准站的卫星信息送往服务器上Eagle软件的指定位置。

移动站用户接收定位卫星传来的信号,并解算出地理位置坐标。移动站用户的数据通信模块通过局域网从服务器的指定位置获取基准站提供的差分信息后输入用户单元GPS进行差分解算。移动站用户在野外完成静态测量后,可以从基准站软件下载同步时间的静态数据进行基线联合解算。

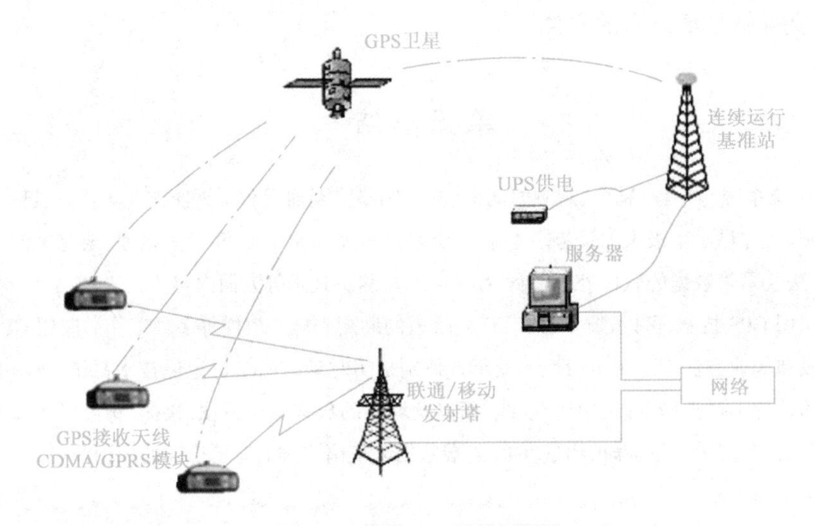

图7-42　网络RTK系统原理图

思考与练习题

7-1　什么是全球定位系统?它主要由哪几部分组成?各部分的作用是什么?

7-2　在一个测站上至少要接收几颗卫星的信号才能确定该点在世界大地坐标系中的三维坐标?为什么?

7-3　载波相位测量的观测值是什么?简述载波相位进行相对定位的原理。

7-4　GPS观测误差有哪些主要来源?

7-5　GPS静态测量大体分为几个阶段,各是什么?

7-6　简述GPS-RTK工作原理。

单元8　测量误差的基本知识

内容导读

我们进行的测量工作的结果如何？它的准确程度又达到什么样呢？

本单元要求学生了解测量误差的来源和它对观测成果的影响，能正确处理观测的数据，学会求观测值的最可靠值，可以评定观测结果的精度。

知识目标：了解测量观测误差的概念，了解偶然误差的特性，掌握评定精度的指标概念和计算。

能力目标：会求算术平均值及其中误差，掌握同精度观测值的中误差计算方法。

素质目标：培养学生严谨求实的工作作风；培养学生的职业道德和诚信品质。

8.1　测量误差概述

测量工作是由观测者使用仪器、工具，在一定外界条件下进行的。当对某一未知量进行多次观测时，不论测量仪器有多精密，观测进行得多么仔细，所得的观测值之间总是不尽相同。这种差异都是由于测量中存在误差的缘故。测量所获得的数值称为观测值。由于观测中误差的存在而往往导致各观测值与其真实值（真值）之间存在着差异，这种差异称为测量误差（或观测误差）。用 L 代表观测值，X 代表真值，则真误差 Δ 等于观测值 L 减去真值 X，即

$$\Delta = L - X \tag{8-1}$$

8.1.1　测量误差及其来源

观测误差主要来源于以下三个方面：观测者的视觉鉴别能力和技术水平；仪器、工具的精密程度；观测时外界条件的好坏。通常我们把这三个方面综合起来称为观测条件。观测条件将影响观测成果的精度：若观测条件好，则测量误差小，测量的精度就高；反之，则测量误差大，精度就低。若观测条件相同，则可认为精度相同。在相同观测条件下进行的一系列观测称为等精度观测；在不同观测条件下进行的一系列观测称为不等精度观测。

由于在测量的结果中含有误差是不可避免的，因此，研究误差理论的目的就是要对误差的来源、性质及其产生和传播的规律进行研究，以便解决测量工作中遇到的实际数据处理问题。例如，在一系列的观测值中，如何确定观测量的最可靠值；如何来评定测量的精度；以及如何确定误差的限度等。所有这些问题，运用测量误差理论均可得到解决。

8.1.2　测量误差的分类

测量误差按其性质可分为系统误差和偶然误差两类。

1）系统误差

在相同的观测条件下，对某一未知量进行一系列观测，若误差的大小和符号保持不变，或

按照一定的规律变化,这种误差称为系统误差。例如经纬仪因视准轴与横轴不垂直而引起的方向误差,随视线竖直角的大小而变化且符号不变;水准仪的视准轴不水平而引起的读数误差,与视线的长度成正比且符号不变;距离测量尺长不准产生的误差随尺段数成比例增加且符号不变。这些误差都属于系统误差。

系统误差主要来源于仪器工具上的某些缺陷;来源于观测者的某些习惯,例如有些人习惯把读数估读得偏大或偏小;也有来源于外界环境的影响,如风力、温度及大气折光等的影响。

系统误差的特点是具有累积性,对测量结果影响较大,因此,应尽量设法消除或减弱它对测量成果的影响。方法有两种:一是在观测方法和观测程序上采取一定的措施来消除或减弱系统误差的影响。例如在测水平角时,采取盘左和盘右观测取其平均值,以消除视准轴与横轴不垂直所引起的误差;在水准测量中,保持前视和后视距离相等,以消除视准轴不水平所产生的 i 角误差。另一种是找出系统误差产生的原因和规律,对测量结果加以改正。例如在钢尺量距中,可对测量结果加尺长改正和温度改正,以消除钢尺长度的影响 。

2)偶然误差

在相同的观测条件下,对某一未知量进行一系列观测,如果观测误差的大小和符号没有明显的规律性,即从表面上看,误差的大小和符号均呈现偶然性,这种误差称为偶然误差。例如在水平角测量中照准目标时,可能稍偏左,也可能稍偏右,偏差的大小也不一样;又如在水准测量或钢尺量距中估读毫米数时,可能偏大,也可能偏小,其大小也不一样,这些都属于偶然误差。

产生偶然误差的原因很多,主要是由于仪器或人的感觉器官能力的限制,如观测者的照准误差、估读误差、视差等,以及环境中不能控制的因素(如不断变化着的温度、风力等外界环境)所造成。偶然误差在测量过程中是无法避免的,从单个误差来看,其大小和符号没有一定的规律性,但对大量的偶然误差进行统计分析,就能发现在观测值内部却隐藏着一种必然的规律,这给偶然误差的处理提供了可能性。

3)误差与错误的区别

在观测结果中,有时还会出现错误(也称之为粗差)。错误产生的原因较多,可能由作业人员疏忽大意、失职而引起,如大数读错、读数被记录员记错、照错了目标等;也可能是仪器自身或受外界干扰发生故障引起的;还有可能是容许误差取值过小造成的。错误对观测成果的影响极大,所以在测量成果中绝对不允许有错误存在。粗差在观测结果中是不允许出现的,为了杜绝粗差,除认真仔细作业外,还必须采取必要的检核措施。

误差和错误的区别:首先是性质上的,误差是无法避免的,错误是能够避免的;其次是数值上的,一般误差值都比较小,而错误通常都比误差值大得多。

在测量的成果中,错误可以发现并剔除,系统误差能够加以改正,而偶然误差是无法避免的,它在测量成果中占主导地位,所以测量误差理论主要是处理偶然误差的影响。

8.1.3 偶然误差的特性

偶然误差从表面上看没有任何规律性,但是随着对同一量观测次数的增加,大量的偶然误差就表现出一定的统计规律性,观测次数越多,这种规律性越明显。偶然误差在总体上是服从于正态分布的随机变量。

在测量实践中,根据偶然误差的分布,可以明显地看出它的统计规律。例如,在相同的观测条件下,观测了217个三角形的全部内角。已知三角形内角之和等于180°,由于观测存在误差,每一个三角形内角之和L_i都不等于180°,其差值Δ_i为三角形内角和的真误差,即$\Delta_i = L_i - 180°$。

将217个三角形内角和的真误差的大小和正负按一定的区间统计误差个数,列于表8-1中。

三角形内角和真误差统计表 表8-1

误差区间	正误差的个数	负误差的个数	总个数
0″~3″	30	29	59
3″~6″	21	20	41
6″~9″	15	18	33
9″~12″	14	16	30
12″~15″	12	10	22
15″~18″	8	8	16
18″~21″	5	6	11
21″~24″	2	2	4
24″~27″	1	0	1
27″以上	0	0	0
合计	(108)	(109)	(217)

从表8-1可以看出:小误差的个数比大误差个数多;绝对值相等的正、负误差的个数大致相等;最大误差不超过27″。

同样的规律,在无数的测量结果中都显示出来。由这些大量的实践中,总结出偶然误差存在四个特性。

(1)有限性:在一定的观测条件下,偶然误差的绝对值不会超过一定的限值。

(2)集中性:绝对值较小的误差比绝对值较大的误差出现的概率大。

(3)对称性:绝对值相等的正误差与负误差出现的概率相同。

(4)抵偿性:当观测次数无限增多时,偶然误差的算术平均值趋近于零。

8.2 评定精度的标准

所谓精度,指的是误差分布的密集或离散的程度。若各观测值之间差异很大,则精度低;差异很小,则精度高。研究测量误差理论的主要任务之一是要评定测量成果的精度。在测量中评定精度的指标主要有中误差、相对误差和容许误差。

8.2.1 中误差

在等精度观测条件下,对某量进行了 n 次观测,得一组观测值的真误差,则各个观测值真误差平方和的平均值的平方根,称为该组观测值的中误差,以 m 表示,即

$$m = \pm \sqrt{\frac{[\Delta\Delta]}{n}} \tag{8-2}$$

§例 8-1§ 有甲、乙两组各自用相同的条件观测了 7 个三角形的内角,得三角形的闭合差(即三角形内角和的真误差)分别为:

(甲) +2″、-5″、+5″、+9″、-2″、+3″、-8″

(乙) 0″、-6″、+3″、+7″、-5″、+10″、-5″

试计算两组各自的观测精度。

解 用中误差公式(8-2)计算得

$$m_{甲} = \pm \sqrt{\frac{[\Delta\Delta]}{n}} = \pm \sqrt{\frac{2^2 + (-5)^2 + 5^2 + 9^2 + (-2)^2 + 3^2 + (-8)^2}{7}} = \pm 5.5''$$

$$m_{乙} = \pm \sqrt{\frac{[\Delta\Delta]}{n}} = \pm \sqrt{\frac{0 + (-6)^2 + 3^2 + 7^2 + (-5)^2 + 10^2 + (-5)^2}{7}} = \pm 5.9''$$

从上述两组结果中可以看出,甲组的中误差较小,所以观测精度高于乙组。

8.2.2 相对误差

真误差和中误差都有符号,并且有与观测值相同的单位,它们被称为"绝对误差"。实践中,有时只用绝对误差还不能完全表达观测质量的好坏。例如,用钢尺丈量长度分别为 200m 和 500m 的两段距离,其观测值的中误差都是 ±10cm,显然不能认为两者的精度相等,因为量距误差与其长度有关。为此需要采取另一种评定精度的标准,即相对误差。相对误差是指误差的绝对值与相应观测值之比,通常以分子为 1、分母为整数的形式 K 表示,即

$$K = \frac{误差的绝对值}{观测值} = \frac{1}{N} \tag{8-3}$$

由上面量距数据可求出:$K_1 = \frac{0.1}{200} = \frac{1}{2000}$(该相对误差的意义是测量 2000m,误差为 1m),$K_2 = \frac{0.1}{500} = \frac{1}{5000}$(该相对误差的意义是测量 5000m,误差为 1m),很明显,后者的精度高于前者。

相对误差是没有单位的。相对误差随着所用绝对误差的不同而有不同的名称,如果绝对误差用的是中误差,则称为相对中误差;用的是极限误差,则称为相对极限误差,如此等等。

8.2.3 极限误差和容许误差

1) 极限误差

偶然误差的第一个特性告诉我们,在一定的观测条件下,偶然误差的绝对值不会超过一定

的限值。根据误差理论和大量的实践证明，大于2倍中误差的偶然误差，出现的机会仅有5%，大于3倍中误差的偶然误差出现的机会仅有0.3%，因此，在观测次数不多的情况下，可认为大于3倍中误差的偶然误差实际上是不可能出现的。故常以3倍中误差作为偶然误差的极限值，称为极限误差，用$f_{限}$表示，即

$$f_{限} = 3m \tag{8-4}$$

2)容许误差

在实际工作中，测量规范要求观测中不允许存在较大的误差，可由极限误差来确定测量误差的容许值，称为容许误差，用$f_{容}$表示，即$f_{容}=3m$。

当要求严格时，也可取2倍中误差作为容许误差，即

$$f_{容} = 2m \tag{8-5}$$

如果观测值中出现了大于所规定的容许误差的偶然误差，则认为该观测值不可靠，应舍去不用或重测。

8.3 最或然值及其中误差

当测定一个角度、一点高程或一段距离的值时，按理说观测一次就可以获得该值，这一次观测就称为必要观测。但仅有一个观测值，测的对错与否，精确与否，都无从知道。如果进行多余观测，就可以有效地解决上述问题，它可以提高观测成果的质量，也可以发现和消除错误。重复观测形成了多余观测，也就产生了观测值之间互不相等这样的矛盾。如何由这些互不相等的观测值求出观测值的最佳估值，同时对观测质量进行评估，属于"测量平差"所研究的内容。

对一个未知量的直接观测值进行平差，称为直接观测平差。根据观测条件，有等精度直接观测平差和不等精度直接观测平差。平差的结果是得到未知量最可靠的估值，它最接近真值，平差中一般称这个最接近真值的估值为"最或然值"，或"最可靠值"，有时也称"最或是值"，一般用x表示。本节将讨论如何求等精度直接观测值的最或然值及其精度的评定。

8.3.1　等精度直接观测值的最或然值

等精度直接观测值的最或然值即各观测值的算术平均值。

当观测次数n趋近于无穷大时，算术平均值就是趋向于未知量的真值。当n为有限值时，算术平均值最接近于真值，因此在实际测量工作中，将算术平均值作为观测的最后结果。增加观测次数则可提高观测结果的精度。

8.3.2　评定精度

1)观测值的中误差

(1)由真误差来计算

当观测量的真值已知时，可根据中误差的定义见式(8-2)，由观测值的真误差来计算其中误差。

(2)由改正数来计算

在实际工作中,观测量的真值除少数情况外一般是不易求得的。因此在多数情况下,我们只能按观测值的算术平均值来求观测值的中误差。

①改正数及其特征。算术平均值 x 与各观测值 L 之差称为观测值的改正数,其表达式为

$$v_i = x - L_i \qquad (i = 1,2,\cdots,n) \tag{8-6}$$

$$x = \frac{[L]}{n} \tag{8-7}$$

显然

$$[v] = \sum_{i=1}^{n}(x - L_i) = nx - [L] = 0 \tag{8-8}$$

上式是改正数的一个重要特征,在检核计算中有用。

②计算公式。

$$m = \pm\sqrt{\frac{[vv]}{n-1}} \tag{8-9}$$

式(8-9)即是等精度观测用改正数计算观测值中误差的公式,又称"白塞尔公式"。

2)最或然值的中误差

一组等精度观测值为 L_1,L_2,$\cdots$,L_n,其中误差相同均为 m,最或然值 x 即为各观测值的算术平均值。则有

$$x = \frac{[L]}{n} = \frac{1}{n}L_1 + \frac{1}{n}L_2 + \cdots + \frac{1}{n}L_n$$

根据误差传播定律,可得出算术平均值的中误差 M 为

$$M^2 = \left(\frac{1}{n^2}m^2\right)\cdot n = \frac{m^2}{n}$$

故

$$M = \frac{m}{\sqrt{n}} \tag{8-10}$$

结合式(8-9),算术平均值的中误差也可表达如下:

$$M = \pm\sqrt{\frac{[vv]}{n(n-1)}} \tag{8-11}$$

§例 8-2§ 对某距离等精度观测 6 次,其观测值见表 8-2,试求观测值的最或然值、观测值的中误差以及最或然值的中误差、观测值相对中误差。

解 由本节可知,等精度直接观测值的最或然值是观测值的算术平均值。

根据式(8-6)计算各观测值的改正数 v_i,利用式(8-8)进行检核,计算结果列于表 8-2 中。

根据式(8-9)计算观测值的中误差为

$$m = \pm\sqrt{\frac{520}{6-1}} = \pm 10.2\text{mm}$$

等精度直接观测平差计算　　表8-2

观测值	改正数 v(mm)	vv(mm^2)
$L_1=133.651$	4	16
$L_2=133.638$	17	289
$L_3=133.668$	-13	169
$L_4=133.658$	-3	9
$L_5=133.661$	-6	36
$L_6=133.654$	1	1
$x=[L]/n=133.655$	$[v]=0$	$[vv]=520$

根据式(8-10)计算最或然值的中误差为

$$M=\frac{m}{\sqrt{n}}=\pm\frac{10.2}{\sqrt{6}}=\pm4.164\text{mm}$$

观测值相对中误差：$K=\frac{m}{L}=\frac{10.2}{133655}=\frac{1}{13103}$

由公式和计算可以看出，算术平均值的中误差是观测值中误差的 $1/\sqrt{n}$ 倍，这说明算术平均值的精度比观测值的精度要高，且观测次数愈多，精度愈高。所以多次观测取其平均值，是减小偶然误差的影响、提高成果精度的有效方法，当观测值的中误差 m 一定时，算术平均值的中误差 M 与观测次数 n 的平方根成反比，见表8-3及图8-1所示。

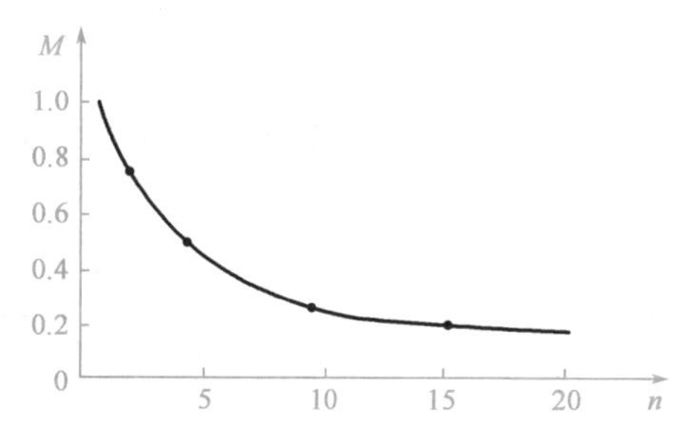

图8-1　算术平均值中误差与观测次数关系

观测次数与算术平均值中误差的关系　　表8-3

观测次数	算术平均值的中误差 M	观测次数	算术平均值的中误差 M
2	$0.71m$	4	$0.50m$
6	$0.41m$	10	$0.32m$
20	$0.22m$		

从表8-3及图8-1可以看出观测次数 n 与 M 之间的变化关系。n 增加时，M 减小；当 n 达到一定数值后，再增加观测次数，工作量增加，但提高精度的效果就不太明显了。故不能单纯依靠增加观测次数来提高测量成果的精度，而应设法提高单次观测的精度，如使用精度较高的仪器、提高观测技能或在较好的外界条件下进行观测。

8.3.3　误差传播定律

1）误差传播定律公式

设 Z 是独立观测量 $x_1,x_2,\cdots,x_n$ 的函数，即

$$Z = f(x_1, x_2, \cdots, x_n)$$

式中，$x_1, x_2, \cdots, x_n$ 为直接观测量，它们相应观测值的中误差分别为 $m_1, m_2, \cdots, m_n$，欲求观测值的函数 Z 的中误差 m_Z。

$$m_Z = \sqrt{\left(\frac{\partial f}{\partial x_1}\right)^2 m_1^2 + \left(\frac{\partial f}{\partial x_2}\right)^2 m_2^2 + \cdots + \left(\frac{\partial f}{\partial x_n}\right)^2 m_n^2} \tag{8-12}$$

公式(8-12)即计算函数中误差的一般形式。

求任意函数中误差的方法和步骤如下：

(1)列出独立观测量的函数式

$$Z = f(x_1, x_2, \cdots, x_n)$$

(2)对函数进行全微分

$$dZ = \frac{\partial f}{\partial x_1}dx_1 + \frac{\partial f}{\partial x_2}dx_2 + \cdots + \frac{\partial f}{\partial x_n}dx_n$$

(3)换成中误差关系式

将偏导数值平方，再把微分换成中误差平方，即可得中误差关系式

$$m_Z^2 = \left(\frac{\partial f}{\partial x_1}\right)^2 m_1^2 + \left(\frac{\partial f}{\partial x_2}\right)^2 m_2^2 + \cdots + \left(\frac{\partial f}{\partial x_n}\right)^2 m_n^2 \tag{8-13}$$

按上述方法可导出几种常用的简单函数中误差的公式，如表8-4所列，计算时可直接应用。

常用函数的中误差公式 表8-4

函 数 式	函数的中误差
倍数函数 $Z = kx$	$m_Z = km_x$
和差函数 $Z = x_1 \pm x_2 \pm \cdots \pm x_n$	$m_Z = \pm\sqrt{m_1^2 + m_2^2 + \cdots + m_n^2}$ 若 $m_1 = m_2 = \cdots = m_n$ 时，$m_Z = m\sqrt{n}$
线形函数 $Z = k_1x_1 \pm k_2x_2 \pm \cdots \pm k_nx_n$	$m_Z = \pm\sqrt{k_1^2m_1^2 + k_2^2m_2^2 + \cdots + k_n^2m_n^2}$

2)应用示例

误差传播定律在测绘领域应用十分广泛，利用它不仅可以求得观测值函数的中误差，而且还可以研究确定容许误差值。下面举例说明其应用方法。

§例8-3§ 在比例尺为1:2000的地形图上，量得两点的长度 $d = 23.4$mm，其中误差 $m_d = \pm 0.2$mm，求该两点的实际距离 D 及其中误差 m_D。

解 函数关系式为属倍数函数，$M = 2000$ 是地形图比例尺分母。

$$D = M \cdot d = 2000 \times 23.4 = 46800\text{mm} = 46.8\text{m}$$

$$m_D = M \cdot m_d = 2000 \times (\pm 0.2) = \pm 400\text{mm} = \pm 0.4\text{m}$$

两点的实际距离结果即为(46.8 ±0.4)m。

§例8-4§ 水准测量中，已知后视读数 $a = 1.647$m，前视读数 $b = 0.593$m，中误差分别

为 $m_a = \pm 0.002\text{m}$, $m_b = \pm 0.003\text{m}$,试求两点的高差及中误差。

解 函数关系式为 $h = a - b$,属和差函数:

$$h = a - b = 1.647 - 0.593 = 1.054\text{m}$$

$$m_h = \pm \sqrt{m_a^2 + m_b^2} = \pm \sqrt{0.002^2 + 0.003^2} = \pm 0.0036\text{m}$$

两点的高差结果即为$(1.054 \pm 0.0036)\text{m}$。

§例8-5§ 图根水准测量中,已知每次读水准尺的中误差 $m_i = \pm 2\text{mm}$,假定视距平均长度为50m,若以3倍中误差为容许误差,试求在测段长度为$L(\text{km})$的水准路线上,图根水准测量往返测所得高差闭合差的容许值。

解 已知每站观测高差为

$$h = a - b$$

则每站观测高差的中误差为

$$m_h = \sqrt{2} m_i$$

因视距平均长度为50m,则1km可观测10个测站,$L(\text{km})$共观测$10L$个测站,$L(\text{km})$高差之和为

$$\sum h = h_1 + h_2 + \cdots + h_{10L}$$

$L(\text{km})$高差和的中误差为

$$m_{\Sigma} = m_h \sqrt{10L} = m_i \sqrt{2} \cdot \sqrt{10L} = \pm 4\sqrt{5L} \ \text{mm}$$

往返测高差闭合差为

$$f_h = \sum h_{往} + \sum h_{返}$$

高差闭合差的中误差为

$$m_{fh} = m_{\Sigma} \sqrt{2} = \pm 4\sqrt{10L} \ \text{mm}$$

以2倍中误差为容许误差,则高差闭合差的容许值为

$$f_{h容} = 3m_{fh} = \pm 12\sqrt{10L} \approx \pm 38\sqrt{L} \ \text{mm}$$

在前面水准测量的学习中,我们取$f_{h容} = \pm 40\sqrt{L}$ mm作为图根水准测量闭合差的容许值是综合考虑了除读数误差以外的其他误差的影响(如外界环境的影响、仪器的i角误差等)。

单元小结

误差理论是研究测量误差产生的原因、出现的规律及其对观测成果的影响,以便通过计算来预测和评定观测成果的精度。

文章链接

(1)产生误差的原因有观测者、仪器和外界条件。

(2)弄清系统误差、偶然误差的概念,掌握偶然误差的四个特性。

(3)研究误差的目的在于确定最可靠的结果,评定成果的精度。

【知识拓展】

误差传播定律简介

有些未知量是直接观测而得,这叫直接观测。但另一些量,如水准测量中的高差 h,是通过直接观测 a 和 b,由函数 $h=a-b$ 求得的,这就称为间接观测。显然,在间接观测的情况下,直接观测值的误差会影响未知量。换言之,未知量的中误差与直接观测值的中误差,存在着一定的函数关系。研究和阐述这些关系的定律就称为误差传播定律。

思考与练习题

8-1　误差来源于哪些方面?测量误差按性质分为几类?

8-2　偶然误差与系统误差有哪些区别?偶然误差有哪些特性?

8-3　试述中误差、容许误差、相对误差的含义与区别。

8-4　钢尺量距,设有表8-5所列几种情况,使得测量成果带有误差,试判别各自误差性质。

钢尺量距误差及性质　表8-5

误　差	误差性质	误　差	误差性质
1. 测扦插不准		4. 丈量时尺不水平	
2. 尺偏离直线方向		5. 丈量时尺垂曲	
3. 尺长不准		6. 估读小数不准	

8-5　工程水准测量中,设有表8-6所列几种情况,使得水准尺读数带有误差,试判别各自误差性质。

水准测量误差及性质　表8-6

误　差	误差性质	误　差	误差性质
1. 视准轴不水平		4. 地球曲率	
2. 估读毫米不准		5. 水准尺倾斜	
3. 水准尺下沉		6. 空气抖动	

8-6　对某直线丈量了6次,观测结果为168.135m、168.148m、168.120m、168.129m、168.150m、168.137m,计算其算术平均值、测量一次的中误差及算术平均值的中误差。

8-7　对某个水平角以等精度观测5个测回,观测值分别为55°40′42″、55°40′36″、55°40′42″、55°40′54″、55°40′48″。计算其算术平均值、一测回的测角中误差及算术平均值的中误差。

8-8　观测 BM_1 至 BM_2 间的高差时，共设25个测站，每测站观测高差中误差均为 $\pm 3mm$，问：(1)两水准点间高差中误差是多少？(2)若使其高差中误差不大于 $\pm 12mm$，应设置几个测站？

8-9　等精度观测一个 n 边形的各个内角，测角中误差 $m = \pm 20''$，若容许误差为中误差的2倍，求 n 边形角度闭合差 f_β 的容许值 $f_{\beta容}$ 是多少？

单元9 小区域控制测量

内容导读

控制测量是测量工作的基础,在测绘地形图和工程施工放样中,必须用各种测量方法确定地面点的坐标和高程,任何测量都不可避免存在误差,如何保证测图和放样的精度?这就需要进行控制测量,即测定具有较高精度的平面坐标和高程的点位(即控制点)。怎样确定控制点的平面位置和高程?如何根据控制点的坐标和高程确定碎部点的平面位置和高程?本单元主要介绍控制测量的意义和作用,控制测量方法。

知识目标:了解控制网的作用,掌握导线测量的外业测量和内业计算方法,掌握高程控制测量的基本方法。

能力目标:会用经纬仪、全站仪进行导线测量,内业计算准确;会四等水准测量和三角高程测量。

素质目标:培养学生主动思考问题、独立分析问题和解决问题的能力;培养学生经受挫折、克服困难的勇气和能力。

9.1 控制测量概述

在测绘地形图或工程测量中,为减少误差累积、保证足够的精度,在组织测量工作实施时,总是先控制整体、再考虑局部点位置。这种以较高的精度测定地面少数与整体有关点的相对位置,为地形测量和工程测量提供依据和精度的工作,称为控制测量。控制测量贯穿在工程建设的各个阶段。这些少数与整体有关的点称为控制点。控制点之间按一定的规律和要求所组成的网状几何图形称为控制网。控制网按规模可分为国家控制网、城市控制网、小区域控制网和图根控制网,按功能可分为平面控制网和高程控制网。

测定控制网平面坐标(X,Y)的工作称为平面控制测量,测量控制网高程(H)的工作称为高程控制测量。

9.1.1 平面控制测量

1)国家平面控制网

在全国范围内布设的平面控制网,称为国家平面控制网,又称基本控制网。它是全国各种比例尺测图的基本控制。它用精密仪器、精密方法测定,并进行严格的数据处理,最后求出控制点的平面位置。

国家控制网按其精度可分为一、二、三、四等四个级别,采用逐级控制、分级布设的原则。一等精度最高,二、三、四等逐级降低;而控制点的密度则是一等网最小,逐级增大。就平面控制网而言,先在全国范围内,沿经纬线方向布设一等网,作为平面控制骨干,一等三角网一般称为一等三角锁。二等三角网布设于一等三角锁环内,作为全面控制的基础。为了其他工程建设的需要,再在二等网的基础上加密三、四等控制网,以满足测图和各项工程建设的需要,如

图 9-1所示。建立国家平面控制网，主要是用三角测量、精密导线测量和 GPS 卫星定位测量等方法。一等三角网的两端和二等网的中间，都要测定起算边长、天文经纬度和方位角，所以国家一、二等网合称为天文大地网。我国天文大地网于 1951 年开始布设，1961 年基本完成，1975 年修补测工作全部结束，全网约有 50000 个大地点。国家一、二等控制网，除了作为三、四等控制网的依据外，它还为研究地球形状和大小以及其他科学研究提供依据。

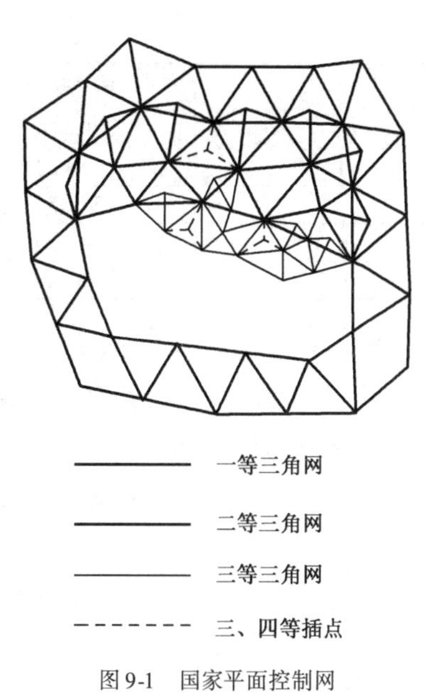

图 9-1　国家平面控制网

2）城市控制网

城市控制网是在国家控制网的基础上建立起来的，目的在于为城市规划、市政建设、工业民用建筑设计和施工放样服务。城市控制网建立的方法与国家控制网相同，只是控制网的精度有所不同。为了满足不同目的及要求，城市控制网也要分级建立。

国家控制网和城市控制网均由专门的测绘单位承担测量。控制点的平面位置和高程，由测绘部门统一管理，为社会各部门服务。

3）小区域控制网及图根控制网

在小区域（面积 15km^2 以下）内建立的控制网，称为小区域控制网。测定小区域控制网的工作，称为小区域控制测量。小区域控制网原则上应与国家或城市控制网相连，形成统一的坐标系和高程系。但当连接有困难时，为了满足建设的需要，也可以建立独立控制网。测区精度最高的控制网称为首级控制网，最低一级即直接为测图而建立的控制网称为图根控制网，图根控制网的控制点称为图根点。用于工程的平面控制测量一般是建立小区域平面控制网，它可根据工程的需要和测区面积的大小分级建立测区首级控制网和图根控制网，其面积和等级的关系见表 9-1。

小区域控制网的建立　　表 9-1

测区面积（km^2）	首 级 控 制	图 根 控 制
2～15	一级小三角或一级导线	二级图根控制
0.5～2	二级小三角或二级导线	二级图根控制
0.5 以下	图根控制	

图根控制是在高级控制的基础上进行控制点的加密，所以图根点的密度要根据地形条件及测图比例尺来决定。开阔地区测图控制点（包括图根点及高级点）的密度可参考表 9-2 的规定。对山区或特别困难地区，图根点的密度可适当增大。

一般地区解析图根点的个数 表 9-2

测图比例尺	图幅尺寸(cm×cm)	解析图根点(个数)(点数/km²)		
		全站仪测图	GPS(RTK)测图	平板测图
1:500	50×50	2	1	8
1:1000	50×50	3	1~2	12
1:2000	50×50	4	2	15
1:5000	40×40	6	3	30

9.1.2 高程控制测量

高程控制测量的任务就是在测区范围内布设一批高程控制点(称为水准点),用精确方法测定控制点高程,并构成高程控制网。国家高程控制网(国家水准网)是全国范围内施测各种比例尺地形图和各类工程建设的高程控制基础,并为地球科学研究提供精确的高程资料。

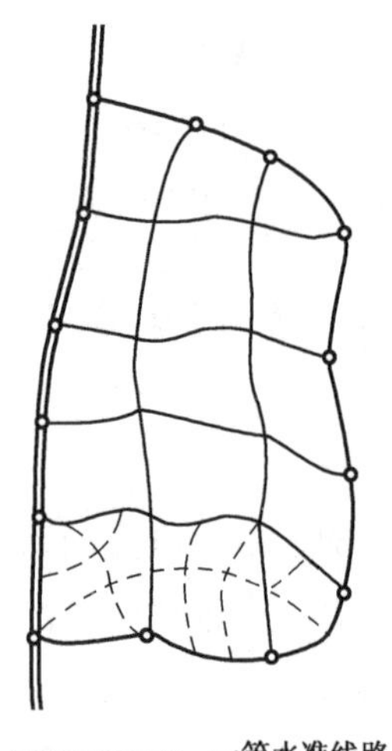

图 9-2 国家高程控制网

国家高程控制网的布设也是采用由高级到低级,从整体到局部逐级控制、逐级加密的原则,采用水准测量的方法建立的,分为一、二、三、四等四个等级。首先是在全国范围内布设沿纵、横方向的一等水准路线,在一等水准路线上再布设二等水准闭合或附合路线。一、二等水准网是国家的精密高程控制网,在一等水准环内布设的二等水准网是国家高程控制的全面基础,一、二等水准测量是用高精度水准仪和精密水准测量方法进行施测,其成果作为全国范围的高程控制之用。为了其他工程建设的需要,再在二等水准环路上加密三、四等闭合或附合水准路线,如图 9-2 所示。三、四等水准测量除用于国家高程控制网的加密外,在小区域用作建立首级高程控制网。

小区域高程控制网也根据测区面积大小和工程精度要求,采用分级方法建立。高程控制测量的主要方法有水准测量和三角高程测量。一般是以国家或城市高等级的水准点为基础,在测区范围内建立三、四等水准路线或水准网,再以三、四等水准点为基础,测定图根点的高程。

9.2 导线测量的外业工作

外业测量(微课)

导线测量是进行平面控制测量的主要方法之一,它适用于平坦地区、城镇建筑密集区及隐蔽地区等平面控制点的测量。由于全站仪的普及,导线测量的应用日益广泛。

导线是将在地面上选择的控制点用若干条直线连接起来构成的折线。折线的顶点称为导线点,相邻点间的连线称为导线边。

导线测量需要测量各导线边长和转折角,然后根据已知起始点的坐标和起始边的坐标方位角,就可以计算出各导线点的平面坐标。用经纬仪测角和钢尺量边的导线称为经纬仪导线,用光电测距仪测边的导线称为光电测距导线，用于测图控制的导线称为图根导线，此时的导线点称为图根导线点。

9.2.1　导线的布设形式

根据测区的地形以及已知高级控制点的情况，导线可布设成以下几种形式。

1）闭合导线

起、止于同一已知控制点，形成一闭合多边形，这种导线称为闭合导线，如图 9-3 所示。导线从已知控制点 B 和已知方向 BA 出发，经过 1、2、3、4 点，最后仍回到起始点 B。闭合导线有较好的几何条件检核，是小区域控制测量的常用布设形式，适用于面积宽阔地区的平面控制。

2）附合导线

起始于一个高级控制点，最后附合到另一高级控制点的导线称为附合导线，如图 9-4 所示。导线从已知控制点 B 和已知方向 BA 出发，经过 1、2、3 点，最后附合到另一已知控制点 C 和已知方向 CD。由于附合导线附合在两个已知点和两个已知方向上，所以具有较好的检核条件，多用于带状地区作测图控制。

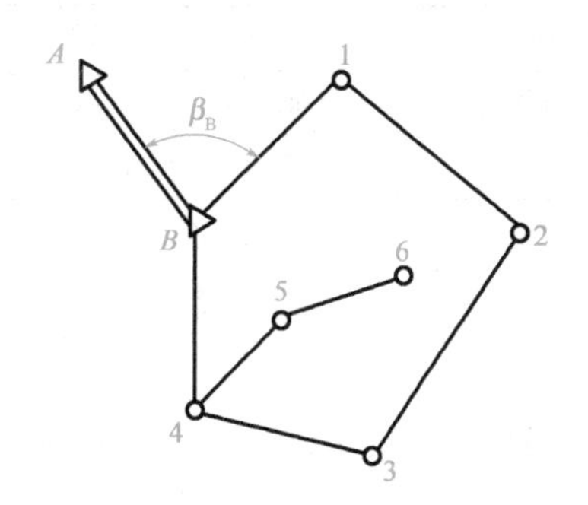

图 9-3　闭合导线、支导线

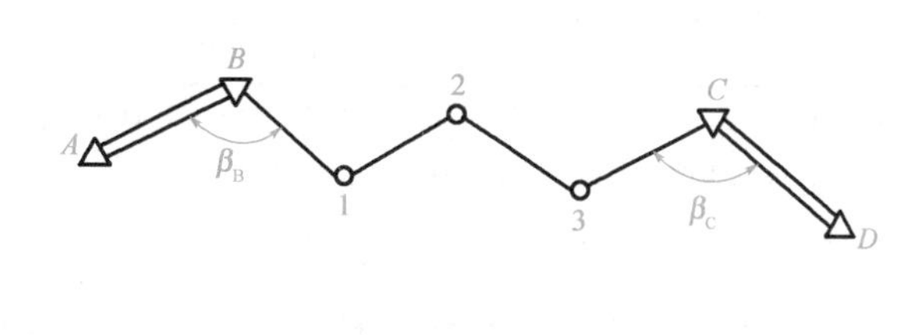

图 9-4　附合导线

3）支导线

从一已知控制点开始，既不附合到另一已知点，又不回到原来起始点的导线称为支导线，如图 9-3 中的 4—5—6 即为支导线。支导线没有检核条件，因此不易发现错误，故只能用于图根控制，并且要对导线边数进行限制，导线点的数量不宜超过 2 ~ 3 个，一般仅作补点用。

以上 3 种是导线的常用布设形式，此外根据具体情况还可以布设成由多个高级控制点汇合在一起的结点导线（图 9-5），或具有多个闭合导线连接在一起的导线网（图 9-6）。

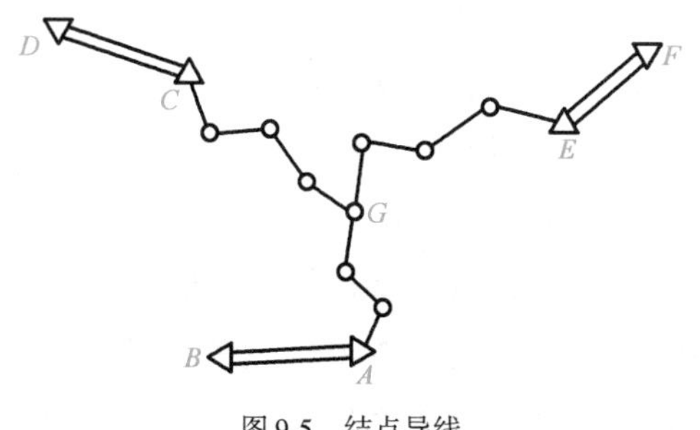

图 9-5　结点导线

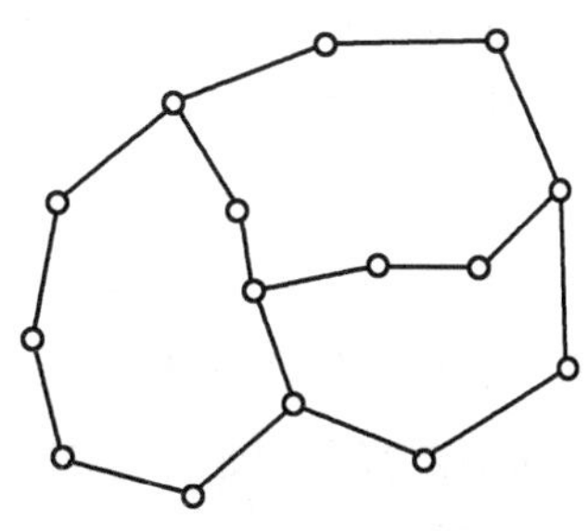

图 9-6　导线网

9.2.2 导线测量的技术要求

在小区域的地形测量和一般工程测量中,导线一般可分为一级导线、二级导线、三级导线和图根导线四个等级。表9-3和表9-4分别是《工程测量规范(附条文说明)》(GB 50026—2007)中对各级导线测量和图根导线测量的主要技术要求。

一至三级导线测量的主要技术要求　　表9-3

等级	导线长度(km)	平均边长(km)	测角中误差(″)	测距中误差(mm)	测距相对中误差	测回数		方位角闭合差(″)	导线全长相对闭合差
						2″级仪器	6″级仪器		
一级	4	0.5	5	15	1/30000	2	4	$10\sqrt{n}$	≤1/15000
二级	2.4	0.25	8	15	1/14000	1	3	$16\sqrt{n}$	≤1/10000
三级	1.2	0.1	12	15	1/7000	1	2	$24\sqrt{n}$	≤1/5000

注:1. 表中 n 为测站数。
2. 当测区测图的最大比例尺为1:1000时,导线的平均边长及总长可适当放长,但最大长度不应大于表中规定长度的2倍。

图根导线测量的主要技术要求　　表9-4

导线长度(m)	相对闭合差	边　长	测角中误差(″)		方位角闭合差(″)	
			一般	首级控制	一般	首级控制
≤1.0×M	≤1/2000	≤1.5倍测图最大视距	30	20	$60\sqrt{n}$	$40\sqrt{n}$

注:1. M 为测图比例尺的分母;n 为测站数。但对于工矿区现状图测量,不论测图比例尺大小,M 均应取值为500。
2. 隐蔽或施测困难地区,导线相对闭合差可放宽,但不应大于1/1000。

9.2.3 导线测量的外业工作

导线测量的外业工作包括踏勘选点、建立标志、测角、量边和测定方向等工作。

1)踏勘选点及建立标志

测量标志
(图片)

选点就是在测区内选定控制点的位置。选点之前应收集测区已有地形图和高一级控制点的成果资料,根据测图要求,确定导线的等级、形式、布设方案,然后在地形图上拟订导线初步布设方案,最后到实地踏勘,选定导线点的位置。若测区范围内无可供参考的地形图时,可通过踏勘,根据测区范围、地形条件直接在实地选定导线的位置。导线点点位选择必须注意以下几个方面:

(1)为了方便测角,相邻导线点间要通视良好,视野开阔,便于测角和量边。

(2)采用光电测距仪测边长时,导线边应离开强电磁场和发热体的干扰。

(3)导线点应选在地面坚实且不易破坏,便于埋设标志和安置仪器处。

(4)导线边长应符合技术要求的规定,要大致相等,不能相差悬殊。

(5)导线点要有一定的密度,分布较均匀,以便控制整个测区。

导线点埋设后,应在地上打入木桩,桩顶钉一小铁钉或画十字作为点的标志,必要时在木桩周围灌上混凝土。如导线点需要长期保存,则应埋设混凝土桩或标石,桩顶刻凿十字或嵌入有十字的钢筋作标志。埋桩后应统一进行编号。为了今后便于查找,应量出导线点至附近明显地物的距离。绘出草图，注明尺寸，称为点之记，以方便日后寻找导线点。点之记如图 9-7 所示。

2）测量角度

导线转折角即导线中两相邻边之间的水平角。如图 9-8所示，其中转折角 β_C 在导线前进方向的右侧，称为右角；β_B、β_E 在导线前进方向的左侧，称为左角。但为了便于计算，应统一观测导线的左角或右角。导线水平角的观测方法一般采用测回法。对于附合导线，可观测左角或右角；闭合导线一般是观测多边形内角；支导线无校核条件，要求既观测左角，也观测右角，以进行校核。

导线点点之记　　　　点名：P_3

相关位置		
相关位置	李庄	7.23m
	化肥厂	8.15m
	独立树	6.14m

草图

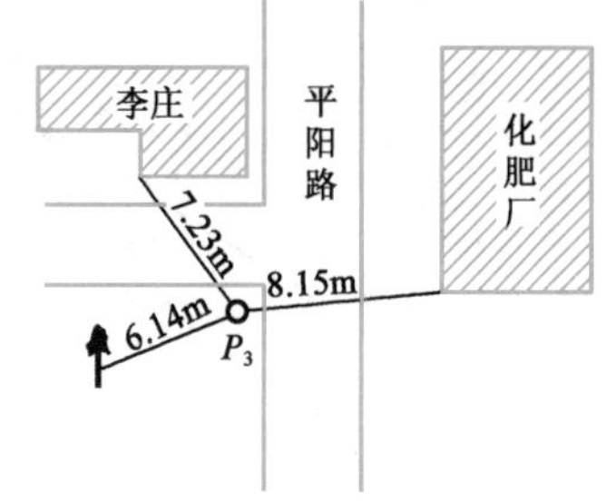

图 9-7　导线点的点之记

3）测量边长

导线边长是指相邻两导线点间的水平距离。根据精度要求和设备条件，导线边长测量可采用全站仪、光电测距仪和钢尺等。采用光电测距仪测量边长的导线称为光电测距导线，是目前常用的方法。钢尺量距时，一般要求用检定过的钢尺进行往返丈量，或同一方向丈量两次，丈量的精度要求满足规定。

4）测定方向

导线与高级控制点联测，其目的是获得导线的起始方位角和起始点坐标，并能使导线精度得到可靠的校核。如图 9-9 所示，需要观测连接角 β_A、β_C，连接边 D_{A1}。若测区无高级控制点联测时，可假定起始点的坐标，用罗盘仪测定起始边的磁方位角。

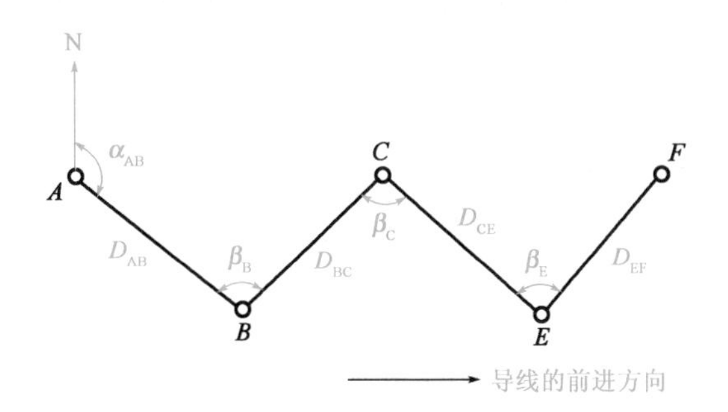

图 9-8　导线转折角测量

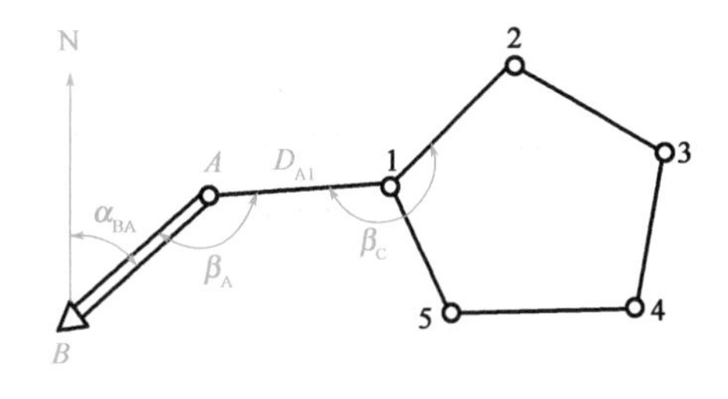

图 9-9　导线的联测

9.3　导线测量的内业工作

导线测量内业计算的目的是计算出导线点的坐标，计算导线的精度是否满足要求。计算之前，应复核导线测量的外业记录，检查数据是否齐全，起算点的坐标、起始边的方位角是否准确，然后绘制计算略图，把边长、转折角、起始边方位角及已知点坐标等计算数据标注在图上相应位置，这样就可以进行内业计算了。

9.3.1 坐标正算与坐标反算

1)坐标正算

如图9-10所示,设已知点A的坐标为(x_A,y_A),测得AB之间的距离D_{AB}及方位角α_{AB},计算待定点B的坐标(x_B,y_B),称为坐标正算。

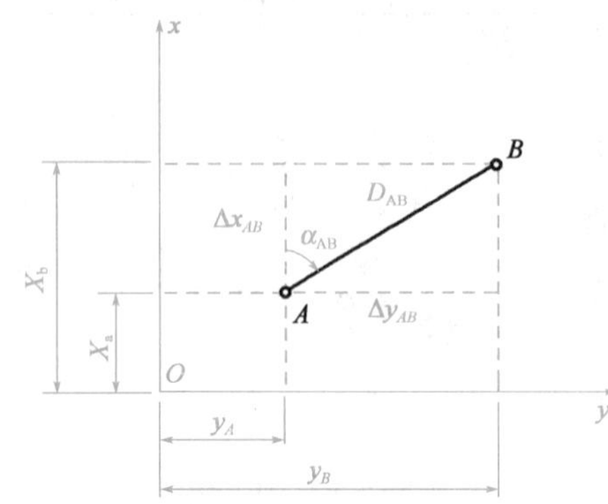

图9-10 坐标的正、反算

B点的坐标可由下式计算:

$$\left.\begin{aligned}x_B &= x_A + \Delta x_{AB}\\ y_B &= y_A + \Delta y_{AB}\end{aligned}\right\} \tag{9-1}$$

式中:Δx_{AB}、Δy_{AB}——坐标增量,是相邻两导线点A、B的坐标之差,也就是边长分别在纵、横坐标轴上的投影长度。

坐标增量是向量,按照导线前进的方向,向北和向东的增量为正,向南和向西的增量为负。按下式计算:

$$\left.\begin{aligned}\Delta x_{AB} &= D_{AB}\cdot\cos\alpha_{AB}\\ \Delta y_{AB} &= D_{AB}\cdot\sin\alpha_{AB}\end{aligned}\right\} \tag{9-2}$$

说明:①坐标正算主要就是由边长和方位角计算坐标增量;②上述计算公式适用于任意象限。

§例9-1§ 已知A点坐标$x_A=500.00\text{m}$,$y_A=500.00\text{m}$,方位角$\alpha_{AB}=234°36'00''$,水平距离$D_{AB}=196.94\text{m}$。试计算B点的坐标。

解 $\Delta x_{AB}=D_{AB}\cos\alpha_{AB}=196.94\times\cos234°36'00''=-114.08\text{m}$

$\Delta y_{AB}=D_{AB}\sin\alpha_{AB}=196.94\times\sin234°36'00''=-160.53\text{m}$

$x_B=x_A+\Delta x_{AB}=500.00-114.08=385.92\text{m}$

$y_B=y_A+\Delta y_{AB}=500.00-160.53=339.47\text{m}$

即B点坐标为:$B(385.92, 339.47)$。

2)坐标反算

已知A、B两点的坐标,计算A、B两点的水平距离与坐标方位角,称为坐标反算。如图9-10所示,坐标反算按下列步骤进行。

(1)计算坐标增量

$$\left.\begin{aligned}\Delta x_{AB} &= x_B - x_A\\ \Delta y_{AB} &= y_B - y_A\end{aligned}\right\} \tag{9-3}$$

根据Δx_{AB}、Δy_{AB}的正负号可以判断直线AB所在的象限,参见图9-11。

(2)计算象限角R_{AB}

因为　　$\tan R_{AB} = \left|\dfrac{\Delta y_{AB}}{\Delta x_{AB}}\right|$

所以　　$R_{AB} = \arctan\left|\dfrac{\Delta y_{AB}}{\Delta x_{AB}}\right|$　　(9-4)

(3) 推算坐标方位角 α_{AB}

由图 9-11 可根据象限角 R_{AB}推算方位角 α_{AB}。

(4) 计算 AB 的距离

$$D_{AB} = \sqrt{\Delta x_{AB}^2 + \Delta y_{AB}^2} \qquad (9\text{-}5)$$

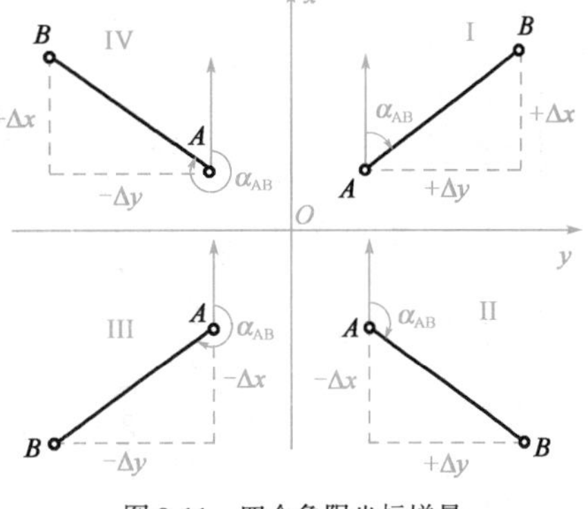

图 9-11　四个象限坐标增量

§ 例 9-2 §　已知 $x_C = 41.05\text{m}, y_C = 98.27\text{m}$，$x_D = 74.68\text{m}$、$Y_D = 30.16\text{m}$。试计算 CD 边的坐标方位角 α_{CD}和水平距离 D_{CD}。

解　①计算坐标增量

$$\left.\begin{aligned}\Delta x_{CD} &= x_D - x_C = 74.68 - 41.05 = +33.63\text{m}\\ \Delta y_{CD} &= y_D - y_C = 30.16 - 98.27 = -68.11\text{m}\end{aligned}\right\}\ CD\text{ 在第四象限}$$

②计算象限角 R_{CD}

$$\tan R_{CD} = \left|\frac{\Delta y_{CD}}{\Delta x_{CD}}\right| = \frac{68.11}{33.63} = 2.0252751\cdots$$

$$R_{CD} = \arctan\left|\frac{\Delta Y_{CD}}{\Delta X_{CD}}\right| = \arctan 2.0252751\cdots = 63°43'18''$$

③计算坐标方位角 α_{CD}

第四象限　　$\alpha_{CD} = 360° - R_{CD} = 296°16'42''$

④计算 CD 的距离

$$D_{CD} = \sqrt{\Delta x_{CD}^2 + \Delta y_{CD}^2} = \sqrt{33.63^2 + (-68.11)^2} = 75.96\text{m}$$

9.3.2　闭合导线坐标计算

图 9-12 是一实测图根闭合导线，图中各项数据是从外业观测手簿中获得的。已知起始边坐标方位角为 $\alpha_{12} = 46°43'18''$，1 点坐标为(500.00,500.00)，现结合本例说明闭合导线的计算步骤如下：

闭合(微课)

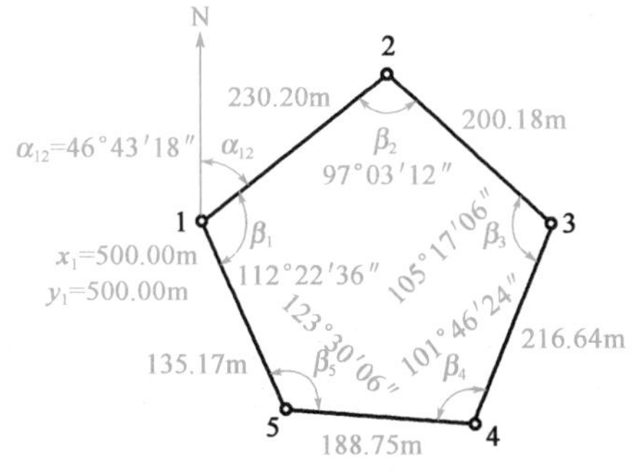

图 9-12　闭合导线示意图

1) 在表格中填入已知数据和观测数据

将起始边的坐标方位角填入表 9-5 的第 4 栏，已知点 1 的坐标填入表 9-5 的第 10、11 栏，并在已知数据下方用单线或双线标明；将角度和边长的观测值分别填入表 9-5 的第 2、5 栏。

2) 角度闭合差的计算及调整

(1) 角度闭合差的计算

闭合导线坐标计算

表9-5

点号	右角观测值(° ′ ″)	改正后右角值(° ′ ″)	方位角(° ′ ″)	边长(m)	坐标增量(m) Δx	Δy	改正后坐标增量(m) Δx	Δy	坐标(m) x	y	点号
1	2	3	4	5	6	7	8	9	10	11	12
1									500.00	500.00	1
			464318	230.20	−0.04 +157.81	+0.04 +167.59	+157.77	167.63			
2	+7 970312	970319							657.77	667.63	2
			1293959	200.18	−0.04 −127.78	+0.03 +154.09	−127.82	+154.12			
3	+7 1051706	1051713							529.95	821.75	3
			2042246	216.64	−0.04 −197.32	+0.04 −89.42	−197.36	−89.38			
4	+7 1014624	1014631							332.59	732.37	4
			2823615	188.75	−0.03 +41.19	+0.03 −184.20	+41.16	−184.17			
5	+8 1233006	1233014							373.75	548.20	5
			3390601	135.17	−0.03 +126.28	+0.02 −48.22	+126.25	−48.20			
1	+7 1122236	1122243							500.00	500.00	1
			464318								
2											
Σ	5395924	5400000		$\sum d=970.94$	$f_x=+0.18$	$f_y=-0.160$	0	0			

$\sum\beta_{测}=539°59'24''$, $\sum\beta_{理}=540°00'00''$, $f_\beta=\sum\beta_{测}-\sum\beta_{理}=-36''$, $F_\beta=\pm40''\sqrt{5}=\pm89''$(按图根导线计), $|f_\beta|\leqslant|F_\beta|$,测角精度合格

$f_x=+0.18\text{m}$, $f_y=-0.16\text{m}$, $f=\sqrt{f_x^2+f_y^2}=0.24\text{m}$, $K=\frac{f}{\sum d}=\frac{0.24}{970.94}=\frac{1}{\frac{970.94}{0.24}}=\frac{1}{4045}\approx\frac{1}{4000}<\frac{1}{2000}$,导线精度合格

多边形内角和的理论值为

$$\sum\beta_{理} = (n-2) \times 180° \tag{9-6}$$

由于观测角度不可避免存在误差,多边形内角和的实测值与理论值可能不相符,其差值称为角度闭合差,以f_β表示,即

$$f_\beta = \sum\beta_{测} - \sum\beta_{理} \tag{9-7}$$

角度闭合差f_β的大小说明了所测角度的观测精度,f_β值越大,角度观测精度越低。所以,各级导线技术要求规定了水平角观测时的角度闭合差不能超过一定的限值,见表9-3、表9-4。如图根导线的角度允许闭合差F_β按下式计算:

$$F_\beta = \pm 40'' \sqrt{n} \tag{9-8}$$

式中:n——多边形的内角个数。

若$|f_\beta| \leqslant |F_\beta|$,测角精度合格,应进行角度闭合差调整。$f_\beta$超过$F_\beta$,则说明测角精度不合格,应重新检查甚至重测。

(2)角度闭合差的调整

由于角度观测通常都是等精度观测,故角度闭合差调整采用平均分配的原则,即将f_β反符号平均分配于各个观测角中,使$\sum v_i = -f_\beta$,即改正后的角度总和应等于理论值。各角改正数为

$$v_i = \frac{-f_\beta}{n} \tag{9-9}$$

式中:v_i——各角观测值的改正数;

n——多边形内角的个数。

计算时,改正数应取位至秒,如果不能整除,闭合差的余数应分配到包含短边的角中,这是因为仪器对中和目标偏心,含有短边的角可能会产生较大的误差。

f_β的计算填在表9-5下方的辅助计算栏里,实际角度闭合差没有超过限值,应进行角度闭合差调整。将角度改正数写在表中相应角度的右上方,再将角度观测值加改正数求得改正后角值,填入表9-5的第3栏。

3)推算导线各边的坐标方位角

根据已知边的坐标方位角和改正后的转折角,推算各边的坐标方位角。如图9-13a)所示,α_{12}为起始方位角,β_2为所测右角,则由几何关系

$$\alpha_{23} = \alpha_{12} + 180° - \beta_{2右}$$

同理,如图9-13b)所示,β_2为所测左角,则

$$\alpha_{23} = \alpha_{12} - 180° + \beta_{2左}$$

23边是12边的前进方向,在单元五我们已经得到坐标方位角推算的一般公式

$$\alpha_{前} = \alpha_{后} + 180° - \beta_{右} \tag{9-10a}$$

或

$$\alpha_{前} = \alpha_{后} - 180° + \beta_{左} \tag{9-10b}$$

式中:$\alpha_{前}$、$\alpha_{后}$——导线前进方向前一条边的坐标方位角和与之相连的后一条边的坐标方位角。

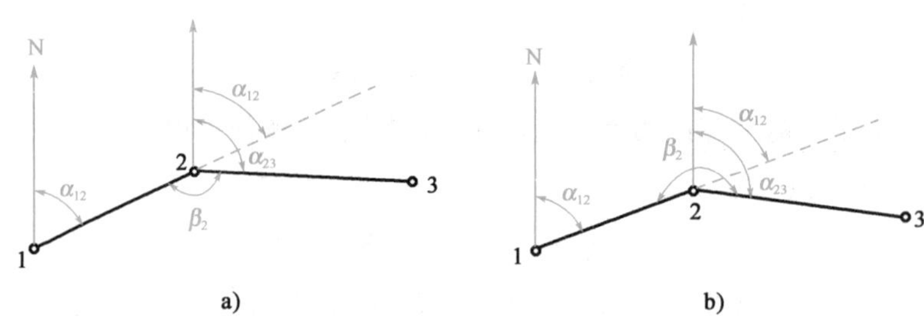

图 9-13 坐标方位角的推算

闭合导线点顺时针编号时,内角是右角,推算方位角按式(9-10a)进行;闭合导线点逆时针编号时,内角是左角,推算方位角按式(9-10b)进行。

在运用式(9-10)时,应注意下面两点:

(1)由于直线的坐标方位角只能在 0°~360°,因此,当计算出的 $\alpha_{前}$ 大于 360°时,应减去 360°;当出现负值时,应加上 360°。

(2)依次计算 α_{23}、α_{34}、α_{45}、α_{51},直到回到起始边 α_{12}。最后推算出已知边的坐标方位角 α'_{12}应等于已知方位角值 α_{12}(校核)。坐标方位角填入表 9-5 的第 4 栏。

根据坐标增量计算公式计算导线各边坐标增量,填在表 9-5 的第 6、7 栏。

4)坐标增量闭合差计算及其调整

如图 9-14 所示,由于闭合导线的起点和终点为同一点,所以坐标增量总和理论上应为零,即 $\sum \Delta x_{理}=0$,$\sum \Delta y_{理}=0$。

如果用 $\sum \Delta x_{测}$ 和 $\sum \Delta y_{测}$ 分别表示计算的坐标增量总和,角度虽经调整,由于所测量距离误差的存在,计算出的坐标增量总和与理论值不可能相符,两者之差称为坐标增量闭合差,分别用 f_x、f_y 表示,即

$$\left.\begin{aligned} f_x &= \sum \Delta x_{测} - \sum \Delta x_{理} \\ f_y &= \sum \Delta y_{测} - \sum \Delta y_{理} \end{aligned}\right\} \tag{9-11}$$

由于坐标增量闭合差的存在,导线最终未能闭合到已知点 1 上,而落在 1′处,如图 9-15 所示。f_x 称为纵坐标增量闭合差,f_y 称为横坐标增量闭合差,11′的长度即 f 称为导线全长闭合差。由图 9-15 可见

$$f = \sqrt{f_x^2 + f_y^2} \tag{9-12}$$

导线越长,全长闭合差 f 值将越大,因此,导线全长闭合差 f 并不能作为衡量导线精度的标准。通常,用导线全长相对闭合差 K 来衡量导线的精度,K 用分子为 1 的数值表示,计算公式为

$$K = \frac{f}{\sum d} \tag{9-13}$$

式中:$\sum d$——导线边长的总和。

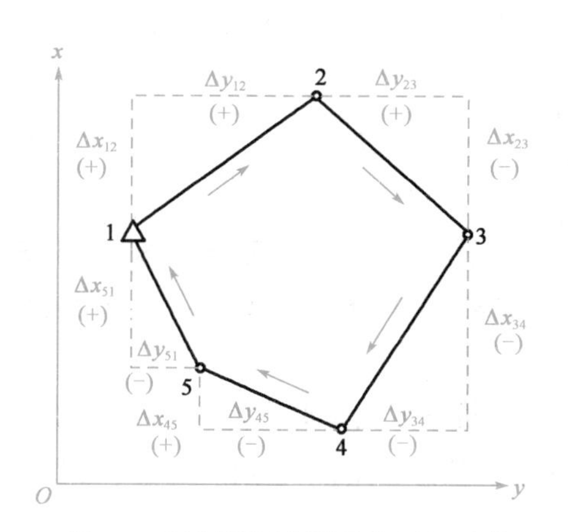

图 9-14　闭合导线坐标增量总和的理论值

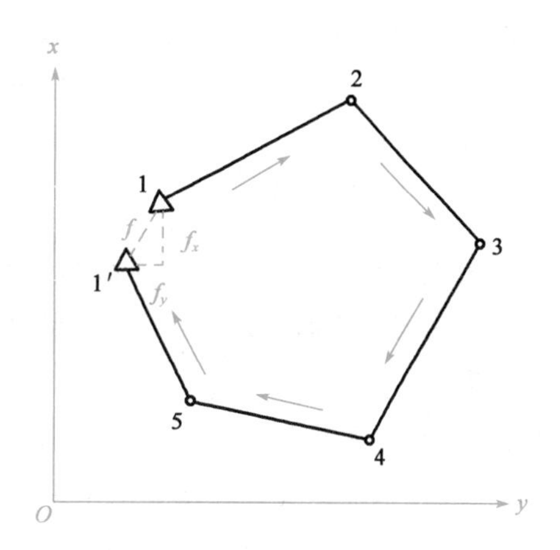

图 9-15　闭合导线全长闭合差

导线等级不同，K 值有不同的规定。图根导线允许值为 $K \leqslant 1/2000$。当 $K > 1/2000$ 时，应对记录和计算进行复查，若记录、计算无误，则应到现场返工。如果 $K \leqslant 1/2000$，说明导线的测量成果合格但是还有误差，应对计算的坐标增量予以调整。由于计算坐标增量采用的是调整后的角度，因此坐标增量闭合差认为主要是由于测量边长引起的。调整原则是将坐标增量闭合差以相反的符号按照边长的比例分配到各边的坐标增量中。

设 δ_x、δ_y 分别为纵、横坐标增量改正数，则第 i 边的纵、横坐标增量改正数分别为

$$\left.\begin{aligned}\delta_{xi} &= \frac{-f_x}{\sum d} \times d_i \\ \delta_{yi} &= \frac{-f_y}{\sum d} \times d_i\end{aligned}\right\} \tag{9-14}$$

改正数图根导线精确至厘米。由于计算时四舍五入，最后结果可能相差小数最末一位的一个单位，应进行补偿，使得

$$\left.\begin{aligned}\sum \delta_{xi} &= -f_x \\ \sum \delta_{yi} &= -f_y\end{aligned}\right\} \tag{9-15}$$

即经过改正后的坐标增量总和应与理论值相等，对于闭合导线来说，改正后的坐标增量总和为零（校核）。

综上所述，本例在表 9-5 下方的辅助计算栏内依次计算表中所列各项。

计算导线全长闭合差 f 和导线全长相对闭合差 K，并判断精度；计算各边坐标增量改正数，写在相应的增量右上方，按增量的取位要求，改正数凑整至 cm 或 mm，凑整后的改正数总和必须与反号的增量闭合差相等，并按式（9-15）校核。

5）改正后的坐标增量计算

将坐标增量加坐标增量改正数填入表 9-5 的第 8、9 栏，作为改正后的坐标增量，此时表 9-5 中第 8、9 栏的总和应为零。

6）导线点坐标计算

在图 9-14 中,1 点的坐标已知,各边改正后的坐标增量已经求得。所以有

$$\left.\begin{array}{l} x_2 = x_1 + \Delta x_{12} \\ y_2 = y_1 + \Delta y_{12} \end{array}\right\} \\ \left.\begin{array}{l} x_3 = x_2 + \Delta x_{23} \\ y_3 = y_2 + \Delta y_{23} \end{array}\right\} \tag{9-16}$$

以此公式即可分别求出 3、4、5 点的坐标。最后要注意,由 5 点再推算出 1 点的坐标并应与 1 点的已知坐标相等(校核)。此项计算填入表 9-5 的第 10、11 栏。至此闭合导线的内业计算全部结束。

严格地说,由于坐标增量经过调整,其相应的导线边长与方位角都会随之发生变化,故算出坐标后,应按坐标反算公式反算出平差后的各导线边长及方位角,以备用。但在一般图根控制测量中,调整数不大,一般不进行反算。

算例中 1 点的坐标均取 500.00,是考虑到独立布设的控制网而假设的起始点的坐标。为了使所有导线点的坐标不出现负值,起始点的坐标取值较大;当导线与高级控制点联测时,起始点的坐标可取自高级控制点的坐标。

9.3.3 附合导线坐标计算

附合导线与闭合导线的坐标计算步骤基本相同,仅在角度闭合差和坐标增量闭合差计算的公式上有所差别,下面介绍这两处不同。

附合(微课)

1)角度闭合差的计算与调整

(1)求联测边坐标方位角

如图 9-16 所示为附合导线,AB 和 CD 为高级控制网的两条边,坐标均为已知,图 9-16a)为观测左角,图 9-16b)为观测右角,进行坐标反算,获得起始边 AB 与终边 CD 的坐标方位角 α_{AB} 和 α_{CD},作为高级边的已知数据。

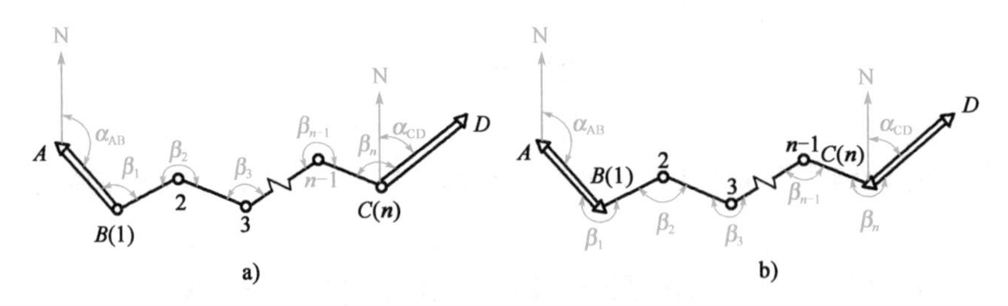

图 9-16 附合导线角度闭合差的计算

(2)角度闭合差的计算与调整

终边 CD 坐标方位角的理论值是坐标反算的结果,记为 α_{CD},按照方位角的推算方法,CD 边的坐标方位角还可由 AB 边沿导线推算出来,记为 α'_{CD},即

$$\begin{aligned} \alpha_{12} &= \alpha_{AB} + 180° - \beta_{1右} \\ \alpha_{23} &= \alpha_{12} + 180° - \beta_{2右} \\ \alpha_{34} &= \alpha_{23} + 180° - \beta_{3右} \\ &\vdots \end{aligned}$$

$$\alpha_{n-1,n} = \alpha_{n-2,n-1} + 180° - \beta_{n-1右}$$

$$\alpha'_{CD} = \alpha_{n-1,n} + 180° - \beta_{n右}$$

等式两边相加可得

$$\alpha'_{CD} = \alpha_{AB} + n \cdot 180° - \sum\beta_{右测}$$

把 CD 看作终边，终边的坐标方位角为

$$\alpha'_{终} = \alpha_{始} + n \cdot 180° - \sum\beta_{右测} \tag{9-17}$$

式中：n——包括连接角在内的导线右角的个数。

推算到终边的坐标方位角 α'_{CD}，理论上应与已知的 α_{CD} 相等，由于测角误差的存在，测量推算出来的 α'_{CD} 与 α_{CD} 不相等，其差值即为附合导线的角度闭合差，即

$$f_\beta = \alpha'_{CD} - \alpha_{CD}$$

或

$$f_\beta = \alpha'_{终} - \alpha_{终} \tag{9-18}$$

在附合导线角度闭合差的调整中，若观测为左角，将角度闭合差反号平均分配到各个左角；观测为右角，则将方位角闭合差同号平均分配到各观测角上。

2）坐标增量闭合差的计算与调整

由于附合导线起终点 B、C 都是高一级精度的点，这两点坐标值之差，就是附合导线理论上的坐标增量，如图 9-17 所示。即

$$\left.\begin{aligned}\sum\Delta x_{理} &= x_C - x_B = x_{终} - x_{始}\\ \sum\Delta y_{理} &= y_C - y_B = y_{终} - y_{始}\end{aligned}\right\} \tag{9-19}$$

如图 9-18 所示，由于在测量过程中，测角量边都不可避免地存在误差，使得导线最终未能附合到已知点 C 上，而落在 C' 处。由 B 点到 C 点的坐标增量总和 $\sum\Delta x_{测}$、$\sum\Delta y_{测}$ 与理论值之差即为坐标增量闭合差，即

$$\left.\begin{aligned}f_x &= \sum\Delta x_{测} - \sum\Delta x_{理}\\ f_y &= \sum\Delta y_{测} - \sum\Delta y_{理}\end{aligned}\right\} \tag{9-20}$$

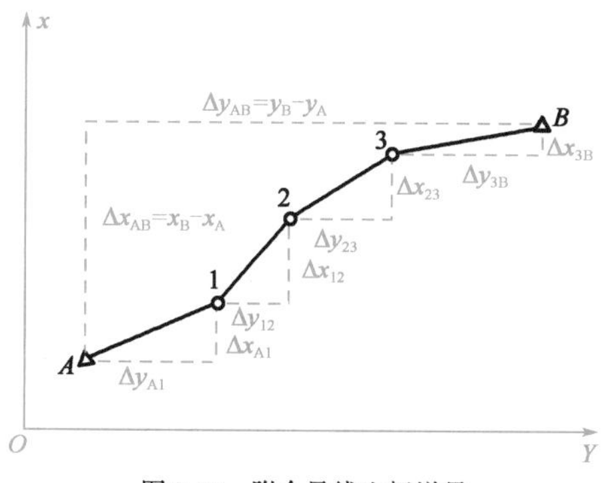

图 9-17　附合导线坐标增量

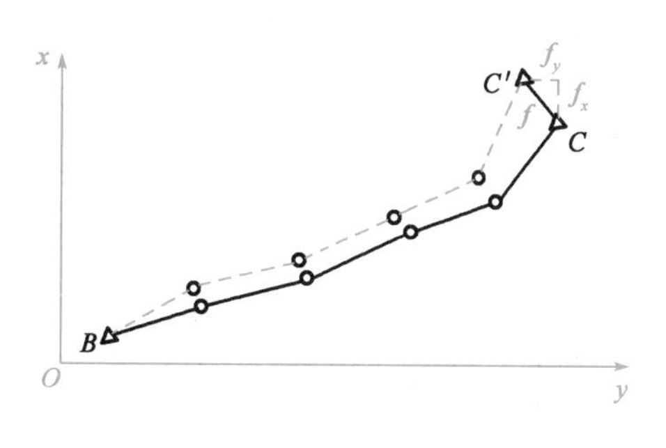

图 9-18　附合导线全长闭合差

与闭合导线相同，可求出导线全长相对闭合差 K。当 $K \leqslant 1/2000$，导线精度合格。坐标增量闭合差调整与闭合导线相同，再按调整后的增量推算各导线点的坐标。附合导线坐标计算的过程见表 9-6。

表 9-6

附合导线坐标计算表

点号	右角观测值 (° ′ ″)	改正后右角值 (° ′ ″)	方位角 (° ′ ″)	边长 (m)	坐标增量(m)		改正后坐标增量(m)		坐标(m)		点号
					Δx	Δy	Δx	Δy	x	y	
1	2	3	4	5	6	7	8	9	10	11	12
A									2365.16	1181.77	A
			1375200								
B	+10 2672950	2673000							1771.03	1719.24	B
			502200	133.84	+0.03 +85.37	+0.06 +103.08	+85.40	+103.14			
2	+10 2032920	2032930							1856.43	1822.38	2
			265230	154.71	+0.03 +138.00	+0.07 +69.94	+138.03	+70.01			
3	+10 1842920	1842930							1944.46	1892.39	3
			222300	80.74	+0.02 +74.66	+0.03 +30.75	+74.68	+30.78			
4	+10 1791550	1791600							2069.14	1923.17	4
			230700	148.93	+0.03 +136.97	+0.06 +58.47	+137.00	+58.53			
5	+10 811620	811630							2206.14	1981.70	5
			1215030	147.16	+0.03 −77.64	+0.06 +125.01	−77.61	+125.07			
C	+10 1670720	1670730							2128.53	2106.77	C
			1344300								
D									1465.71	2776.18	D
Σ	10830800			$\sum d=665.38$	+357.36	+387.25					

$\alpha'_{CD}=\alpha_{AB}+n\cdot180°-\sum\beta_{右}=137°52'00''+6\times180°-1083°08'00''=134°44'00''$

$f_\beta=\alpha'_{CD}-\alpha_{CD}=134°44'00''-134°43'00''=+60''$

$F_\beta=\pm40''\sqrt{6}=\pm97''$(按图根导线计)

$|f_\beta|<|F_\beta|$,测角精度合格

$\sum\Delta x_{理}=x_C-x_B=2128.53-1771.03=357.50\text{m}$

$\sum\Delta y_{理}=y_C-y_B=2106.77-1719.24=387.53\text{m}$

$f_x=\sum\Delta x_{测}-\sum\Delta x_{理}=357.36-357.50=-0.14\text{m}$

$f_y=\sum\Delta y_{测}-\sum\Delta y_{理}=387.25-387.53=-0.28\text{m}$

$f=\sqrt{f_x^2+f_y^2}=0.31\text{m}$

$K=\frac{f}{\sum d}=\frac{0.31}{665.38}=\frac{1}{\frac{665.38}{0.31}}=\frac{1}{2146}\approx\frac{1}{2100}<\frac{1}{2000}$,导线测量精度合格

9.3.4　支导线坐标计算

支导线中没有多余观测值，因此没有任何闭合差产生，因而导线转折角和坐标增量不需要进行改正。支导线的计算步骤为：

(1) 根据观测的转折角推算出各边的方位角。

(2) 根据各边方位角和边长计算坐标增量。

(3) 根据各边的坐标增量推算出各点的坐标。

支导线没有检核条件，无法检验外业测量成果，因此测量和计算应仔细。以上各计算步骤的计算方法同闭合导线或附合导线。

9.3.5　全站仪坐标测量和导线坐标测量方法

1) 全站仪坐标测量

全站仪一般都有坐标测量的功能。如图 9-19 所示，输入测站点和后视点坐标，全站仪就可以测量出目标点（棱镜点）的坐标。

2) 导线坐标测量方法

如图 9-20 所示附合导线，用全站仪进行坐标测量，观测时先置仪器于 B 上，后视 A 点，测量 2 点坐标；再将仪器置于 2 点，后视 B 点，测量 3 点坐标……，依此类推，最后得到 C 点的坐标。

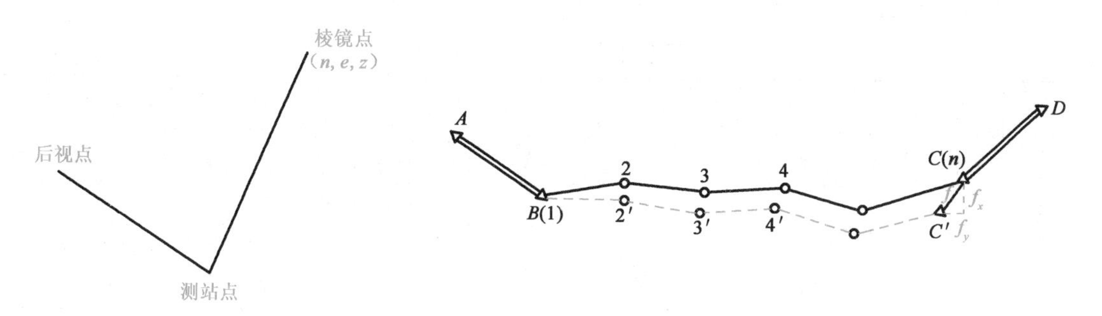

图 9-19　全站仪坐标测量　　　图 9-20　全站仪观测附合导线

设 C 点的坐标观测值为 (x'_C, y'_C)，已知 C 点的坐标值为 (x_C, y_C)。可按下列步骤进行平差计算：

(1) 计算坐标闭合差：

$$\left.\begin{aligned} f_x &= x'_C - x_C \\ f_y &= y'_C - y_C \end{aligned}\right\} \tag{9-21}$$

(2) 计算导线全长闭合差：

$$f = \sqrt{f_x^2 + f_y^2} \tag{9-22}$$

(3) 计算导线全长相对闭合差：

$$K = \frac{f}{\sum d} = \frac{1}{\sum d/f} \tag{9-23}$$

式中：$\sum d$——导线全长。

(4)当导线全长相对闭合差不大于规定的允许值时，测量结果合格。按式(9-24)计算各点坐标的改正数：

$$\left.\begin{aligned} \delta_{x_i} &= -\frac{f_x}{\sum d} \cdot \sum d_i \\ \delta_{y_i} &= -\frac{f_y}{\sum d} \cdot \sum d_i \end{aligned}\right\} \tag{9-24}$$

式中：$\sum d$——导线全长；

$\sum d_i$——第 i 点之前导线边长之和，即坐标改正数为累计改正。

(5)计算改正后各点坐标：

$$\left.\begin{aligned} x_i &= x'_i + \delta_{x_i} \\ y_i &= y'_i + \delta_{y_i} \end{aligned}\right\} \tag{9-25}$$

式中：(x'_i, y'_i)——第 i 点的坐标观测值；

$(\delta_{xi}, \delta_{yi})$——第 i 点的坐标改正数。

以坐标为观测量的导线近似平差计算见表9-7。

以坐标为观测量的导线近似平差计算 表9-7

点号	坐标观测值(m)		边长(m)	坐标改正数(mm)		坐标平差值(m)		点号
	x	y		δ_x	δ_y	x	y	
A					31242.685	19631.274	A	
$B(1)$						27654.173	16814.216	$B(1)$
			1573.261					
2	26861.436	18173.156		−5	+4	26861.431	18173.160	2
			865.360					
3	27150.098	18988.951		−8	+6	27150.090	18988.957	3
			1238.023					
4	27286.434	20219.444		−12	+9	27286.422	20219.453	4
			1821.746					
5	29104.742	20331.319		−18	+14	29104.724	20311.333	5
			507.681					
$C(6)$	29564.269	20547.130		−19	+16	29564.250	20547.146	$C(6)$
D			$\Sigma D = 6006.071$			30666.511	21880.362	D

辅助计算：

$f_x = x'_C - x_C = 29564.269 - 29564.250 = +0.019\text{m} = +19\text{mm}$

$f_y = y'_C - y_C = 20547.130 - 20547.146 = -0.016\text{m} = -16\text{mm}$

$f = \sqrt{f_x^2 + f_y^2} = 0.024\text{m} = 24\text{mm}$

$K = \dfrac{f}{\sum d} = \dfrac{0.024}{6006.071} = \dfrac{1}{\frac{6006.071}{0.024}} = \dfrac{1}{250252} \approx \dfrac{1}{250000}$

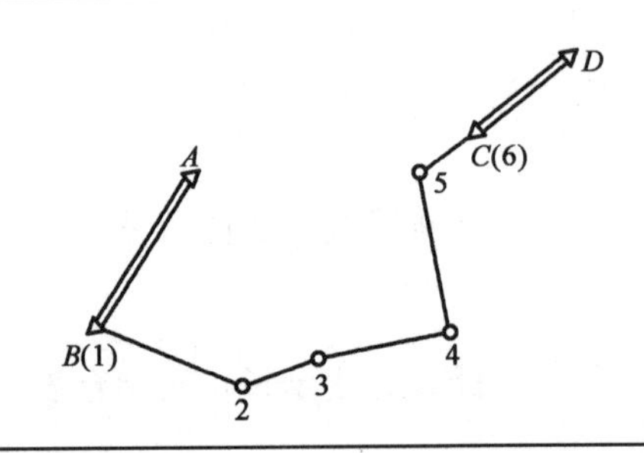

9.3.6 导线与国家三角点联系测量

导线与国家三角点进行联测，可使所测导线点与国家三角点形成一个整体，取得导线坐标计算的起算数据，也可检查导线测量成果是否符合精度要求。导线与国家三角点联测有辅助导线法等多种方法，下面以图9-21为例来说明。当国家三角点距离导线位置较远，且测量距离的手段较为方便的情况下，可布设辅助导线与三角点连接，如图9-21中，从最近的导线点2出发，经过A_1、A_2点连接到国家三角点N上，可以用经纬仪或全站仪联测，其精度要求应按比所测导线高一级的技术标准进行。坐标计算方法见本单元前述内容。

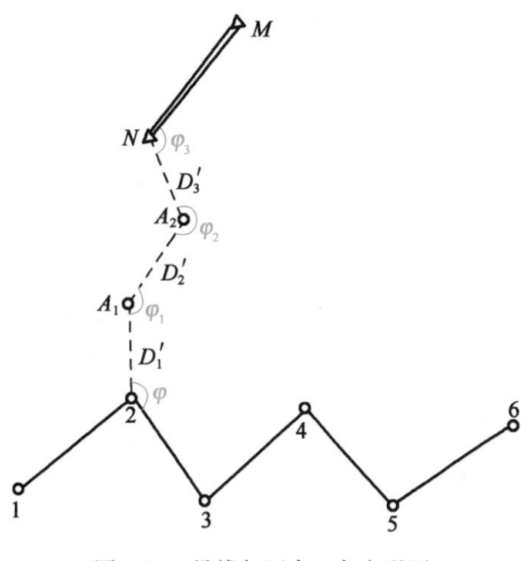

图9-21 导线与国家三角点联测

9.4 交会定点

在进行平面控制测量时，当已有控制点的数量不能满足测图或施工放样需要时，需要增设少数图根控制点。控制点的加密经常采用交会法进行单点（或双点）加密。交会定点方法有前方交会、后方交会和距离交会等。

9.4.1 前方交会

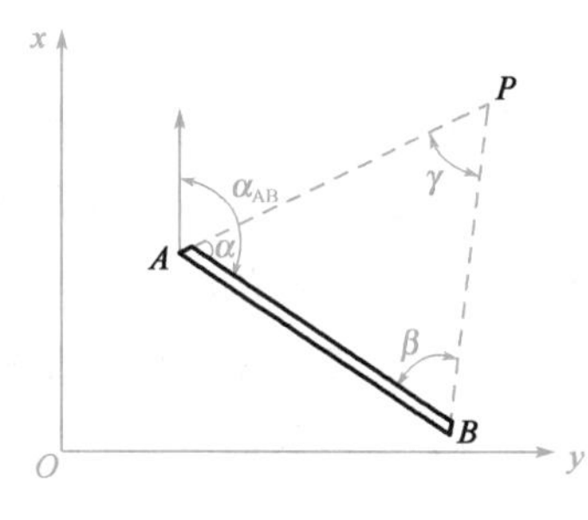

图9-22 前方交会

前方交会是指在两个已知控制点上通过观测水平角，再经计算即可求得待定点的坐标。如图9-22所示，已知控制点A、B的坐标为$A(x_A, y_A)$，$B(x_B, y_B)$，P为待求点。在A、B两点设站，测量水平角α、β，则未知点P的坐标(x_P, y_P)可按以下方法计算。

1）按导线推算P点的坐标

（1）用坐标反算公式计算AB边的坐标方位角α_{AB}和边长D_{AB}：

$$\left.\begin{aligned} \alpha_{AB} &= \arctan\frac{y_B - y_A}{x_B - x_A} \\ D_{AB} &= \sqrt{(x_B - x_A)^2 + (y_B - y_A)^2} \end{aligned}\right\} \tag{9-26}$$

（2）计算AP、BP边的坐标方位角α_{AP}、α_{BP}及边长D_{AP}、D_{BP}：

$$\left.\begin{aligned} \alpha_{AP} &= \alpha_{AB} - \alpha \\ \alpha_{BP} &= \alpha_{AB} \pm 180^\circ + \beta \\ D_{AP} &= \frac{D_{AB}}{\sin\gamma}\sin\beta, D_{BP} = \frac{D_{AB}}{\sin\gamma}\sin\alpha \end{aligned}\right\} \tag{9-27}$$

其中,$\gamma=180°-\alpha-\beta$,且应有 $\alpha_{AP}-\alpha_{BP}=\gamma$(可用作检核)。

(3)按坐标正算公式计算 P 点的坐标:

$$\left.\begin{aligned} x_P &= x_A + D_{AP}\cdot\cos\alpha_{AP} \\ y_P &= y_A + D_{AP}\cdot\sin\alpha_{AP} \end{aligned}\right\} \tag{9-28}$$

或

$$\left.\begin{aligned} x_P &= x_B + D_{BP}\cdot\cos\alpha_{BP} \\ y_P &= y_B + D_{BP}\cdot\sin\alpha_{BP} \end{aligned}\right\} \tag{9-29}$$

由式(9-28)和式(9-29)计算的 P 点坐标理应相等,可用作校核。由于计算中存在小数位的取舍,可能有微小差异,可取其平均值。

2)按余切公式计算 P 点的坐标

略去推导过程,P 点的坐标计算公式为

$$\left.\begin{aligned} x_P &= \frac{x_A\cot\beta + x_B\cot\alpha + (y_B - y_A)}{\cot\alpha + \cot\beta} \\ y_P &= \frac{y_A\cot\beta + y_B\cot\alpha - (x_B - x_A)}{\cot\alpha + \cot\beta} \end{aligned}\right\} \tag{9-30}$$

式(9-30)称为余切公式。注意:在运用该式计算时,三角形的点号 A、B、P 应按逆时针方向编号,否则公式中的加减号将有改变。前方交会中(图 9-22),由未知点至相邻两起始点方向间的夹角 γ 称为交会角。交会角过大或过小,都会影响 P 点位置测定精度,要求交会角一般应大于 30°并小于 150°。

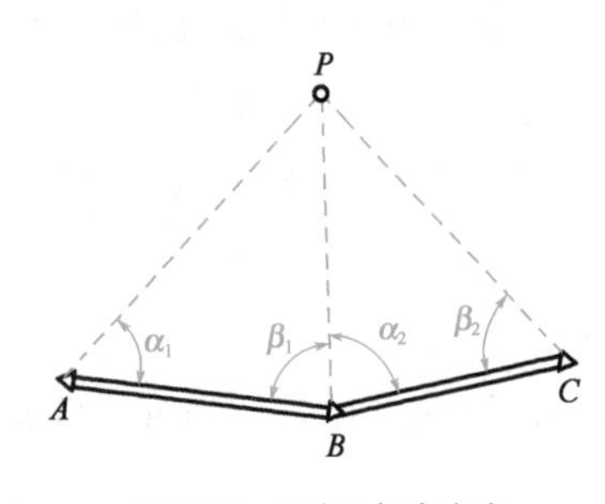

图 9-23　三个已知点交会

为了检核外业测量成果,并提高待定点 P 的精度,一般都布设 3 个已知点进行交会,如图 9-23 所示,观测两组角值,这时可分两组计算 P 点坐标,设两组计算 P 点坐标分别为(x_{P1}, y_{P1})、B(x_{P2}, y_{P2})。当两组计算 P 点的坐标较差 Δ 在容许限差内,则取它们的平均值作为 P 点的最后坐标。计算实例见表 9-8。

对于图根控制测量,其较差应不大于比例尺精度的 2 倍,即

$$\Delta=\sqrt{\delta_x^2+\delta_y^2}=\sqrt{(x_{P1}-x_{P2})^2+(y_{P1}-y_{P2})^2}\leqslant 2\times 0.1M(\mathrm{mm}) \tag{9-31}$$

式中:δ_x、δ_y——P 点的两组坐标之差;

M——测图比例尺分母。

§例 9-3§　如图 9-23 中,A、B、C 为已知控制点,P 为待定点,并测得 α_1、β_1 和 α_2、β_2 角,用前方交会法计算待定点 P 的坐标,其过程见表 9-8。

前方交会计算　　　　表 9-8

已知数据	x_A	35522.01m	y_A	41527.29m	x_B	35189.35m	y_B	41116.90m
	x_B	351899.35m	y_B	41116.90m	x_C	34671.79m	y_C	41236.06m
观测值	α_1	59°20′59″	β_1	54°09′52″	α_2	61°54′29″	β_2	55°44′54″
计算校核	x_{P1}	35059.931m	y_{P1}	41595.341m	x_{P2}	35060.018m	y_{P2}	41595.347m
	计算较差：测图比例尺 1:1000，$F_{允} = 2\times0.1M = 2\times0.1\times1000 = 200\text{mm}$ $\delta_x = x_{P1} - x_{P2} = -0.087\text{m}$ $\delta_y = y_{P1} - y_{P2} = -0.006\text{m}$ $\Delta = \sqrt{\delta_x^2 + \delta_y^2} = 0.087\text{m} = 87\text{mm} \leqslant 2\times0.1M$（合格） 取平均值：$x_P = \frac{1}{2}(x_{P1} + x_{P2}) = 35059.97\text{m}$ $y_P = \frac{1}{2}(y_{P1} + y_{P2}) = 41595.34\text{m}$ P 点坐标为：P(35059.97,41595.34)							

9.4.2　后方交会

如图 9-24 所示，A、B、C 为 3 个已知控制点，P 点为待求点。在 P 点上安置经纬仪，观测 α、β 角，根据 A、B、C 三点坐标和 α、β 角，即可解算出 P 点的坐标，这种方法称为后方交会。后方交会法的计算公式如下：

1）引入辅助量 a、b、c、d 和 K

$$\left.\begin{aligned} a &= (x_B - x_A) + (y_B - y_A)\cot\alpha \\ b &= (y_B - y_A) - (x_B - x_A)\cot\alpha \\ c &= (x_B - x_C) - (y_B - y_C)\cot\beta \\ d &= (y_B - y_C) + (x_B - x_C)\cot\beta \end{aligned}\right\} \tag{9-32}$$

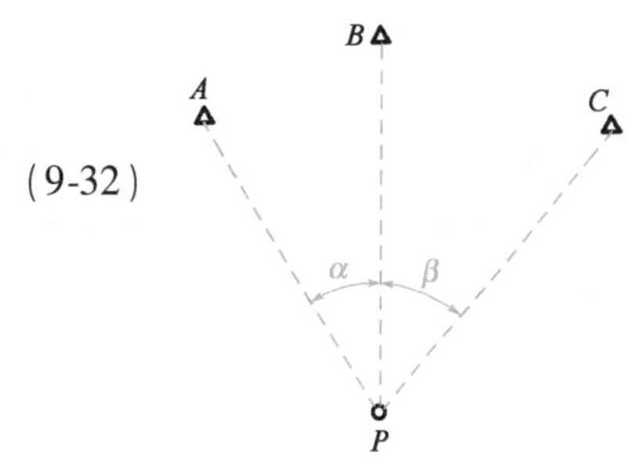

图 9-24　后方交会

令 $K = \frac{a-c}{b-d}$。

2）P 点坐标计算公式

$$\left.\begin{aligned} x_P &= x_B + \frac{Kb - a}{K^2 + 1} \\ y_P &= y_B - K\cdot\frac{Kb - a}{K^2 + 1} \end{aligned}\right\} \tag{9-33}$$

3）危险圆的判别

当 P 点正好落在通过 A、B、C 三个点的圆周上时，后方交会点将无法解算，此圆称为危险圆。此时在这一圆周上的任意点与 A、B、C 组成的 α 角和 β 角的值都相等，P 点位置不定，即当 $a = c$，$b = d$ 时：

$$K = \frac{a-c}{b-d} = \frac{0}{0} \tag{9-34}$$

应用此公式时,注意点号的安排应与图9-24一致,即 A、B、C、P 按顺时针方向排列,A、B 夹角为 α 角,B、C 夹角为 β 角。为了检核,实际工作中常要观测4个已知点,每次用3个点,共组成两组后方交会。对于图根控制测量而言,两组点位较差也不得超过 $2\times0.1M$(mm)。

后方交会法的计算方法很多,用后方交会法求 P 点时,要特别注意危险圆。在测量中,一般将待求点 P 选在3个已知点构成的三角形内或选在三角形两边延长线的夹角内。

9.4.3 距离交会

如图9-25所示,A、B 为已知控制点,P 为待求点。测量距离 D_{AP}、D_{BP} 后,即可解算 $\triangle ABP$,可求出 P 点的坐标。距离交会又称边长交会。

由于 A、B 两点坐标已知,可通过坐标反算求得 AB 边的坐标方位角 α_{AB} 和距离 D_{AB}。按余弦定理可得

$$\left.\begin{aligned}\angle A &= \arccos\left(\frac{D_{AB}^2+D_{AP}^2-D_{BP}^2}{2D_{AB}D_{AP}}\right)\\ D_{AB} &= \sqrt{(x_B-x_A)^2+(y_B-y_A)^2}\end{aligned}\right\} \tag{9-35}$$

AP 边的坐标方位角为

$$\alpha_{AP}=\alpha_{AB}-\angle A$$

P 点坐标为

$$\left.\begin{aligned}x_P &= x_A+D_{AP}\cdot\cos\alpha_{AP}\\ y_P &= y_A+D_{AP}\cdot\sin\alpha_{AP}\end{aligned}\right\} \tag{9-36}$$

应用公式时注意点号的排列与图9-25一致,即 A、B、P 按逆时针排列,以上是两边交会法。为了检核和提高 P 点坐标精度,需测定三条边,如图9-26所示,组成两个距离交会图形,分两组计算 P 点坐标,较差满足式(9-31),取平均值作为最后成果。

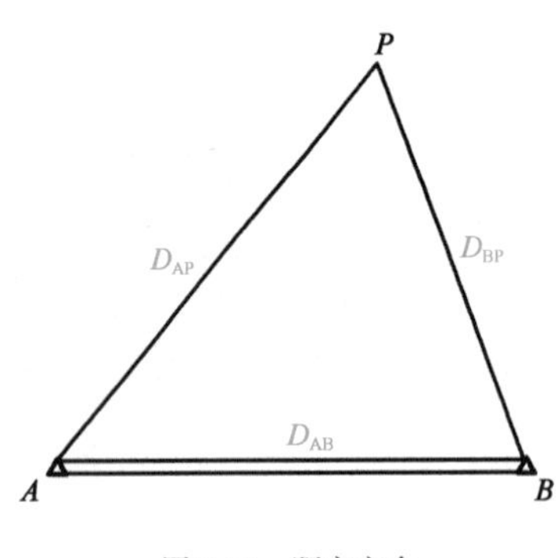

图9-25 距离交会

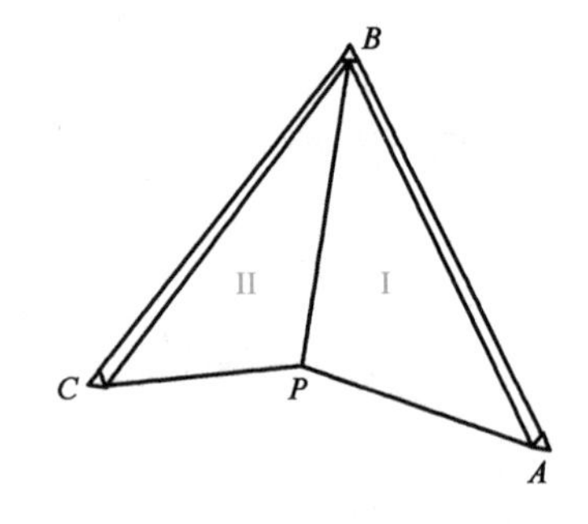

图9-26 三边交会

由于全站仪和光电测距仪在工程中的普遍采用,这种方法在工程中已被广泛地应用。

9.5 高程控制测量

高程控制测量主要方法有水准测量和三角高程测量。小区域地形测图或施工测量中,多

采用三、四等水准测量作为高程控制测量的首级控制。当水准测量作高程控制时，因地形困难无法施测时，可采用三角高程测量，下面介绍三、四等水准测量和三角高程测量。

9.5.1　水准测量主要技术要求

有关国家各等级水准测量的主要技术要求，见表9-9和表9-10。

水准测量的主要技术要求（一）　　表9-9

等级	每千米高差中误差（mm）	路线长度（km）	水准仪型号	水准尺	观测次数		往返较差、附合或环线闭合差	
					与已知点联测	附合路线或环线	平地（mm）	山地（mm）
三等	6	≤50	DS_1	因瓦	往返各一次	往一次	$12\sqrt{L}$	$4\sqrt{n}$
			DS_3	双面		往返各一次		
四等	10	≤16	DS_3	双面	往返各一次	往一次	$20\sqrt{L}$	$6\sqrt{n}$
五等	15	—	DS_3	单面	往返各一次	往一次	$30\sqrt{L}$	—
图根	20	≤5	DS_3		往返各一次	往一次	$40\sqrt{L}$	$12\sqrt{n}$

注：1. L为往返测段，附合或环线的水准路线长度（km）；n为测站数。
2. 当水准线路布设成支线时，其线路长度不应大于2.5km。

水准测量的主要技术要求（二）　　表9-10

等级	水准仪型号	视线长度（m）	前后视距较差（m）	前后视距累积差（m）	视线离地面最低高度（m）	基、辅分划或黑、红面读数较差（mm）	基、辅分划或黑、红面所测高差较差（mm）
三等	DS_3	100	3	6	0.3	1.0	1.5
	DS_3	75				2.0	3.0
四等	DS_3	100	5	10	0.2	3.0	5.0
五等	DS_3	100	近似相等	—	—	—	—
图根	DS_{10}	≤100	—	—	—	—	—

注：三、四等水准采用变动仪器高度观测单面水准尺时，所测两次高差较差，应与黑面、红面所测高差之差的要求相同。

9.5.2　三等与四等水准测量

三、四等水准测量除用于国家高程控制网的加密外，还用于小区域建立首级高程控制网，即直接提供地形测图和各种工程建设所必需的高程控制点。三、四等水准点的高程一般是从国家一、二等水准点引测的，若测区内或附近没有国家一、二等水准点，也可以建立独立的首级高程控制网，这样起算点的高程采用假设高程，并且首级高程控制网应布设成闭合水准路线形式。三、四等水准点应选在土质坚硬、便于长期保存和使用的地方，并埋设水准标石。四等水准点也可以用埋石的平面控制点作为水准点，即平面控制点和高程控制点共用。为了便于日后寻找，各水准点应绘制"点之记"。

1）观测方法

三、四等水准测量通常用DS_3级水准仪和双面水准尺，双面水准尺两根标尺黑面的尺底数均为0，红面的底数一根为4.687m，另一根为4.787m（有的红面底数为4.487和4.587），两根尺红面相差0.1m,且两根标尺应成对使用。下面介绍双面尺法的观测步骤。

(1)四等水准测量

视线长度不超过100m,每一测站上,按照下列顺序观测:

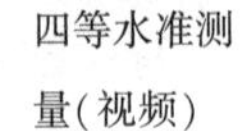

四等水准测量(视频)

①后视水准尺的黑面,读下丝、上丝和中丝读数填入表9-11中(1)、(2)、(3)。

②后视水准尺的红面,读中丝读数填入表9-11中(4)。

③前视水准尺的黑面,读下丝、上丝和中丝读数填入表9-11中(5)、(6)、(7)。

④前视水准尺的红面,读中丝读数填入表9-11中(8)。

共计8个读数,这样的观测顺序称为后—后—前—前,在后视和前视读数时,均先读黑面再读红面,读黑面时读三丝读数,读红面时只读中丝读数。

四等水准测量记录(双面尺法)　　表9-11

日期:　　天气:　　仪器型号:　　观测:　　记录:

测站编号	测点编号	后尺 上丝 下丝 后视距 视距差 d	前尺 上丝 下丝 前视距 Σd	方向及尺号	水准尺读数(m) 黑面	红面	K+黑-红(mm)	平均高差(m)	备注
		(1) (2) (9) (11)	(5) (6) (10) (12)	后 前 后—前	(3) (7) (15)	(4) (8) (16)	(13) (14) (17)	(18)	K_1 K_2
1	BM_1 | Z_1	1.891 1.525 36.6 -0.2	0.758 0.390 36.8 -0.2	后 前 后—前	1.708 0.574 +1.134	6.395 5.361 +1.034	0 0 0	+1.1340	$K_1=4.687$ $K_2=4.787$
2	Z_1 | Z_2	2.746 2.313 43.3 -0.9	0.867 0.425 44.2 -1.1	后 前 后—前	2.530 0.646 +1.884	7.319 5.333 +1.986	-2 0 -2	+1.8850	$K_1=4.787$ $K_2=4.687$
3	Z_2 | Z_3	2.043 1.502 54.1 +1.0	0.849 0.318 53.1 -0.1	后 前 后—前	1.773 0.584 +1.189	6.459 5.372 +1.087	+1 -1 +2	+1.1880	$K_1=4.687$ $K_2=4.787$
4	Z_3 | BM_2	1.167 0.655 51.2 -1.0	1.677 1.155 52.2 -1.1	后 前 后—前	0.911 1.416 -0.505	5.696 6.102 -0.406	+2 +1 +1	-0.5055	$K_1=4.787$ $K_2=4.687$

计算与检核:

$\Sigma(9)=185.2$

$-\Sigma(10)=186.3$

-1.1

末站(12) = -1.1(核)

总视距 $=\Sigma(9)+\Sigma(10)=371.5\text{m}$

总高差 $=\Sigma(18)=+3.7015\text{m}$

总高差 $=\frac{1}{2}[\Sigma(15)+\Sigma(16)]=+3.7015\text{m}$

总高差 $=\frac{1}{2}\{\Sigma[(3)+(4)]-\Sigma[(7)+(8)]\}$

$=\frac{1}{2}(32.791-25.388)=+3.7015\text{m}$

(2)三等水准测量

视线长度不超过75m。观测顺序为:

①后视水准尺的黑面,读下丝、上丝和中丝读数。

②前视水准尺的黑面,读下丝、上丝和中丝读数。

③前视水准尺的红面,读中丝读数。

④后视水准尺的红面,读中丝读数。

此观测顺序简称为后—前—前—后。

2)计算与检核

(1)测站计算与检核

①视距计算。

后视距离:$(9)=|(1)-(2)|\times100$

前视距离:$(10)=|(5)-(6)|\times100$

后视距离和前视距离为绝对值的计算。

前后视距差:$(11)=(9)-(10)$,对于四等水准测量,前后视距差不得超过±5m;对于三等水准测量,不得超过±3m。

前后视距累积差:(12)=上站的(12)+本站的(11),对于四等水准测量,前后视距累积差不得超过±10m;对于三等水准测量,不得超过±6m。

②同一水准尺黑、红面中丝读数的检核。

同一水准尺黑面中丝读数加红面常数K(4.687或4.787),减去红面中丝读数,理论上应为零。但由于误差的影响,一般不为零。同一水准尺红、黑面中丝读数之差为

$$(13)=(3)+K_1-(4)$$

$$(14)=(7)+K_2-(8)$$

(13)、(14)的大小:对于四等水准测量,不得超过±3mm;对于三等水准测量,不得超过±2mm。

③高差的计算和检核。

黑面所测高差:$(15)=(3)-(7)$

红面所测高差:$(16)=(4)-(8)$

黑红面所测高差之差为

$$(17)=(15)-[(16)\pm0.100]=(13)-(14)\text{(检核用)}$$

(17)值的大小:在四等水准测量中不得超过±5mm;对于三等水准测量,不得超过±3mm。±0.100为两根水准尺红面常数之差。

④计算平均高差。

当检核符合要求后,取黑、红面高差的平均值作为该站的高差,即

$$(18) = \frac{1}{2}\{(15) + [(16) \pm 0.100]\}$$

(2)每页计算与检核

在记录簿每页末或每一测段完成后,应作下列检核:

①视距计算与检核。后视距离总和减去前视距离总和应等于末站视距累积差,即

$$末站的(12) = \sum(9) - \sum(10)(检核)$$

检核无误后,算出总视距

$$D = \sum(9) + \sum(10)$$

②高差计算与检核。红、黑面后视总和减红、黑面前视总和应等于红、黑面高差总和,还应等于平均高差总和的2倍。即高差

$$h = \frac{1}{2}\{\sum[(3) + \sum(4)] - \sum[(7) + (8)]\} = \frac{1}{2}\{\sum(15) + \sum(16)\} = \sum(18)$$

上式适用于测站数为偶数。若测站数为奇数,采用下式

$$h = \frac{1}{2}\{\sum(15) + \sum[(16) \pm 0.100]\} = \sum(18)$$

用双面尺法进行三、四等水准测量的记录、计算与检核实例见表9-11。

(3)水准点高程计算

测量成果经检核无误后,可按照单元2水准测量成果计算方法来计算水准点的高程。

对于四等水准测量,若没有双面水准尺,也可采用单面水准尺,用改变仪器高法进行。在每一测站上需变动仪器高度0.1m以上。变更仪器高前,读下、上、中丝读数,变更仪器高后,只读中丝读数,观测顺序为后—前,变动仪器高后为前—后。并且将上述记录表中黑、红面中丝读数改为第一次读数和变动仪器高后第二次读数,(13)、(14)两项不必计算,变动仪器高所测得的两次高差之差不得超过5mm。

应注意的是,《工程测量规范(附条文说明)》(GB 50026—2007)规定,各等级水准网(指一、二、三、四等水准网)应按最小二乘法平差进行成果计算。而单元2介绍的水准测量成果计算方法,是一种近似平差方法,适用于等外水准测量的成果计算。由于本书没有介绍严密平差方法,所以三、四等水准测量成果处理的方法已经超出了本书的范围,如果需要,可以使用专用测量平差软件进行成果计算。

9.5.3 三角高程测量

由前看出,用水准测量方法测量控制点高程,虽然精度高,但在地形起伏大的地区或山区施测比较困难,另外受视线长度限制,测量速度较慢,可采用三角高程测量的方法。

三角高程测量是根据两点间的水平距离或斜距和竖直角通过三角公式计算来获得两点间的高差,再求出待定点高程,可用经纬仪或测距仪、全站仪,测量出两点间的水平距离或斜距、竖直角。

1)三角高程测量的计算公式

如图9-27所示，已知A点高程为H_A，求B点高程H_B，可通过测量A、B两点高差h_{AB}，计算H_B。在A点安置经纬仪，在B点竖立觇标，用望远镜中丝瞄准觇标的顶点，测出竖直角α_A，并分别量取仪器横轴到桩顶的高度i_A（仪器高）和觇标高v_B，观测平距D_{AB}（或斜距S_{AB}）即可测定地面点A、B之间的高差h_{AB}。

由图9-27可知

$$h_{AB} = D_{AB}\tan\alpha_A + i_A - v_B \tag{9-37}$$

故B点的高程为

$$H_B = H_A + h_{AB} = H_A + D_{AB}\tan\alpha_A + i_A - v_B \tag{9-38}$$

式(9-37)基于两个假定：一是假定视线在空间是一条严格的直线，二是假定A、B点之间的水准面可以用水平面代替。这两个假定在精度要求不高、距离较短时是成立的，因而式(9-37)仅适用于短距离三角高程测量。当A、B点之间的距离较长时，进行三角高程测量必须考虑地球曲率和大气折光的影响。

地球曲率和大气折光对三角高程测量的影响，如图9-28所示。C为仪器横轴中心，过A点的水准面、过C点的水准面、过C点的水平面分别交觇标垂直延长线于G、N、N'点，显然NN'即为地球曲率引起的高差误差p（简称球差）；图中CM'为视线未受大气折光影响时的方向线，CM为经过大气折光影响的方向线，显然MM'即为大气折光引起的误差r（简称气差）。

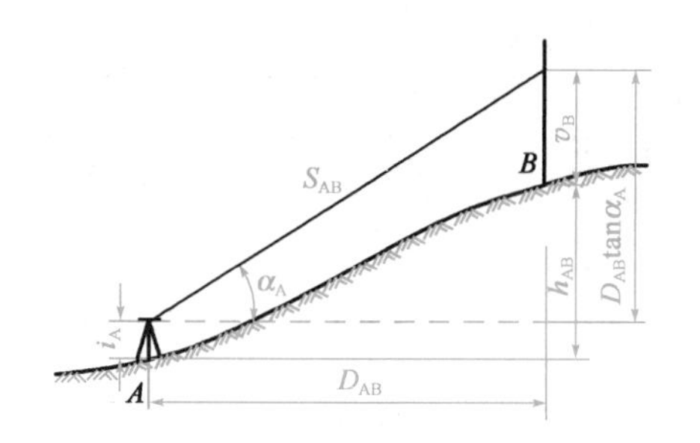

图9-27　三角高程测量原理

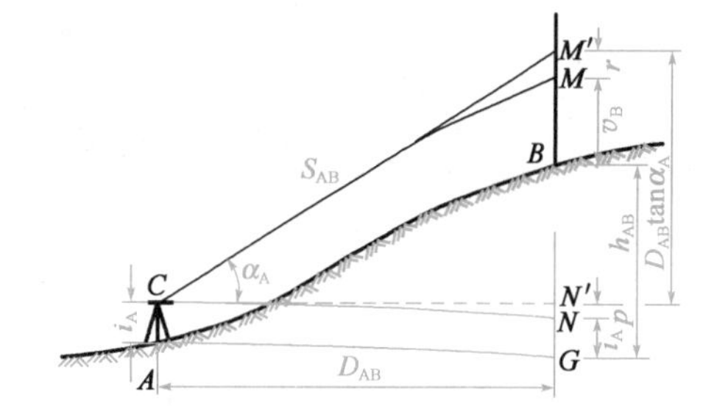

图9-28　地球曲率和大气折光对三角高程的影响

根据水准测量地球曲率误差p和大气折光的误差r式可知，$p=\dfrac{D_{AB}^2}{2R}$，$r=K\dfrac{D_{AB}^2}{2R}=\dfrac{D_{AB}^2}{14R}$。

大气折光系数的大小与测点的地理位置、视线高度、地面植被情况、季节、大气温度和湿度等有关，很难精确确定，通常是根据所在地区的观测条件取一平均折光系数值。一般把折光曲线近似看成半径为R'（$R'=7R$）的圆弧，则$r=\dfrac{D_{AB}^2}{2R'}=0.07\dfrac{D_{AB}^2}{R}$。

由图9-28可见，在考虑地球曲率和大气折光的影响后，A、B两点的高差为

$$h_{AB} = D_{AB}\tan\alpha_A + p + i_A - r - v_B$$

或

$$h_{AB} = D_{AB}\tan\alpha_A + i_A - v_B + f \tag{9-39}$$

式中:f——球气差改正,$f=0.43\frac{D_{AB}^2}{R}$。

若观测斜距为 S_{AB},则高差 h_{AB} 为

$$h_{AB}=S_{AB}\cdot\sin\alpha_A+i_A-v_B+f \tag{9-40}$$

三角高程测量一般进行往返观测,即由已知点 A 向 B 观测(称为直觇),再由待求点 B 向已知点 A 观测(称为反觇),这样的观测称为双向观测或对向观测。

如果进行对向观测,则由 B 向 A 观测时可得

$$h_{BA}=D_{AB}\tan\alpha_B+i_B-v_A+f \tag{9-41}$$

取双向观测的平均值得

$$h_{AB}=\frac{1}{2}(h_{AB}-h_{BA}) \tag{9-42}$$

从理论上可知采用对向观测可以抵消球气差的影响,但折光系数的大小与测点的地理位置、视线高度、地面植被情况、季节、大气温度和湿度等有关,很难精确确定,即使在同一条边上往返观测,因时间地点不同,K 值不可能完全相同,事实上不能完全抵消球气差。

2)三角高程测量的观测与计算

(1)三角高程测量技术要求

小地区三角高程控制测量,一般可分为四等、五等和图根三角高程测量,其主要技术要求见表 9-12。

电磁波测距三角高程测量的主要技术要求 表 9-12

等级	仪器	边长(km)	竖直角测回数(中丝法)	指标差较差(″)	竖直角较差(″)	对向观测高差较差(mm)	附合或环线闭合差(mm)
四等	DJ_2	≤1	3	7	7	$40\sqrt{D}$	$20\sqrt{\sum D}$
五等	DJ_2	≤1	2	10	10	$60\sqrt{D}$	$30\sqrt{\sum D}$
图根	DJ_6	—	2	25	25	$80\sqrt{D}$	$40\sqrt{\sum D}$

注:D 为电磁波测距边的长度,单位为 km。

(2)三角高程测量的观测

①在测站上安置仪器,在目标点上安置觇标,量取仪器高和觇标高,读数至 mm。

②用经纬仪或测距仪采用测回法观测竖直角 α,测定斜距或平距,测回数应根据要求确定。

需要指出的是:对向观测最好同时进行,这样可以最好的消除大气折光的影响;如不能同时进行,应选在大气稳定的条件下进行。

(3)三角高程测量的计算

根据式(9-39)或式(9-41)、式(9-42)进行三角高程测量计算,一般在表格中进行,见表 9-13。

三角高程路线高差计算　　表 9-13

测站点	Ⅲ10	401	401	402	402	Ⅲ12
待定点	401	Ⅲ 10	402	401	Ⅲ 12	402
往返测	往	返	往	返	往	返
α	$+3°24'15''$	$-3°22'47''$	$-0°47'23''$	$+0°46'56''$	$+0°27'32''$	$-0°25'58''$
S(m)	577.157	577.137	703.485	703.490	417.653	417.697
$h'=S\sin\alpha$(m)	+34.271	-34.024	-9.696	+9.604	+3.345	-3.155
i(m)	1.565	1.537	1.611	1.592	1.581	1.601
v (m)	1.695	1.680	1.590	1.610	1.713	1.708
$f=0.43\dfrac{D_{AB}^2}{R}$ (m)	0.022	0.022	0.033	0.033	0.012	0.012
$h=h'+i-v+f$(m)	+34.163	-34.145	-9.642	+9.619	+3.225	-3.250
$h_{平均}$(m)	+34.154		-9.630		+3.238	

随着全站仪的广泛应用，目前利用光电测距进行三角高程测量已经相当普遍。试验表明，光电测距三角高程测量的精度可以达到三、四等水准测量的要求。

单元小结

控制测量贯穿测量工作的始终，控制测量不仅精度要求高，而且理论性也很强，该单元内容也是本课程的学习重点。学习时，要在了解国家平面控制网、高程控制网，城市控制网和小区域控制网基本概念的基础上，重点掌握小区域平面控制测量和高程控制测量的方法。

小区域平面控制测量主要方法有导线测量及交会定点，主要目的都是确定地面控制点的平面直角坐标(X,Y)，要求掌握导线测量的外业步骤和内业测量计算方法。原有控制点的数量不能满足测图和施工需要时，可用交会法加密控制点，要理解前方交会、后方交会的特点及其公式的应用。

高程控制测量是确定控制点高程(H)的测量工作。在小区域，高程控制测量主要采用三、四等水准测量和三角高程测量的方法。对于三、四等水准测量，学习时重点掌握双面尺法测量的测站观测程序、记录和计算检核方法；三角高程测量，常用于地形起伏较大地区，主要懂得其原理和观测计算方法。

【知识拓展】

二等水准测量

精密水准测量一般指国家一、二等水准测量，在各项工程的不同建设阶段的高程控制测量中，极少进行一等水准测量，下面以二等水准测量为例来说明精密水准测量的实施。

1)精密水准测量作业的一般要求

根据水准测量误差的性质及其影响规律，国家水准测量规范中对精密水准测量的实施做出了各种相应的规定，以便尽可能消除或减弱各种误差对观测高差的影响。

(1)选择有利的观测时间,使标尺在望远镜中的成像清晰稳定。一般情况下,在日出后半小时至正午前两小时和正午后两小时半至日落前半小时进行观测。观测前30min,应将仪器置于露天阴影处,使仪器与外界气温趋于一致;观测时应用测伞遮蔽阳光;迁站时应罩以仪器罩。

(2)仪器距前、后视水准标尺的距离应尽量相等,其差应小于规定的限值:二等水准测量中规定,一测站前、后视距差应小于1.0m,前、后视距累积差应小于3m。可以消除或削弱与距离有关的各种误差对观测高差的影响,如i角误差和垂直折光等影响。对气泡式水准仪,观测前应测出倾斜螺旋的置平零点,并作标记,随着气温变化,应随时调整置平零点的位置。对于自动安平水准仪的圆水准器,须严格置平。在连续各测站上安置水准仪时,应使其中两脚螺旋与水准路线方向平行,而第三脚螺旋轮换置于路线方向的左侧与右侧。观测前对圆水准器应严格检验与校正,观测时应严格使圆水准器气泡居中。

(3)同一测站上观测时,不得两次调焦;转动仪器的倾斜螺旋和测微螺旋,其最后旋转方向均应为旋进,以避免倾斜螺旋和测微器隙动差对观测成果的影响。在两相邻测站上,应按奇、偶数测站的观测程序进行观测,对于往测奇数测站按"后前前后"、偶数测站按"前后后前"的观测程序在相邻测站上交替进行。返测时,奇数测站与偶数测站的观测程序与往测时相反,即奇数测站由前视开始,偶数测站由后视开始。可以消除或减弱与时间成比例均匀变化的误差对观测高差的影响,如i角的变化和仪器的垂直位移等影响。

(4)每一测段的水准测量路线应进行往测和返测,可以消除或减弱性质相同、正负号也相同的误差影响,如水准标尺垂直位移的误差影响。

测段的往测与返测测站数均应为偶数,可以削减两水准标尺零点不等差等误差对观测高差的影响。由往测转向返测时,两水准标尺应互换位置,并应重新整置仪器。同时要求测段的往测和返测应在不同的气象条件下进行,如分别在上午和下午观测。

(5)水准测量的观测工作间歇时,最好能结束在固定的水准点上,否则,应选择两个坚稳可靠、光滑突出、便于放置水准标尺的固定点,作为间歇点加以标记。间歇后,应对两个间歇点的高差进行检测,检测结果如符合限差要求(对于二等水准测量,规定检测间歇点高差之差应≤1.0mm),就可以从间歇点起测。若仅能选定一个固定点作为间歇点,则在间歇后应仔细检视,确认没有发生任何位移,方可由间歇点起测。

2)二等水准测量观测

(1)测站观测程序

往测时,奇数测站照准水准标尺分划的顺序为:后视标尺的基本分划;前视标尺的基本分划;前视标尺的辅助分划;后视标尺的辅助分划。

往测时,偶数测站照准水准标尺分划的顺序为:前视标尺的基本分划;后视标尺的基本分划;后视标尺的辅助分划;前视标尺的辅助分划。

返测时,奇、偶数测站照准标尺的顺序分别与往测偶、奇数测站相同。

(2)一测站的操作程序

①置平仪器。气泡式水准仪望远镜绕垂直轴旋转时,水准气泡两端影像的分离,不得超过1cm,对于自动安平水准仪,要求圆气泡位于指标圆环中央。

②将望远镜照准后视水准标尺,使符合水准气泡两端影像近于符合。随后用上、下丝分别照准标尺基本分划进行视距读数[表9-14中的(1)和(2)]。视距读取4位,第4位数由测微器直接读得。然后,使符合水准气泡两端影像精确符合,使用测微螺旋用楔形平分线精确照准标尺的基本分划,并读取标尺基本分划和测微分划的读数(3)。测微分划读数取至测微器最小分划。

③旋转望远镜照准前视标尺,并使符合水准气泡两端影像精确符合(双摆位自动安平水准仪仍在第Ⅰ摆位),用楔形平分线照准标尺基本分划,并读取标尺基本分划和测微分划的读数(4)。然后用上、下丝分别照

准标尺基本分划进行视距读数(5)和(6)。

④用水平微动螺旋使望远镜照准前视标尺的辅助分划，并使符合气泡两端影像精确符合，用楔形平分线精确照准并进行标尺辅助分划与测微分划读数(7)。

⑤旋转望远镜，照准后视标尺的辅助分划，并使符合水准气泡两端影像精确符合，用楔形平分线精确照准并进行辅助分划与测微分划读数(8)。以上是用光学测微器法观测时，一个往测奇数站的全部操作。

(3)测站观测记录和计算

表9-14为精密水准测量的测站观测记录计算表，表中第(1)~(8)栏是读数的记录部分，(9)~(18)栏是计算部分，现以往测奇数测站的观测程序为例，说明计算内容与步骤。

视距部分的计算

(9)=(1)-(2)，(10)=(5)-(6)

(11)=(9)-(10)，(12)=(11)+前站(12)

高差部分的计算与检核

(14)=(3)+K-(8)，(13)=(4)+K-(7)

(15)=(3)-(4)，(16)=(8)-(7)

(17)=(14)-(13)=(15)-(16)(检核)

$$(18)=\frac{1}{2}[(15)+(16)]$$

式中：K——基本分划与辅助分划之差。

二等水准测量的测站观测记录计算　　表9-14

往测自：Ⅰ京郑2至Ⅰ京郑3　　日期：1993年6月10日

时间：　始6时30分　末　时　分　　成像：清晰

温度：　23.5℃　云量：2　　风向风速：左方2级

天气：　晴　土质：坚实土　　太阳方向：前、右

观测者：×××　　记录者：×××

<table>
<tr><td rowspan="4">测站编号</td><td rowspan="2">后尺</td><td>下丝</td><td rowspan="2">前尺</td><td>下丝</td><td rowspan="4">方向及尺号</td><td colspan="2">标尺读数</td><td rowspan="4">基+K减辅（一减二）</td><td rowspan="4">备注</td></tr>
<tr><td>上丝</td><td>上丝</td><td rowspan="3">基本分划（一次）</td><td rowspan="3">辅助分划（二次）</td></tr>
<tr><td colspan="2">后距</td><td colspan="2">前距</td></tr>
<tr><td colspan="2">视距差d</td><td colspan="2">$\sum d$</td></tr>
<tr><td rowspan="4">1</td><td colspan="2">(1)</td><td colspan="2">(5)</td><td>后</td><td>(3)</td><td>(8)</td><td>(14)</td><td rowspan="4"></td></tr>
<tr><td colspan="2">(2)</td><td colspan="2">(6)</td><td>前</td><td>(4)</td><td>(7)</td><td>(13)</td></tr>
<tr><td colspan="2">(9)</td><td colspan="2">(10)</td><td>后-前</td><td>(15)</td><td>(16)</td><td>(17)</td></tr>
<tr><td colspan="2">(11)</td><td colspan="2">(12)</td><td>h</td><td colspan="2"></td><td>(18)</td></tr>
<tr><td rowspan="4">2</td><td colspan="2">(5)</td><td colspan="2">(1)</td><td>后</td><td>(4)</td><td>(7)</td><td>(13)</td><td rowspan="4"></td></tr>
<tr><td colspan="2">(6)</td><td colspan="2">(2)</td><td>前</td><td>(3)</td><td>(8)</td><td>(14)</td></tr>
<tr><td colspan="2">(9)</td><td colspan="2">(10)</td><td>后-前</td><td></td><td></td><td>(17)</td></tr>
<tr><td colspan="2">(11)</td><td colspan="2">(12)</td><td>h</td><td colspan="3"></td></tr>
</table>

续上表

测站编号	后尺 下丝	前尺 下丝	方向及尺号	标尺读数		基+K减辅（一减二）	备注
	后尺 上丝	前尺 上丝		基本分划（一次）	辅助分划（二次）		
	后距	前距					
	视距差 d	Σd					
1	4241	3379	后	391.50	998.01	−1	
	3590	2730	前	305.46	911.95	+1	
	65.1	64.9	后−前			−2	
	+0.2	+0.2	h				
2	3545	3 789	后	309.31	915.78	+3	
	2640	2 880	前	333.69	940.19	0	
	90.5	90.9	后−前			+3	
	−0.4	−0.2	h	以下各站省略			
往测计算	91140	90774	后	8050.45	2260.645	0	
	69860	69490	前	8013.32	2256.935	−3	
	21280	21284	后−前	+37.13	+37.10	+3	
	−0.4		h				
测段小结		km	后	$h_{往}$	+0.185 58		
	$D_{往}$	2.13	前	$h_{返}$	−0.184 73		
	$D_{返}$	2.14	后−前	$h_{中}$	+0.185 16		
	$D_{中}$	2.14	h	$-W=+0.85\text{mm}<\pm2.63\text{mm}$			

以上为一个测站的计算与检核，一个测段的观测全部完成后，再计算测段高程，并进行检核。

(4)精密水准测量限差

精密水准测量不但要严格对每一测站、每一测段的观测成果进行检核，还要对每一测段的往返测高差不符值、附合路线和环线闭合差以及检测已测测段高差之差的限值进行检核，限差规定见表9-15和表9-16。

精密水准测量测站观测限差 表9-15

等级	视线长度		前后视距差(m)	前后视距累积差(m)	视线高度(下丝读数)(m)	基辅分划读数之差(mm)	基辅分划所得高差之差(mm)	上下丝读数平均值与中丝读数之差		检测间歇点高差之差(mm)
	仪器类型	视线长度						0.5cm分划标尺(mm)	1cm分划标尺(mm)	
一	S05	≤30	≤0.5	≤1.5	≥0.5	≤0.3	≤0.4	≤1.5	≤3.0	≤0.7
二	S1	≤50	≤1.0	≤3.0	≥0.3	≤0.4	≤0.6	≤1.5	≤3.0	≤1.0
	S05	≤50								

精密水准测量高差不符值和闭合差限差　表9-16

项目 等级	测段路线往返测高差不符值(mm)	附合路线闭合差(mm)	环线闭合差(mm)	检测已测测段高差之差(mm)
一等	$\pm 2\sqrt{K}$	$\pm 2\sqrt{L}$	$\pm 2\sqrt{F}$	$\pm 3\sqrt{R}$
二等	$\pm 4\sqrt{K}$	$\pm 4\sqrt{L}$	$\pm 4\sqrt{F}$	$\pm 6\sqrt{R}$

工程案例：工程控制测量

我国在中南与西南地区拟修建一条东西走向的铁路，设计单位提供了线路的首级控制网数据。某工程局中标铁路线上的一隧道施工任务，该隧道长近10km，平均海拔500m，进洞口和出洞口以桥梁和另外两标段的隧道相连。为了保证隧道双向施工的需要，需在线路首级控制的基础上，按GPS C级网观测的要求布设隧道的地面施工控制网，并按二等水准测量的要求对隧道进洞口和出洞口进行高程联测。

该工程局可用的硬件设备包括双频GPS接收机6台套、单频GPS接收机6台套、S3光学水准仪5台套、数字水准仪2台套(每千米往返水准观测精度达0.3mm，最小显示0.01mm)，以及2″全站仪3台套。

软件包括GPS数据处理软件、水准平差软件。

人员方面，可根据项目的需要，配备测量技术人员。

简答题：

(1)在现场采集数据之前，需要做哪些前期的准备工作？

(2)为满足工程需要，应选用哪些设备进行测量？并写出测量方案。

(3)最终提交的成果应包括哪些内容？

参考答案：

(1)前期准备工作包括资料收集、现场勘探、选点埋石、方案设计。

资料收集：设计单位提供了线路的首级控制网数据、测区周边国家高等级的三角点和水准点资料。

现场勘探：对测区的人文风俗、自然地理条件、交通运输、气象情况等调查，同时现场查勘控制点的完好性和可用性。

选点埋石：在进、出口线路中线上布设进、出口点，进、出口再各布设至少3个定向点，进、出口点与相应的定向点之间要通视。为了减小垂线偏差的影响，高差不要相差太大。因为有通视要求，洞口处GPS基线不可能很长，一般要求300～500m，若小于该值，应设强制对中装置，以减小照准与对中误差对短边测角精度的影响，并按国家规范要求在所选点位埋石。

方案设计：根据现场勘察的情况和工程要求，编制观测方案，以确定所用设备、人员、观测方案、所需时间等。

(2)以利用测区国家高等级三角点2个、线路首级控制点2个、国家一等水准点1个，在进洞口与出洞口处各布设4个施工控制网点为例。

设备选择包括双频接收机6台套、数字水准仪2台套。

观测方案略(对GPS测量，在设计方案中，要重点突出观测的时段数、每一时段的观测时间、要按边连接等内容；对水准测量，要明确视距、前后视距差、前后视距累积差、视线高、往返高差之差等)。

(3)最终应提交以下成果。

技术设计书、仪器检验校正资料、控制网网图、控制测量外业资料、控制测量计算及成果资料、所有测量成果及图件电子文件。

思考与练习题

9-1 国家控制网分为哪几个等级?控制测量的作用是什么?

9-2 什么是小区域控制测量?什么是图根控制测量?

9-3 导线有哪几种布设形式?各在什么情况下采用?

9-4 选定导线点应注意哪些问题?说明导线外业测量的步骤。

9-5 导线计算的目的是什么?说明导线测量内业计算时应满足哪些条件?

9-6 闭合导线和附合导线的内业计算有哪些异同点?

9-7 四等水准测量的观测程序如何?四等水准测量的主要技术要求有哪些?

9-8 小区域高程控制的方法有哪些?各在什么情况下采用?

9-9 已知 A 点坐标为(1645.49,1073.79),B 点坐标为(2003.45,1339.18),计算 AB 的坐标方位角及边长。

9-10 如图9-29所示,已知 AB 边的坐标方位角为 $\alpha_{AB}=149°40'00''$,又测得 $\angle 1=168°03'14''$、$\angle 2=145°20'38''$,BC 边长为236.02m,CD 边长为189.11m,且已知 B 点的坐标为 $x_B=5806.00\text{m}$、$y_B=9785.00\text{m}$,求 C、D 两点的坐标。

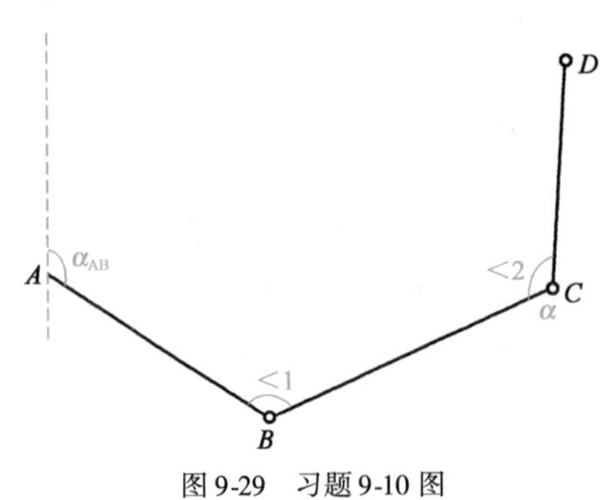

图9-29 习题9-10图

9-11 如图9-30所示的闭合导线,已知12边的坐标方位角 $\alpha_{12}=46°57'02''$,1点的坐标为 $x_1=540.38\text{m}$、$y_1=1236.70\text{m}$,外业观测边长和角度资料如图9-30所示,试计算闭合导线各点的坐标。

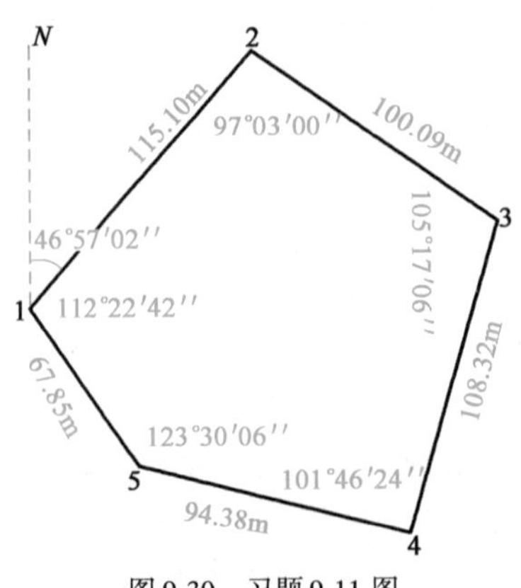

图9-30 习题9-11图

9-12　已知闭合导线的数据见表 9-17，计算各导线点的坐标(按图根导线要求)并画出示意图。

闭合导线的已知数据　　表 9-17

点号	右角观测值	方 位 角	边长(m)	坐标值(m)		点号
				x	y	
1	2	3	4	5	6	7
1				1000.00	1000.00	1
2	128°39′34″	87°19′30″	199.36			2
3	85°12′33″		150.23			3
4	124°18′54″		183.45			4
5	125°15′46″		105.42			5
1	76°34′13″		185.26			1
2						

9-13　如图 9-31 所示的图根级附合导线，已知起、终边的坐标方位角 $\alpha_{AB}=45°00'00''$、$\alpha_{CD}=283°51'33''$，B、C 两点的坐标分别为 $x_B=864.22\text{m}$、$y_B=413.35\text{m}$，$x_C=970.21\text{m}$、$y_C=986.42\text{m}$。外业观测的边长和角度资料如图 9-31 所示，计算附合导线 1、2、3 点的坐标。

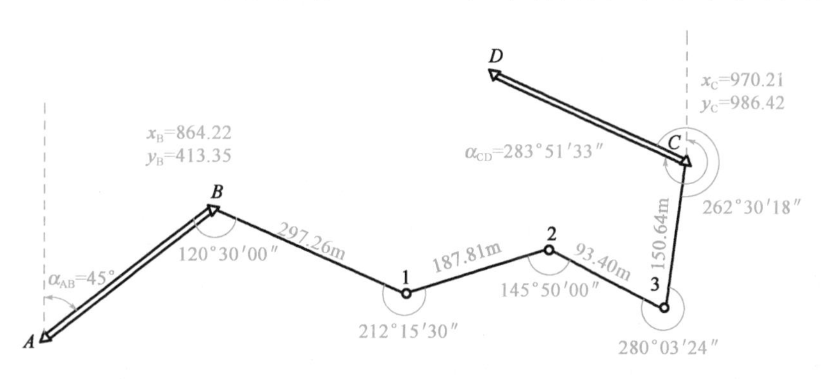

图 9-31　习题 9-13 图

9-14　用前方交会测定 P 点的位置，如图 9-32 所示。已知点 A、B 的坐标及观测的交会角如图中所示，计算 P 点的坐标。

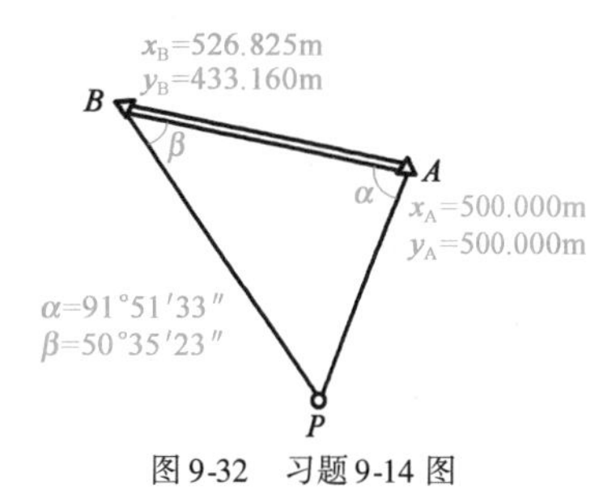

图 9-32　习题 9-14 图

9-15　测得三角高程路线上 AB 边的水平距离为 767.458m，由 A 观测 B 时 $\alpha_A=+2°02'47''$，$i_A=1.605\text{m}$，$v_B=1.707\text{m}$；由 B 观测 A 时，$\alpha_B=-2°03'02''$，$i_B=1.645\text{m}$，$v_A=1.504\text{m}$，试计算该边的高差。

单元10　大比例尺地形图测绘

内容导读

○○○○○○○○○○○

地形图是土木工程中最基本的资料，测绘地形图是测量工作的主要任务之一。作为工程技术人员，必须掌握地形图测绘和应用的技能。怎样把地面的实际形态通过测量转化成图和数字？你会从地形图上得出点的坐标、高程等基本数据，计算汇水面积，求算工程所需的填挖土石方量吗？你会从地形图上绘制纵断面图，按一定坡度选择线路方向吗？本单元介绍地形图的测绘方法，地形图的识读和工程应用。通过学习应达到以下目标：

知识目标：懂得比例尺、等高线的概念，掌握地物、地貌在地形图上的表示方法，掌握地形测绘方法和应用。

能力目标：会用全站仪测大比例尺地形图，会从地形图上求算工程基本数据。

素质目标：培养学生重视调查研究、甘于奉献的职业精神，养成善于总结归纳的好习惯。

10.1　地形图的基本知识

10.1.1　地形图的概念

工程测量中一项重要的任务是将地面的物体和形状测绘成图，即测绘地形图。地球表面复杂多样，在测量中，地球表面上的物体概括起来可以分为地物和地貌两大类。

地物是指自然形成或人工建成的有明显轮廓的物体，如道路、桥梁、房屋、河流、湖泊、树木、电线杆等。地貌是指地面高低起伏变化的形态，如山脉、平原、丘陵等。地形是地物和地貌的总称。测量学中用地形图表示地物、地貌的状况及地面点之间的相互位置关系。

地形图的测绘是把地球表面某区域内的地物和地貌形状、大小、位置，采用正射投影的方法，用规定的图式符号，按一定的比例尺测绘到图纸上（图10-1）。这种表示地物和地貌平面位置和高程的图称为地形图；如果在图纸上只是用一定的比例和符号表达地面物体的平面位置，而不反映地面的高低起伏，即只测地物，不测地貌，这样的图称为平面图。

地形图是工程规划、设计工作的重要依据，在新建、扩建和改建工程建筑物时，都必须对拟建地区的地形、地质情况做认真的调查研究，并把这些资料绘制成图，以便于更好地开展工作。

地形图上的基本要素有比例尺、分幅、编号、图廓、地物符号和地貌符号等，下面分别予以介绍。

10.1.2　地形图的比例尺

1）比例尺的表示方法

地形图都是按一定的比例缩绘而成。地形图上的比例尺是图上两点间直线的长度 d 与其相对应地面上的实际水平距离 D 之比。常见的比例尺有两种:数字比例尺和图示比例尺。

刘家庄	新站	木材场
天桥		粮站
半山	高坪	周家院

李家庄
10.0−12.0

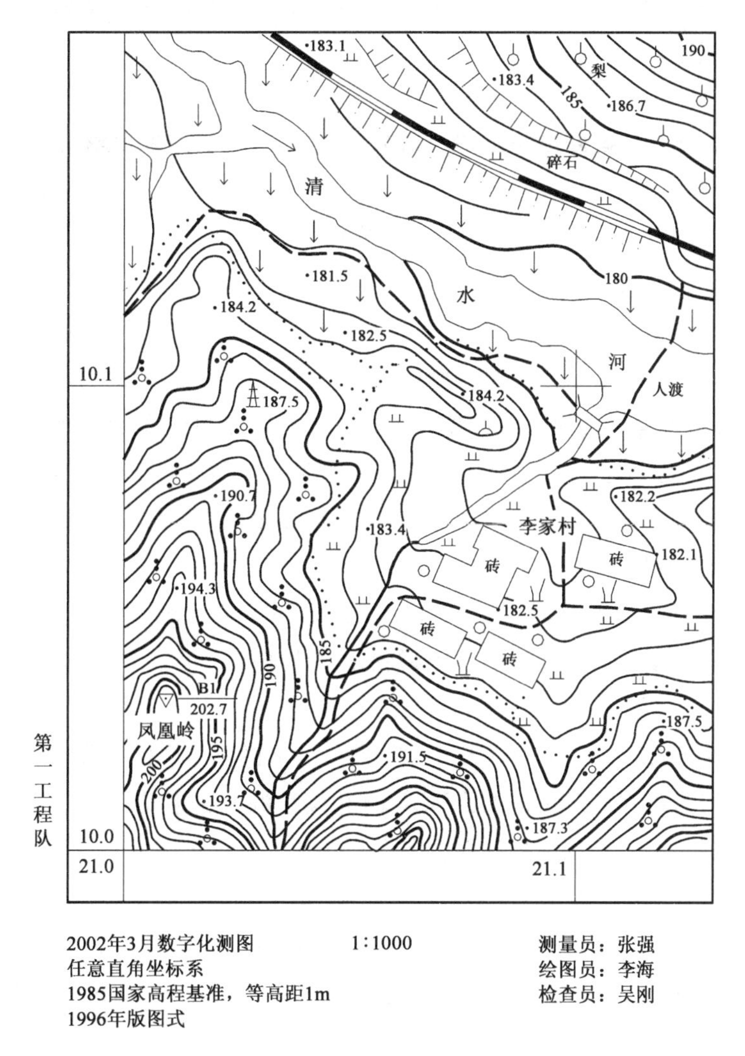

图 10-1　地形图

(1)数字比例尺

用分子为 1、分母为整数的分数式来表示的比例尺,称为数字比例尺,即

$$\frac{d}{D}=\frac{1}{\frac{D}{d}}=\frac{1}{M}\quad 或\quad 1:M \tag{10-1}$$

式中:M——比例尺分母,表示缩小的倍数。

分母 M 越小,比例尺越大,图上表示的地物、地貌越详细;反之,分母 M 数值越大,则图的比例尺就越小。

(2)图示比例尺

图示比例尺,也称为直线比例尺,图 10-2 为 1:1000 的图示比例尺,取 2cm 长度为比例尺的基本单位,每一基本单位相当于实地 20m,左端一段基本单位细分成 10 等分,每等分相当于实地 2m。为了用图方便,图示比例尺一般绘在图纸的下方,可以用它量取图上的直线长度,避免图纸伸缩引起误差。

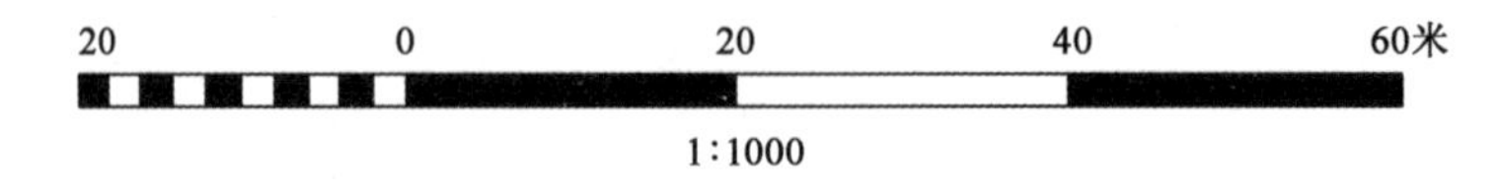

图 10-2　图示比例尺

2)地形图按比例尺分类

(1)大比例尺地形图

通常把 1:500、1:1000、1:2000、1:5000 比例尺的地形图称为大比例尺地形图。大比例尺地形图的测绘,传统测量方法是用经纬仪或平板仪进行野外测量;现代测量方法则是在传统测量方法的基础上,利用全站仪、GPS 等技术从野外测量、计算到内业一体化的数字化成图测量。大比例尺地形图多用于各种工程建设的规划和设计,如公路、铁路、城市规划、水利设施等。

(2)中比例尺地形图

1:1 万、1:2.5 万、1:5 万、1:10 万比例尺的地形图称为中比例尺地形图。中比例尺地形图一般采用航空摄影测量或航天遥感数字摄影测量方法测绘,一般由国家测绘部门完成。

(3)小比例尺地形图

1:20 万、1:25 万、1:50 万、1:100 万等比例尺的地形图称为小比例尺地形图。小比例尺地形图一般是以比其大的比例尺地形图为基础,采用编绘的方法完成。

国防和经济建设等多种用途的地形图多属中小比例尺地形图。

3)比例尺精度

人眼正常的分辨能力,即人的肉眼在图上能分辨的最小长度为 0.1mm,也即在图纸上当两点间的距离小于 0.1mm 时,人眼就无法再分辨。因此把相当于 0.1mm 的实地水平距离,称为地形图的比例尺精度,即

$$\text{比例尺精度} = 0.1\text{mm} \times M$$

比例尺精度的单位为 m。比例尺精度在测图中有它的实际意义。利用比例尺精度,根据比例尺,可以推算出测图时量距应准确到什么程度。例如,1:2000 地形图的比例尺精度为 0.2m,测图时实际量距只需大于 0.2m 的尺寸,因为小于 0.2m 的距离在图上表示不出来。反之,根据图上表示实地的最短长度,可以推算测图比例尺。如要表示实地最短线段长度为

0.2m，则测图比例尺不得小于 1∶2000。

比例尺愈大，采集的数据信息愈详细，精度要求就愈高，测图工作量和投资往往成倍增加，因此使用何种比例尺测图，应从实际需要出发，不应盲目追求更大比例尺的地形图。比例尺精度见表 10-1。

比例尺精度　　表 10-1

测图比例尺	1∶500	1∶1000	1∶2000	1∶5000	1∶10000
比例尺精度(m)	0.05	0.1	0.2	0.5	1.0

10.1.3　地物在地形图上的表示方法

地形图上的主要内容是地物和地貌，它们以点、线和各种图形的形式表示在地形图上，这些点、线和图形称为地形符号。为了使成图规格一致，便于测图和用图，国家测绘管理机关对地形符号做了统一的规定，即《地形图图式》，编制了不同比例尺地形图图式(简称图式)。测绘地形图时，应按照不同比例尺选用相应的地形图图式所规定的符号来绘制。地形图图式上的符号总体分为地物符号与地貌符号，它们是测图和用图的重要依据。图 10-3 是地形图图式的一部分。图式中的符号有三类：地物符号、地貌符号和注记符号。地物符号可分为以下四种：

1)比例符号

对轮廓较大的地物如房屋、桥梁、湖泊、水库、田地等，其轮廓可按测图比例尺描绘于图上的称比例符号。比例符号可以准确地表示出地物的形状、大小和所在位置。

2)非比例符号

当地物轮廓很小，或因比例尺较小，按比例尺无法在地形图上表示出来的，则用统一规定的符号将其表示出来，这种符号称为非比例符号，如测量控制点、电杆、水井、树木、烟囱等。非比例符号不能准确表示出物体的形状和大小，只能表示地物的位置。运用非比例符号时，要注意符号的定位中心与地物的定位中心一致，这样才能在图上准确反映地物的位置。地形图图式中规定了各类非比例符号定位中心的位置：

(1)规则的几何图形符号(圆形、矩形、三角形等)。以图形几何中心点为实地地物的中心位置，如导线点、三角点等。

(2)底部为直角的符号。以符号的直角顶点为实地地物的中心位置，如独立树、路标、风车等。

(3)宽底符号。以符号底部中心为实地地物的中心位置，如烟囱、岗亭等。

(4)几种图形组合符号。以符号下方图形的几何中心或交叉点为实地地物的中心位置，如气象站、电信发射塔等。

(5)下方无底线的符号。以符号下方两端点连线的中心为实地地物的中心位置，如窑洞、山洞等。

3)半比例符号

对于一些线状延伸的狭长地物,其长度可按比例尺缩绘,而宽度却不能按比例尺缩绘,需用特定的符号来表示,这种符号称为半比例符号(也称线形符号),如铁路、通信线路、小路、管道、围墙、境界等。半比例符号中心线为实地地物的中心线位置,半比例符号能表示地物几何中心的位置、类别和长度,不反映地物的实际宽度。

4)注记符号

地形图上用文字、数字或特定符号对地物的性质、名称、高程等加以说明,称为注记符号。它包括:

(1)文字注记,如地名、工厂、学校、道路、控制点的名称等。

(2)数字注记,如房屋层数、测点高程等。

(3)面积符号,用来表示植被种类、土质类别,如草地、耕地类别、树木种类等,如图10-3所示,符号的位置和密度并不表示地物的实际位置和密度。

需注意的是,比例符号、非比例符号、半比例符号的运用不是固定不变的,有时同一地物在不同比例尺的地形图上运用的符号就不相同。例如,某道路宽度为6m,在小于1:10000的地形图上用半比例符号表示,但是,在1:10000及其以上大比例尺地形图上则采用比例符号表示。总之,测图比例尺越大,用比例符号描绘的地物就越多;测图比例尺越小,用非比例符号和半比例符号描绘的地物就越多。

10.1.4 地貌在地形图上的表示方法

表示地貌的方法有多种,对于大、中比例尺地形图,目前最常用的表示地面高低起伏变化的方法是等高线法,等高线不仅能形象地表示地面的起伏形态,而且还能表示出地面的坡度和地面点高程。但对梯田、峭壁、冲沟等特殊的地貌,不便用等高线表示时,可根据地形图图式用规定的特殊符号表示。

1)等高线

等高线是由地面上高程相同而连续的点所形成的闭合曲线,如图10-4所示。设想有一座小山位于平静的湖水中,当湖水水面高程为30m时,水面与山体截得一条交线,此交线为闭合曲线,且交线上的任意点高程均相等,这就是一条高程为30m的等高线。如果水位上涨至40m,则水面与山体的交线就是高程为40m的等高线。依此类推,水位每上涨10m可得到一条等高线。然后把这些实地等高线沿铅垂方向投影到同一水平面H上,按一定比例尺缩小绘在图纸上,就得到表示该地貌的等高线图。实地山头的形态,决定图上等高线形态,陡坡则等高线密,缓坡等高线稀疏。因此,可从图上等高线的形状及分布来判断实地地貌的形态。

2)等高距和等高线平距

相邻两等高线高程之差h称等高距,也称等高线间隔,在同一幅地形图上,等高距是相同的。相邻两等高线间的水平距离d,称为等高线的平距,它随实地地面坡度的变化而改变。h与d的比值即为地面坡度i,也即

编号	符号名称	图例
1	三角点 张湾岭—点名 156.718—高程	 3.0 张湾岭 156.718
2	导线点 I16—等级、点号 84.46—高程	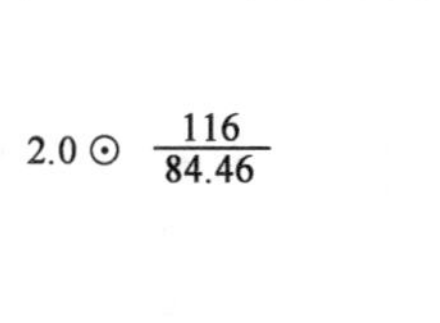 2.0 116 84.46
3	水准点 II—等级 京石 5—点名、点号 32.805—高程	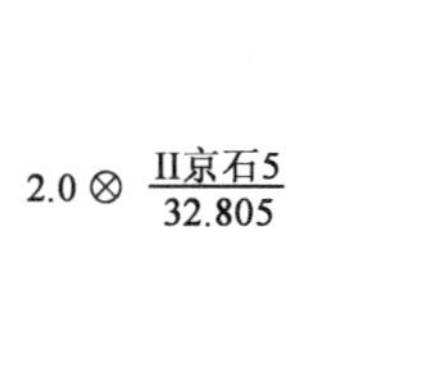 2.0 II京石5 32.805
4	卫星定位等级点 B—等级 14—点号 495.263—高程	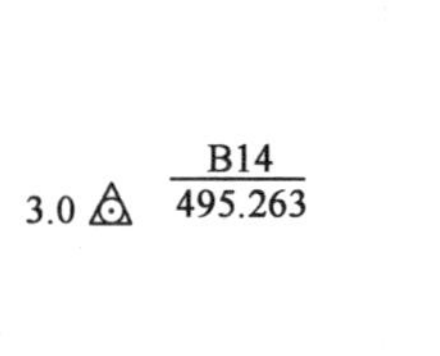 3.0 B14 495.263
5	一般房屋 混—房屋结构 3—房屋层数	 混3
6	台阶	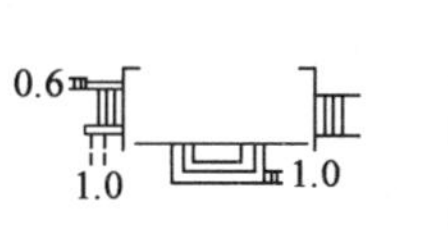 0.6 1.0 1.0
7	室外楼梯 a. 上楼方向	 混凝土8 a
8	室外电梯	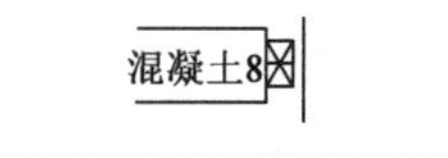 混凝土8
9	水塔	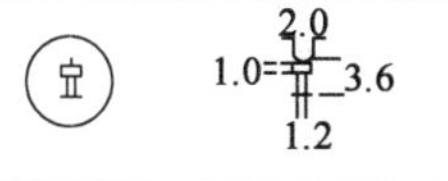 1.0 2.0 3.6 1.2
10	假山	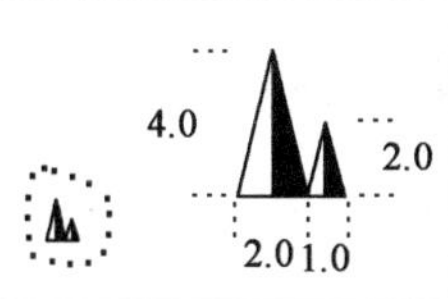 4.0 2.0 2.0 1.0
11	围墙 a. 依比例尺的 b. 不依比例尺的	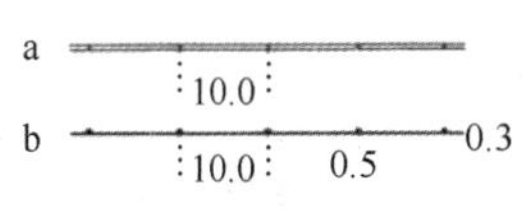 a 10.0 b 10.0 0.5 0.3
12	栅栏、栏杆	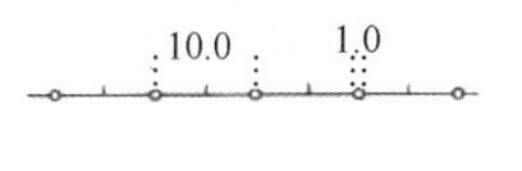 10.0 1.0
13	标准轨铁路 a. 地面上的 a1. 电杆 b. 高架的 c. 高速的 c1. 高架的 d. 建筑中的	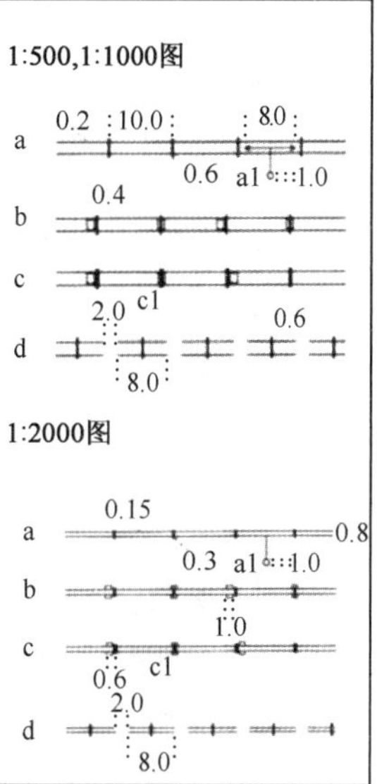 1:500,1:1000图 a 0.2 10.0 8.0 0.6 a1 1.0 b 0.4 c 2.0 c1 0.6 d 8.0 1:2000图 a 0.15 0.8 0.3 a1 1.0 b 1.0 c 0.6 c1 d 2.0 8.0
14	窄轨铁路	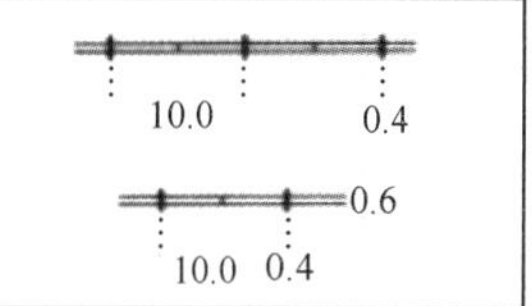 10.0 0.4 0.6 10.0 0.4
15	隧道 a. 依比例尺的出入口 b. 不依比例尺的出入口	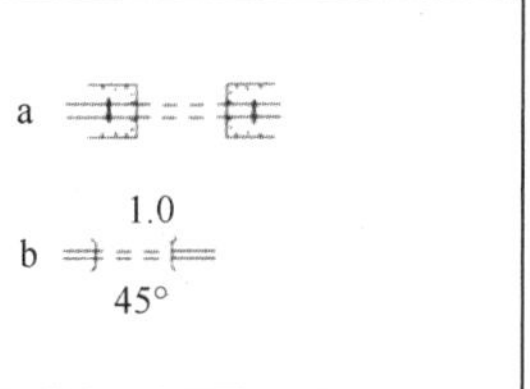 a b 1.0 45°
16	明洞	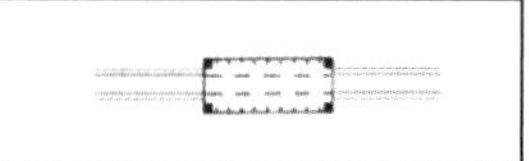
17	铁路交叉路口 a. 有栏木的 b. 无栏木的	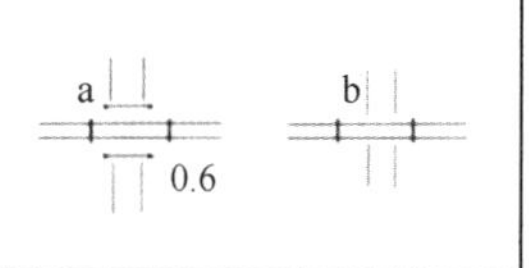 a 0.6 b
18	路堤 a. 已加固的 b. 未加固的	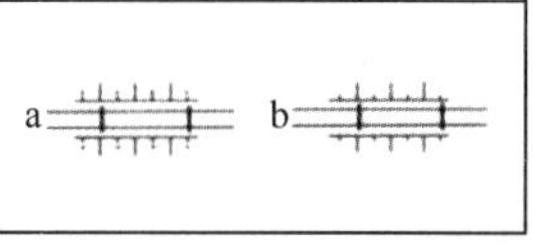 a b

图 10-3

编号	符号名称	图例	编号	符号名称	图例
19	电线架		30	泥石流	
20	电线塔（铁塔） a. 依比例尺的 b. 不依比例尺的	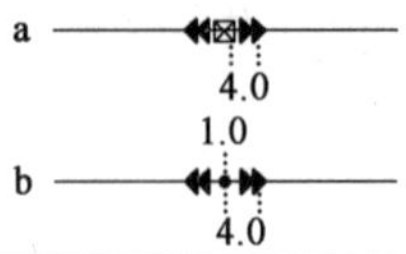 a 4.0 1.0 b 4.0	31	斜坡 a. 未加固的 a1. 天然的 a2. 人工的 b. 加固的	a 2.0 4.0 a1 a2 b
21	电缆标	2.0 1.0□			
22	地级行政区界限	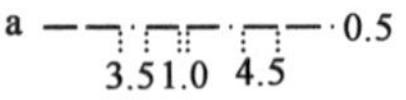 a 0.5 3.5 1.0 4.5			
23	a. 已定界和界标 b. 未定界	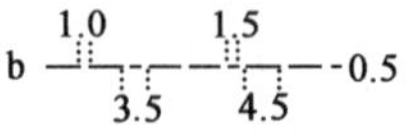 1.0 1.5 b 0.5 3.5 4.5	32	梯田坎 2. 5—比高	0.5 2.5 2.0
24	县级行政区界限 a. 已定界和界标 c 未定界	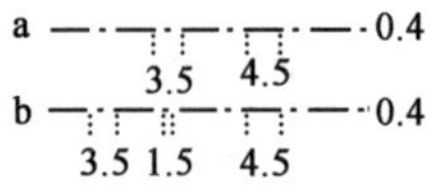 a 0.4 3.5 4.5 b 0.4 3.5 1.5 4.5	33	盐碱地	
25	等高线 a. 首曲线 a. 计曲线 c. 间曲线 d. 助曲线 e. 草绘等高线 25—高程	a 0.15 b 25 0.3 c 1.0 6.0 0.15 d 3.0 1.0 0.12 e 1000 5~12 1.0	34	旱地	1.3 2.5 10.0 10.0
			35	幼林、苗圃	10.0 10.0
26	示坡线	 0.8	36	成林	:1.6 松6
27	高程点及其注记 1520.3、-15.3——高程	0.5•1520.3 •-15.3			
28	冲沟 3. 4, 4. 5—比高		37	高草地 芦苇—植物名称	2.5 1.0 1.0 芦苇
29	滑坡		38	荒草地	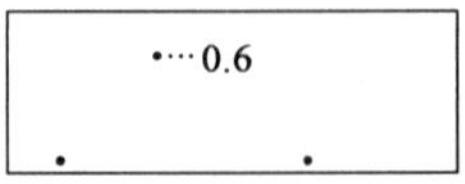 0.6

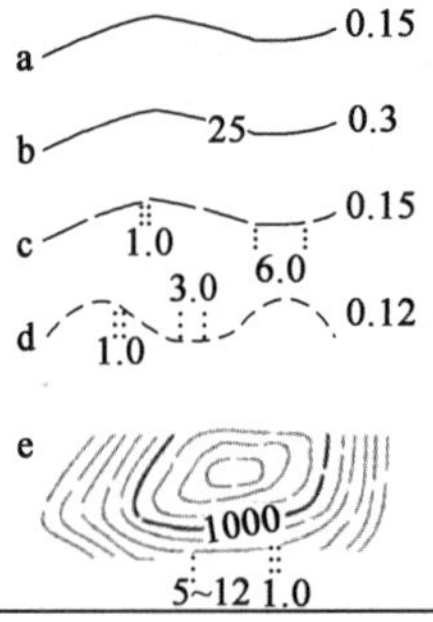

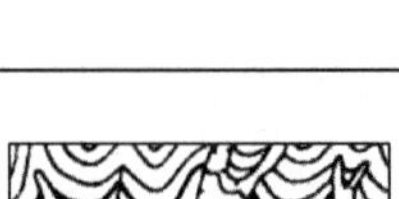

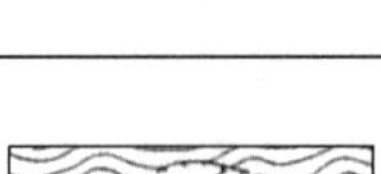

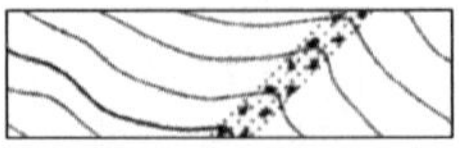

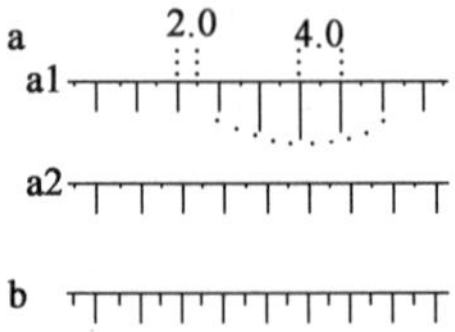

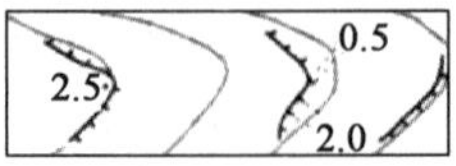

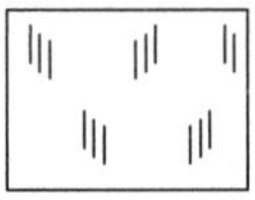

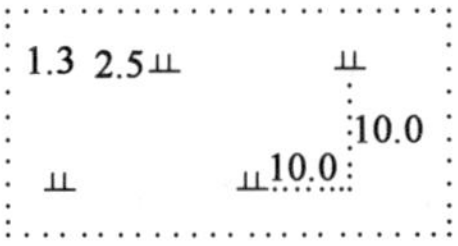

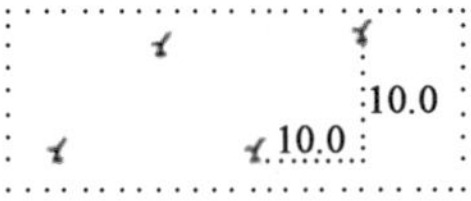

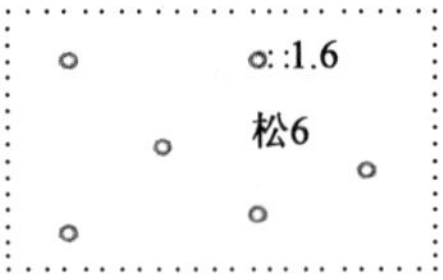

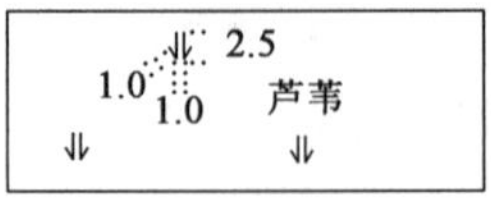

注：1. 图例符号旁标注的尺寸均以 mm 为单位。

2. 在一般情况下，符号的线粗为 0. 15mm，点的大小为 0. 3mm。

图 10-3 部分地形图图示

$$i = \frac{h}{d} \times 100\% \tag{10-2}$$

等高距 h 愈小，愈能详细反映出地面变化的情况。但等高距选择过小，相应的平距也小，若比例尺小，则使图上等高线过密，图面不清晰。因此，通常按测图的比例尺和测区地形类别，确定测图的基本等高距。大比例尺地形图的基本等高距一般可按表 10-2 中所列数值选用。

地形图的基本等高距　　表 10-2

地形类别	不同比例尺的基本等高距(m)			
	1:500	1:1000	1:2000	1:5000
平原	0.5	0.5	1.0	2.0
微丘	0.5	1.0	2.0	5.0
重丘	1.0	1.0	2.0	5.0
山岭	1.0	2.0	2.0	5.0

3) 等高线的分类

根据测图比例尺，从表 10-2 中选定的等高距称为基本等高距，同一幅地形图上只能采用一种基本等高距。为了更详细地反映地貌及用图的方便，地形图上的等高线可分为以下几种。

(1) 基本等高线(首曲线)

按基本等高距描绘的等高线称为基本等高线，用细实线描绘。如图 10-5 所示的高程为 18m、22m、24m 的各条等高线，均为首曲线。此图的基本等高距为 2m。

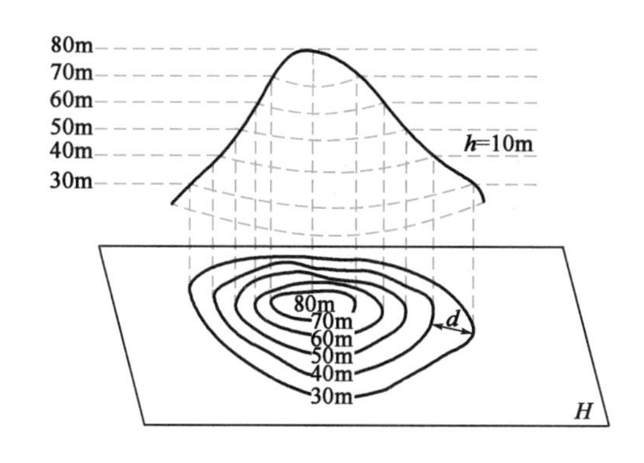

图 10-4　等高线

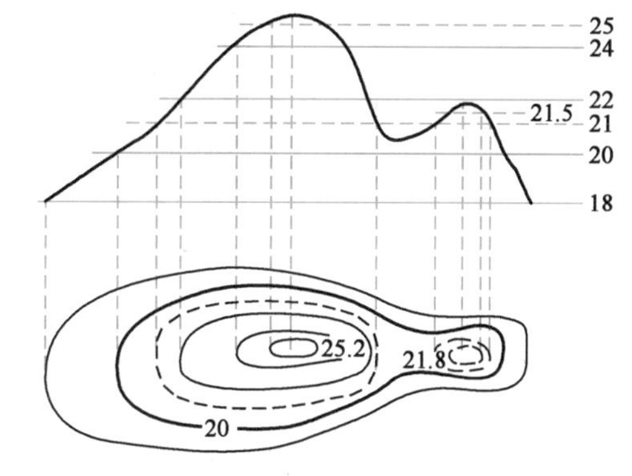

图 10-5　等高线类型

(2) 加粗等高线(计曲线)

为了识图方便，高程为 5 倍基本等高距的等高线称为加粗等高线，用粗实线描绘，即每隔四条首曲线加粗一条等高线。如图 10-5 所示高程为 20m 的等高线为计曲线。

(3) 半距等高线(间曲线)

半距等高线是用 1/2 等高距加绘的等高线，用长虚线描绘；在个别地方的地面坡度很小，基本等高线不足以显示局部地貌特征时，可用半距等高线，如图 10-5 所示 21m 的等高线。

(4) 辅助等高线(助曲线)

当用首曲线和间曲线都不能显示地貌的某些微小起伏形态时,则采用1/4基本等高距的等高线,用短虚线描绘,用于描绘地面上细小的变化称为助曲线,如图10-5所示的21.5m的等高线。

间曲线与助曲线只用于局部地区,所以它们并不像首曲线和计曲线一样一定自身闭合。

4)各种典型地貌及其等高线

地貌形态繁多,综合起来,主要由一些典型地貌的不同组合而成。要用等高线表示地貌,关键在于熟悉这些典型地貌及其在地形图上的表示方法。典型地貌有:

(1)山头和洼地

凸出地面的独立高地称为山,大的称为山岳,小的称为山丘。山的最高部分称为山顶(或山头),四周高、中间低的地方称洼地。图10-6表示山头和洼地的等高线,都是一簇闭合曲线,可根据等高线的高程注记向内递减还是递增来区别,高程注记一般由低向高。为了便于识别,通常在地形图上从等高线起向低处绘出垂直于等高线的短线条,即示坡线。示坡线从内指向外,说明中间高,四周低,由内向外为下坡,故为山头或山丘;示坡线从外指向内,说明中间低,四周高,由外向内为下坡,故为洼地或盆地。

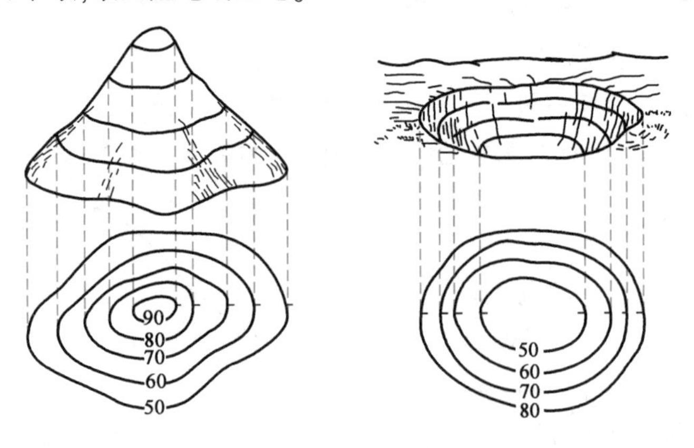

图10-6 山头和洼地及其等高线

(2)山脊和山谷

山脊是沿着一个方向延伸的高地,其最高棱线称为山脊线,即雨水向两侧流去的分界线,又称分水线,如图10-7所示。山脊的等高线是一组向低处凸出的曲线。山谷是沿着一个方向延伸的两个山脊之间的凹地,贯穿山谷最低点的连线称为山谷线,即集合两侧流水的线,又称集水线,如图10-7所示。山谷的等高线是一组向高处凸出的曲线。

山脊线和山谷线是显示地貌基本轮廓的线,又称"地性线"。地性线在地形图上不用绘出,但在测图和用图中都有重要作用。

(3)鞍部

相邻两山头之间低凹处形成马鞍形的地貌,称为鞍部,如图10-8所示。鞍部(K点处)俗称垭口,是两个山脊与两个山谷的会合处,等高线由一对山脊和一对山谷的等高线组成。鞍部等高线的特点是，在外围一组大的闭合曲线内，套着两组小的闭合曲线。

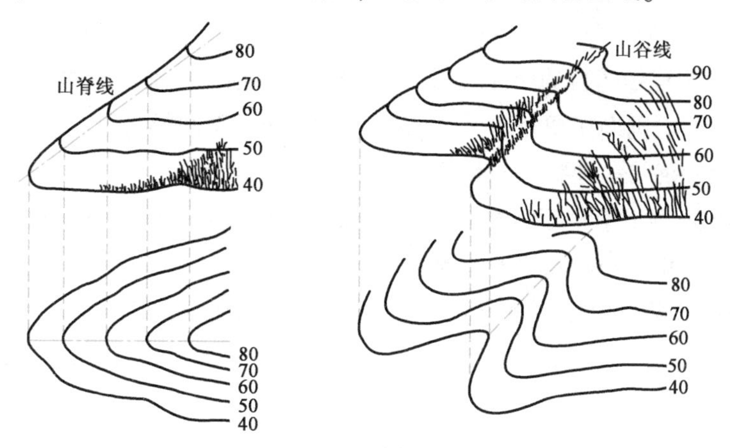

图 10-7　山脊和山谷

(4) 陡崖和悬崖

陡崖是坡度在 70°以上的近乎垂直的山坡，或称为峭壁、绝壁。有石质和土质之分，在用等高线表示该地貌时，由于它的等高线平距很小，近乎重叠，因此一般用地形图图式上所规定的特殊符号来表示。图 10-9 是石质陡崖的表示符号。

山的侧面为山坡，上部向外凸出、下部向内凹进的陡崖称为悬崖。这种地貌等高线出现相交现象，如图 10-10 所示。由于上部等高线投影将覆盖下部等高线投影，故下部等高线用虚线表示。

(5) 冲沟

在平缓的山坡上，因雨水的冲蚀形成边坡陡峭的深沟称冲沟，又称雨裂，如图 10-11 所示。由于边坡陡峭而不规则，所以用锯齿形符号来表示。

除以上所述的各种特殊地貌以外，还有陡坎、滑坡、梯田等，这些形态用等高线难以表示，绘图时可参照地形图图式规定的符号配合使用。

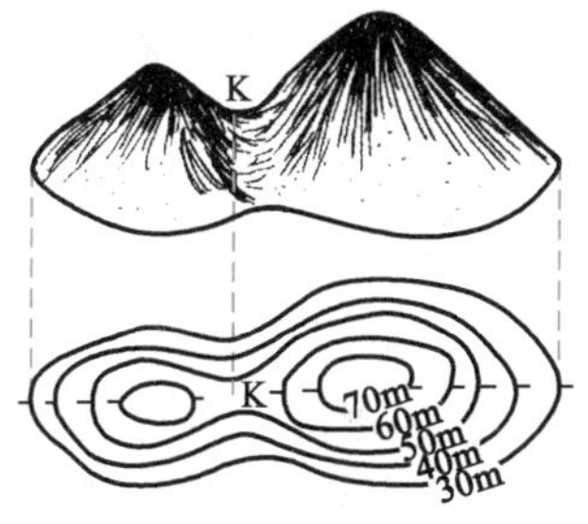

图 10-8　鞍部

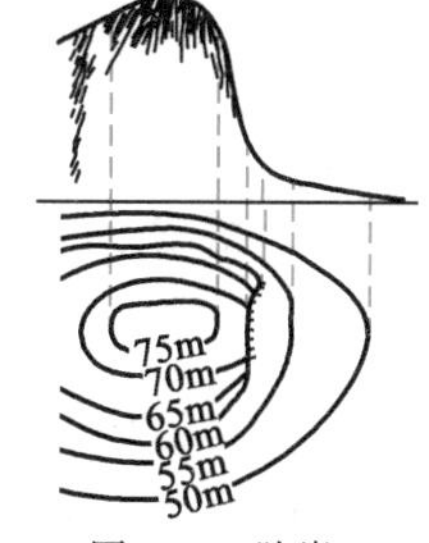

图 10-9　陡崖

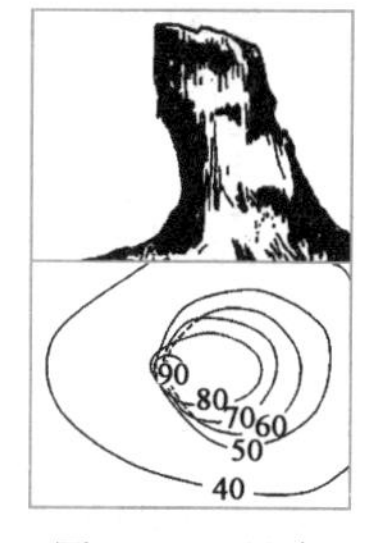

图 10-10　悬崖

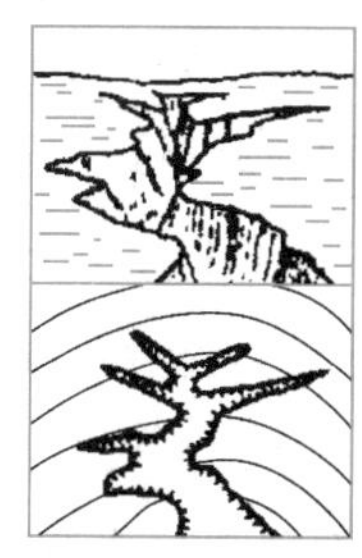

图 10-11　冲沟

识别上述典型地貌的等高线表示方法后，基本能够识别地形图上各种地貌，图 10-12 是某地区综合地貌示意图及其对应的等高线图，读者可对照识别。

5) 等高线的特性

根据等高线的原理和典型地貌的等高线，可得出等高线的特性：

(1)同一条等高线上的各点其高程必相等。但高程相等的点不一定都在同一条等高线上。

(2)等高线均为连续闭合的曲线,因为无限伸展的水面与地面的交线必成一闭合曲线,所以不在本图幅内闭合,则必在图外闭合,故等高线必须延伸至图幅边缘。等高线不能在图内中断,但遇道路、房屋、河流等地物符号和注记处可以局部中断。

(3)同一幅地形图上等高距相同,等高线密集(平距小)表示地面坡度陡,等高线稀疏表示地面的坡度缓,间隔相等的等高线表示地面的坡度均匀。

(4)等高线和山脊线、山谷线垂直相交,如图10-12所示。

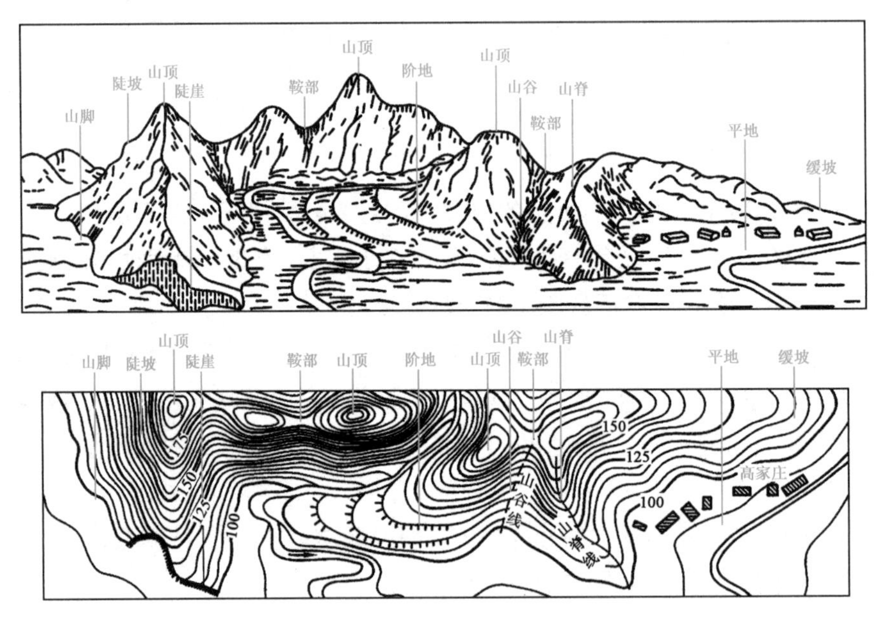

图10-12 组合地貌及其等高线

(5)除在悬崖或绝壁处外,等高线不能相交或重叠。

(6)等高线跨越河道、沟溪时不能横穿河道,而是先逐渐折向上游,交河岸线而中断,然后从对岸起再折向下游。

10.1.5 大比例尺地形图的分幅和编号、图外注记

1)分幅和编号

广大区域的地形图必须分幅绘制。为便于测绘、管理和使用,按一定规律将广大地区的地形图划分为若干尺寸适宜的单幅图的工作,称为地形图的分幅。对每一单幅图按一定规律,编定图号的工作,称为地形图的编号。图幅指图的幅面大小,即一幅图所测绘地貌、地物的范围。我国地形图的分幅编号方法有两种:一种是按经纬线分幅的梯形分幅法;另一种是按坐标格网分幅的正方形与矩形分幅法。前者主要用于中小比例尺的国家基本图的分幅,为了适应各种工程设计和施工的需要,对于大比例尺地形图,大多按纵、横坐标格网线进行等间距分幅,即采

用正方形分幅与编号方法。

现介绍按坐标格网划分为正方形分幅与编号的方法。对于 1∶5000 比例尺的地形图图幅为 40cm×40cm，其他比例尺 1∶2000、1∶1000、1∶500 均采用 50cm×50cm 的图幅。以上四种比例尺的地形图图幅大小，实地测图面积等见表 10-3。

按正方形分幅的不同比例尺图幅　　表 10-3

比例尺	图幅大小（cm×cm）	图廓边的实地长度（m）	实地面积（km^2）	一幅 1∶5000 图中包含该比例尺图幅数目（幅）
1∶5000	40×40	2000	4	1
1∶2000	50×50	1000	1	4
1∶1000	50×50	500	0.25	16
1∶500	50×50	250	0.0625	64

（1）坐标编号法

图幅的编号一般采用坐标编号法。正方形图幅是以 1∶5000 图为基础，采用由图幅西南角的公里数编号，纵坐标 x 在前和横坐标 y 在后，1∶5000 坐标值取至 km，1∶2000、1∶1000 取至 0.1km，1∶500取至 0.01km。如图10-13 所示，该图幅西南角坐标 $x=154$km，$y=234.5$km，则其 1∶1000 比例尺地形图编号为 154.0-234.5。

（2）连续编号法

当面积较大地区，且有几种不同比例尺的地形图时，常采用这种办法。

①1∶5000 地形图的编号，是以图廓西南角的坐标公里数，并在前加注所在投影带中央子午线的经度作为该图的图号。例如 117°-3920-30，表示该图在中央子午线 117°的投影带内，图廓西南角坐标 $x=3920$km，$y=30$km。但在较小范围内，常省略中央子午线经度，坐标也只取两位公里数，如图 10-13 用 20-30 表示。

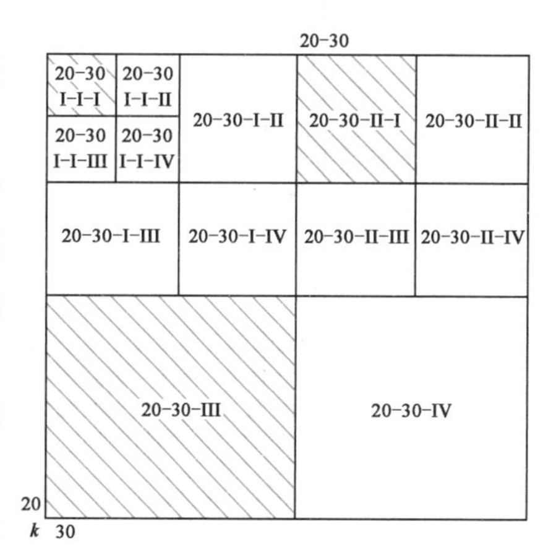

图 10-13　基本图号法的分幅编号

②1∶2000 地形图的编号，是将一幅 1∶5000 的地形图作四等分，得到四幅 1∶2000 的地形图，分别用罗马数字 I、II、III、IV 按图 10-13 中的顺序表示。其图的编号是在 1∶5000 的图号后加各自的代号 I、II、III、IV 作为 1∶2000 图的编号，如图中左下角打阴影为 20-30-III。

③1∶1000 地形图的编号，是将一幅 1∶2000 图分成四幅，在 1∶2000 的图号后分别加 I、II、III、IV，例如 20-30-II-I。

④1∶500 地形图的编号，依此类推，是将一幅 1∶1000 图分成四幅，在 1∶1000 的图号后分别加 I、II、III、IV，例如 20-30-I-I-I。

(3)流水编号和行列编号法

当测区较小时,还可采用自由分幅编号。如可按自然序数从左到右,从上到下进行流水编号(图10-14);或以代号(*A*、*B*、*C*、*D*、…)为横行,由上到下,以数字1、2、3、…为代号的纵列,从左到右排列,先行后列进行编号(图10-15)。在铁路、公路等线型工程中应用的带状地形图,图的分幅编号可采用沿线路方向进行编号。

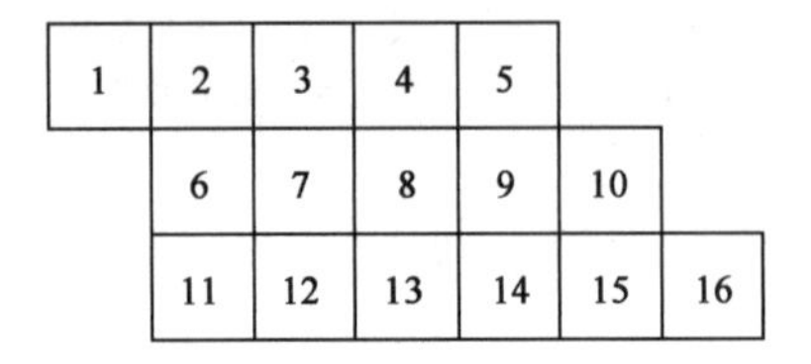

图10-14　流水编号

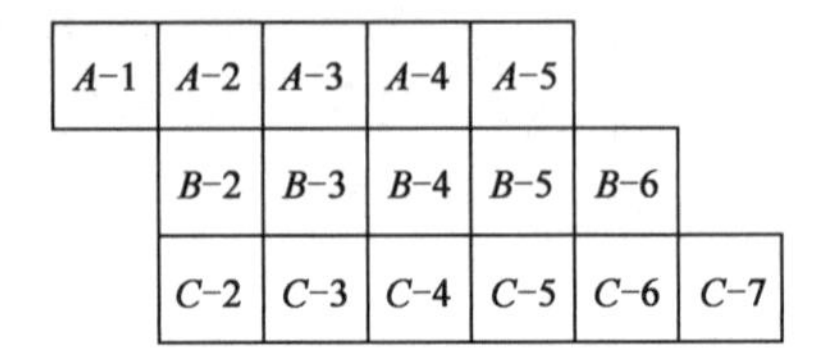

图10-15　行列编号

2)图外注记

为了图纸管理和使用的方便,在地形图的图外注有许多注记,如图名、图号、接合图表、比例尺、外图廓等,如图10-16所示。

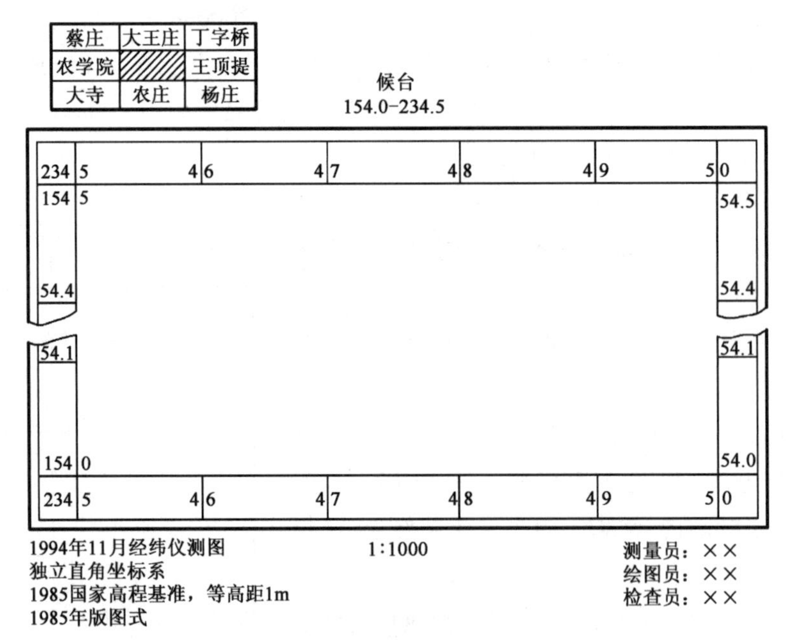

图10-16　图外注记

(1)图名、图号、接合图表

①图名。一幅地形图的名称,一般用本幅图内最具有代表性的地名、景点名、居民地、厂矿企业单位名称命名,图名标在图的上方正中位置,如图10-16所示,其图名为候台。

②图号。图号按上述分幅方法编号,图号标在图名和上图廓线之间,如图10-16所示,其图号为154.0-234.5。

③接合图表。接合图表是本幅图与相邻图幅之间位置关系的示意图,供查找相邻图幅之

用，位于图幅左上方，如图 10-16 所示注出本幅与相邻 8 幅图的图名或图号。

(2) 图廓和坐标格网

图廓是图幅四周的范围线，它有内外图廓之分。内图廓线是地形图分幅时的坐标格网，是测量边界线。外图廓线是距内图廓以外一定距离绘制的加粗平行线，仅起装饰作用。在内图廓外四角处注有坐标值，并在内图廓线内绘有 10cm 间隔互相垂直交叉的 5mm 短线，表示坐标格网线的位置。在内、外图廓线间还注记坐标格网线的坐标值。

在外图廓线外，除了有接合图表、图名、图号，尚应注明测量所使用的平面坐标系、高程系、三北方向、比例尺、成图方法、成图日期及测绘单位等，供日后用图时参考。

10.2　测图前的准备工作

在测地形图前，首先收集控制点成果，再到野外踏勘了解控制点完好情况和测区地形概况。检查校正仪器，准备测图工具，收集已有测区资料，最后拟订测量方案和计划。应着重做好图纸的准备、绘制坐标格网及展绘控制点等工作。

10.2.1　控制点的加密

由于测图精度要求，不同的测图比例尺对视距大小有一定的限制，这就要求测区内控制点应保证有足够的密度，地表复杂区可适当增加图根控制点数目，通常规定控制点的密度如表 10-4 所示。

测图控制点的密度　　表 10-4

测图比例尺	每幅图的控制点数	每公里的控制点数
1:500	40×40	128
1:1000	50×50	40
1:2000	50×50	14
1:5000	50×50	5

当测区现有的控制点不能满足表 10-4 的规定和实际工作需要时，可根据原有的控制点，加密一些控制点作为测站点。图根控制测量包括导线测量和图根水准点测量，见控制测量内容。

10.2.2　图纸的准备

大比例尺地形图的图幅大小一般为 50cm×50cm、50cm×40cm、40cm×40cm。

为了保证测量的质量，应选用质地较好的绘图纸。一般对于临时性测图，可采用白绘图纸，要求纸张结实、坚韧，纸质细密，颜色洁白，用橡皮擦不起毛。选好图纸后，将图纸固定在图板上进行测绘。

许多测绘部门采用厚度为 0.07～0.10mm，伸缩率小于 0.02% 的聚酯薄膜，其表面经打毛后，便可代替图纸用来测图。聚酯薄膜具有透明度好、伸缩变形小、不怕潮湿、牢固耐用、易于携带和保存等优点，并可直接在底图上着墨复晒蓝图。但聚酯薄膜有易燃、有折痕后不易消除等缺点,故在测图、使用和保管时应加注意。

图纸固定在平板上的方法,一般可用透明胶带将图纸四周直接粘贴在图板上,图纸应保持平展,与图板严密贴合,避免出现鼓胀、皱折或扭曲。

10.2.3 坐标格网的绘制

要将控制点展绘在图纸上,首先要在图纸上精确绘制 10cm × 10cm 的直角坐标格网。绘制坐标格网的工具和方法很多,除了可用坐标仪或坐标格网尺等专用仪器工具外,还可按下述直尺对角线法绘制格网。

如图 10-17 所示,按下述步骤绘制:

(1)先用直尺在图纸上用铅笔较轻地绘出两条对角线,两交点为 M。

(2)以交点 M 为圆心,适当长度为半径画弧,在对角线上交得 A、B、C、D 点。

(3)用直线顺序连接 A、B、C、D 四点,得矩形 $ABCD$。

(4)再从 A、D 两点起各沿 AB、DC 方向,每隔 10cm 准确地定一点;从 A、B 两点起各沿 AD、BC 方向每隔 10cm 定一点,连接矩形对边上的相应点,即可绘出坐标格网。

不论采用哪种方法绘制坐标格网,都必须进行精度检查,即格网边长和垂直度的检查。方格网垂直度的检查,可用直尺检查各格网的交点是否在同一直线上(见图 10-17 中 ab 直线),其偏离值不应超过 0.2mm。检查小方格网 10cm 的边长,可用比例尺量取,其值与 10cm 的误差不应超过 0.2mm;小方格网对角线长度与应有值 14.14cm 的误差不应超过 0.3mm。只有以上误差都没有超限的坐标格网,才能作为展绘控制点和测绘地形图的基础。格网绘完后,除保留格网线外,擦去其余辅助线。

10.2.4 展绘控制点

1)展绘方法

展绘控制点前,要根据测区的大小、范围以及控制点的坐标和测图比例尺,对测区进行分幅,要按图的分幅位置,确定坐标格网线的坐标值,也可根据测图控制点的最大和最小坐标值来确定,使控制点安置在图纸上的适当位置,坐标格网线的坐标值要标注在相应格网边线的外侧,如图 10-18 所示。

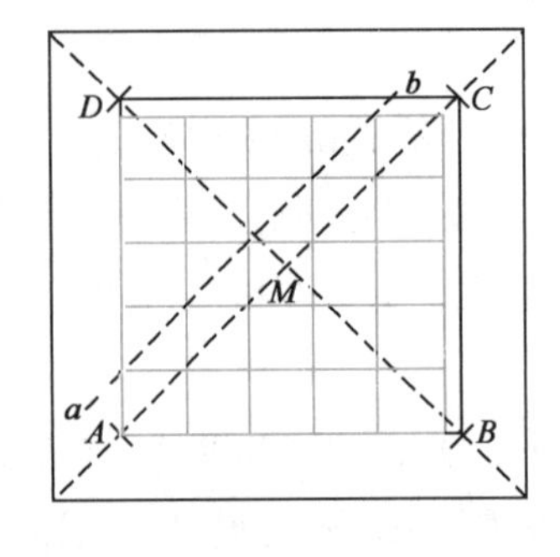

图 10-17 对角线法绘制格网

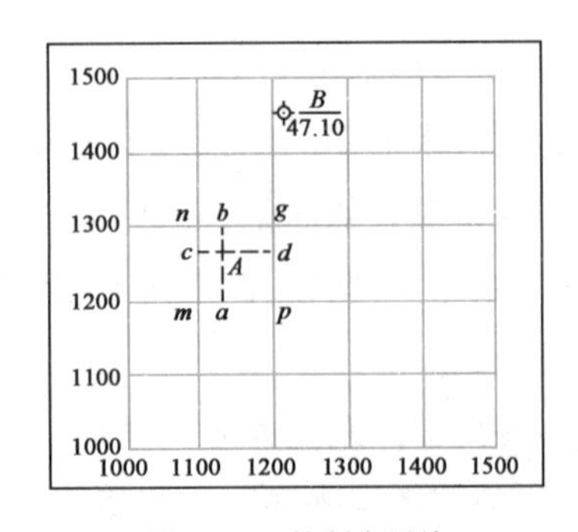

图 10-18 控制点展绘

按坐标展绘控制点，要根据其坐标，确定点位所在的方格。如控制点 A 的坐标 x_A = 1268.15m，y_A = 1134.62m。根据 A 点的坐标值，可确定其位置在 $mngp$ 方格内。分别从 mn 和 pg 按测图比例尺向上各量取 68.15m，得 c、d 两点；再从 m、n 两点分别向右量 34.62m，得 a、b 两点；连接 ab 和 cd 两条线的交点即为要展绘的 A 点。同法可将图幅内所有控制点展绘在图纸上。

2）精度检查

用比例尺在图上量取各相邻控制点间的距离作为检查，其距离与相应的实地距离的最大误差不应超过图上 0.3mm。否则，控制点应重新展绘。

当控制点的平面位置展绘在图纸上后，还应在点的右侧画一短横线，上方注明点名，下方注明点的高程，如图 10-18 中 B 点，完成测图前的准备工作。

10.3　全站仪数字化测图

随着测量技术的发展，全站仪在测量中已逐渐普及。利用全站仪进行的数字化测图操作简单，成果具有可量测性、便于保存等特点。本节以南方公司的 CASS 软件为例介绍全站仪数字化测图的方法。

10.3.1　数字化测图概述

利用全站仪能同时测定距离、角度和高差，即测定地形点的三维坐标。将仪器野外采集的地形数据，结合电子手簿、绘图仪及相应软件，就可以实现自动化测图，简称数字测图。这种成图方式把传统的外业、内业分开的测量模式综合化，内业和外业在测量中进行了集成，大大提高了测量工作的效率和准确性，使测量成果具有可量测性。

1）数字化测图的特点

数字化测图技术是一种先进的地形图测绘方法，其野外数据采集工作的实质是解析法测定地形点的三维坐标。与图解法传统地形测绘方法相比，该技术具有以下几方面的特点。

（1）自动化程度高

由于采用全站式电子速测仪在野外采集数据，自动记录存储，并可直接传输给计算机进行数据处理、绘图，不但提高了工作效率，而且减少了测量错误的发生，使得绘制的地形图精确、美观、规范。同时由计算机处理地形信息，建立数据和图形数据库，并能生成数字地图和电子地图，有利于后续成果的应用和信息管理工作。

（2）精度高

数字化测图的精度主要取决于对地物和地貌点的野外数据采集的精度，而其他因素的影响，如微机数据处理、自动绘图等，其误差对地形图成果的影响都很小，而全站仪的解析法数据采集精度则远远高于图解法平板绘图的精度。

（3）使用方便

数字化测图采用解析法测定点位坐标依据的是测量控制点。测量成果的精度均匀一致，并且与绘图比例尺无关，利用分层管理的野外实测数据，可以方便地绘制不同比例尺的地形图或不同用途的专题地图,实现了一测多用,同时便于地形图的检查、修测和更新。

2)控制测量和碎部测量原则

在一个测区内进行等级控制测量时,应该尽可能多选制高点(如山顶或楼顶),在规范允许的范围内布设最大边长,以提高等级控制测量的效率。完成等级控制测量后,可用辐射法布设图根点,点位及点的密度按需要而设,灵活多变。尽量减少控制点的数量。

在进行碎部测量时,对于比较开阔的地方,在一个制高点上可以测完大半幅图,不要因为距离太远(一般也就几百米)而忙于搬站。对于比较复杂的地方,也不要因为麻烦而不愿搬站,要充分利用电子手薄的优势和全站仪的精度进行支导线测量。

3)测区分幅

数字化测图测区分幅是以路、河、山脊等为界线,以自然地块进行分期分块测绘,与普通测图的分幅方法有区别。

4)碎部测量方法

数字化测图的碎部测量一般用全站仪进行,工作时应将全站仪与电子手簿用数据连接线正确进行连接,具体连接方法参见相应说明书。如果全站仪带内存,则可以不用电子手簿。具体的方法有草图法、电子平板法等。

在操作中,为了提高效率,可适当采用皮尺丈量的方法测量,室内编辑时,这种测点的高程不参与建模。在 CASS 中利用坐标显示功能,将这些点设置成不参与建模即可。具体设置方法为:在 CASS9.1 中,左键点击"菜单"—"绘图处理"—"高程点建模设置",用鼠标选择相应点后按回车键,在出现的快捷菜单中进行选择即可,如图 10-19、图 10-20 所示。

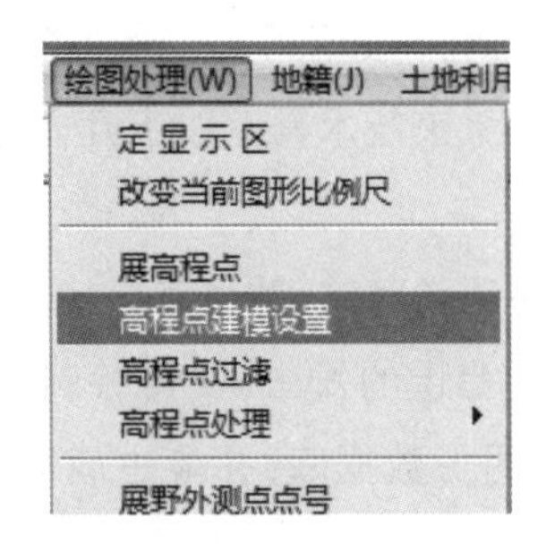

图 10-19 高程点建模设置 1

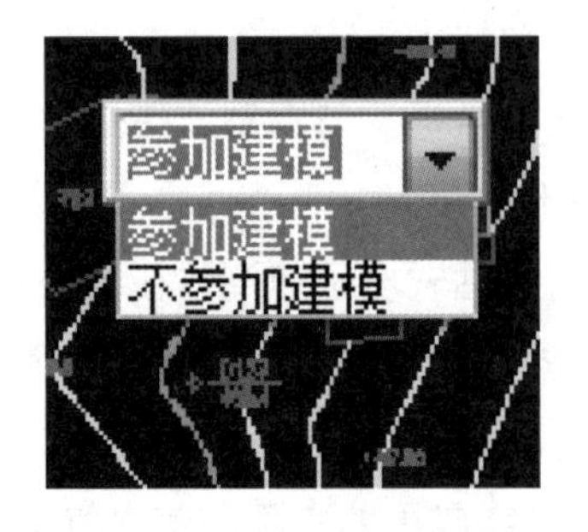

图 10-20 高程点建模设置 2

5)人员安排

一般每个作业小组需要仪器观测员 1 人,绘草图领尺(镜)员 1 人,立尺(镜)员 1~2 人。

作业组的仪器配备:全站仪 1 台,对讲机 2~3 台,单杆棱镜 1~2 个,皮尺 1 把,绘草图本 1 个。

采集碎部点时,观测员与立镜员和绘草图领尺(镜)员必须与测站保持良好的通信,核对仪器记录的点号和草图上标注的点号是否一致。

6) 数据通信

如果使用电子手簿，必须保证在测量前全站仪与电子手簿可靠连接。

在测完外业时，需要把测量成果传输到计算机，用 CASS 软件进行处理。连接的方法见各手簿或全站仪的使用说明书。

10.3.2　草图法数字测图

草图法数字测图工作方式要求外业作业时，除了观测员和立尺员外，还要安排一名绘草图的人员，在立尺员跑尺时，绘图员要标出所测的是什么地物(属性信息)及所测的点号(位置信息)，在测量过程中要和测量员保持及时联系，使草图上标注的某点点号和全站仪记录的点号一致，而在测量每一个碎部点时不用在电子手簿或全站仪里输入地物编码，故又称为无码方式。

草图法在内业时，根据作业方式的不同，分为点号定位、坐标定位和编码引导几种方法。

下面以南方 CASS9.1 为例说明如何进行草图法的内业操作，并主要介绍"点号定位"法。

1)"点号定位"法作业流程

以"C:\PROGRAM FILES\CASS91\DEMO\YMSJ.DAT"为例来学习。

(1) 定显示区

定显示区的作用是根据输入坐标数据大小定义屏幕显示区域的大小，以保证所有点都可见。操作方法如下：

首先移动鼠标至"绘图处理"菜单，在出现的下拉菜单中单击"定显示区"，如图 10-21 所示。

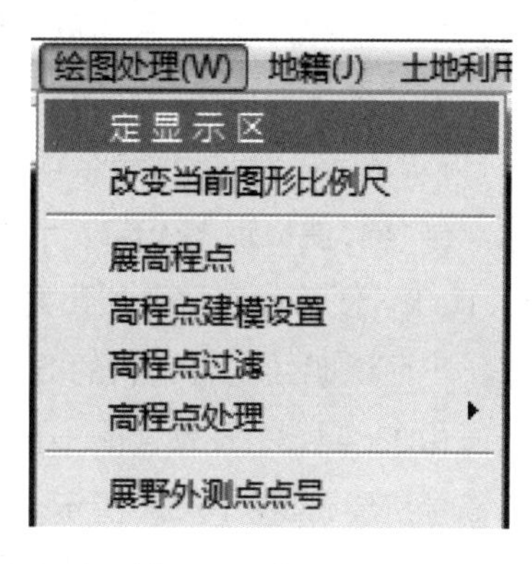

图 10-21　定显示区

然后在出现的对话框中选择"C:\PROGRAM FILES\CASS91\DEMO\YMSJ.DAT"，单击"打开"按钮，完成。此时，在命令区显示：

```
最小坐标(米):X=31067.315,Y=54075.471
最大坐标(米):X=31241.270,Y=54220.000
```

(2) 选择"点号定位"成图法

移动鼠标至屏幕右侧菜单区之"坐标定位"项(默认时是"坐标定位")，左键单击，在其下面选择"点号定位"，则出现如图 10-22 示对话框。

同样，在文件夹中找到相应文件后，单击"打开"按钮，此时，在命令行会提示：

```
命令: readdh
读点完成!    共读入 60 个点
```

(3) 绘平面图

图 10-22 选择测点点号

根据野外作业时的草图,移动鼠标至屏幕右侧菜单区选择相应的地形图图式符号,然后在屏幕中将所有地物绘制出来。系统中所有的地形图图式符号都是按图层来划分的,例如所有表示测量控制点的符号都放在控制点这一层,所有表示独立地物的符号都放在独立地物这一层,所有表示植被的符号都放在植被园林这一层。

为了更直观地在图形编辑区内看到各测点的关系,可以先将野外测点点号在屏幕中展出来,方法是:先将鼠标移动至顶部菜单"绘图处理",左键单击,在出现的下拉菜单中选"展野外点点号"项,便出现图 10-22 示对话框,然后选择"C:\PROGRAM FILES\CASS91\DEMO\YMSJ.DAT",便可以在屏幕展出野外测点的点号。

下面说明绘制各地物的方法。

由 33、34、35 号点连成一普通房屋。在屏幕菜单中左击居民地,在出现的对话框中选择四点简单房屋,如图 10-23 所示。

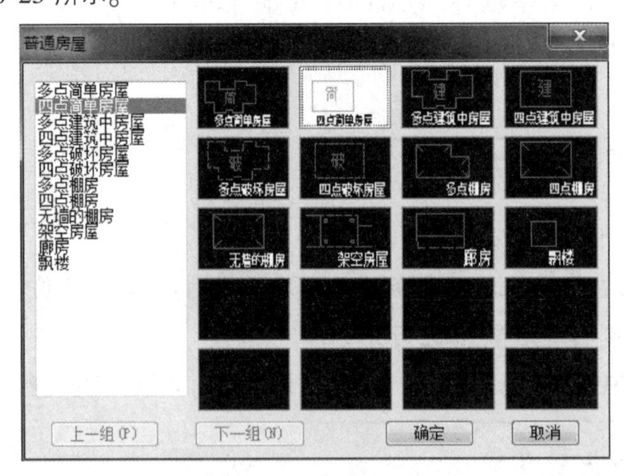

图 10-23 绘制房屋

此时屏幕显示区提示如下：

1.已知三点/2.已知两点及宽度/3.已知两点及对面一点/4.已知四点<3>:

根据屏幕提示直接回车（表示默认用已知三点的方式画房屋），然后在命令提示区显示如下：

第一点：
鼠标定点P/<点号>

输入点号 33 回车，命令提示区显示如下：

第二点：
鼠标定点P/<点号>

输入点号 34 后回车，同样的方法输入 35 后回车，就可以看到该房屋的图形已经出现在屏幕上了，如图 10-24 所示。

注意：当房子是不规则形状时，可用“实线多点房屋”或“虚线多点房屋”来绘。

绘房子时，输入的点必须按顺时针或逆时针的顺序输入，否则绘出来的图形就不对。

重复上述操作，将 37、38、41 号点绘成四点棚房；60、58、59 号点绘成四点破坏房子；12、14、15 号点绘成四点建筑中房子；50、51、52、53、54、55、56、57 号点绘成多点一般房屋；27、28、29 绘成四点房屋。再把草图中的 19、20、21 号连成一段陡坎，其操作方法是：先移动鼠标至右侧屏幕菜单“地貌土质”按左键，再点击“人工地貌”，这时系统弹出如图 10-25 所示的对话框。

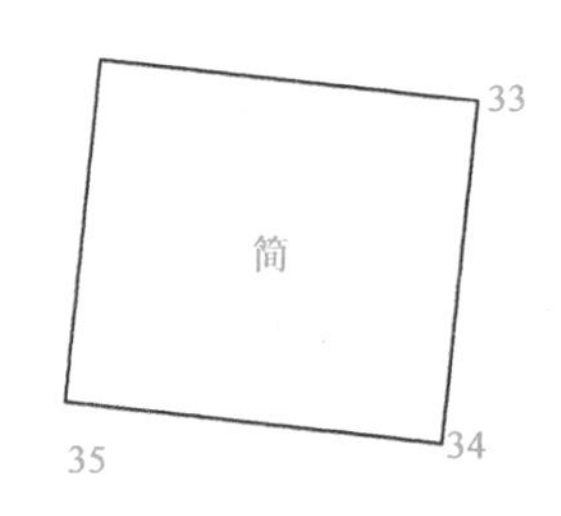

图 10-24　绘制房屋图形

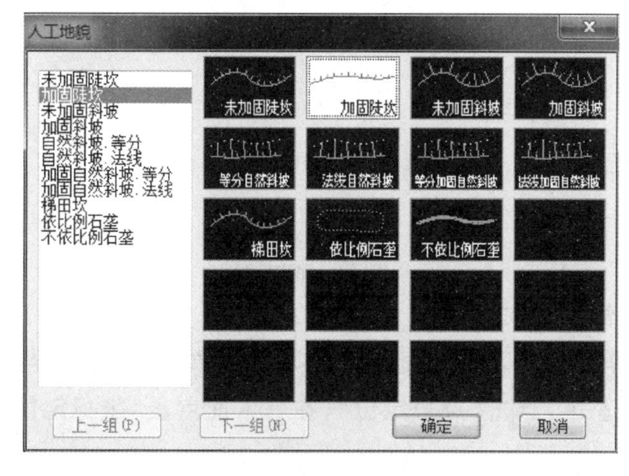

图 10-25　绘制陡坎

移动鼠标至加固陡坎,点击 确定 按钮。

在提示区中依次输入点号 19、20、21,在输完 21 点后,直接回车,结束输入点,命令区提示:

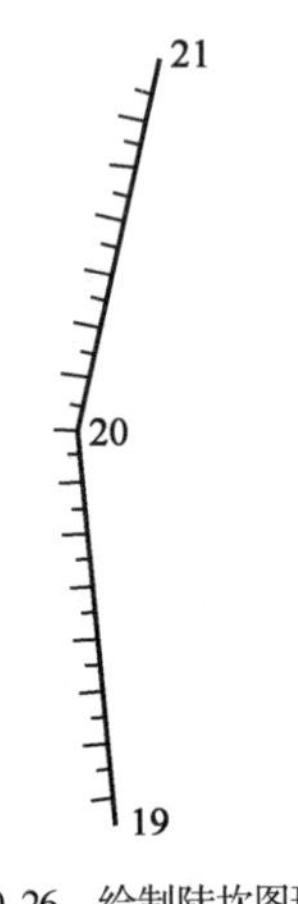

图 10-26 绘制陡坎图形

命令:

拟合线<N>?

根据需要直接回车表示不拟合,如果输入 Y 则拟合。拟合的意思是对复合线进行圆滑操作。

生成的陡坎线如图 10-26 所示。

重复上述操作,就可以完成地形图所有符号绘制。最后的图形如图 10-27 所示。

2)"坐标定位"法作业流程

仍以"C:\PROGRAM FILES\CASS91\DEMO\YMSJ. DAT"为例来学习。

(1)定显示区

与点号定位法的操作相同。

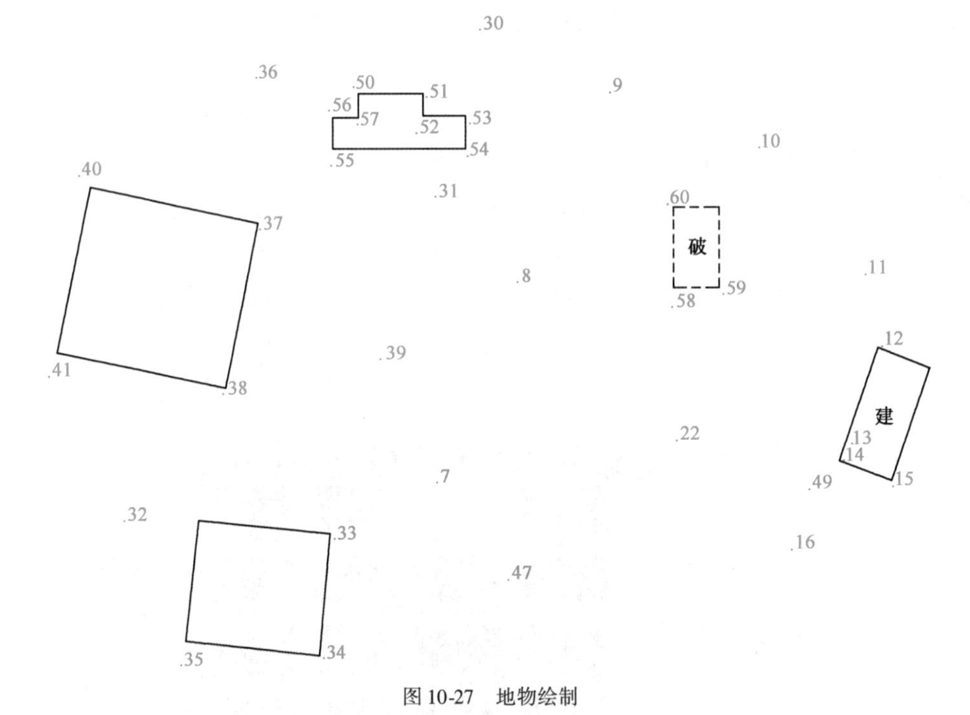

图 10-27 地物绘制

(2)选择"坐标定位"成图法

移动鼠标至右侧屏幕菜单区的"坐标定位"项,左键单击,即进入"坐标定位"菜单。如果刚才在"点号定位"状态下,点击"点号定位",在其下面点击"坐标定位",进入"坐标定位"菜单。

(3)绘平面图

与前面的“点号定位”法成图流程相似，需先在屏幕上展点，根据外业草图，选择相应的地形图图式符号在屏幕上将平面图绘出来，区别在于不能通过测点点号来进行定位了。仍以居民地为例讲解，移动鼠标至右侧屏幕菜单“居民地”处按左键，系统便弹出图 10-28 示对话框，再移动鼠标至“四点房屋”处按左键，图标变亮表示该图标已被选中，然后移动鼠标点击 确定 按钮。

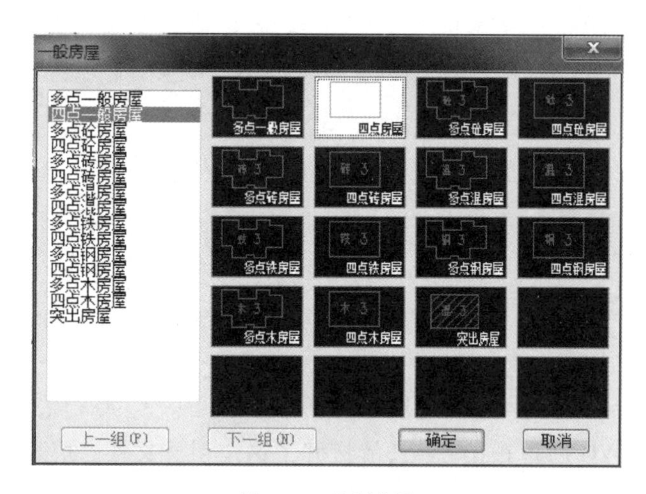

图 10-28　绘制房屋

此时提示选择绘图方式：

```
1.已知三点/2.已知两点及宽度/3.已知两点及对面一点/4.已知四点<3>:
```

比如选择三点式，即直接回车默认。在选择点之前，在屏幕菜单中选择捕捉方式为“节点”(NOD)方式，此时要求输入第一点时，鼠标接近需要绘制的第一点，按左键，依次选择第二点和第三点，系统自动绘制该四点房屋。

在命令区要求输入点时，也可以用鼠标在屏幕上直接点击，为了精确定位也可以直接输入坐标。

注意：随着鼠标在屏幕上移动，左下角提示的坐标值也在相应发生实时变化。

---

3)“编码引导”法作业流程

此方式也称为“编码引导文件 + 无码坐标数据文件自动绘图方式”。

该成图方法作业时，需要在内业人工编辑一个“引导文件”。引导文件是一个包含了地物编码、地物的连接点号和连接顺序的文本文件，它是根据草图在室内人工编辑而成的。该方法步骤为如下：

(1)编辑引导文件

在绘图之前应编辑一个编码引导文件，该文件的主文件名一般取与坐标数据文件相同的文件名，后缀一般用“＊.YD”，以区别其他文件项。

下面以“C：\PROGRAM FILES\CASS91\DEMO\WMSJ.YD”为例来说明其操作过程。

①移动鼠标至绘图屏幕的顶部菜单，选择“编辑”的“编辑文本文件”项，该处将以高亮度(深蓝)显示，按左键，将会出现如图10-29所示的对话框。

图10-29　编辑引导文件

选择文件WMSJ.YD后单击［打开(O)］，就打开了这个引导文件。屏幕上将弹出记事本，这时根据野外作业草图，参考地物代码以及文件格式，编辑好此文件。

②移动鼠标至记事本菜单“文件”项，按左键，在下拉菜单中点“退出”项。

编码引导文件的编制规则
每一行表示一个地物； 每一行的第一项为地物的“地物代码”，以后各数据为构成该地物的各测点的点号(依连接顺序的排列)； 同行的数据之间用逗号隔开； 表示地物代码的数据要大写

用户可根据自己的需要定制野外操作简码，通过更改“C：\PROGRAM FILES\CASS91\SYSTEM\JCODE.DEF”文件即可实现。

(2)定显示区

此步操作与“点号定位”法作业流程的“定显示区”操作相同。

(3)编码引导

编码引导的作用是将“引导文件”与“无码的坐标数据文件”合并生成一个新的带简编码格式的坐标数据文件。这个新的带简编码格式的坐标数据文件在下一步的“简码识别”操作时将会用到。

操作步骤：

移动鼠标至绘图屏幕的最上方，选择“绘图处理”项，按左键。

移动鼠标至“编码引导”项按左键，选择比例尺后即出现如图 10-30 所示的对话框。

图 10-30　编码引导

在对话框中选择文件 WMSJ. YD 后，点击 打开(O) 按钮。

(4) 简码识别

接着，屏幕出现对话框，要求输入坐标数据文件名，此时输入 WMSJ. DAT 后选择 打开(O) 按钮。

(5) 绘制平面图

这时，屏幕自动生成如图 10-31 所示图形。

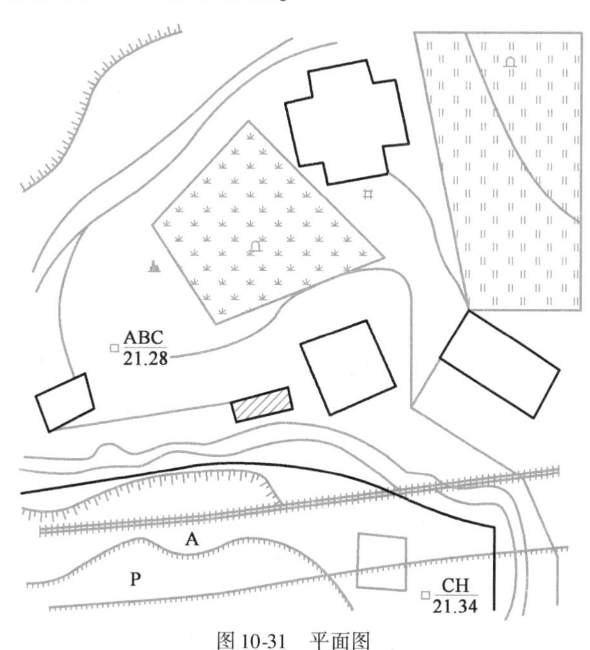

图 10-31　平面图

10.3.3　等高线的处理

用全站仪进行电子测图，自动成图系统将进行等高线的生成与处理。在这种系统中，等高线由计算机自动勾绘，生成的等高线精度相当高。

CASS 在绘制等高线时，充分考虑到等高线通过地性线和断裂线时情况的处理，如陡坎、陡崖等。CASS 能够自动切除通过地物、注记、陡坎的等高线。

在绘制等高线之前，必须先将野外点的高程点建立数字地面模型(DTM)，然后在数字地面模型上生成等高线。

1)建立数字地面模型(构建三角网)

数字地面模型(DTM)，是在一定区域范围规则格网点或三角网点的平面坐标(x,y)和其他地物性质的数据集合。如果此地物性质是该点的高程 Z，则此数字地面模型又称为数字高程模型(DEM)。

在使用 CASS9.1 自动生成等高线时，应当先建立数字地面模型。在这之前，可以先定显示区及展点。定显示区的操作与前面草图法中点号定位法有关定显示区的操作相同。如选择的文件为“C:\PROGRAM FILES\CASS91\DEMO\DGX.DAT”。

进行展点的操作时，可选择“绘图处理”下拉菜单的“展高程点”项，选择相应比例尺后，即会出现如图 10-32 所示对话框。

图 10-32　展点

选择文件 Dgx.dat 后，单击 打开(O) 按钮，在命令提示行出现下面的提示：

```
(1)高程点(2)水深点(3)海图注记
输入 CMDECHO 的新值 <1>: 0
注记高程点的距离(米)<直接回车全部注记>:
```

根据规范要求输入高程点注记距离(即注记点的高程点的密度)，回车默认为注记全部点的高程。这时，所有高程点和控制点的高程均会自动展绘到图上。

移动鼠标至屏幕顶部菜单“等高线”，在下拉菜单中选“建立 DTM”选项，出现如图 10-33 所示的对话框。

在选择建立 DTM 方式的选项中，选择“由数据文件生成”。在坐标数据文件选项中点击右边的...按钮，出现如图 10-34 所示的对话框。

选择文件 Dgx. dat 后，单击 打开(O) 按钮，在弹出的对话框中选择“显示建三角网结果”，如果在建模过程中需要考虑陡坎和地性线，则在前面的方框内打勾。最后单击 确定 ，命令区提示生成的三角形个数，绘出三角网如图 10-35 所示。

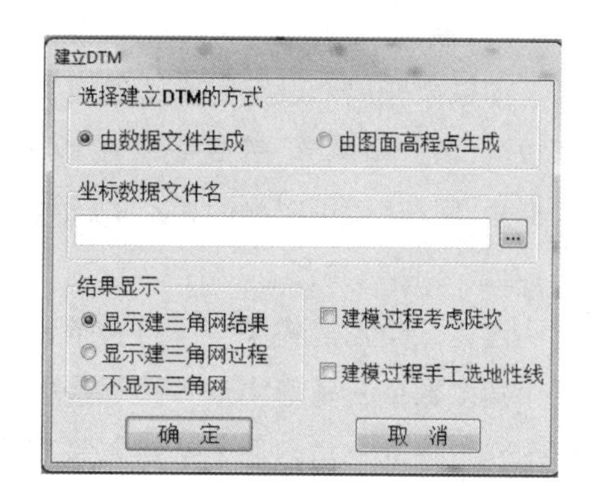

图 10-33　建立 DTM

2)修改数字地面模型(修改三角网)

一般情况下，由于地形条件的限制，在外业采集的碎部点很难一次生成理想的等高线，如楼顶上的控制点。另外，还因现实地貌的多样性和复杂性，自动构成的地面模型与实际地貌不太一致，这里可以通过修改三角网来修改这些局部不合理的地方。

图 10-34　建立 DTM 对话框

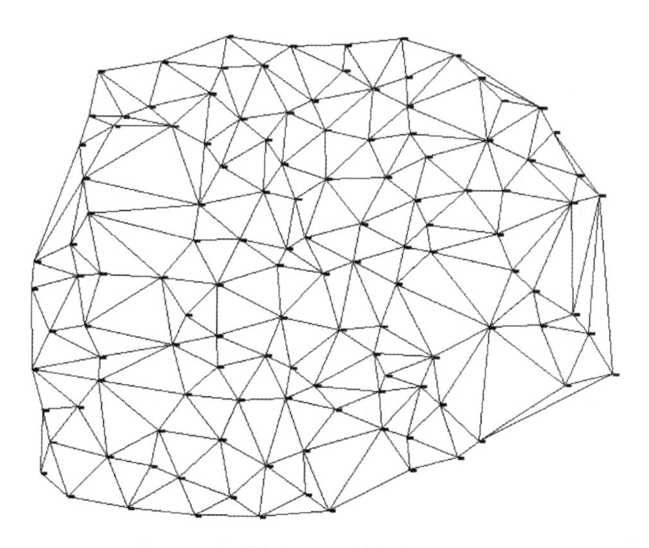

图 10-35　三角网

(1)删除三角形

如果某些局部没有等高线通过，则可以将其局部内的三角形删除。方法是：先将局部三角形放大，再选择菜单“等高线”，在其下拉菜单中选择“删除三角形”项，然后用鼠标选择相应三角形后，回车，就可以删除相应的三角形了。

(2)过滤三角形

过滤三角形是将某些不符合条件的三角形过滤掉。用户可以根据需要输入符合三角形中最小角度数或三角形中最大边长最多大于最小边长的倍数等条件来过滤三角形。如果出现在CASS9.1 建立三角网后无法绘制等高线，可以过滤掉部分形状特殊的三角形。另外，如果生成的等高线不光滑，也可以用此功能将不符合要求的三角形过滤后再生成等高线。方法是：选择菜单“等高线”，在其下拉菜单中选择“过滤三角形”项，在命令提示区中根据提示选择相应的条件就可以实现对三角形的过滤。

(3)增加三角形

如果要增加三角形，就选择“等高线”下拉菜单中的“增加三角形”项，依据屏幕命令提示区的提示在要增加三角形的地方用鼠标点取，如果点取的地方没有高程点，则可根据系统的提示输入高程。

(4)三角形内插点

在三角形内插点后，内插的点会自动与附近的点生成新的三角形。方法是：选择“等高线”下拉菜单中的“三角形内插点”项，然后用鼠标在屏幕上适当的位置选点，按提示输入高程值后回车，插入的点会自动与附近的点生成新的三角形。

(5)删三角形顶点

用此功能可以将所有由该点生成的三角形删除。因为一个点会与周围很多点构成三角形，如果手工删除，不仅工作量大，而且较容易出错。这个功能常用在发现某一点坐标错误时，要将它从三角网中删除的情况。方法是选择“等高线”的下拉菜单中的“删除三角形顶点”项，然后用鼠标选择相应的顶点，单击鼠标左键就可以删除由该顶点生成的三角形。

(6)重组三角形

此功能能够将两个三角形的选定共同边删除，将两个三角形的另两点连接起来构成两个新的三角形，这样做可以改变不合理的三角形连接。如果因为两三角形的形状特殊无法重组，会有出错提示。方法是选择“等高线”下拉菜单中的“重组三角形”项，然后用鼠标点击两三角形的共同边就可以实现此功能。

(7)删三角网

用此功能可以将三角网删除。方法是单击“等高线”下拉菜单中的“删三角网”项，此时，三角网就被删除。

(8)修改结果存盘

通过以上修改后，一定要用此功能进行存盘。否则修改无效。这样，绘制的等高线不会内插到修改前的三角网内。方法是选择“等高线”下拉菜单中的“修改结果存盘”项。当命令区显示“存盘结束！”时，表明操作成功。

3）绘制等高线

进行上面的步骤后，就可以绘制等高线了。绘制的方法是选择“等高线”下拉菜单的“绘制等高线”项，绘制效果如图 10-36 所示。

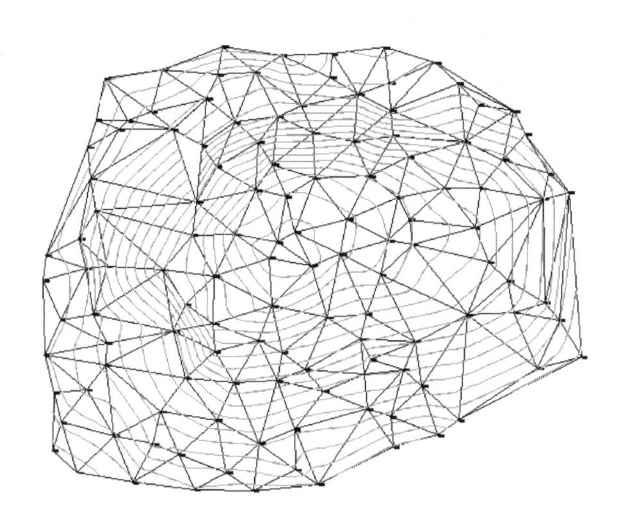

图 10-36　绘制等高线

10.3.4　图的整饰

绘出等高线后，还要对等高线加注记和图框，操作方法如下。

1）加注记

（1）等高线高程注记

局部放大等高线图，再选择“等高线”下拉菜单“等高线注记”项下面的“单个高程注记”项。这时，命令区提示：

命令：
选择需注记的等高（深）线：

用鼠标选择需要注记的等高线后，命令区提示：

依法线方向指定相邻一条等高（深）线：

选择另一条等高线后，就可以看到该等高线的注记了。

（2）文字注记

用鼠标左键点取工具菜单中的按钮，就会出现如图 10-37 所示的对话框。

在对话框中输入相应的注记内容，并做好相应选择后点击“确定”。然后用鼠标单击图中的适当位置，就可以在该处加上所需要的文字。

2)加图框

在一幅图绘制完成前,还应给该图形加上图框,这样才是一张完整的图纸。操作步骤如下:

用鼠标左键点击“绘图处理”下拉菜单标准图幅(50×40cm)项,则会出现如图10-38所示的对话框。在对话框中填入图名测量员、绘图员、检查员的名字,输入左下角坐标值,点击“确认”,就可以看到图框已被加上,如图10-39所示。

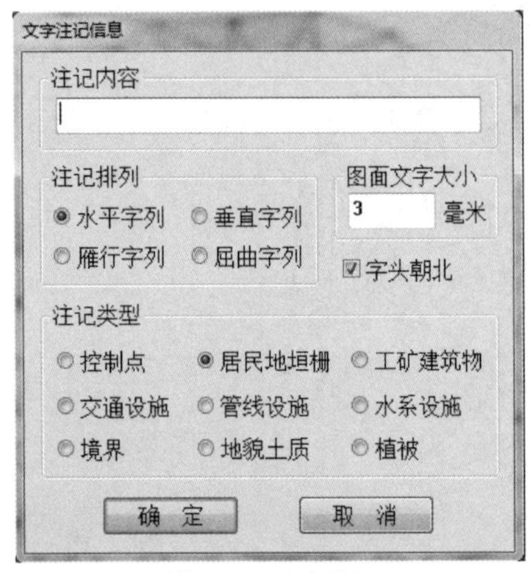

图10-37　文字注记

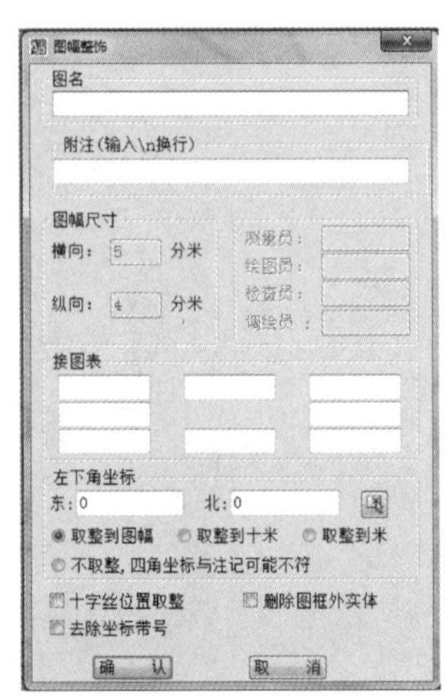

图10-38　加图框

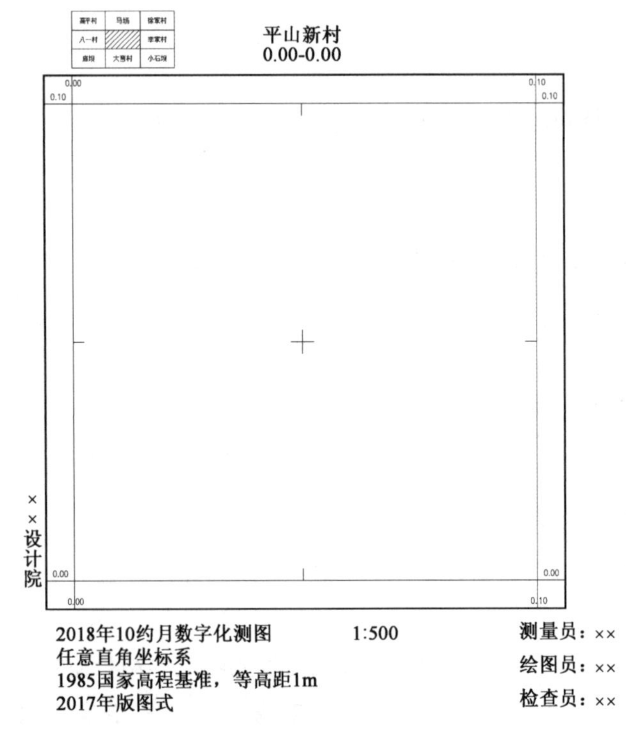

图10-39　标准图幅

10.4 地形图测绘的基本要求

10.4.1　在测站上的检查

测地形图时，随时检查仪器的对中和定向，定向时以较远一点标定方向，另一点进行检核，其检核方向线的偏差不应大于图上 0.3mm，每站测图过程中和结束前应注意检查后视方向；检查另一测站的高程，其较差不应大于 1/5 等高距。

当采用经纬仪和电子速测仪测绘时，其各项限差宜适当减小。

10.4.2　碎部点的选择

碎部点是指地物、地貌的特征点，统称为地形特征点。经纬仪测绘地形图的质量和进度，在很大程度上取决于立尺人员能否正确、合理地选择碎部点。正确选择地形特征点是碎部测量中十分重要的工作，它是地形测绘的基础。

1) 地物点的选择

各类建筑物、构筑物及其主要附属设施均应进行测绘，房屋外廓以墙角为准。居民区可视测图比例尺大小或用图需要，内容及其取舍可适当加以综合。临时性建筑可不测。地物特征点，一般选在地物轮廓线的转折点，如房屋、农田等点状地物的棱角点和转角点，道路、河流、围墙等线形地物交叉点(图 10-40)，电线杆、独立树、井盖等点状地物的几何中心等。连接这些特征点，就能得到地物的相似形状。

图 10-40　地物特征点

对于一些不规则的地物(如湖泊)及较小的转折(如房屋外形小的凹进或凸出)，可进行取舍，当建筑物、构筑物轮廓凸凹部分在图上小于 0.5mm 或 1∶500 比例尺图上小于 1mm 时，可用直线连接。

独立地物能按比例尺表示的，应实测外廓，填绘符号；不能按比例尺表示的，应准确表示其定位点或定位线。

管线转角均应实测。线路密集时或居民区的低压电力线路和通信线路，可选择要点测绘。当管线直线部分的支架、线杆和附属设施密集时，可适当取舍。当多种线路在同一杆柱上时，应表示主要的。

道路及其附属物，均应按实际形状测绘。铁路应测注轨面高程，在曲线段应测内轨面高程；涵洞应测洞底高程。

1∶2000、1∶5000 比例尺地形图，可适当舍去车站范围内的附属设施。人行小道可选择要点测绘。

城市建筑区高程注记点应测设在街道中心线、街道交叉中心、建筑物墙基脚和相应的地面、管道检查井井口、桥面、广场、较大的庭院内或空地上以及其他地面倾斜变换处。

植被的测绘,应按其经济价值和面积大小适当取舍。

2)地貌特征点的选择

地貌形态千姿百态,从几何学的观点可以认为它是由许多不同形状、不同方向、不同倾角和不同大小的面组合而成。这些面的相交棱线,称为地性线。地性线是构成地貌的骨架。地性线有两种:一种是由两个不同走向或倾向的坡面相交而成的棱线,称为方向变换线,如山脊线和山谷线;另一种是由两个不同坡面相交而成的棱线,称为坡度变换线,如陡坡与缓坡的交界线、山坡与平地交界的坡麓线等。在实际地貌测绘中,确定地性线的空间位置时,并不需要确定棱线上的所有点,而只需测定各棱线上的转弯点、分叉点和坡度变换点的平面位置和高程就够了,这些棱线交点称地貌特征点。地貌的测绘,主要是测绘这些地貌特征点及其地性线。

对于地貌,碎部点应选在最能反映地貌特征的地性线上,即坡度变换点和方向变化点,如山顶点、鞍部中心点、山谷的最低点及山脚线、山脊线、山谷线的转向点等。如图10-41所示的立尺点,利用这些特征点勾绘等高线,才能在地形图上真实地反映出地貌来。碎部点的测绘应能正确反映原始地貌和整体趋势,对于局部微小起伏,应根据等高距进行合理取舍。基本等高距为0.5m时,高程注记点应注至厘米,基本等高距大于0.5m时可注至分米。

3)碎部点的密度

碎部点的密度主要指地貌立尺点的疏密程度,碎部点密度应该适当,过稀不能详细反映地形的细小变化,过密则增加野外工作量,造成浪费。一般规定碎部点最大间距不宜超过图上2~3cm。对于地物,碎部点的密度取决于地物的形状。《工程测量规范(附条文说明)》(GB 50026—2007)规定:各种比例尺的碎部点间距可参考表10-5。在地面平坦或坡度无显著变化地区,地貌特征点的间距可以采用最大值。

图10-41　地貌特征点

地形图上高程注记点间距与测距最大长度　　表10-5

测图比例尺	地形图上高程注记点间距(m)	测距最大长度(m)	
		视距法	光电测距法
1:500	≤15	≤80	≤240
1:1000	≤30	≤120	≤360
1:2000	≤50	≤200	≤600
1:5000	≤100	≤300	≤900

10.4.3　跑尺的方法

地形测图时,立尺员依次在各碎部点立尺的作业,通常称为跑尺。为了便于绘图,在跑尺前，立尺者应与测站上的测绘人员协商，结合地物分布情况，制定跑尺路线，采用适当的跑尺方法，尽量做到不漏测、重复。在地物较为密集的城镇地区，应以测绘地物为主，兼测地貌。地物尽量逐个或逐块测绘，避免混乱，造成连线错误。在以测绘地貌为主的地区，可沿地性线立尺，再补测其他散点。这样绘图方便，但消耗体力大，必要时可数人跑尺。此外，也可沿等高线方向跑尺，便于勾绘等高线。少数地物可在测绘地貌的过程中，顺便将其测绘下来。

10.4.4　地形图的检查、拼接和整饰

为保证地形图的质量，在地形图测绘完毕后，必须对地形图进行全面的检查，然后进行拼接和整饰。

1）地形图的检查

（1）室内检查。检查图上表示的内容是否合理；地物轮廓线表示的是否正确；等高线的勾绘是否合理，是否与实地符合；各种符号的运用、名称注记等是否正确或遗漏；观测和计算手簿的记录计算是否齐全、清楚和正确。检查中发现问题在图上做出记号，到实地检查核对。

（2）外业检查。首先进行巡视检查，将地形图带到现场与实际地形对照，检查地物、地貌的表示是否清晰合理，检查是否存在遗漏、错误等。对在室内检查发现的问题必须重点检查。然后进行仪器设站检查，即把测图仪器重新安置在测站点上，对主要地物和地貌进行重测，看其偏差是否满足精度要求，如发现个别问题，应当场纠正，仪器设站抽查量不应少于测图总量的 10%。

2）地形图的拼接

当测区面积较大时，必须分幅测图，由于测量和绘图的误差，这样在相邻两幅图相接处，就存在拼接的问题。为了保证相邻图幅的拼接，每幅图的四边均须测出图廓线外 5mm。如图 10-42 所示，拼接时将相邻两幅图的坐标格网线重叠、对齐，用一张长 60cm、宽 4～5cm 的透明纸蒙在一幅图的接图边上，描绘出距图廓线 1～1.5cm 范围内的所有地物、等高线、坐标格网及图廓线，然后将此透明纸按坐标格网蒙到相邻图幅的接图边上，描下相同的内容，就可看出相应地物与等高线的吻合情况。如果不吻合，当接图误差不超过规范规定的平面与高差中误差的 $2\sqrt{2}$ 倍时，可先在透明纸上按平均位置修改，再依此修改相邻两图幅。若超限差时，应持图到现场检查核对或重测，改正后再进行拼接。

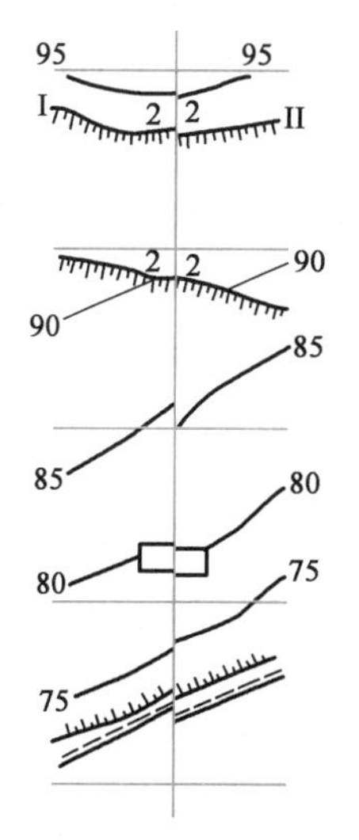

图 10-42　地形图拼接

如用聚酯薄膜测图，可直接将相邻两幅的相应图边，按坐标格网叠合在一起进行拼接。

3）地形图的整饰

地形图的整饰和清绘，应按照地形图图式的规定要求进行，使图面正确、清晰、美观。整饰应遵循先图内后图外，先地物后地貌，先注记后符号的原则进行。最后写出图名、比例尺、坐标系统和高程系统、施测单位、测绘者及施测日期等。如果是独立坐标系统，还需画出指北方向。

10.5 地形图的应用

地形图全面、客观地反映了地面的地形情况,因此它是工程建设中不可缺少的基础资料,地形图被广泛用于各种工程建设中,所以具备读图和用图的能力是十分必要的。

10.5.1 地形图的识读

要会用图,首先要会读图,要会读图则必须熟悉前面所述的有关地形图的基本要素、地物符号和地貌符号等。阅读用等高线表示较为复杂的地貌,不但要依据等高线的特性,而且还要具备一定的实践经验。

1)地形图图外注记识读

根据地形图图廓外的注记,可全面了解地形的基本情况。例如由地形图的比例尺,可以知道该地形图反映地物、地貌的详略;根据测图日期的注记,可以知道地形图的新旧,从而判断地物、地貌的变化程度;从图廓坐标可以掌握图幅的范围;通过接合图表可以了解与相邻图幅的关系。了解地形图所使用的《地形图图式》版别,对地物、地貌的识读非常重要。了解地形图的坐标系统、高程系统、等高距等,对正确用图有很重要的作用。

2)地物识读

地物识读前,要熟悉一些常用地物符号,了解地物符号和注记的确切含义。根据地物符号,了解图主要地物的分布情况,如村庄名称、公路走向、河流分布、地面植被、农田等。如图10-1所示,图幅西南有凤凰山小三角点B1,图幅东面有李家村,一条铁路从西北往东南穿过图幅。图的东北角有一片梨树林,往下是一片水田,李家村的四周为旱地,图幅西南角为大片灌木林。李家村有四处砖平房。清水河自西北向东南穿越图幅。清水河中有一座人渡。

3)地貌识读

地貌识读前,要正确理解等高线的特性,根据等高线,了解图内的地貌情况。在图10-1中,等高距是1m,图中最高点为凤凰岭上的小三角点B1,其高程为202.7m。从凤凰岭往北坡度逐渐变缓,至清水河附近为本图幅的较低处,其高程为180m左右。图幅西南角和南部延伸着小山丘,高差在20m左右。

地形图有着十分广泛的用途,它不仅给出了地物、地貌的景观,而且还可从图上得出诸如坐标、高程等一些基本数据,利用它可以完成下列工作。

10.5.2 求点的坐标

欲求图10-43a)中A点的直角坐标,可以通过从A点作平行于直角坐标格网的直线,交格网线于e、f、g、h点。按测图比例尺量出ae和ag两段距离,则A点的坐标为

$$x_A = x_0 + ae = 21100 + 27 = 21127\text{m}$$

$$y_A = y_0 + ag = 32100 + 29 = 32129\text{m}$$

式中:x_0、y_0——a点所在方格西南角点的坐标,即a在图10-43a)中的坐标。

若精度较高,为防止图纸伸缩变形带来的误差,则需量出ab、ad的长度,l为坐标格网边长

(理论值一般为 10cm)对应的长度。则 P 点坐标应按下式计算:

$$x_{A}=x_{0}+\frac{ae}{ab}\cdot l=21100+\frac{27}{99.9}\times 100=21127.03\text{m}$$

$$y_{A}=y_{0}+\frac{ag}{ad}\cdot l=32100+\frac{27}{99.9}\times 100=32129.03\text{m}$$

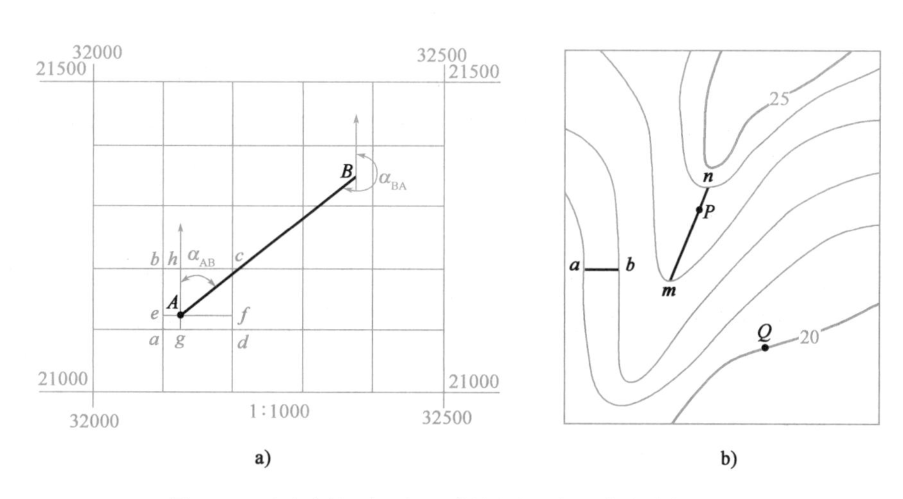

图 10-43 确定点的坐标、高程、直线段的距离、坐标方位角和坡度

10.5.3 求点的高程

若地面点恰好位于某一等高线上,则根据等高线的高程注记或基本等高距,可直接确定该点高程。如果点位于两等高线之间,则可用内插法求出。如图 10-43b)所示,Q 点的高程为 20m,求 P 点的高程时,先过 P 点作等高线的垂线 P_{m}、P_{n},量出垂线之长,则可按下式计算 P 点的高程:

$$H_{P}=H_{m}+\frac{P_{m}}{P_{m}+P_{n}}\cdot h \tag{10-3}$$

式中:h——等高距。

10.5.4 求两点间的水平距离

求 A、B 两点间的距离,如图 10-43a)所示,可用下述方法:

1)解析法

利用前述方法求得 A、B 两点的直角坐标,再用下式计算两点间距离:

$$D_{AB}=\sqrt{(x_{B}-x_{A})^{2}+(y_{B}-y_{A})^{2}} \tag{10-4}$$

由此算得的水平距离,不受图纸伸缩的影响。

2)图解法

即在图上直接量取 A、B 两点的长度,为防止图纸伸缩而出现误差,可用两脚规量取 AB 段的长度,然后与图示比例尺比较,得出 A、B 两点间的水平距离。

10.5.5 确定直线的坐标方位角

过直线的起点作平行于坐标纵轴的直线,用量角器直接量取坐标方位角 α_{AB},如图 10-43a)所示。要求精度较高时,可以利用前述方法先求得 A、B 两点的直角坐标,再利用坐标反算求得 α_{AB}。

$$\alpha_{AB} = \arctan\frac{y_B - y_A}{x_B - x_A} = \arctan\frac{\Delta y_{AB}}{\Delta x_{AB}} \tag{10-5}$$

计算时应根据 Δx、Δy 的正负号,来判定 AB 方向所在的象限,然后计算出实际的坐标方位角。

10.5.6 求两点间地面坡度

地面上两点的高差与其水平距离的比值称为坡度,用 i 表示。按前述方法求出两点的高程,计算出高差,再求出两点间的距离 D,由下式计算两点间的地面坡度或倾角。

坡度:

$$i = \frac{h}{D} \tag{10-6}$$

倾角:

$$\alpha = \arctan\frac{h}{D} \tag{10-7}$$

如果两点间各等高线的平距不相等,则所求的是两点间的平均坡度。坡度通常用百分率(%)或千分率(‰)表示。

10.5.7 在图上按一定的坡度定线

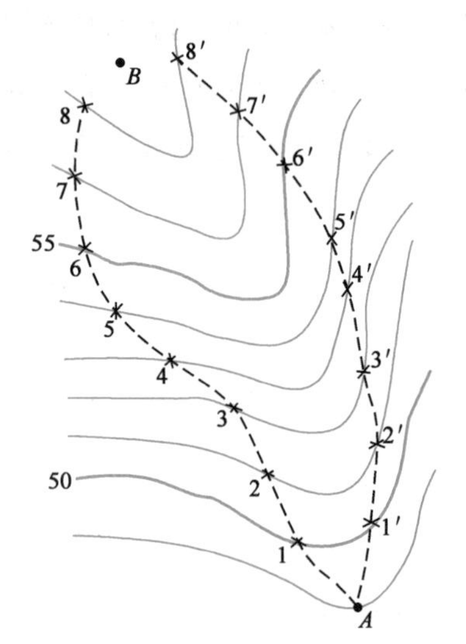

图 10-44 图上按坡度定线

在山地或丘陵地区进行道路、管线等工程设计时,在地形图上选线常遇到坡度限值问题。为了减小工程量,降低施工费用,要求在不超过某一坡度限值 i 的条件下选择一条最短线路。如图 10-44 所示比例尺为 1:1000、等高距为 1m 的地形图,要求从 A 地到 B 地选择一条坡度为 4% 的最短线路。为此,先求出符合该坡度相邻两等高线间的最短平距 D 为

$$D = \frac{h}{i} = \frac{1\text{m}}{4\%} = 25\text{m}$$

在 1:1000 比例尺的图上,此平距 D 长为 2.5cm。

以点 A 为圆心,2.5cm 长为半径,作圆弧交 50m 等高线于点 1,则点 A、点 1 之间就是 4% 的坡度。再以点 1 为圆心、2.5cm 长为半径,作圆弧与交高程为 51m 等高线于点 2,则点 1、点 2 之间就是 4% 的坡度。依次定出 3、4、… 各点,直到 B 地附近,连接这些点,就在 A、B 之间定出了坡度为 4% 的线路。然后可按线路的要求取直或加设曲线,定出线路的最后位置。在该地形图上,用同样的方法,还可定出另一条路线,$A \to 1' \to 2' \to \cdots \to 8'$,可以作为比较方案。

如果按上述方法计算出的平距小于图上等高线间的平距，也就是以这平距为半径无法与相邻等高线相交时，说明该处地面最大坡度小于限制坡度，此时，线路取任意方向均不会超过限制坡度。

10.5.8　按一定方向绘制断面图

地形断面图是指沿某一方向描绘地面起伏形状的竖直面图。在进行道路等工程设计时，为合理设计竖曲线和坡度，或对工程的填挖土石方工程量进行概算，断面图有着重要用途。断面图可以在实地直接测定，也可根据地形图绘制。根据地形图来绘制断面图的方法如下：

(1)确定断面图的水平比例尺和垂直比例尺。在图上绘制直角坐标系，横轴表示水平距离，纵轴表示高程，在水平方向采用与所用地形图相同的比例尺，而垂直方向的比例尺通常要比水平方向大10～20倍，以突出地形起伏状况。如图10-45所示，水平比例尺为1∶50000，垂直比例尺为1∶5000。

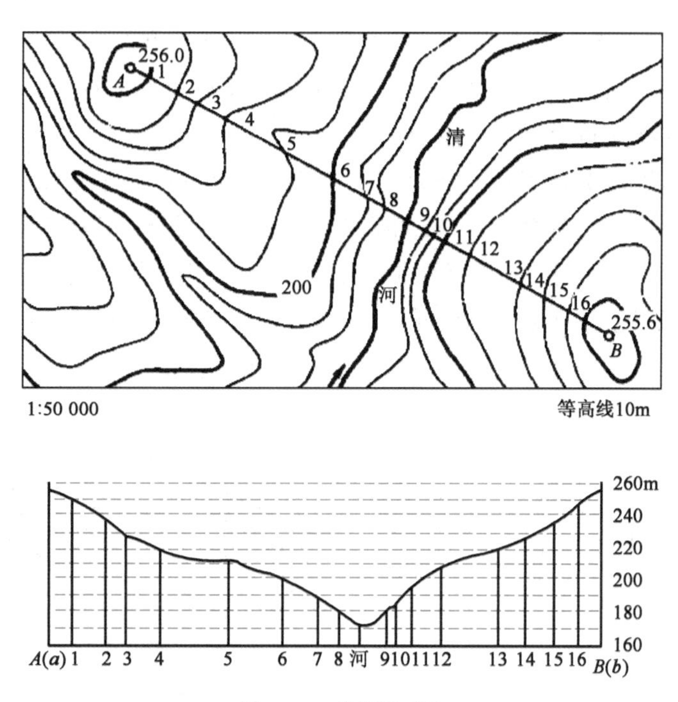

图10-45　绘制断面图

(2)按图上AB线的长度绘一条水平线，如图中的ab线，作为基线(因断面图与地形图水平比例尺相同，所以ab线长度等于AB)，并确定高程起始值，此值要选择适当，使绘出的断面图位置适中，一般略低于图上最低高程。如图中河流最低处高程约为170m，起始高程定为160m。

将直线AB与图上等高线的交点用数字或字母进行标号，并量出AB线与各等高线交点1、2、3、…到A的距离。

(3)根据等高线得出 A、B、1、2、3、…的高程,并从横轴上的各点分别作垂线,各垂线与相应高程的水平线交点即为断面点。

(4)把相邻地面点用光滑的曲线连接,就得出沿直线 AB 方向的断面图。

绘制断面图时,若使用毫米方格纸,更为方便。

10.5.9 确定汇水面积

当公路跨越河流或山谷时,须修建桥梁或涵洞。而桥涵的孔径大小取决于水的流量,而流量与汇水面积有关。汇水面积的边界线由分水线(山脊线)组成,由此边界线所包围的面积即为汇水面积。根据等高线的特性,山脊线处处与等高线相垂直,且经过一系列的山头和鞍部,可以在地形图上直接确定山脊线。如图10-46所示,某公路经过山谷地区,欲在 m 处建桥或涵洞,cn 和 en 为山谷线,注入该山谷的雨水是由山脊线(即分水线)a、b、c、d、e、f、g 及公路所围成的区域,即为汇水面积。量测汇水面积可采用求积法和方格法。

10.5.10 在地形图上绘出填挖边界线

在平整场地的土石方工程中,可以在地形图上确定填方区和挖方区的边界线。如图10-47所示,要将山谷地形平整为一块平地,并且其设计高程为45m,则填挖边界线就是45m的等高线,可以直接在地形图上确定。

如果在场地边界 aa' 处的设计边坡为1∶1.5(即每1.5m平距下降深度1m),欲求填方坡脚边界线,则需在图上绘出等高距为1m、平距为1.5m、一组平行 aa' 表示斜坡面的等高线。如图10-47所示,根据地形图同一比例尺绘出间距为1.5m的平行等高线与地形图同高程等高线的交点,即为坡脚交点。依次连接这些交点,即绘出填方边界线。同理,根据设计边坡,也可绘出挖方边界线。

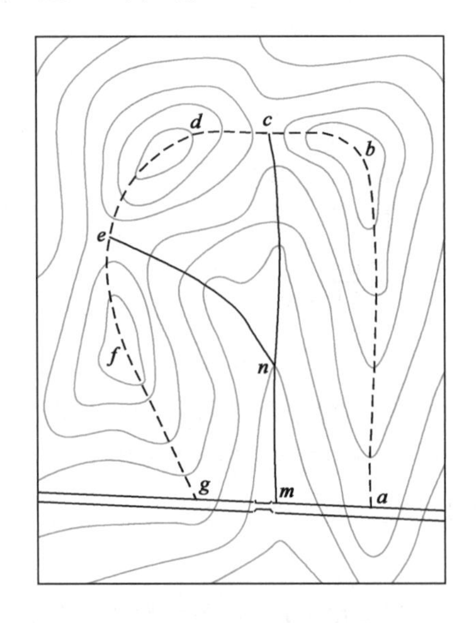

图10-46 图上确定汇水面积

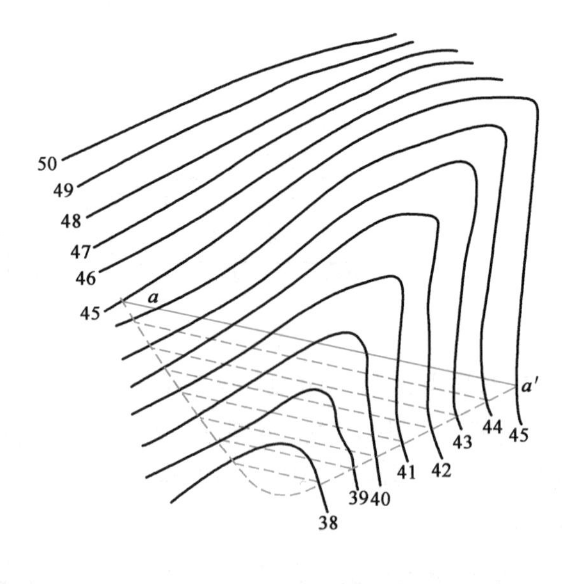

图10-47 图上确定填挖边界线

10.5.11　应用地形图估算土方量

1)等高线法

当场地地面起伏较大,且仅计算挖方时,可采用等高线法。从场地设计高程的等高线开始,算出各等高线所包围的面积,将相邻两条等高线所围面积的平均值乘以两等高线间高差(若两等高线为首曲线,即为等高距),就是该两条等高线平面间的土石方量,再求和即得总的挖方量。

如图 10-48 所示,地形图等高距为 2m,要求平整场地后的设计高程为 409m。先在图中内插出 409m 的等高线(即图中虚线),再分别量出 409m、410m、412m、…、418m 等 6 条等高线所围成的面积 A_{409}、A_{410}、A_{412}、…、A_{418},除最下一层的高度为 1m、顶部高度为 1.2m 外,其余均为 2m(即等高距),即可算出每层土石方量为

$$V_1=\frac{1}{2}(A_{409}+A_{410})\times1$$

$$V_2=\frac{1}{2}(A_{410}+A_{412})\times2$$

…

$$V_5=\frac{1}{2}(A_{416}+A_{418})\times2$$

$$V_6=\frac{1}{3}A_{418}\times1.2\text{(按棱锥体积计算)}$$

总挖方量 $V=V_1+V_2+\cdots+V_6$

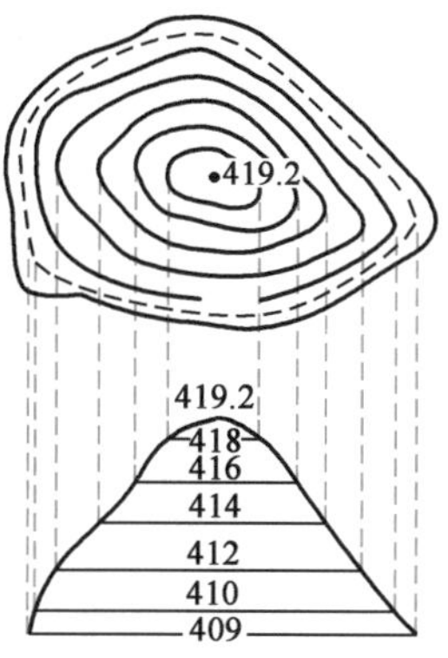

图 10-48　等高线法

2)方格网法

方格网法是平整场地时利用地形图计算填、挖土方量最为常用的方法,适用于地形起伏不大或地形变化比较规律的地区。

图 10-49 为一块待平整的坡地,要求在划定范围内平整为同一高程的平地,同时满足填挖方平衡的条件。其步骤如下:

(1)布置方格网。在需平整场地地形图上的相应范围内绘制方格网,方格边长取决于地形变化情况、地形图比例尺大小和土方估算的精度要求,一般取 10m、20m、50m,根据地形图的比例尺,在图上绘出方格网,并进行编号。

(2)计算方格角点的地面高程和方格网的平均高程,可根据等高线内插法求出各方格角点的地面高程,并标于相应角点的右上方。

(3)计算设计高程。平整场地后的高程称为设计高程。把每一方格四个顶点的高程相加,除以 4 得到每一个方格的平均高程,再把各方格的平均高程加起来除以方格数,即得设计高程。这样求得的设计高程,可使填挖方量基本平衡。在计算设计高程时,方格网外围角点高程,如图 10-49 中的 A_1、A_4、B_5、E_1、E_5 的高程只用一次,边点 B_1、C_1、D_1、E_2、E_4、…的高程用到两次,拐点 B_4 的高程用到三次,中点 B_2、B_3、C_2、C_3、…的高程用到四次,因此设计高程的计算公

式可写成:

$$H_{设} = \frac{\sum H_{角} + 2\sum H_{边} + 3\sum H_{拐} + 4\sum H_{中}}{4n} \tag{10-8}$$

式中: n——方格的个数;

$\sum H_{角}$、$\sum H_{边}$、$\sum H_{拐}$、$\sum H_{中}$——各角点、边点、拐点和中点的高程之和(m)。

将图中10-49的高程数据代入式(10-8),求出设计高程为64.84m,在地形图中按内插法绘出64.84m的等高线(图中的虚线),即为填挖的分界线,又称为零线。与该等高线相比,地势高的一侧为挖方区,地势低的一侧为填方区。

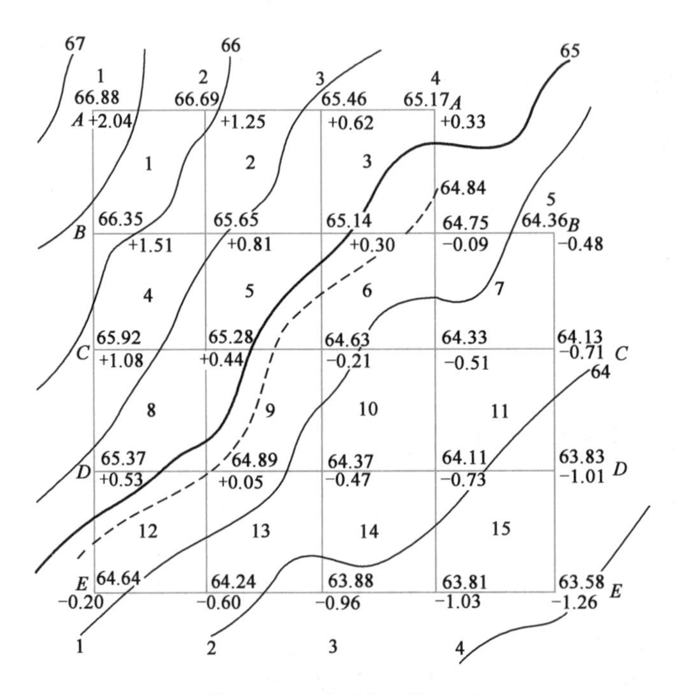

图10-49 方格网法计算土方量

(4)计算填(挖)高度(即施工高度)。根据设计高程和方格顶点的高程,可以计算出每一方格顶点的填(挖)高度,将填(挖)高度注记在各方格顶点的右下方,即

$$h = H_{D} - H_{S} \tag{10-9}$$

式中:h——填(挖)高度,正数为挖深,负数为填高;

H_{D}——地面高程;

H_{S}——设计高程。

(5)计算填(挖)方量。可按角点、边点、拐点、中点分别按下列公式计算:

角点
$$V_{填(挖)} = \sum h_{填(挖)} \times \frac{1}{4}方格面积 \tag{10-10}$$

边点
$$V_{填(挖)} = \sum h_{填(挖)} \times \frac{1}{2}方格面积 \tag{10-11}$$

拐点
$$V_{填(挖)} = \sum h_{填(挖)} \times \frac{3}{4} 方格面积 \tag{10-12}$$

中点
$$V_{填(挖)} = \sum h_{填(挖)} \times 1 方格面积 \tag{10-13}$$

从图 10-49 中可以看出，有的方格全为挖方，有的全为填方，有的方格既有填方又有挖方，因此要分别计算。设方格面积为 A，挖方面积为 A_W，填方面积为 A_T，挖方体积为 V_W，填方体积为 V_T，以 1、15、6 方格为例说明计算方法。

方格 1 为全挖方　$V_{W1} = \frac{1}{4}(2.04 + 1.25 + 1.51 + 0.81)A = 1.40A$

方格 15 为全填方　$V_{T15} = \frac{1}{4}(-0.73 - 1.01 - 1.03 - 1.26)A = -1.01A$

方格 6 既有挖方又有填方

$$V_{W6} = \frac{1}{3}(0.30 + 0 + 0)A_{W6} = 0.10A_{W6}$$

$$V_{T6} = \frac{1}{5}(0 - 0.09 - 0.51 - 0.21 - 0)A_{T6} = -0.16A_{T6}$$

挖、填方的面积可在地形图上量取。将所得的填、挖方量各自相加，即得总的填挖方量，两者应基本相等。

上述两种土石方估算方法各有特点，应根据场地地形条件和工程要求选择合适的方法。当实际工程土石方估算精度要求较高时，往往要到现场实测方格网图（方格点高程）、断面图或地形图。随着计算机的普及应用，土石方量的计算可采用计算机编程完成，也可利用现有的专业软件，根据实地测定的地面点坐标和设计高程，快速、准确地计算指定范围内的填、挖土石方量。

10.6 数字地形图在工程中的应用

随着计算机技术在工程领域的迅速发展，数字地形图在工程建设中的应用也越来越广泛，如在 AutoCAD 软件环境下，利用数字地形图可以很方便地查询各种工程建设中需要的基本几何要素；应用工程建设中相关的专业软件可以非常方便地进行面积、土方量计算和地形三维轴视图及纵、横断面图的绘制等。

下面以南方 CASS9.1 软件中工程应用部分为例，说明数字地形图在工程建设中的应用。

所有的地形图应用功能都在 CASS 界面下拉菜单“工程应用”下，如图 10-50 所示。

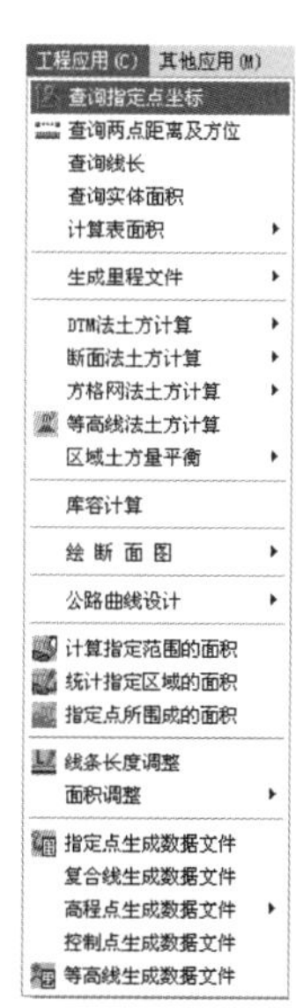

图 10-50　“工程应用”菜单

10.6.1　用 CASS 软件绘制断面图

在 CASS 软件中，绘制断面图的方法有多种，这里介绍根据等高线绘制断面图的方法。

(1)用前面的方法打开数字地形图。

(2)选用"工具"菜单中的"画复合线"功能,在地形图上需要绘制断面图的位置绘制复合线。

(3)点取"工程应用"菜单中的"绘断面图"功能,在下级功能中选择"根据等高线"项,如图10-51所示。

(4)根据命令行的提示,选择断面所在位置的复合线,弹出如图10-52所示的对话框。

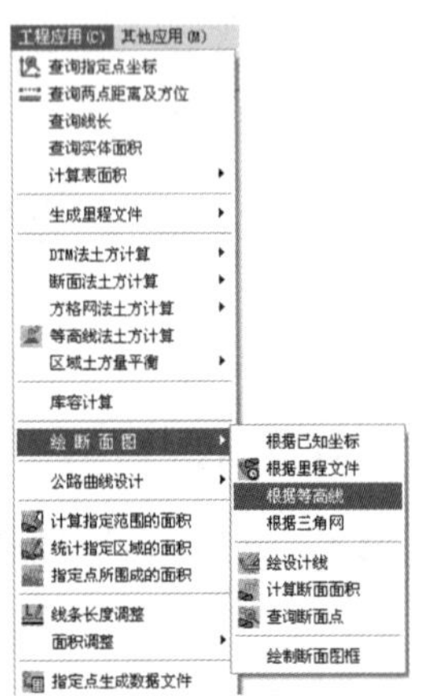

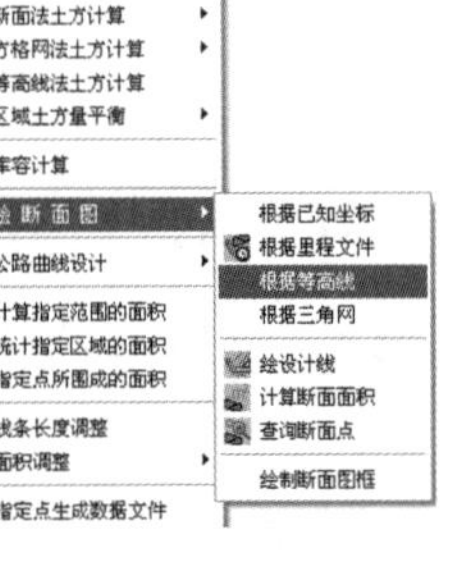

图10-51 工程应用

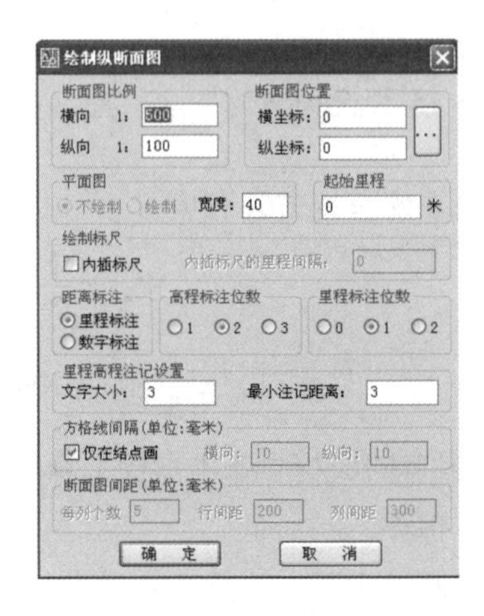

图10-52 绘制纵断面图

(5)在对话框中选择相应的绘制断面图的位置后,点击[确 定]就可以绘出相应的断面图,如图10-53所示。

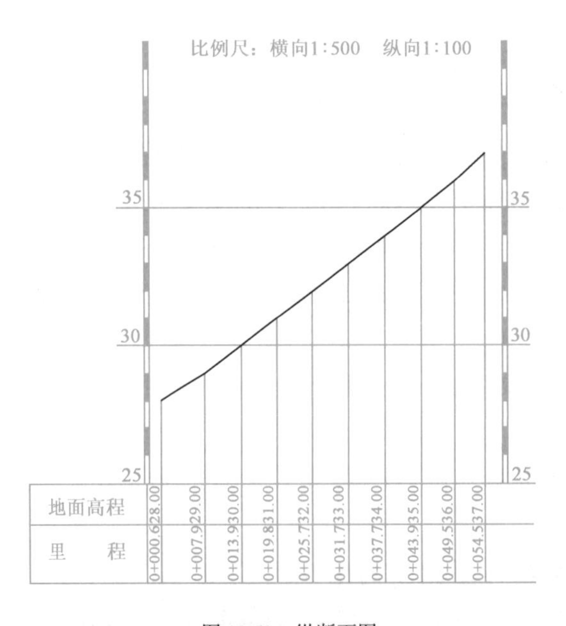

图10-53 纵断面图

10.6.2　土方量的计算

CASS 设置有 DTM 法、断面法、方格网法、等高线法和区域土方量平衡法五种计算土方量的方法，命令如图 10-54 所示。本节介绍 DTM 法土方计算，使用的案例坐标数据文件为 CASS 自带的 Dgx. dat。

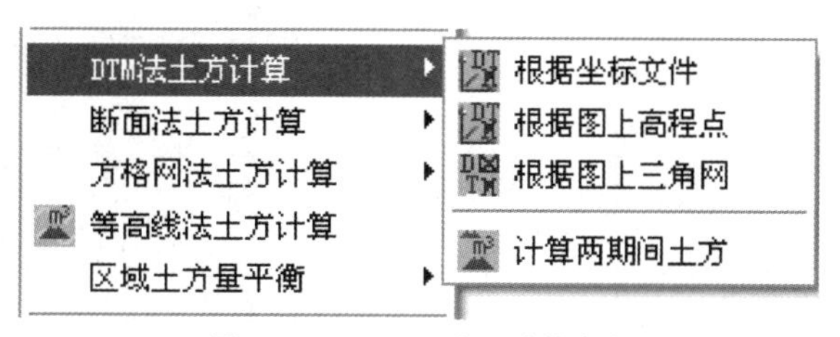

图 10-54　CASS 土方量计算命令

此方法是指建立 DTM 模型，根据实地测定的地面点坐标（X,Y,Z）和设计高程，通过生成三角网来计算每一个三棱锥的填（挖）方量，最后累计得到指定范围内填方和挖方的土方量，并绘出填挖方分界线。

DTM 法土方计算共有三种方法：一种是由坐标数据文件计算，一种是依照图上高程点进行计算，第三种是依照图上的三角网进行计算。前两种算法包含重新建立三角网的过程，第三种方法直接采用图上已有的三角形，不再重建三角网。

（1）根据坐标计算

如果已经生成测区点的坐标文件，可以用这种方法来计算土石方量。具体步骤如下：

①打开需要计算土石方的地形图，在需要计算土方量的区域绘制一闭合的复合线。

②用鼠标点取"工程应用\DTM 法土方计算\根据坐标文件"。

③在命令行中提示选择土方边界线，用鼠标单击刚才绘制的复合线。弹出如图 10-55 所示对话框，在对话框中选择相应的坐标文件，如选择 Dgx. dat 后，点击 打开(O) ，则弹出如图 10-56所示对话框。

图 10-55　选择相应的坐标文件

输入平场标高，如 35，则会弹出土方量计算结果，如图 10-57 所示。

点击 确定 ，命令区提示是否绘制表格。如果直接"回车"，则不绘制表格；如果绘制表格,则用鼠标左键点击绘制表格的左下角,则会绘制出计算结果,如图10-58所示。在图10-58中,可以看到此区域的平场面积、最小高程、最大高程、平场标高、挖方量和填方量等信息。

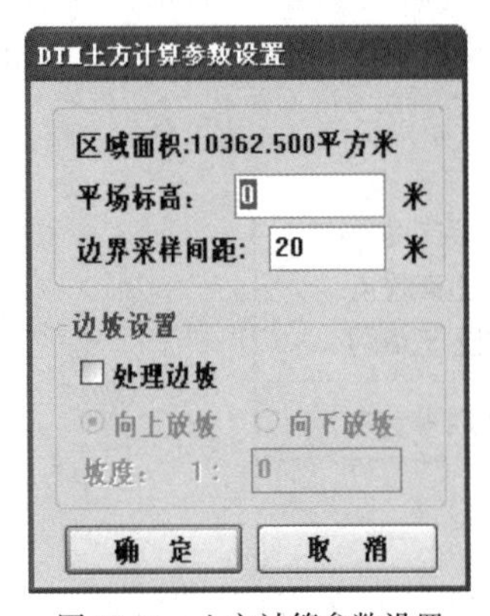

图10-56 土方计算参数设置

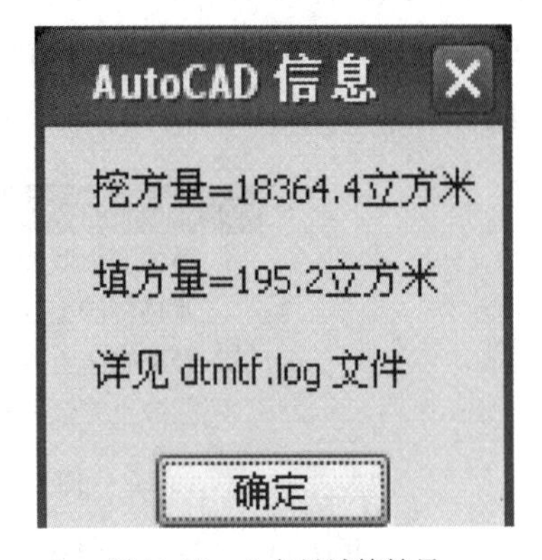

图10-57 土方量计算结果

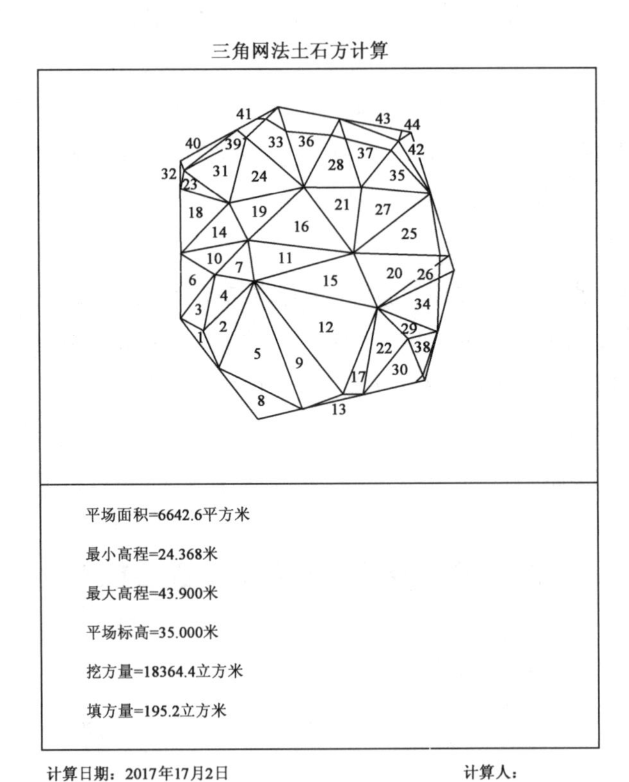

图10-58 土方量计算

(2)根据图上高程点计算

①图上展绘出高程点,方法是点击"绘图处理/展高程点"选项,则会提示选择相应文件,选择文件后,就会在屏幕上展绘出相应的高程点。

②用复合线绘出需要计算土方量的范围,同上面的方法。

③用鼠标点取"工程应用"菜单下"DTM法土方计算"子菜单中的"根据图上高程点",选

择相应复合线后，参照上面的方法就可以计算出所测范围的土方量了。在所绘的区域内有一条白线，就是填挖分界线。

(3) 根据图上的三角网计算

如果已经在图上生成了三角网，则可以用这个方法来进行计算。如有必要，对已经生成的三角网进行必要的添加和删除，使结果更接近实际地形。

用鼠标点取“工程应用”菜单下“DTM 法土方计算”子菜单中的“根据图上三角网”，会在命令区出现输入“平场标高”的提示，输入平场标高后，再用鼠标依次选定需要计算的三角形，也可以拉框批量选取，回车后就会在屏幕上显示计算结果，在图形中的白色线条为填挖方的分界线。

单元小结

本单元主要介绍了地形图的基本知识，经纬仪测绘地形图及全站仪数字化测图方法，以及地形图的应用。本单元是前面测量知识的综合应用和具体实践，通过学习应重点掌握比例尺的概念，地物和地貌的表示方法，能用经纬仪测绘地形图进行等高线的勾绘，能用全站仪及绘图软件进行数字化测绘地形图，完成数字化测图后，通过外业巡视检查和验收，进行质量控制。

遥感影像图（图片）

地形图是地面实际面貌在图纸上的真实反映，正确使用地形图，是工程技术人员必备的技能。通过学习地形图的应用，能读图、识图、用图，直接从地形图上求算点的坐标、高程、距离、直线方位角、地面坡度等基本数据，还能根据工程需要，在图上按一定坡度定线、绘制线路纵断面图、勾绘汇水面积，并熟练使用计算机软件求算工程填挖土石方量等。

【知识拓展】

航空摄影测量

目前，数字化基础地理信息已成为国土、测绘、水利、公路、铁路、城建、灾害监测、通信等领域进行决策、管理、规划、建设不可缺少的支撑手段。而航空摄影测量是快速获取地理信息的重要技术手段，是测制和更新国家地形图以及建立地理信息数据库的重要资料源，在空间信息的获取与更新中起着不可替代的作用，图 10-59 为航空摄影测量地形。

在 2008 年四川省汶川县大地震中，由于进入重灾区的道路两侧山体滑坡，道路严重损坏，救援队伍很难尽快赶往那些受灾最严重的地区，同时灾区内音信全无，尽快了解灾区的受灾情况和受灾程度，唯一的也是最快速的手段就是利用航空摄影测量技术快速获得灾情的分布信息。通过航空摄影测量图，清楚地反映出地质灾害的现状和灾害给灾区带来的损失，包括道路阻断、河流阻塞、城镇的损坏和重要基础设施的破坏情况，为抗震救灾决策指挥提供及时的决策依据。汶川地震发生后近几年来，国家测绘局通过航空摄影测量，建成了汶川地震灾区高精度测绘基准体系，完成了灾区 1∶2000、1∶10000、1∶50000 基本比例尺地形图测制，建立了灾区基础地理信息数据库以及灾情分析与服务地理信息系统，还建成了原北川和新北川三维景观模型，为抢险救灾和灾后恢复重建提供全方位的测绘保障。

图 10-59 航空摄影测量地形

1. 航空摄影测量

航空摄影测量指的是在飞机上用航摄仪器对地面连续摄取像片,结合地面控制点测量、调绘和立体测绘等步骤,绘制出地形图的作业,简称"航测"。

航摄具有很多优点,可以通过航摄像片在室内进行处理绘制成图,把繁重的外业测图工作改成室内作业,改善了劳动条件,对于地形困难人迹罕见的地区,效果尤为显著,航摄像片上具有丰富的地面信息,可使测图更为详细、准确,精度较高,提高了成图质量。对于大规模的测绘工作,航测是最有效的测图方法。

采用摄影测量方法绘制地形图,必须对测区进行有计划的空中摄影。将航摄仪安装在航摄飞机上,从空中一定的高度上对地面物体进行摄影,取得航摄像片。运载航摄仪的飞机飞行稳定性要好,在空中摄影过程中要能保持一定的飞行高度和航线飞行的直线性(图 10-60)。飞机的飞行航速不宜过大,续航的时间要长,实施飞行直至把整个航摄区域摄影完毕,经过室内摄影处理,从而得到了覆盖整个航摄区域的航摄像片。

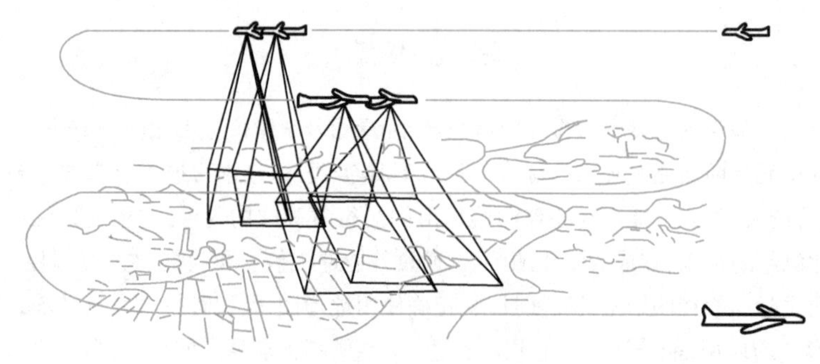

图 10-60　航摄飞行线

中国的航空摄影测量始于 1931 年,浙江省水利局航测队与德国测量公司合作进行首次航空摄影,摄取了钱塘江支流一段河道的航片,航摄比例尺为 1:20000,而后制作了像片平面图,此后主要测绘了中国局部地区 1:10000、1:25000 和 1:50000 地形图。新中国成立后,大规模的经济建设和国防建设急需地图资料,航空摄影测量得到飞速发展,林业、农业、地质、铁道、石油、水利等部门都积极开展了航空摄影测量。20 世纪 80 年代,中国利用航空摄影测量主要制作 1:25000 ~ 1:100000 各种比例尺地形图,现在已经发展到利用数字摄影测量与遥感方法,全国范围主要制作 1:50000 地形图,各省市主要制作 1:10000 和 1:5000 等大比例尺地形图,建立地形数据库、地名数据库和土地利用数据库等。许多大中城市已建立了 1:500 ~ 1:2000 空间数据库。城市大比例尺航测制作正射影像图得到了迅速发展,现在已经发展到制作三维城市电子地图,为公共服务提供了及时可靠的基础地理信息数据。这些都成为构建"数字中国"和"数字城市"的重要基础。

以测绘地形为目的的空中摄影多采用竖直摄影方式,要求航摄机在曝光的瞬间物镜主光轴保持垂直于地面。实际上,由于飞机的稳定性和摄影操作的技能限制,航摄机主光轴在曝光时总会有微小的倾斜,按规定要求像片倾角应小于 $2° \sim 3°$,这种摄影方式称为竖直摄影。

竖直航空摄影可分为面积航空摄影、条状地带航空摄影和独立地块航空摄影三种。面积航空摄影主要用于测绘地形图,或进行大面积资源调查。条状地带航空摄影主要用于公路、铁路、输电线路定线和江、河流域的规划与治理工程等。它与面积航空摄影的区别是一般只有一条或少数几条航带。独立地块航空摄影主要用于大型工程建设和矿山勘探部门。这种航空摄影只拍摄少数几张具有一定重叠度的像片。

2. 摄影比例尺的选择

摄影比例尺是指空中摄影计划设计时的像片比例尺,即航摄像片上一线段 z 与地面上相应线段的水平距离 L 之比。航摄比例尺的选取要以成图比例尺、测区地形、摄影测量内业成图方法和成图精度等因素来考虑选取,另外还要考虑经济性和摄影资料的可使用性。摄影比例尺可分为大、中、小三种比例尺。

3. 摄影测量对空中摄影的基本要求

航摄像片质量的优劣，直接影响摄影测量过程的繁简、摄影测量成图的工效和精度。因此，摄影测量要对空中摄影提出一些质量要求，即摄影质量和飞行质量的基本要求。

具体要求如下：

(1) 摄影比例尺

在同一高度上进行空中摄影，所得像片的比例尺基本上是一致的。但由于空中气流或其他因素的影响，会使摄影时的飞机产生升降，因而使摄影比例尺发生变化。如果相邻两像片的比例尺相差太大，则会影响到立体观察。相邻两像片的比例尺之差超出航测仪器结构的允许范围时，则无法在仪器上进行作业。为此，摄影比例尺的变化要有一定的限制范围。

(2) 像片重叠度

摄影测量使用的航摄像片，要求沿航线飞行方向两相邻像片对所摄地面有一定的重叠影像，这种重叠影像部分称为航向重叠度。对于区域摄影（即面积航空摄影），要求两相邻航带像片之间也需要有一定的影像重叠，这种影像重叠部分称为旁向重叠度。像片重叠度是以像幅边长的百分数表示。一般情况下要求航向重叠度保持在 60% ~65%，旁向重叠度保持在 15% ~30%。

(3) 像片旋偏角

相邻两像片的主点连线与像幅沿航带飞行方向的两框标连线之间的夹角称为像片的旋偏角，如图 10-61 所示。对像片的旋偏角，一般要求小于 6°，个别最大不应大于 8°，而且不能有连续三片超过 6°的情况。此外，要求航带弯曲度一般不得超过 3%，航摄仪的焦距、框标间距等数据要齐全、可靠。

4. 航空摄影测量需要进行外业和内业两方面的工作

(1) 航测外业工作包括：①像片控制测量。像片控制点一般是航摄前在地面上布设的标志点，也可选用像片上的明显地物点（如道路交叉点等），用地形测量方法测定其平面坐标和高程。②像片调绘。其利用航摄像片所提供的影像特征，对照实地进行识别、调查和做必要的注记，并按规定的综合取舍原则和图式符号表示在航摄像片上的工作。③综合法测图。地面点及地物的平面位置用摄影测量方法完成，而地貌则用普通地形测量的方法实地测绘等高线，最终获得地形原图的一种测图方法。

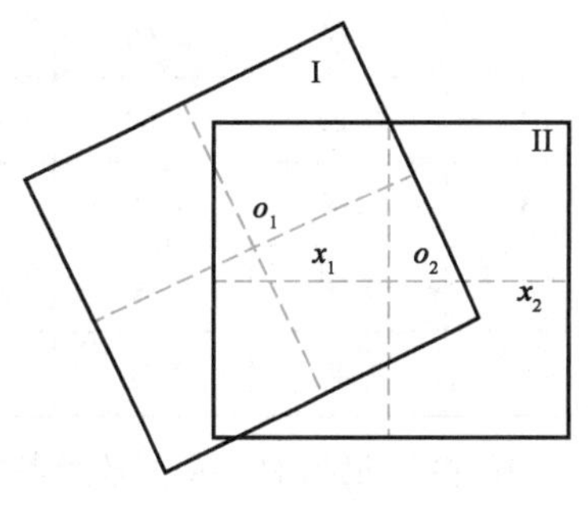

图 10-61　像片旋偏角

(2) 航测内业工作包括：①测图控制点的加密。为了满足内业立体测图或制作像片平面图的需要，在像片上必须确定一定数量的已知控制点（定向点或纠正点），这些点外业工作量大，在航测内业中用解析方法解算出加密点的地面坐标和高程，称解析空中三角测量，由于全部解算工作都在计算机上进行，又称电算加密。②像片纠正。它是为了消除航摄像片与正摄影像之间的差异，以满足像片调绘及综合法测图等需要而进行的内业工作。③立体测图。它是航测成图的主要方法，在室内依据航摄对摄影过程的几何反转原理，建立起可供量测的立体几何模型，然后在立体几何模型上测绘出地物、地貌元素，目前，主要利用全数字摄影测量系统来进行立体测图。

随着摄影测量的进一步发展，航测已与遥感技术结合，广泛应用在线路选线设计、地质与水文勘测中。

思考与练习题

10-1　什么是地形图，地形图中的基本要素包括哪些方面？

10-2　什么是地形图的比例尺，比例尺有哪些表示方法，国家基本比例尺地形图有哪些，何为大、中、小比例尺?

10-3　什么是比例尺的精度?

10-4　在1:2000地形图上,某两点间的图上距离为12.5cm,那么这两点的实际水平距离是多少米?某两点实地平距0.85km,在该地形图上的图上距离为多少?

10-5　什么是地物,地物符号的表示方法有哪几种?

10-6　什么是地貌,等高线、等高距、等高线平距是如何定义的?

10-7　等高线可以分成哪几种,在地形图上分别如何表示?

10-8　山头与洼地等高线分别有什么特征?

10-9　山脊与山谷等高线分别有什么特征?

10-10　鞍部等高线有什么特征?

10-11　等高线的特性有哪些?

10-12　在经纬仪碎部测量中,仪器高 $i=1.42$m,测站高程 $H=145.18$m,指标差 $x=0$,计算表10-6中各点的水平距离和高程。

地形测绘手簿　　表10-6

点号	视距间隔 l (m)	中丝读数 v (m)	水平角 β	竖盘读数 L	竖直角 α	高差 h (m)	水平距离 D (m)	高程 H (m)
1	1.10	1.60	33°15′	86°47′				
2	0.20	1.60	44°27′	91°41′				
3	1.80	1.60	131°28′	107°28′				
4	0.90	2.00	261°39′	90°02′				
5	1.40	2.35	79°14′	87°50′				

10-13　根据CASS自带数据,绘制平面图,并加图廓。

10-14　根据CASS自带数据,绘制等高线,并加等高线高程注记。

10-15　在CASS中,地形图图廓包括哪些方面的内容?

10-16　地形图识读的内容包括哪些方面?

10-17　在CASS软件中,练习确定点的坐标、量测线段的长度和方向及面积量算的方法。

10-18　上机练习用CASS绘制地形图断面图。

10-19　根据如图10-62所示地形图,完成下面的作业:

①确定 A 点的高程。

②绘制 AB 方向的纵断面图。

③如果地形图比例尺为1:1000,那么 AB 直线的水平距离为多少?

④在图上用点划线注明山脊线,用虚线注明山谷线。

10-20　如图10-63所示,为1:2000比例尺地形图,要求在图示方格网内将场地整平。

①根据填挖土石方量平衡的原则,计算平整场地的设计高程。

②在图中绘出填挖边界线。

③计算填挖土石方量。

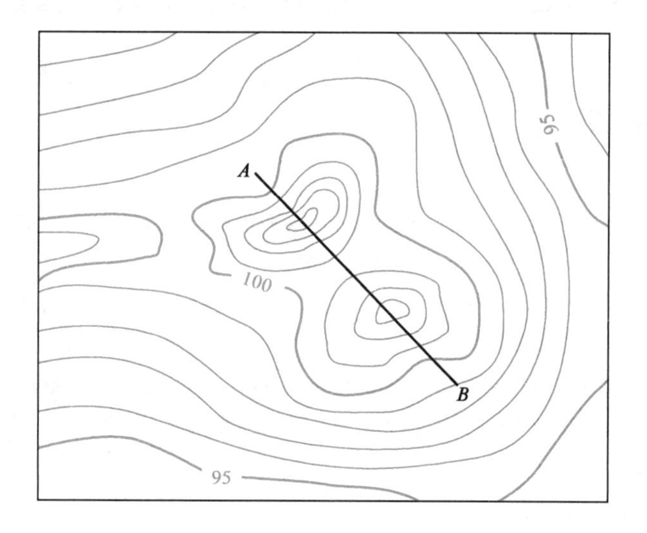

图 10-62　习题 10-19 图

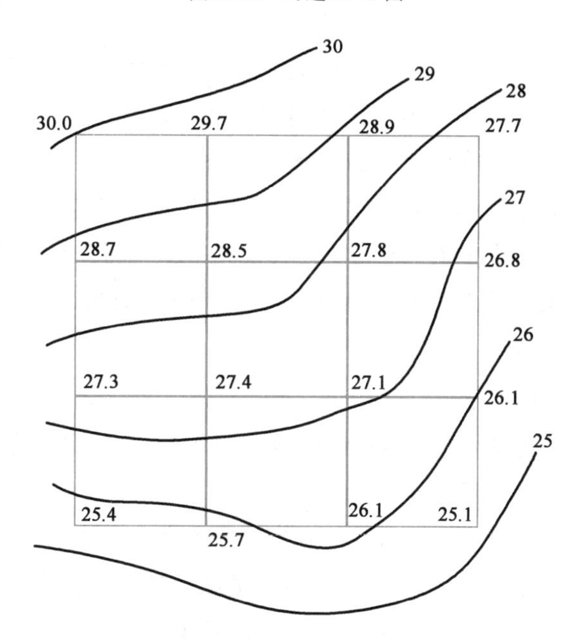

图 10-63　习题 10-20 图

单元 11　建筑施工测量

内容导读

本单元主要介绍了施工测量的内容和任务，水平角、水平距离和高程的测设，点的平面位置的测设方法，建筑场地的施工控制测量、民用建筑和工业厂房的施工测量。

知识目标：掌握施工放样的基本工作，掌握点平面位置测设方法，熟悉民用建筑施工测量过程，了解工业厂房施工与安装测量过程。

能力目标：建筑基线与建筑方格网的测设，建筑物定位、放线的方法，高层建筑轴线投测方法。

素质目标：培养学生爱岗敬业、吃苦耐劳和勇于开拓的工作作风与职业素质。

11.1 施工测量概述

11.1.1 施工测量的内容

施工测量的任务就是把图纸上设计的建(构)筑物的平面位置和高程，按设计和施工的要求在施工作业面上测设(也称放样)出来，作为施工的依据，并在施工过程中进行一系列的测量工作，以指导和衔接各施工阶段和工种间的施工工作。

施工测量贯穿于整个施工过程中，主要内容包括施工前施工控制网的建立，施工期间将图纸上所设计建(构)筑物的平面位置和高程标定在实地上的测设工作，工程竣工后测绘各种建(构)筑物建成后实际情况的竣工测量，以及在施工和管理期间测定建筑物的平面和高程方面产生位移和沉降的变形观测。

11.1.2 施工测量的特点

施工测量的精度要求比测绘地形图的精度要求更复杂。它包括施工控制网的精度、建筑物轴线测设的精度和建筑物细部放样的精度三个部分。

控制网的精度是由建筑物的定位精度和控制范围的大小所决定的，当定位精度要求较高或施工现场较大时，则需要施工控制网具有较高的精度。建筑物轴线测设的精度是指建筑物定位轴线的位置对控制网、周围建筑物或建筑红线的精度。建筑物细部放样的精度是指建筑物内部各轴线对定位轴线的精度，这种精度的高低取决于建(构)筑物的大小、材料、性质、用途及施工方法等因素。

一般来说，高层建筑物的放样精度要求高于低层建筑物，钢结构建筑物的放样精度要求高于钢筋混凝土结构建筑物，永久性建筑物的放样精度要求高于临时性建筑物，连续性自动化生产车间的放样精度要求高于普通车间，工业建筑的放样精度要求高于一般民用建筑，吊装施工方法对放样精度的要求高于现场浇灌施工方法。测量实践中，应根据具体的精度要求进行放样。

施工测量工作与工程质量及施工进度有着密切的联系。测量人员必须了解设计的内容、性质及对测量工作的精度要求,熟悉图纸上的尺寸和高程数据,了解施工的全过程,并掌握施工现场的变动情况,使施工测量工作能够与施工密切配合。另外,施工现场工种多,交叉作业频繁,并有大量土石方填挖,地面变动很大,又有动力机械的振动,因此各种测量标志必须埋设在不易破坏且稳固的位置,应做到妥善保护,如有破坏应及时恢复。施工测量人员在施工现场上工作,也应特别注意人员和仪器的安全。确定安放仪器的位置时,应确保下面牢固,上面无杂物掉下来,周围无车辆干扰。进入施工现场,测量人员一定要佩戴安全帽,同时,要保管好仪器、工具和施工图纸,避免丢失。

11.2 施工放样的基本工作

施工放样的基本工作包括测设已知的水平距离、水平角和高程。

11.2.1 水平距离的测设

水平距离的测设就是从地面一个已知点开始,沿指定直线的方向测设一段已知的水平距离,定出直线的另一端点位置的工作。

1)使用钢尺测设

(1)一般方法

如图 11-1 所示,已知地面上 A 点及 AK 方向线,要求用一般方法,沿 AK 方向测设已知的 AB 距离等于 D 值。其做法:自 A 点沿 AK 方向用钢尺量水平距离 D 得 B 点,打下木桩,在桩上用小钉标定 B 点,再校核丈量 AB 距离是否等于测设长度 D 值,若长度不符,应稍改 B 点的位置。

A　　B　　K

图 11-1　一般方法测设水平距离

(2)归化法

当水平距离测设精度要求较高时,按照上面一般方法在地面测设出的水平距离,还应再加上尺长、温度和高差三项改正,但改正数的符号与精密量距时相反,求出该直线在实地测设的长度,按公式(11-1)计算:

$$d = D - \Delta l - \Delta h - \Delta t \tag{11-1}$$

式中:d——实地测设的水平距离;

D——需要测设的水平距离;

Δl——尺长改正数,其值为 $\Delta l = D \times (l - l_0)/l_0$,其中 l 为钢尺检定的长度,l_0 为钢尺名义长度;

Δh——倾斜改正数,其值为 $\Delta h = -h^2/2D$,其中 h 为两端点的高差;

Δt——温度改正数,其值为 $\Delta t = D \times \alpha(t - t_0)$,其中 α 为钢尺的膨胀系数,$\alpha = 1.25 \times 10^{-5}$,$t$ 为钢尺使用时的温度,t_0 为钢尺检定时的温度。

§例 11-1§　某设计图纸给定的水平距离为 60m,使用一根名义长度为 30m 而实际长度为 30.003m 的钢卷尺测设该直线,钢尺检定时的温度为 +20℃,测设时的温度为 +5℃;已测得该直线两端点的高差为 1.2m,求算在地面测设时应量的水平距离 d 是多少?

解

$$\Delta l = D \times \frac{l - l_0}{l_0} = 60 \times \frac{30.003 - 30}{30} = 0.006\text{m}$$

$$\Delta h = -\frac{h^2}{2D} = -\frac{1.2^2}{2 \times 60} = -0.012\text{m}$$

$$\Delta t = D \times \alpha(t - t_0) = 60 \times 1.25 \times 10^{-5} \times (5 - 20) \approx -0.011\text{m}$$

代入公式(11-1)中,$d = D - \Delta l - \Delta h - \Delta t = 60 - 0.006 + 0.012 + 0.011 = 60.017\text{m}$

测设的方法同一般方法,自线段的起点沿指定的方向量出 60.017m,定出终点,即得设计的水平距离 60.000m。再校核丈量该段长度是否等于 60.017m,若不符,则稍改变终点的位置。

2)使用全站仪测设

当使用全站仪测设时,只要在直线方向上移动棱镜的位置,使显示距离等于已知距离,即能确定终点的位置。为了检核,可进行复测。

11.2.2 水平角的测设

测设水平角通常是在地面上由已知角的顶点和一个方向,测设出第二个方向,使两个方向的夹角等于所给定的设计角值。

1)一般方法

当测设水平角精度要求不高时,可采用盘左盘右(正倒镜)分中法。

如图 11-2 所示,设 OA 为地面上已有方向,欲向右测设水平角 β。测设时,在 O 点安置经纬仪,以盘左位置瞄准 A 点,置水平度盘读数为 0(或任一读数 L)。顺时针转动照准部使水平度盘读数恰好为 β(或 $L+\beta$)值,在视线方向定出 B_1 点。然后用盘右位置,重复上述步骤定出 B_2 点,取 B_1 和 B_2 中点 B,则 $\angle AOB$ 即为测设的 β 角。

经纬仪水平角的测设(动画)

2)归化法

当测设水平角的精度要求较高时,可采用作垂线改正的方法。如图 11-3 所示,按照上述一般方法测设出已知水平角 $\angle AOB'$,定出 B' 点。然后较精确地测量 $\angle AOB'$ 的角值,一般采用多个测回取平均值的方法,设平均角值为 β',测量出 OB' 的距离。按下式计算 B' 点处 OB' 线段的垂距 $B'B$。

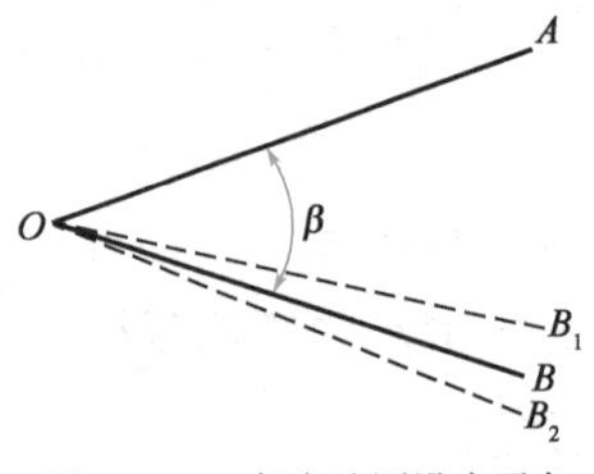

图 11-2 一般方法测设水平角

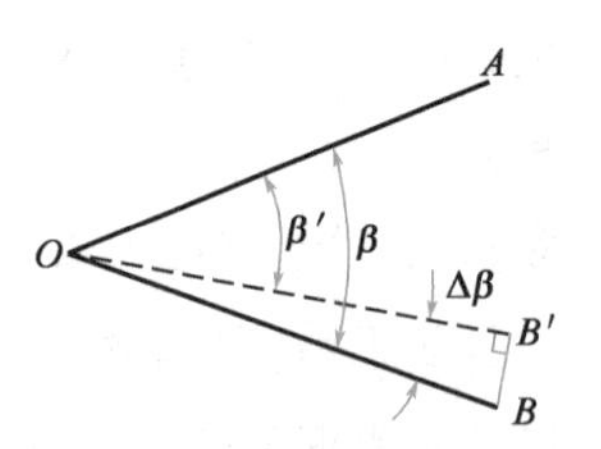

图 11-3 精确方法测设水平角

$$\Delta\beta = \beta - \beta'$$

$$B'B = OB'\tan\Delta\beta \approx OB'\frac{\Delta\beta}{\rho''} \tag{11-2}$$

然后，从 B' 点沿 OB' 的垂直方向调整垂距 $B'B$，$\angle AOB$ 即为 β 角。改正时注意，若 $\Delta\beta > 0$ 时，则从 B' 点向外调整至 B 点；若 $\Delta\beta < 0$ 时，则从 B' 点往内调整至 B 点。

11.2.3　高程的测设

测设已知高程，就是根据已知点的高程，通过引测，把设计高程标定在固定的位置上。如图 11-4 所示，已知水准点 A，其高程为 $H_{水}$，需要在 B 点标定出已知高程为 H_B 的位置。方法是：在 A 点和 B 点中间安置水准仪，精平后读取 A 点的标尺读数为 a，则仪器的视线高程为 $H_i = H_{水} + a$，由图可知测设已知高程为 H_B 的 B 点标尺读数应为 $b = H_i - H_B$。

测已知高程
（动画）

将水准尺紧靠 B 点木桩的侧面上下移动，直到尺上读数为 b 时，沿尺底画一标志线，此线即为设计高程 H_B 的位置。

在地下坑道施工中，高程点位通常设置在坑道顶部。如图 11-5 所示，A 为已知高程 H_A 的水准点，B 为待测设高程为 H_B 的位置，由于 $H_B = H_A + a + b$，则在 B 点应有的标尺读数 $b = H_B - (H_A + a)$。因此，将水准尺倒立并紧靠 B 点木桩上下移动，直到尺上读数为 b 时，在尺底画出设计高程 H_B 的位置。

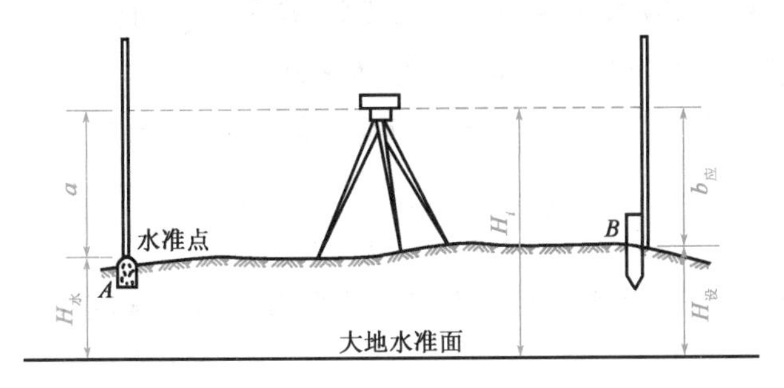

图 11-4　测设高程的原理

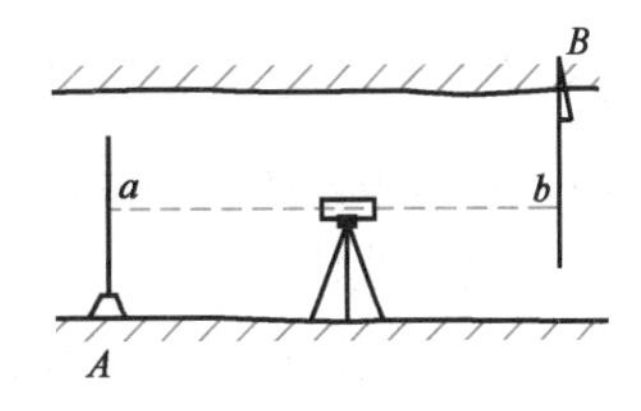

图 11-5　坑道顶部测设高程

若待测设高程点和水准点的高差较大时，如在深基坑内或在较高的楼板上，则可以采用悬挂钢尺的方法进行测设。如图 11-6 所示，钢尺悬挂在支架上，零端向下并挂一重物，A 为已知高程为 H_A 的水准点，B 为待测设高程为 H_B 的点位。在地面和待测设点位附近安置水准仪，分别在标尺和钢尺上读数 a_1、b_1 和 a_2。由于 $H_B = H_A + a_1 - (b_1 - a_2) - b_2$，则可以计算出 B 点处标尺的应有读数 $b_2 = H_A + a_1 - (b_1 - a_2) - H_B$。

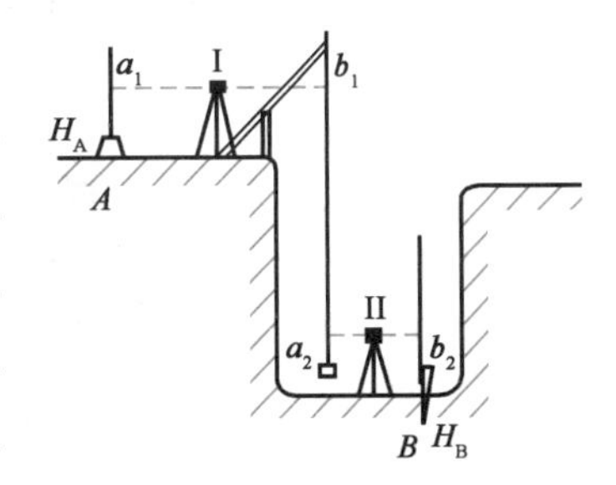

图 11-6　深基坑测设高程

11.2.4　已知坡度线的测设

在道路建设、铺设上下水管道及排水沟工程中进行已知坡度线的测设较为广泛。直线坡度 i 是直线两端点的高差 h 与其水平距离 D 之比，即 $i = h/D$，常以百分率或千分率表示，如

$i=+2.0\%$(上坡)、$i=-1.5‰$(下坡)。测设方法有水平视线法和倾斜视线法两种。

1)水平视线法

如图 11-7 所示,A、B 为设计坡度线两端点,A 点已知高程为 H_A,要求每隔距离 d 打一木桩,并在桩上标定出设计坡度为 i 的坡度线。

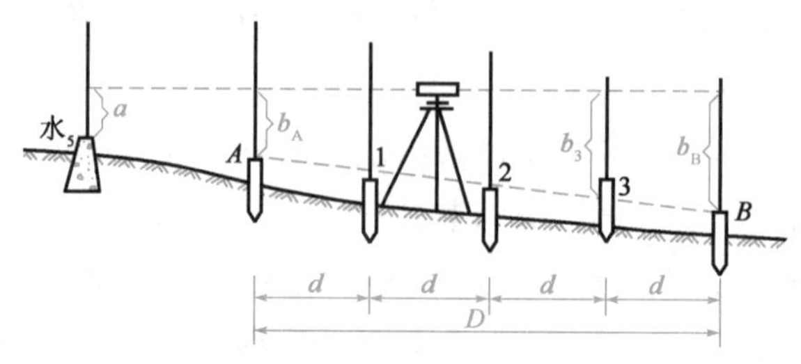

图 11-7 水平视线法测设坡度线

(1)按照下列公式计算各桩点的设计高程:

$$H_{设}=H_{起}+i\times d \tag{11-3}$$

第 1 点的设计高程 $H_1=H_A+i\times d$

第 2 点的设计高程 $H_2=H_1+i\times d$

B 点的设计高程 $H_B=H_A+i\times D_{AB}$

(2)沿 AB 方向,按规定间距 d 标定出中间 1、2、3、…、n 各点;

(3)安置水准仪于水准点水$_5$ 附近,读后视读数 a,并计算视线高程:$H_i=H_{水_5}+a$;

(4)根据各桩的设计高程,计算各桩点上水准尺的应读前视数:$b_i=H_i-H_{设}$;

(5)在各桩处立水准尺,上下移动水准尺,当水准仪对准应读前视数时,水准尺零端对应位置即为测设出的高程标志线。

2)倾斜视线法

倾斜视线法是根据视线与设计坡度相同时,其竖直距离相等的原理,确定设计坡度线上各点高程位置的一种方法。

(1)先用高程放样的方法,将坡度线两端点的设计高程标志标定在地面木桩上,如图 11-8 所示。

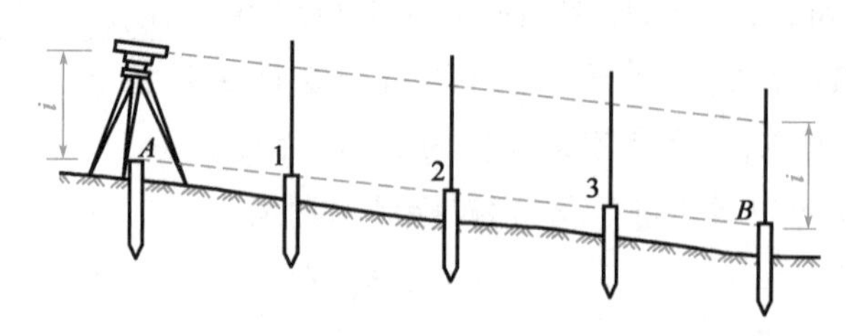

图 11-8 倾斜视线法测设坡度线

(2)将水准仪安置在 A 点上,并量取仪器高 i。安置时,使一对脚螺旋位于 AB 方向上,另一个脚螺旋连线大致与 AB 方向垂直。

(3)旋转 AB 方向上的一个脚螺旋或微倾螺旋,使视线在 B 尺上的读数为仪器高 i。此时,视线与设计坡度线平行。

(4)指挥测设中间 1、2、3、… 各桩的高程标志线。当中间各桩读数均为 i 时，各桩顶连线就是设计坡度线。

若坡度较大时，可改用经纬仪进行。

11.3 点的平面位置的测设方法

测设点的平面位置，应根据待测点的分布情况、控制点的分布及现场地形情况与已有仪器设备条件进行选择，采用下列方法：

11.3.1　直角坐标法

直角坐标法是建立在直角坐标原理基础上测设点位的一种方法。当建筑场地已建立有建筑基线或建筑方格网时，一般采用此法。

如图 11-9 所示，A、B、C、D 为建筑方格网或建筑基线控制点，1、2、3、4 点为待测设建筑物轴线的交点，建筑方格网或建筑基线分别平行或垂直待测设建筑物的轴线。根据控制点的坐标和待测设点的坐标可以计算出两者之间的坐标增量。

以测设 1、2 点为例，说明测设方法。首先计算出 A 点与 1、2 点之间的坐标增量，即 $\Delta x_{A1}=x_1-x_A$，$\Delta y_{A1}=y_1-y_A$。测设 1、2 点平面位置时，在 A 点安置经纬仪，照准 C 点，沿此视线方向从 A 沿 C 方向测设水平距离 Δy_{A1} 定出 1′点。再安置经纬仪于 1′点，盘左照准 C 点(或 A 点)，转 90°给出视线方向，沿此方向分别测设出水平距离 Δx_{A1} 和 Δx_{12} 定 1、2 两点。同法以盘右位置再定出 1、2 两点，取 1、2 两点盘左和盘右的中点即为所求点位置。

同法可以测设 3、4 点的位置。检查时，可以在已测设的点上架设经纬仪，检测各个角度是否符合设计要求，并丈量各条边长。

11.3.2　极坐标法

极坐标法是根据水平角和水平距离测设点平面位置的方法。在控制点与测设点间便于钢尺量距的情况下，采用此法较为适宜。若利用测距仪或全站仪测设水平距离，则没有此项限制，其工作效率和精度都较高。

如图 11-10 所示，A、B 为地面已知控制点，且坐标 $A(x_A,y_A)$、$B(x_B,y_B)$ 均为已知，P 为某建筑物欲测设之点，其坐标 $P(x_P,y_P)$ 可从设计图纸上获得。可按下列坐标反算公式求出在 A 点的测设数据水平角 β 和水平距离 D。

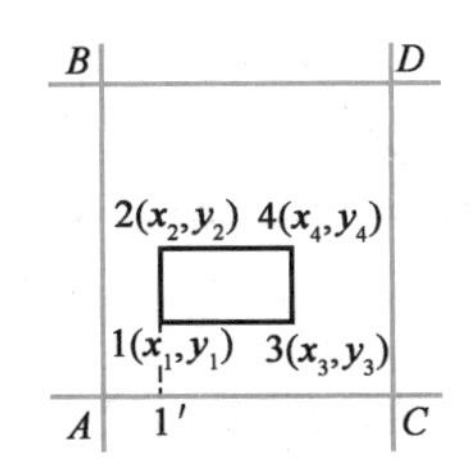

图 11-9　直角坐标法测设点位

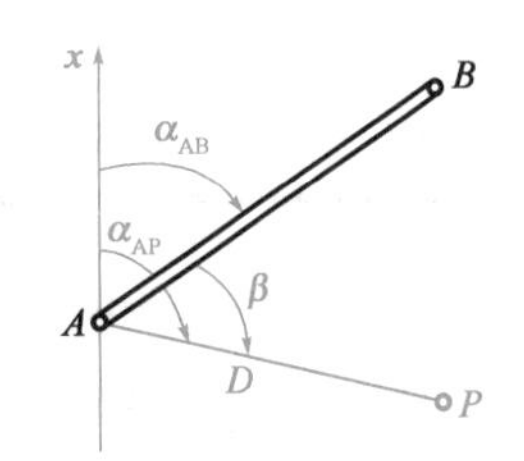

图 11-10　极坐标法测设点位

$$\beta = \alpha_{AP} - \alpha_{AB}$$

$$D = \sqrt{(x_P - x_A)^2 + (y_P - y_A)^2}$$

$$\alpha_{AP} = \arctan \frac{y_P - y_A}{x_P - x_A}$$

$$\alpha_{AB} = \arctan \frac{y_B - y_A}{x_B - x_A}$$

测设时,安置经纬仪于 A 点,瞄准 B 点,顺时针测设水平角 β,在地面上标定出 AP 方向线;自 A 点开始,用钢尺沿 AP 方向线测设水平距离 D_{AP},在地面上标定出 P 点的位置。

11.3.3 角度交会法

此法适用于测设点离控制点较远或量距有困难的情况。角度交会法是在两个控制点上分别安置经纬仪,根据相应的水平角测设出相应的方向,由两个方向交会定出点位的一种方法。

如图 11-11 所示,根据控制点 A、B 和测设点 1、2 的坐标,反算测设数据 β_{A1}、β_{A2}、β_{B1} 和 β_{B2} 角值。

将经纬仪安置在 A 点,瞄准 B 点,利用 β_{A1}、β_{A2} 角值按照盘左盘右分中法,定出 $A1$、$A2$ 方向线,并在其方向线上的 1、2 两点附近分别打上两个木桩(俗称骑马桩),桩上钉小钉以表示此方向,并用细线拉紧。然后,在 B 点安置经纬仪,同法定出 $B1$、$B2$ 方向线。根据 $A1$ 和 $B1$、$A2$ 和 $B2$ 方向线可以分别交出 1、2 两点,即为所求待测设点的位置。也可以利用两台经纬仪分别在 A、B 两个控制点同时设站,测设出方向线后标定出 1、2 两点。

检核时,可以采用实地丈量 1、2 两点之间的水平边长,并与 1、2 两点设计坐标反算出的水平边长进行比较。

11.3.4 距离交会法

距离交会法是根据测设的距离相交会定出点的平面位置的一种方法。当测设时不便安置仪器、测设精度要求不高,且距离小于一整尺长度的情况下常采用这种方法。

根据控制点与待测点的坐标,计算出测设距离 D_1 和 D_2,如图 11-12 所示。测设时,使用两把钢尺,分别使两钢尺的零刻线对准 A、B 两点,同时拉紧和移动钢尺,两尺上读数 D_1、D_2 的交点就是 P 点的位置。

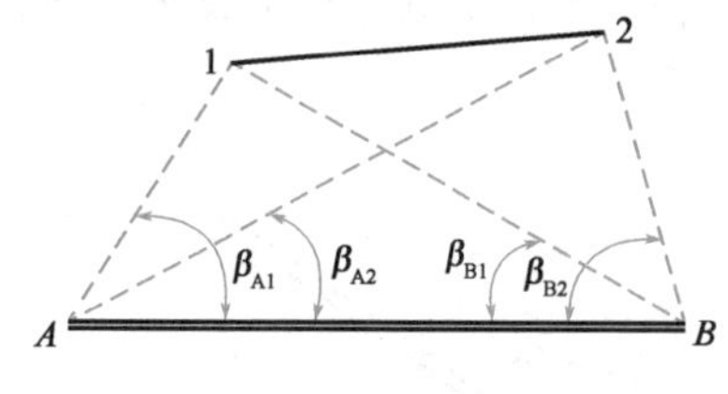

图 11-11 角度交会法测设点位

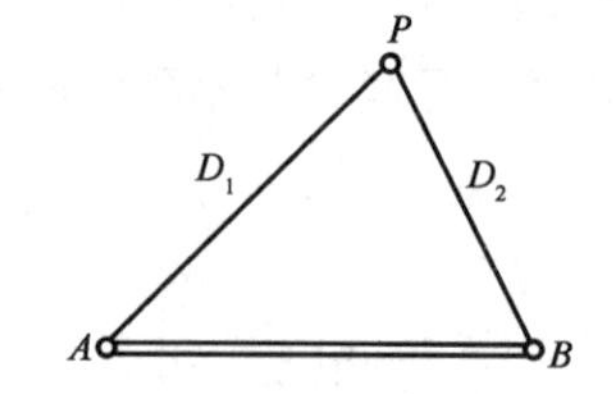

图 11-12 距离交会法测设点位

测设后,应对 P 点进行检核。使用距离交会法时,应注意两段距离相交时,角度不能太小,否则容易产生较大的交会误差,以致降低测设的精度。

11.3.5　全站仪坐标测设法

全站仪在施工测量中能够适应各种地形情况,具有测量精度高、速度快的特点,尤其是可以直接测设点的位置,因此在生产实践中得到了广泛应用。

全站仪坐标测设法,就是根据控制点和待测设点的坐标定出点位的一种方法。首先,仪器安置在控制点上,使仪器置于测设(坐标放样)模式,然后输入测站点和后视点坐标(或方位角),再输入待测设点的坐标。一人持反光棱镜立在待测设点附近,用望远镜照准棱镜,按坐标测设功能键,全站仪显示出棱镜位置与测设点的坐标差。根据坐标差值,移动棱镜位置,直到坐标差值等于零,此时,棱镜位置即为测设点的点位。为了能够发现错误,每个测设点位置确定后,可以再测定其坐标作为检核。

11.4　施工控制测量

施工测量和测绘地形图一样,也要遵循"从整体到局部,先控制后碎部"的原则。即先在施工现场建立统一的平面控制网和高程控制网,然后以此为基础,测设出各个建(构)筑物的位置。建筑施工测量的控制网是用来作为测设建筑物轴线、变形观测和竣工测量的依据。在工程施工之前,通常要在建筑场地上和在原有测图控制网的基础上重新建立专门的施工控制网,分为平面控制网和高程控制网。

11.4.1　平面控制

平面控制网的布设形式,应根据建筑总平面图、建筑场地的大小和地形、施工方案等因素来确定,一般分为建筑基线、建筑方格网两种布设形式。

1)建筑基线

(1)建筑基线的布设

在面积不大、地势较平坦的建筑场地上,根据建筑物的分布、场地地形等因素,布置一条或几条轴线,以作为施工控制测量的基准线,简称建筑基线。

建筑基线的布设形式有三点"一"字形、三点"L"字形、四点"T"字形及五点"十"字形等形式,如图 11-13 所示。布设时要求做到:

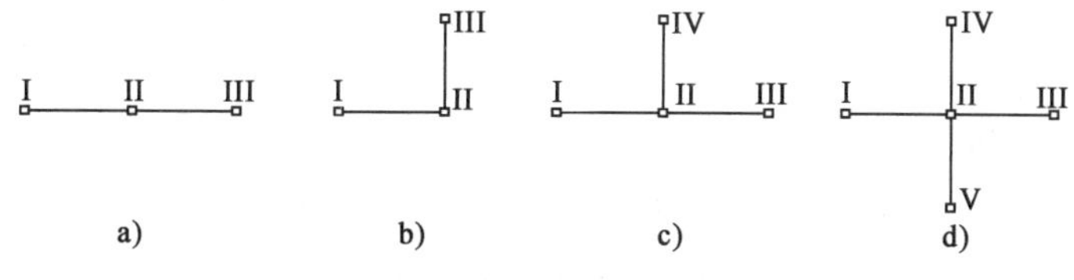

图 11-13　建筑基线布设形式

①建筑基线应平行或垂直主要建筑物的轴线,以便用直角坐标法进行测设;

②建筑基线相邻点间应互相通视,且点位不受施工影响;

③各点位要埋设永久性的混凝土桩以便能长期保存;

④基线点应不少于三个,以便检查点位有无变动。

(2)建筑基线的测设

①根据建筑红线测设。建筑红线是由城市规划部门选定并由测绘部门现场测设的,可作为建筑基线放样的依据。一般情况下,建筑基线与建筑红线平行或垂直,故可根据建筑红线用平行线推移法测设建筑基线。

如图11-14所示,AB、AC是建筑红线,从A点沿AB方向量取d_2定I′点,沿AC方向量取d_1定I″点。

通过B、C两点作红线的垂线,并沿垂线量取d_1、d_2得II、III点,则II、I″两点连线与III、I′两点连线相交于I点。I、II、III点即为建筑基线点。安置经纬仪于I点,精确观测∠II-I-III,其角值与90°之差应不超过±24″,若误差超限,应检查推平行线时的测设数据,并对点位作相应调整。如果建筑红线完全符合作为建筑基线的条件时,也可将其作为建筑基线使用。

②根据现场已有控制点测设。在建筑场地上没有建筑红线作为依据时,可根据建筑物的设计坐标和附近已有的控制点,在图上选定建筑基线的位置,求算测设数据,按前所述方法在地面上放样出来。如图11-15所示,I、II、III为设计选定的建筑基线点,A、B为其附近的已知控制点。首先根据已知控制点和待测设基线点的坐标关系反算出测设数据,用极坐标法或角度交会法测设出I、II、III点。然后将经纬仪安置在II点,观测∠I-II-III是否等于180°,其限差一般为±24″。丈量II-I、II-III两段距离,分别与设计距离相比较,其相对误差一般不超过1/10000。

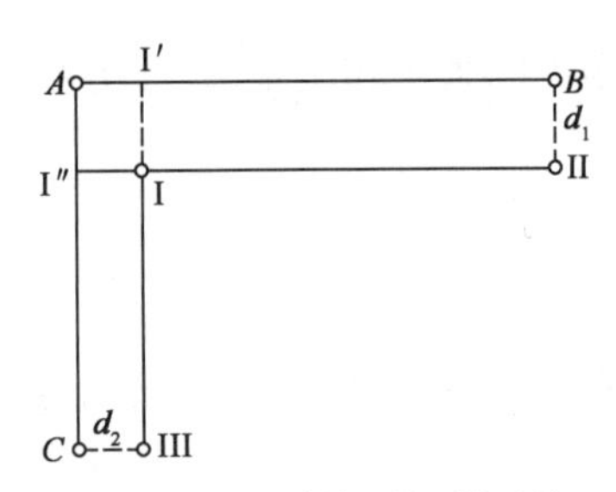

图11-14 根据建筑红线测设基线

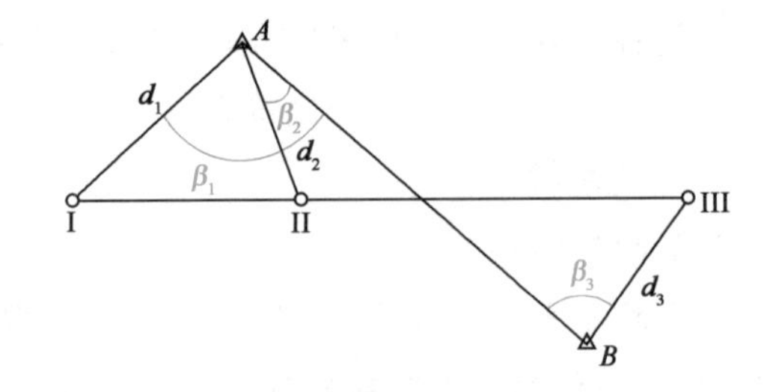

图11-15 根据控制点测设基线

2)建筑方格网

在地形平坦或大中型、高层建筑的施工场地上,多采用方格网作为施工控制网,称为建筑方格网。

(1)建筑方格网的布设

建筑方格网的布设,应根据建筑设计总平面图上各建筑物、构筑物、道路及各种管线的布设情况,结合现场的地形情况拟定。布设时应先选定建筑方格网的主轴线,然后再全面布设方格网。方格网的形式可布设成正方形或矩形,如图11-16所示,方格网可布设成“田”字形或“十”字形作为主轴线。主轴线上至少要有三个点,如A、B、C、D、O为主轴线点,其余方格点为加密点。

建筑方格网的布网要求如下:

①方格网的主轴线应尽量选在建筑场地的中央,并与总平面图上所设计的主要建筑物轴

线平行或垂直；

②方格网的轴线应彼此严格垂直；

③主轴线的各端点应布设在场地的边缘，以便控制整个场地；

④方格网的边长一般为 100～200m，矩形方格网的边长视建筑物的大小和分布而定，为了便于使用，边长尽可能为 50m 或它的整倍数；

⑤方格网的边应保证通视且便于测距和测角，点位标石应能长期保存。

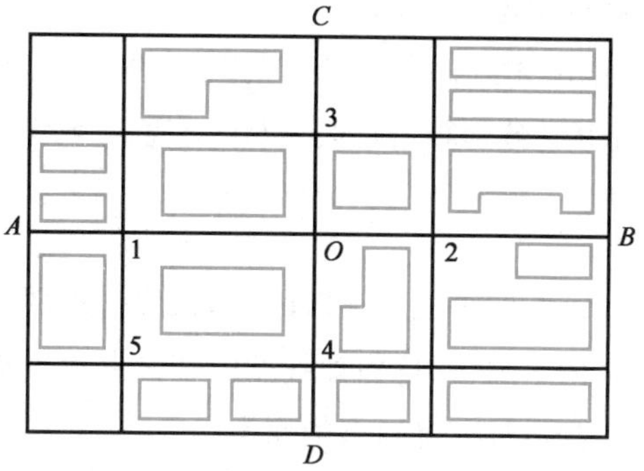

图 11-16　建筑方格网布设形式

(2)施工坐标换算为测量坐标

当场区很大时，主轴线很长，一般只测设其中的一段。主轴线的定位点，称为主点。为了工作上的方便，设计和施工部门常采用一种独立坐标系，称为施工坐标系。

施工坐标系的纵轴用 A 表示、横轴用 B 表示，因此施工坐标系也称为 A、B 坐标系。主点的施工坐标由设计单位给出，也可在总平面图上用图解法求得一点的施工坐标后，再按主轴线的长度推算其他主点的施工坐标。当施工坐标系与国家测量坐标系不同时，在施工方格网测设之前，应把主点的施工坐标换算为测量坐标，以便求算测设数据。

如图 11-17 所示，已知 P 点的施工坐标为 $P(A_P, B_P)$，换算为测量坐标 $P(x_P, y_P)$ 的计算公式如下：

$$x_P = x'_0 + A_P \cdot \cos\alpha - B_P \cdot \sin\alpha \qquad (11\text{-}4)$$

$$y_P = y'_0 + A_P \cdot \sin\alpha + B_P \cdot \cos\alpha \qquad (11\text{-}5)$$

(3)建筑方格网的测设

①主轴线测设。如图 11-18 所示，AOB、COD 为建筑方格网的主轴线，A、B、C、D、O 是主轴线上的主点。根据附近已知控制点坐标与主轴线测量坐标计算出测设数据，测设主轴线点。先测设主轴线 AOB，其方法与建筑基线测设相同，要求测定 $\angle AOB$ 的测角中误差不应超过 ±2.5″，

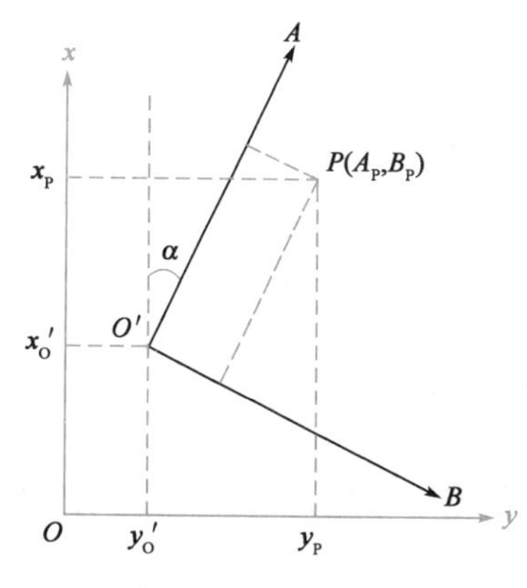

图 11-17　坐标换算

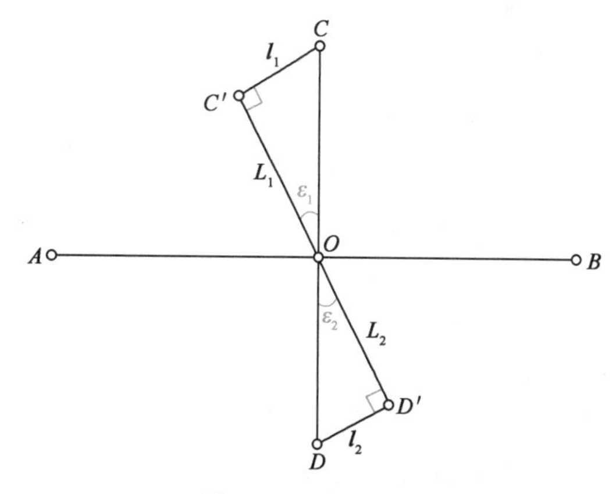

图 11-18　测设主轴线

直线的限差在 ±5″以内;测设与主轴线 AOB 相垂直的另一主轴线 COD 时,将经纬仪安置于 O 点,瞄准 A 点,分别向右、向左转 90°,以精密量距初步定出 C'和 D'点。精确测出 $\angle AOC'$和 $\angle AOD'$,分别算出它们与 90°之差 ε_1 和 ε_2,并按下式计算出调整值。即:

$$l = L\frac{\varepsilon''}{\rho''} \tag{11-6}$$

点位按垂线改正法改正后,应检查两主轴线交角和主点间水平距离,其均应在规定限差范围之内。测设时,各轴线点应埋设混凝土桩。

②建筑方格网点的测设

如图 11-16 所示,在测设出主轴线之后,从 O 点沿主轴线方向进行精密量距,定出 1、2、3、4 点。然后,将两台经纬仪分别安置在主轴线上的 1、3 两点,均以 O 点为起始方向,分别向左和向右精密测设角,按测设方向交会出 5 点的位置。交点 5 的位置确定后,即可进行交角的检测和调整。同法,用角度交会法测设出其余方格网点,所有方格网点均应埋设永久性标志。

11.4.2 高程控制

建筑施工场地的高程控制测量应与国家高程控制系统相联测,以便建立统一的高程系统,并在整个施工场地内建立可靠的水准点,形成水准网。

水准点应布设在土质坚实、不受震动影响、便于长期使用的地点并埋设永久标志。一般情况下,建筑方格网点也可兼作高程控制点,只要在方格网点桩面上中心点旁边设置一个凸出的半球状标志即可。场地水准点的间距应小于 1km,水准点距离建筑物、构筑物不宜小于 25m,距离回填土边线不宜小于 15m。

水准点的密度应满足测量放线要求,尽量做到设一个测站即可测设出待测的水准点。水准网应布设成闭合水准路线、附合水准路线或结点网形。中小型建筑场地一般可按四等水准测量方法测定水准点的高程;对连续性生产的车间,则需要用三等水准测量方法测定水准点高程;当场地面积较大时,高程控制网可分为首级网和加密网两级布设。

11.5 建筑施工测量

11.5.1 民用建筑测量

民用建筑施工测量的任务是按照设计的要求,把建筑物的平面位置和高程测设到地面上,并配合施工以确保工程质量。

1)测设前的准备工作

(1)熟悉图纸

设计图纸是施工测量的依据,主要包括建筑总平面图、建筑平面图、基础平面图、基础详图、立面图及剖面图。

①建筑总平面图。它是施工放样的总体依据,建筑物就是根据总平面图上所给的尺寸关系进行定位的,如图 11-19 所示。

②建筑平面图。平面图给出建筑物各定位轴线间的尺寸关系及室内地坪标高等,如

图 11-20所示。

③基础平面图。它给出基础边线和定位轴线的平面尺寸和编号，如图 11-21 所示。

④基础详图。详图给出基础的立面尺寸、设计高程以及基础边线与定位轴线的尺寸关系，这是基础施工放样的依据，如图 11-22 所示。

⑤立面图和剖面图。在建筑物的立面图和剖面图中，可以查出基础、地坪、门窗、楼板、屋面等设计高程，是高程测设的主要依据。

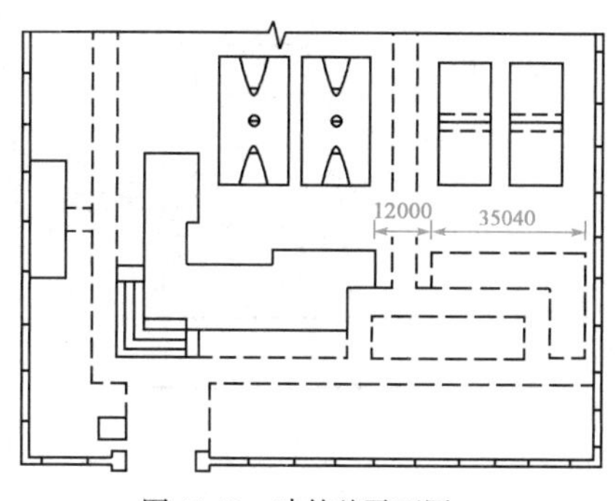

图 11-19　建筑总平面图

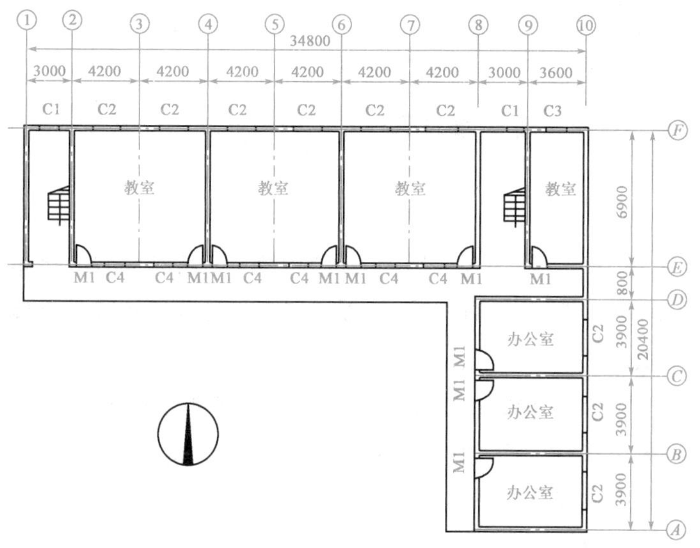

图 11-20　建筑平面图

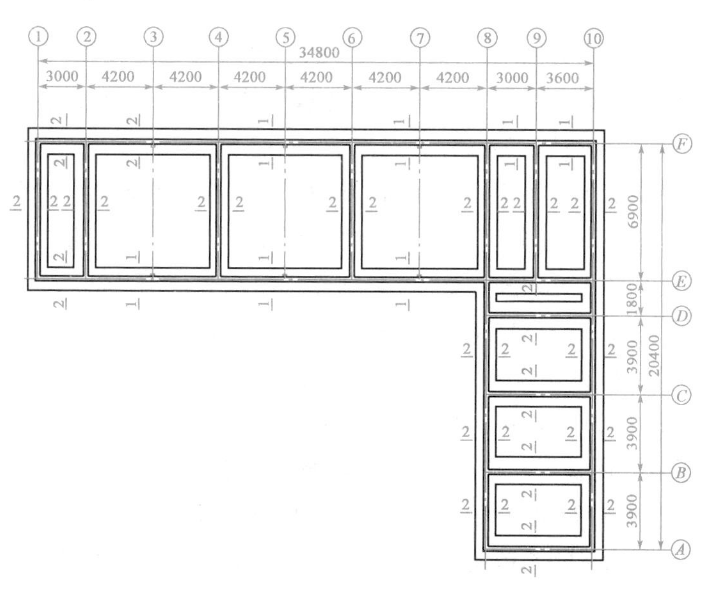

图 11-21　基础平面图

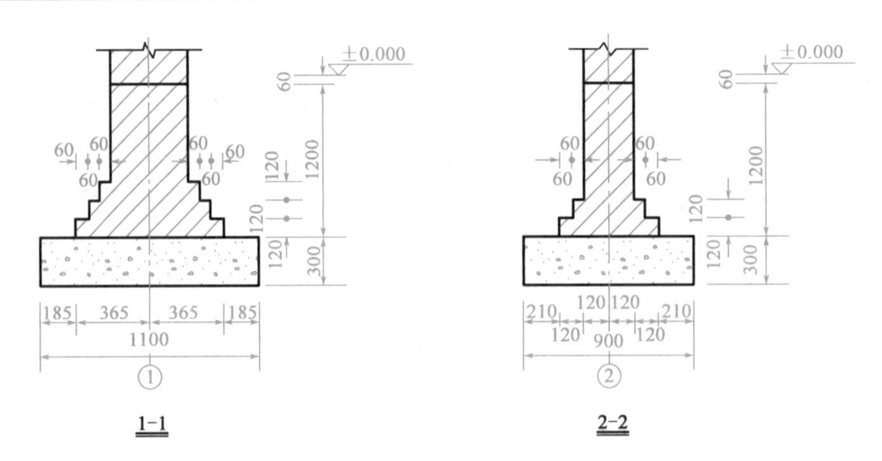

图 11-22　基础详图

在熟悉上述主要图纸的基础上,要认真核对各种图纸总尺寸与各部分尺寸之间的关系是否正确,以免出现差错。

(2)现场踏勘

现场踏勘的目的是为了掌握现场的地物、地貌和原有测量控制点的分布情况,对测量控制点的点位和已知数据进行认真的检查与复核,以便施工测量获得正确的测量起始数据和点位。

(3)制定测设方案

根据建筑总平面图给定的建筑物位置以及现场测量控制点情况,按照建筑设计与测量规范要求,拟定测设方案,并绘制施工放样草图。在草图上标出建筑物各轴线间的主要尺寸及有关测设数据,供现场施工放样时使用。

2)建筑物的定位与放线

(1)建筑物的定位

建筑物的定位放线(动画)

建筑物的定位是根据设计图纸,将建筑物外墙的轴线(也称主轴线)交点(也称角点)测设到实地,作为建筑物基础放样和细部放线的依据。根据设计条件及施工现场情况的不同,主要有以下方法:

①根据与既有建筑物的关系定位。如图 11-23 所示,首先用钢尺沿宿舍楼的东、西墙,延伸出一小段距离 s(1～2m)得 a、b 两点,用小木桩标定之;将经纬仪安置在 a 点上,瞄准 b 点,并从 b 沿 ab 方向量出 28.120m 得 c 点(考虑到教学楼的外墙厚 24cm,轴线居中,离外墙皮 12cm),继续沿 ab 方向从 c 点起量 29.800m 得 d 点。然后将经纬仪分别安置在 c、d 两点上,后视 a 点并旋转 90°,沿视线方向量出距离 $s+0.120$m,得 H、K 两点,再继续量出 16.000m 得 I、J 两点,H、I、J、K 四点即为教学楼主轴线的交点。最后,检查 I 与 J 的距离是否等于 29.800m,$\angle I$ 和 $\angle J$ 是否等于 90°,距离误差应小于 1/5000,角度误差应在 ±1′之内。

②根据建筑方格网(或建筑基线)定位。如图 11-24 所示,A、B、C、D 为待建房屋的四个角点,根据它们的设计坐标,求出与建筑方格网点 M、N 之间的尺寸关系,即可采用直角坐标法,将 A、B、C、D 四点测设于地面。

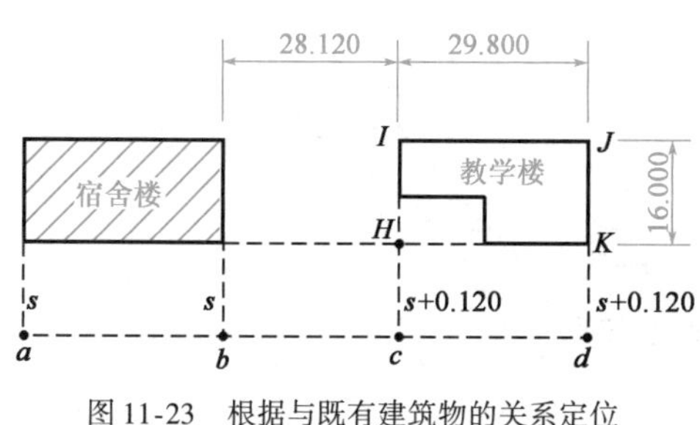

图 11-23　根据与既有建筑物的关系定位

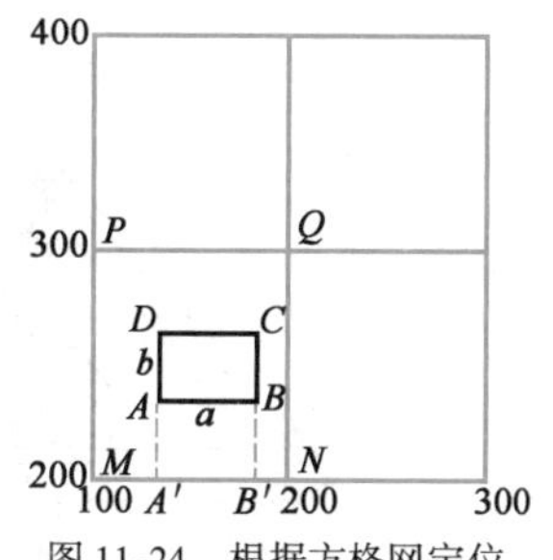

图 11-24　根据方格网定位

③根据控制点定位。在建筑场地附近，如果有测量控制点可以利用，应根据控制点坐标及建筑物定位点的设计坐标，反算出标定角度与距离，然后采用极坐标法或角度交会法将建筑物测设到地面上。

(2)建筑物的放线

建筑物的放线是根据已定位出的建筑物主轴线交点桩(即角桩)，详细测设出建筑物其他各轴线的交点位置，并设置交点中心桩(桩顶钉小钉，简称中心桩)。然后，再根据角桩和中心桩的位置，用白灰撒出基槽开挖边界线。

由于基槽开挖后，各交点桩将被挖掉，为了便于在施工中恢复各轴线位置，还须把各轴线延长到基槽外安全地点，设置控制桩或龙门板，并做好标志。

轴线控制桩(也称引桩)设置在基槽外基础轴线的延长线上，作为开挖基槽和确定恢复各轴线的依据，如图 11-25 所示。轴线控制桩离基槽外边线的距离可取 2～4m。

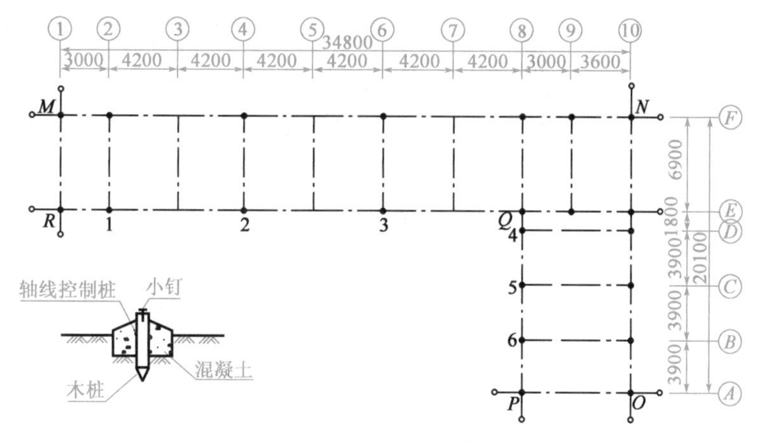

图 11-25　轴线控制桩

龙门板法适用于一般小型民用建筑中，常在基槽开挖线以外一定距离处钉设龙门板。控制桩设在离建筑物稍远的地方，如果附近有已建固定建筑物，最好把轴线投测到固定建筑物顶上或墙上，并做好标志。

为了方便施工，在建筑物四角与内纵、横墙两端基槽开挖边线以外 1～2m(根据土质情况和挖槽深度确定)处钉设龙门桩，如图 11-26 所示。龙门桩要钉得竖直、牢固，木桩侧面与基槽应平行。

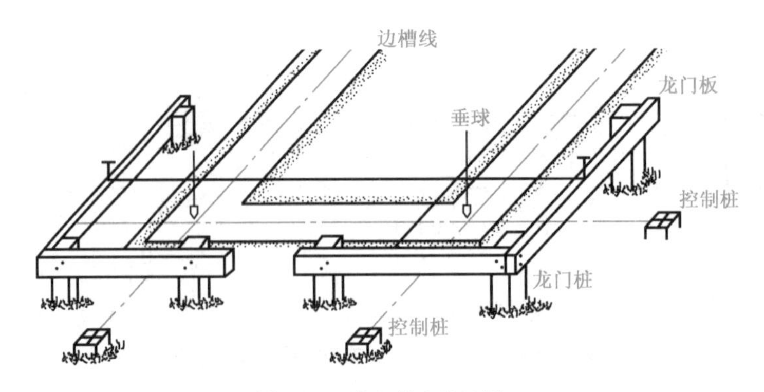

图 11-26　龙门桩和龙门板

根据建筑物场地水准点,在每个龙门桩上测设 ±0 标高线。沿龙门桩上测设的标高线钉设龙门板,这样龙门板顶面的标高就在一个水平面上了。龙门板标高的测定容差为 ±5mm。安置仪器于各角桩、中心桩上,将各轴线引测到龙门板顶面上,并钉小钉标明,称为轴线钉。投点容差为 ±5mm。

3)一般基础施工测量

(1)放样基槽开挖边线和抄平

①基槽开挖边线放线。在基础开挖前,按照基础详图上的基槽宽度和上口放坡的尺寸,由中心桩向两边各量出开挖边线尺寸,并做好标记,然后在基槽两端的标记之间拉一细线,沿着细线在地面用白灰撒出基槽边线,施工时就按此白灰线进行开挖。

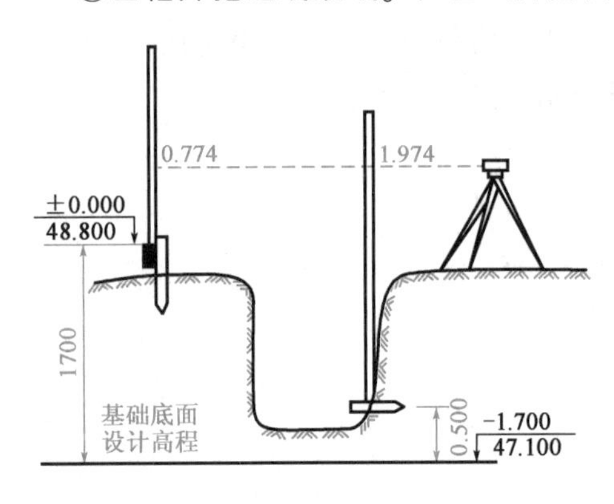

图 11-27　测设水平桩

②基坑抄平。在开挖过程中,不得超挖基底,当基槽开挖接近槽底时,在基槽壁上自拐角开始,每隔 3 ~5m 测设一根比槽底设计高程提高 0.3 ~0.5m 的水平桩,作为挖槽深度、修平槽底和打基础垫层的依据,如图 11-27 所示。

(2)垫层和基础放样

①垫层放样。在基础垫层打好后,根据龙门板上的轴线钉或轴线控制桩,用经纬仪或用拉绳挂锤球的方法,把轴线投测到垫层面上,并用墨线弹出墙中心线和基础边线,作为砌筑基础的依据。由于整个墙身砌筑均以此线为准,所以要进行严格校核。

垫层面标高的测设是以槽壁水平桩为依据,在槽壁弹线,或在槽底打入小木桩进行控制。如果垫层需支架模板可以直接在模板上弹出标高控制线。

②基础放样。墙中心线投在垫层上,用水准仪检测各墙角垫层面标高后,即可开始基础墙(±0.00 以下的墙)的砌筑,基础墙的高度是用基础皮数杆来控制的,如图 11-28 所示。基础皮数杆每五皮砖注上皮数(基础皮数杆的层数从 ±0.00m 向下注记),并标明 ±0.00m 和防潮

层等的标高位置。

4) 桩基础施工测量

采用桩基础的建筑物一般多为高层建筑，其特点是基坑较深，桩的定位精度要求较高。高层建筑位于市区，施工场地不开阔，施工测量应根据结构类型、施工方法和场地实际情况采取切实可行的方法进行，并进行校核。

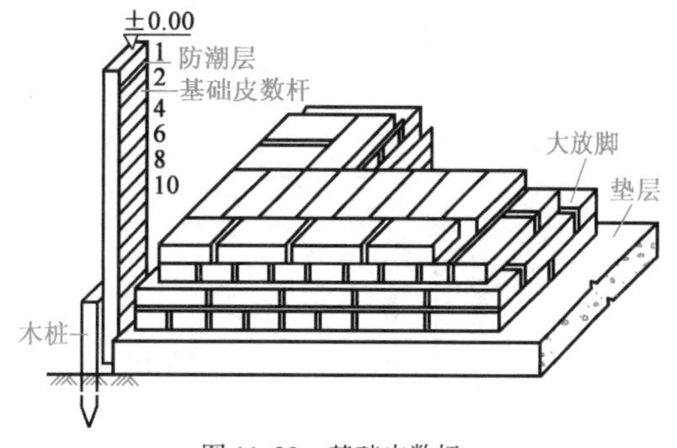

图 11-28　基础皮数杆

(1) 桩的定位

桩位测设工作必须在恢复后的各轴线检查无误后进行。建筑物主轴线测设桩基和板桩轴线位置的容许偏差为 20mm，对于单排桩则为 10mm。沿轴线测设桩位时，纵向偏差不宜大于 3cm，横向偏差不宜大于 2cm。位于群桩外周边上的桩，测设偏差不得大于桩径或边长的 1/10；群桩中间的桩，则不得大于桩边长的 1/5。

桩的排列因建筑物形状和基础结构的不同而异，若为格网状，则根据轴线精确测设出格网的四个角点后进行加密即可。地下室桩基础是由若干个承台和基础梁连接而成，承台下面是群桩，基础梁下面有的是单排桩、有的是双排桩。测设时通常按照“先整体，后局部”“先外廓，后内部”的顺序进行。测设时通常是根据轴线，用直角坐标法测设不在轴线上的点。

(2) 桩位的检测

桩基施工结束后，应对所有桩的位置进行一次检测。根据轴线重新在桩基上测设出桩的设计位置，用油漆或墨线标明，然后量出桩中心与设计位置的纵、横方向偏差，在范围内即可进行下一工序的施工。

桩顶上做承台时，先在桩顶面上弹出轴线作为模板的依据。承台浇筑完后，在承台面上弹轴线，并详细放出地下室的墙宽、门洞等位置。地下室施工标高高于地面时，根据轴线控制桩将轴线投测到墙的立面上，同时沿建筑物四周将标高线引测到墙面上。

5) 墙体施工测量

(1) 墙体轴线的投测

基础墙砌筑到防潮层后，利用轴线控制桩或龙门板上的轴线和墙边线标志，用经纬仪或用拉细线绳挂锤球的方法将轴线投测到基础面或防潮层上，然后用墨线弹出墙中线和墙边线。检查外墙轴线交角是否等于 90°，符合要求后，把墙轴线延伸到基础墙的侧面作为向上投测轴线的依据，如图 11-29 所示。同时，对于门 、窗和其他洞口的边线，也应在外墙基础面上画出标志。

(2) 墙体标高的控制

①墙身皮数杆的设置。墙体砌筑时，墙体各部位标高常用墙身皮数杆来控制。在墙身皮数杆上根据设计尺寸，按砖和灰缝的厚度画线，并标明门、窗、过梁、楼板等的标高位置。如

图 11-30所示,墙身皮数杆一般立在建筑物的拐角和内墙处。为了方便施工,采用里脚手架时,皮数杆立在墙外边;采用外脚手架时,皮数杆应立在墙里边。

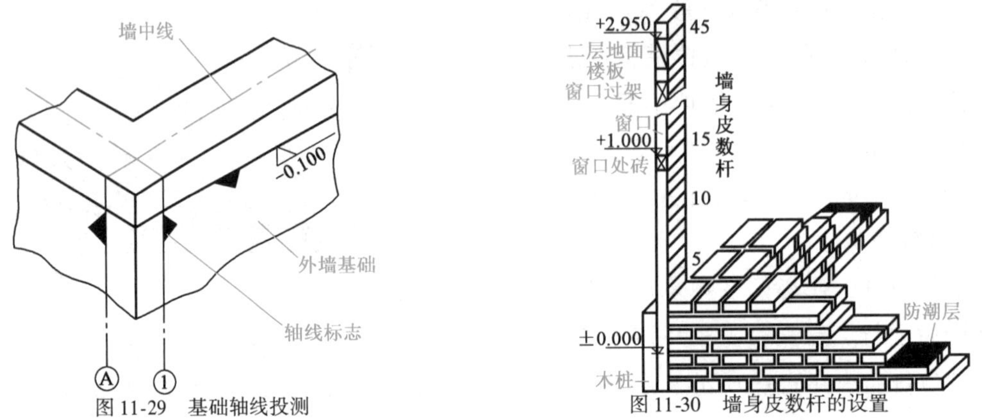

图 11-29　基础轴线投测　　图 11-30　墙身皮数杆的设置

立皮数杆时,先在立杆处打入木桩,用水准仪在木桩上测设出 ±0.00 标高位置,其测量容许误差为 ±3mm。然后,把皮数杆上的 ±0.00 标高线与木桩上 ±0.00 标高线对齐,并用钉钉牢。为了保证皮数杆稳定,可在皮数杆上加钉两根斜撑。当墙砌到窗台时,要在外墙面上根据房屋的轴线量出窗台的位置,以便砌墙时预留窗洞的位置。一般在设计图上的窗口尺寸比实际窗的尺寸大 2cm,因此,只要按设计图上的窗洞尺寸砌墙即可。

②墙体各部位标高控制。当砖墙砌到 1.2m 时,用水准仪测设出高于室内地坪 +0.500 的标高线,用来控制层高及门窗洞口、窗台、过梁、雨篷、圈梁、楼板等构件的标高位置。在离楼板板底标高 10cm 处弹墨线,根据墨线把板底找平层抹平,以保证吊装楼板时板面平整及地面抹面施工。在抹好找平层的墙顶面上弹出墙的中心线及楼板安装的位置线,并用钢尺检查符合要求后吊装楼板。

楼板安装好后,用垂球将底层轴线引测到二层楼面上,作为二层楼的墙体轴线。对于二层以上各层同样将皮数杆移到楼层,使杆上 ±0.00 标高线正对楼面标高处,即可进行二层以上墙体的砌筑。

当精度要求较高时,可用钢尺沿结构外墙、边柱、楼梯间等自 ±0.00 标高线起向上直接量至楼板外侧,确定立杆标志。一般高层建筑至少由三处向上传递,以便校核。对于采用框架结构的民用建筑,墙体砌筑是在框架施工后进行,可在柱面上画线,代替皮数杆。

11.5.2　工业厂房测量

工业厂房一般采用预制构件在现场安装的方法进行施工。对各种柱基和设备基础之间的平面位置和高程,应保持严密的关系并成为统一的整体。工业厂房施工测量主要工作包括厂房控制网测设、厂房柱列轴线测设、柱基测设、厂房预制构件安装测量等。

工业厂房虚拟实训(软件)

1)厂房控制网的测设

由于施工控制网(建筑方格网等)的点位分布较稀,难以满足厂房细部放样的要求,因此,在每一个厂房的施工测设时，应首先建立厂房控制网。厂房控制网布设成矩形（也称为矩形控制网），如图 11-31a）所示，*A*、*B*、*C*、*D* 为建筑方格网点，1、2、3、4 为厂房的四个角点，其设计坐标已知。I、II、III、IV 为厂房控制桩，它们应布设在基坑开挖范围以外。测设时，先根据建筑方格网点 *A*、*B* 用直角坐标法精确测设 I、II 两点，然后由 I、II 测设 III 和 IV，最后校核 III 角和 IV 角及 III-IV 边长。对一般厂房，角度误差应不大于 ±10″，边长丈量相对误差不得超过 1/10000。为了便于以后进行厂房细部施工放样，在测定矩形控制网各边时，还应每隔几个柱间距测设一个控制桩，称为距离指标桩。

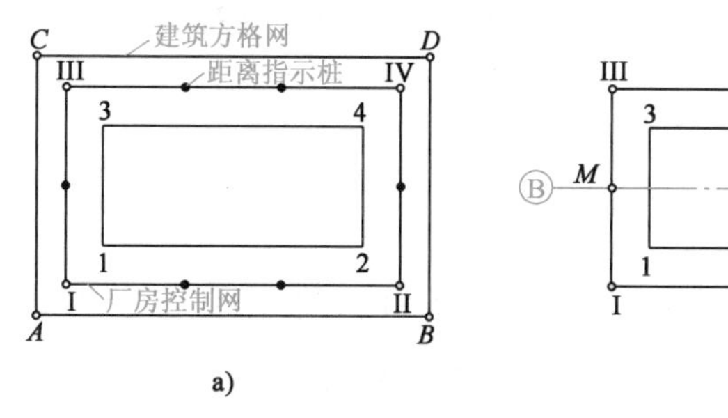

图 11-31　厂房控制网

对于大型或基础复杂的厂房，应先精确测设厂房控制网主轴线，如图 11-31b）所示的 *MON* 和 *POQ*，再根据主轴线测设厂房矩形控制网 I-II-III-IV。

2）柱列轴线的测设

如图 11-32 所示，Ⓐ、Ⓑ和①、②、③、…均为柱列轴线。根据厂房柱距及跨距，从靠近的距离指标桩量起，沿矩形网各边定出各轴线控制桩的位置，并打入大木桩，桩顶用小钉标示出点位，作为柱基测设和施工安装的依据。

3）柱基的测设

柱基测设的目的就是根据基础平面图和基础大样图，用白灰将基坑开挖的边线标示出来以便挖坑。

方法：将两台经纬仪安置在两条相互垂直的轴线控制桩上，沿轴线方向交会出每个柱基中心的位置。如图11-33所示，按基础大样图的尺寸，用特制的角尺，沿定位轴线Ⓐ和②上放出

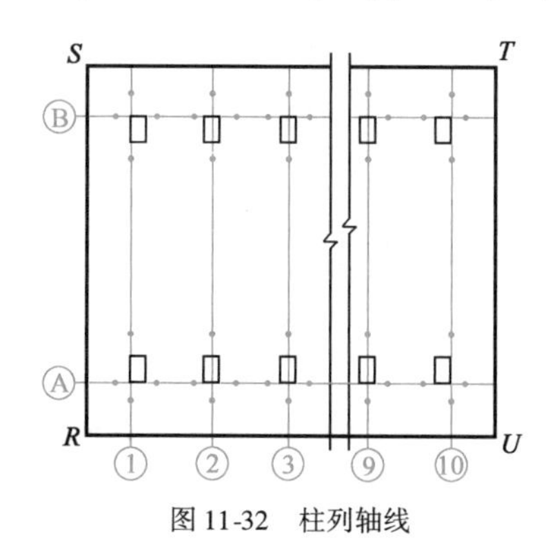

图 11-32　柱列轴线

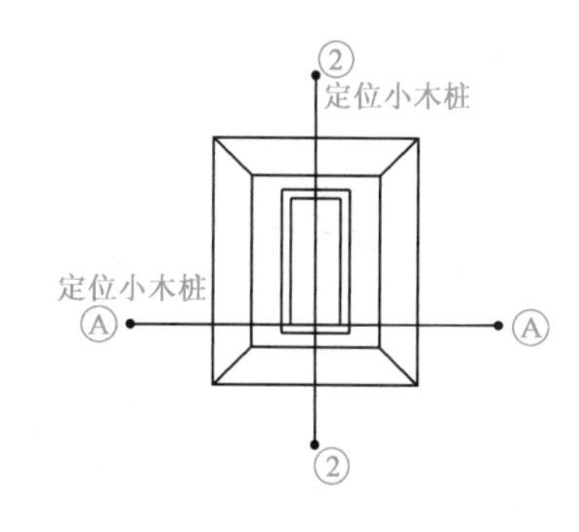

图 11-33　柱基测设

基坑开挖线,用灰线标出开挖范围,并在距开挖边界0.5~1m处,钉设4个定位小木桩,用小钉标明点位,作为修坑及立模板的依据。在进行柱基测设时,应注意柱列轴线不一定都是柱基中心线,而一般立模、吊装等习惯用中心线,此时应将柱列轴线平移,定出柱基中心线。

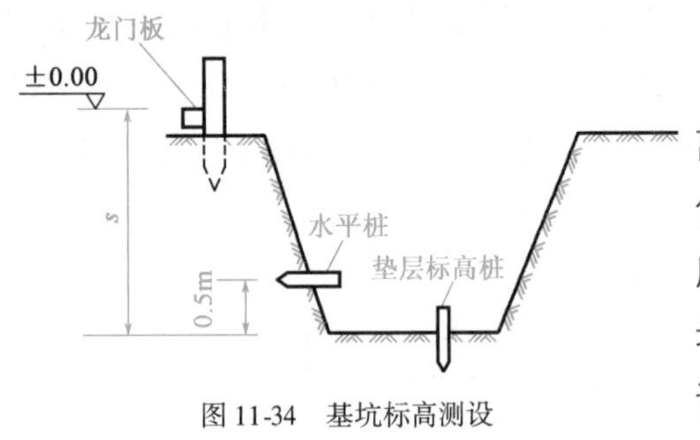

图11-34　基坑标高测设

4)基坑标高测设

当基坑挖到接近设计标高时,应在基坑四壁离坑底设计标高0.3~0.5m处测设几个水平桩,作为基坑修坡和检查坑底标高的依据,如图11-34所示。此外,还应在基坑内测设垫层的标高,即在坑底设置小木桩,使桩顶高程恰好等于垫层的设计标高。

5)基础模板的定位

垫层打好后,根据坑边定位小木桩,用拉线吊垂球的方法,将柱基定位线投到垫层上,弹出墨线并用红漆画出标记,作为布置钢筋和柱基立模的依据。立模时,将模板底线对准垫层上的定位线,并用垂球检查模板是否竖直。最后,用水准仪将柱基的设计标高测设到模板的内壁上,供柱基施工使用。

11.5.3　工业厂房构件安装测量

装配式工业厂房主要由柱、吊车梁、屋架、天窗架和屋面板等主要构件组成,一般采用预制构件在现场安装的办法施工。下面着重介绍柱子、吊车梁及吊车轨道等构件的安装测量。

1)柱子安装测量

(1)吊装前的准备工作

①投测柱列轴线。在杯形基础拆模以后,根据柱列轴线控制桩用经纬仪把柱列轴线投测在杯口顶面上,如图11-35所示,并弹上墨线,用红漆画上▲标明,作为吊装柱子时确定轴线方向的依据。当柱列轴线不通过柱子中心线时,应在杯形基础顶面上加弹柱子中心线。

②在杯口内壁,用水准仪测设一条标高线,并用▼表示。从该线起向下量取一个整分米数,即为杯底的设计标高,并用以检查杯底标高是否正确。

③柱身弹线。柱子吊装前,应将每根柱子按轴线位置进行编号,在柱身的三个侧面上弹出柱子中心线,并在每条线的上端和近杯口处画上小三角形▲标志,以供校正时照准,如图11-36所示。

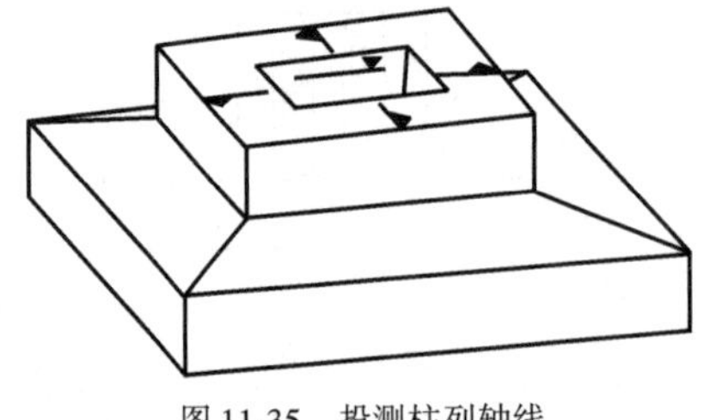

图11-35　投测柱列轴线

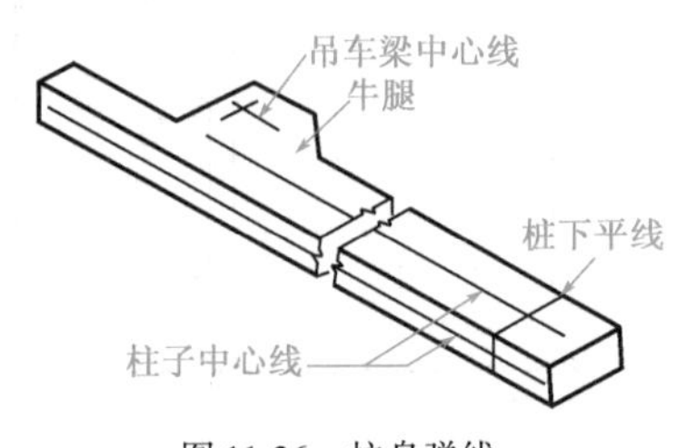

图11-36　柱身弹线

(2)柱长的检查与杯底找平

如图 11-37 所示,柱底至牛腿面的设计长度加上杯底高程应等于牛腿面的高程,即 $H_2 = H_1 + l$。但柱子在预制时,由于模板制作和模板变形等原因,不可能使柱子的实际尺寸与设计尺寸一样,为解决这个问题,在浇注基础时把杯形基础底面高程降低 2 ~5cm,然后用钢尺从牛腿顶面沿柱边量到柱底,根据这根柱子的实际长度,用 1∶2 水泥砂浆在杯底进行找平,使牛腿面符合设计高程。

(3)柱子吊装测量

吊装柱子时的测量工作是保证柱子位置正确,立得竖直,牛腿面符合设计标高。柱子吊起后,使柱子悬空就位,将柱底插进杯口。柱子插入杯口后,首先应使柱身基本竖直,再令其侧面所弹的中心线与基础轴线重合,用木楔或钢楔初步固定,然后进行竖直校正。校正时用两架经纬仪分别安置在柱基纵横轴线附近,离柱子的距离约为柱高的 1.5 倍。如图 11-38 所示,先瞄准柱子中心线的底部,然后固定照准部,再仰视柱子中心线顶部。如重合,则柱子在这个方向上就是竖直的;如果不重合,应进行调整,直到柱子两个侧面的中心线都竖直为止。柱子垂直度的允许偏差,当柱高小于 5m 时为 ±5mm,大于 5m 时为 ±10mm。柱子校正好后,应立即灌浆,以固定柱子的位置。

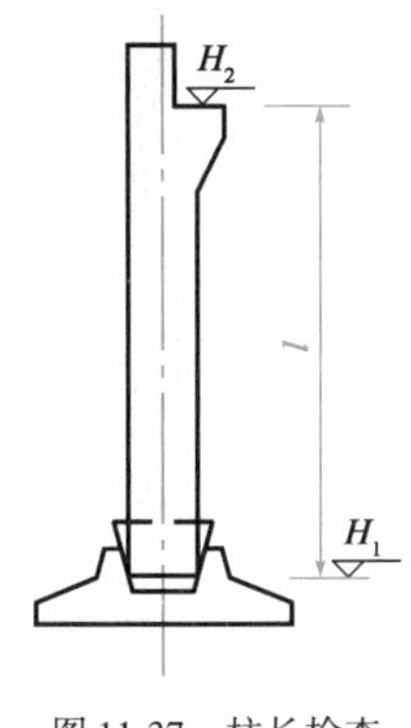

图 11-37 柱长检查

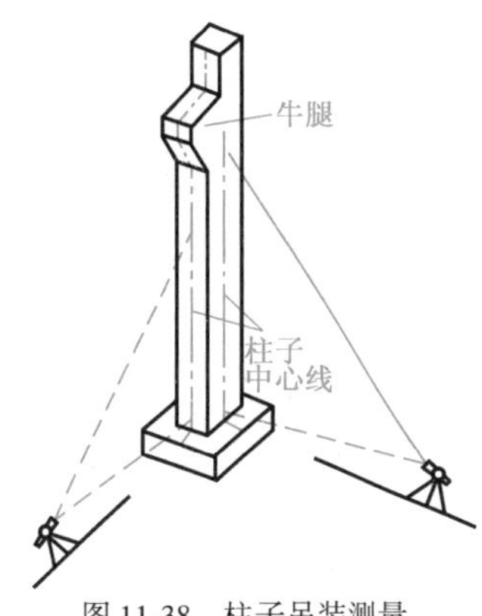

图 11-38 柱子吊装测量

由于纵轴方向上柱距很小,通常把仪器安置在纵轴的一侧,在此方向上,安置一次仪器可校正数根柱子,如图 11-39 所示。

2)吊车梁的安装测量

吊车梁安装测量的主要任务是保证吊车梁按设计的平面位置和高程位置准确地安装在牛腿上,并保证轨道中心线和轨顶标高符合设计要求。在吊装前,还要利用厂房中心线,按照设计轨距尺寸 d 值在地面上测设出吊车轨道中心线 $A'A'$ 和 $B'B'$,如图 11-40 所示。安装前先弹出吊车梁顶面中心线和吊车梁两端中心线,再将吊车轨道中心线投到牛腿面上。然后分别安置经纬仪于吊车轨中线的一个端点上,瞄准另一端点,仰起望远镜,即可将吊

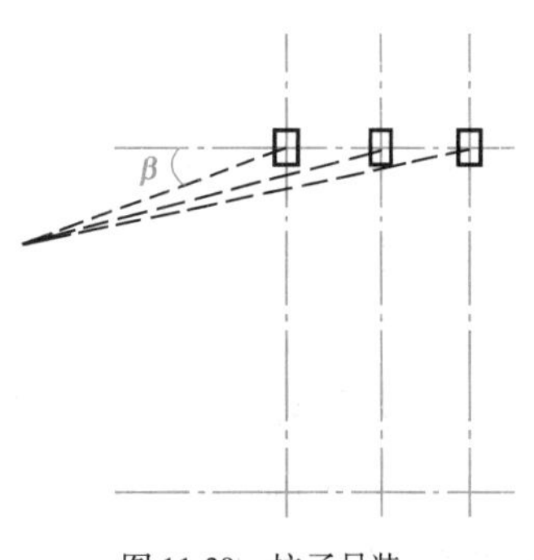

图 11-39 柱子吊装

车轨道中线投测到每根柱子的牛腿面上并弹以墨线。

然后,根据牛腿面的中心线和梁端中心线,将吊车梁安装在牛腿上。吊车梁安装完后,应检查吊车梁的高程,可将水准仪安置在地面上,在柱子侧面测设 +50cm 的标高线,再用钢尺从该线沿柱子侧面向上量出至梁面的高度,检查梁面标高是否正确,然后在梁下用铁板调整梁面高程,使之符合设计要求。

3) 吊车轨道安装测量

安装吊车轨道前,须先对梁上的中心线进行检测,此项检测多用校正线法(平行线法)。如图 11-41 所示,首先在地面上从吊车轨中心线向厂房中心线方向量出长度 d。然后安置经纬仪于校正线一端点上,瞄准另一端点,固定照准部,仰起望远镜投测。此时,另一人在梁上移动横放的木尺,当视线正对准尺上应有长度刻划时,尺的零点应与梁面上的中心线重合,如不重合应予以改正,可用撬杠移动吊车梁。安装吊车轨道时,可将水准仪直接安置在吊车梁上检测梁面标高,并用铁垫板调整梁的高度,使之符合设计要求。轨道安装后,将水准尺直接放在轨道上检测其高程,每隔 3m 测一点,误差应在 ±3mm 以内。最后还要用钢尺实际丈量吊车轨道的间距,误差应不大于 ±5mm。

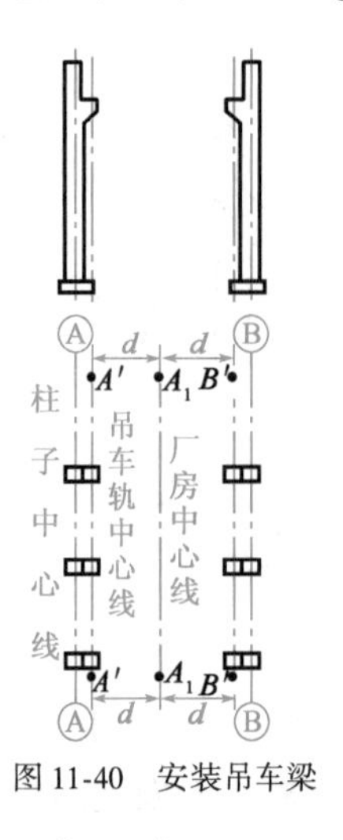

图 11-40 安装吊车梁

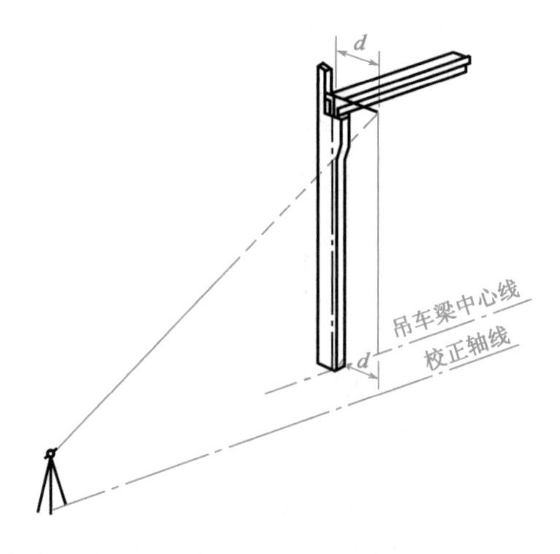

图 11-41 安装吊车轨

11.5.4 高层建筑的轴线投测和高程传递

高层建筑的特点是层数多,高度大,结构复杂。高层建筑施工测量的主要任务是将建筑物的基础轴线准确地向高层引测,并保证各层相应的轴线位于同一竖直面内,控制与检核轴线向上投测的竖向偏差每层不超过 5mm,全楼累计误差不大于 20mm。在高层建筑施工中,要由下层楼面向上层传递高程,以使上层楼板、门窗口、室内装修等工程的标高符合设计要求。

1) 高层建筑的轴线投测

高层建筑物轴线的投测,一般分为经纬仪引桩投测法和激光铅垂仪投测法两种,下面分别介绍这两种方法。

(1)经纬仪引桩投测法

高层建筑物的基础工程完工后,须用经纬仪将建筑物的主轴线(或称中心轴线)精确地投测到建筑物底部侧面,并设标志,以供下一步施工与向上投测之用,如图 11-42 所示。

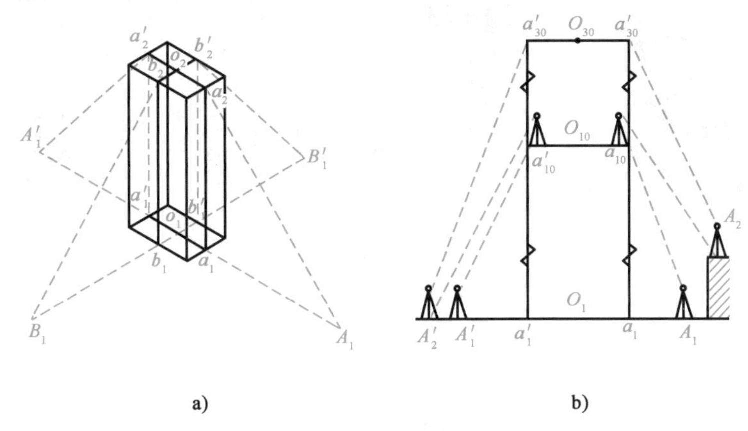

图 11-42　轴线投测

①建立中心轴线。如图 11-42a)所示,离建筑物较远处(一般为建筑物高度的 1.5 倍以上)建立中心轴线控制桩 A_1、A_1'、B_1、B_1',在这些控制桩上安置经纬仪,严格整平仪器。

②向上投测中心轴线。望远镜照准墙脚上已弹出的轴线标志 a_1、a_1'、b_1、b_1'点,用正镜和倒镜两个盘位向上投测到第二层楼板上,并取其中点,如图 11-42a)中的 a_2、a_2'、b_2、b_2',作为该层中心的投影点,并依据它们精确定出 a_2a_2'和 b_2b_2'两线的交点 O_2,然后再以 $a_2\ O_2a_2'$和 $b_2\ O_2b_2'$为准在楼面上测设其他轴线,同法可逐层向上投测。

③增设轴线引桩。当楼房逐渐增高,而轴线控制桩距建筑物又较近时,望远镜的仰角较大,操作不便,投测精度将随仰角的增大而降低。为此,要将原中心轴线控制桩引测到更远的安全地方,或者附近楼房的屋顶上,如图 11-42b)所示。以 A 轴为例,具体做法是将经纬仪安置在已投测上去的较高层(如第 10 层)楼面轴线 $a_{10}O_{10}a_{10}'$上,瞄准地面上原有的轴线控制桩 A_1、A_1',将轴线引测到远处,图 11-42b)中的 A_2、A_2'即 A 轴新投测的控制桩。更高的各层轴线可将经纬仪安置在新的引桩上,按上述方法继续进行投测。

(2)激光铅垂仪投测法

为了把建筑物轴线投测到各层楼面上,根据梁、柱的结构尺寸,投测点距轴线 500～800mm 为宜。每条轴线至少需要两个投测点,其连线应严格平行于原轴线。为了使激光束能从底层直接打到顶层,在各层楼面的投测点处需预留孔洞,或利用通风道、垃圾道以及电梯升降道等。如图 11-43 所示,将激光铅垂仪安置在底层测站点 O,进行严格对中、整平,接通电源,启动激光器发射铅垂激光束,作为铅垂基准线。通过发射望远镜调焦,使激光束会聚成红色耀目光斑,投射到上层施工楼面预留孔绘有坐标网的接收靶 P 上,水平移动接收靶 P,使靶心与红色光斑重合,靶心位置即为测站点 O 的铅垂投影位置,并以此作为该层楼面上的一个控制点。

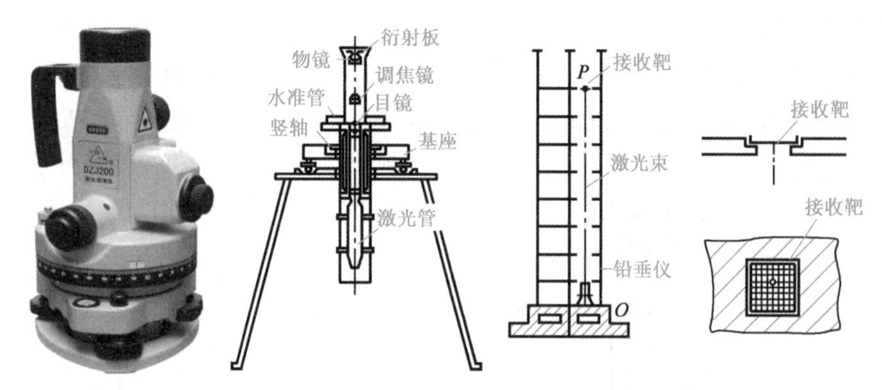

图 11-43　激光铅垂仪投测

2)高层建筑的高程传递

高层建筑物施工中,传递高程的方法有以下几种:

(1)利用皮数杆传递高程

在皮数杆上自 ±0.00m 标高线起,门窗口、过梁、楼板等构件的标高都已注明,一层楼砌好后,则从一层皮数杆起一层一层往上接。

(2)利用钢尺直接丈量

在标高精度要求较高时,可用钢尺沿某一墙角自 ±0.00 标高线起向上直接丈量,把高程传递上去。然后根据由下面传递上来的高程立皮数杆,作为该层墙身砌筑和安装门窗、过梁及室内装修、地坪抹灰等控制标高的依据。

(3)悬吊钢尺法

在楼梯间悬吊钢尺,钢尺下端挂一重锤,使钢尺处于铅垂状态,用水准仪在下面与上面楼层分别读数,按水准测量原理把高程传递上去。

单元小结

本单元内容多,体现在概念、知识点及测量方法众多,但只要把握住施工放样的基本工作→施工控制测量→民用(工业)建筑施工测量这条主线进行学习就不会显得凌乱。重点掌握水平距离、水平角度及高程的测设方法,点平面位置的测设方法,施工平面控制测量中的基线法以及方格网法,民用(工业)建筑施工测量的步骤。

【知识拓展】

工程案例:施工测量

“××中心”位于×××商务区核心区,楼高 88 层,建造高度超 450m,规划为超高层多功能商务综合体,地下 4 层,总建筑面积 280000km^2,集写字楼、酒店、商业、会议等功能于一本,按国际 5A 级标准设计,其南面紧邻规划占地 35 公顷的城市最大的人工水体公园。作为城市 CBD 首个地标性建筑,“××中心”总投资将达到人民币 50 亿元。设计的建筑基本平面经过层层演化,通过竖向曲线实现沿湖建筑面的收和分,犹如轻帆远扬,轻灵而不失稳重。

××建筑工程有限公司通过竞标获得该项目的建设权,为了保证工程的质量,业主方委托某甲级测绘单位对该项目进行第三方检测。工作内容包括首级 GPS 平面控制网复测、施工控制网复测、电梯井与核心筒垂直度测量、外筒钢结构测量、建筑物主体工程沉降监测、建筑物主体工程日周期摆动测量。

简答题:

(1)作为第三方监测单位,为了顺利完成该项目,应投入哪些设备? 投入设备用于完成哪些工作?

(2)如何利用激光投点仪进行竖向传递?

(3)使用全站仪放样与使用 GPS RTK 放样有何异同? 各自的优势和使用场合有哪些?

参考答案:

(1)投入的设备包括双频 GPS 接收机、测量机器人(如 TCRP1201、TCA2003 等)、数字水准仪、激光投点仪等。

双频 GPS 接收机用于首级 GPS 平面控制网复测、建筑物主体工程日周期摆动测量、施工控制网复测等工作。测量机器人用于建筑物主体工程日周期摆动测量、施工控制网复测、电梯井与核心筒垂直度测量、外筒钢结构测量等工作。数字水准仪用于建筑物主体工程沉降监测。激光投点仪用于控制点作竖向传递,将控制点随施工进度传递到相应楼层。

(2)用激光投点仪在 ±0.00 层(或相应的转层)控制点上,进行整平、对中。接收靶通常采用透明的刻有"+"字线的有机玻璃,将有机玻璃安放在待投点层上相应的传递孔上,将激光投点仪在玻璃上的投点做上投点标记。为了消除仪器的轴系误差,则可以在 0°、90°、180°、270°四个方位投点,取其中点作为最终结果。当全部投测完成后,再用钢尺或全站仪测量投点间的水平距离。若投点间的水平距离与相应控制点间的距离之差在测量误差范围内,完成投点,否则重投。

(3)全站仪放样要求测站与放样点间必须通视,其放样精度不均匀,随视距长度的增加而降低;而 RTK 放样时不需要彼此通视,能远距离传递三维坐标,不会产生误差累积。在高精度放样时,如毫米级精度,只能采用全站仪放样;在室内等 GPS 信号弱或没有 GPS 信号时,也只能采用全站仪放样。在具有良好的 GPS 信号且精度要求不是太高的场合(如 5cm 精度),利用 GPS RTK 具有很好的优势。

工程案例:竣工测量

××有限公司开发建设的北都城市广场位于城市的西北角,交通便利。总建筑面积 100635.79 万 m^2,现已建成 3 层商业裙楼 1 栋,17 层公寓式办公塔楼 2 栋。市场建筑分布合理,设施齐备,物业管理完善。该市已建好了 CORS 系统,现要对北都城市广场进行 1∶500 规划验收竣工测量。

1.验收依据

(1)《城市测量规范》(CJJ/T 8—2011)。

(2)《建(构)筑物竣工测量作业指导书》。

(3)《房产测量规范　第 1 单元:房产测量规定》(GB/T 17986.1—2000)。

(4)《国家基本比例尺地图图式　第 1 部分:1∶500 1∶1000 1∶2000 地形图图式》(GB/T 20257.1—2007)。

(5)《卫星定位城市测量规范》(CJJ/T 73—2010)。

(6)《测绘成果质量检查与验收》(GB/T 24356—2009)。

2.提交资料

包括测区 1∶500 竣工地形图、建筑物各层平面图和各层尺寸校核图、建筑物的平面位置校核图、建筑物的剖面图、竣工测量成果汇总表、各种计算资料以及相关说明等资料。

简答题:

(1)测量人员进行竣工测量时,应准备哪些主要仪器和资料?

(2)竣工地形图与一般的地形图所表示的内容有什么不同?

(3)"竣工测量是成果资料,是规划监管部门实施监督管理的依据,具有一定的法律意义;测量成果必须客观、真实、可靠,表达简单、明了",这样的说法是否正确?

参考答案:

(1)主要仪器包括GPS、全站仪。主要资料包括测区及周围平面和水准控制点成果资料、测区已有的1:500地形图、建筑红线定位图等。

(2)竣工地形图除了地理要素外,还要标注建筑物各条边的尺寸,建筑外围与邻近建筑物的平面位置关系,竣工建筑物与用地红线、道路规划红线、电力规划线等规划控制线的尺寸,小区内部主要道路及车库入口宽度尺寸,竣工建筑楼号(名),建筑物一层地坪高程、车库地坪高程、地面高程(其位置、数量等信息应与建筑总平面图一致)等;应标明所有地物的性质、用途,如小区道路、小区主次入口、小区绿化、车库入口、车间、宿舍、办公楼、配电房、物业管理、活动中心、幼儿园、公厕、通透式围墙等,当不同层有不同用途时,应加注记说明;同时,将规划路、界址点(线)展绘于图上,并标注建筑物与其相距尺寸,标注位置应与总平面图一致,并进行来源说明,名称也应与总平面图上标记一致。

(3)该说法是正确的。

思考与练习题

11-1 欲在地面上测设一段长49.000m的水平距离,所用钢尺的名义长度为50m,在标准温度20℃时,其检定长度为49.995m,测设时的温度为13℃,所用拉力与鉴定时的拉力相同,求算在地面测设时应量的距离是多少?

11-2 如图11-44所示,欲在地面上测设一个直角$\angle AOB$,先按一般测设方法测设出该直角,经检测其角值为90°01′35″,若$OB=100\text{m}$,为了获得正确的直角,试计算B点的调整量并绘图说明其调整方向。

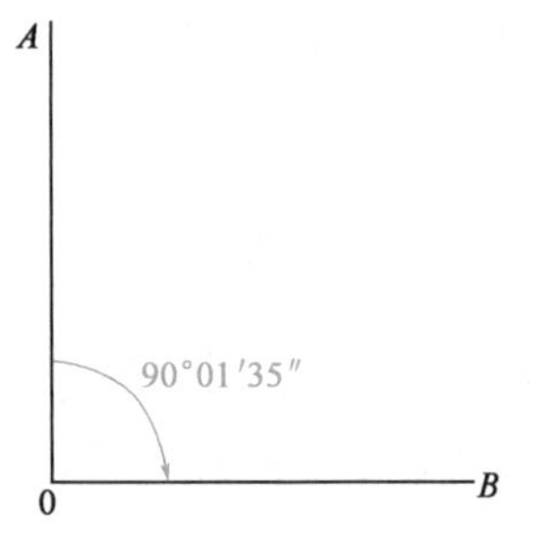

图11-44 习题11-2图

11-3 某建筑场地上有一水准点A,其高程为$H_A=138.416\text{m}$,欲测设高程为139.000m的室内±0.00标高,设水准仪在水准点A所立水准尺的读数为1.034m,试说明其测设方法。

11-4 设A、B为已知平面控制点,其坐标分别为A(156.32m,576.49m)、B(208.78m,482.27m),欲根据A、B两点测设P点的位置,P点设计坐标为P(180.00m,500.00m)。试用极坐标法与角度交会法计算P点的测设数据并作出图示。

11-5 已知施工坐标系的原点O'在测量坐标系中的坐标为$x_{o'}=1200.54\text{m}$,$y_{o'}=1045.27\text{m}$,某点Q的施工坐标为$A_Q=120.00\text{m}$,$B_Q=120.00\text{m}$,两坐标轴系的夹角为30°00′00″,试计算Q点的测量坐标值。

11-6　在图 11-45 中已给出新建筑物与原有建筑物的相对位置关系(墙厚 37cm,轴线偏里),试述测设新建筑的方法和步骤。

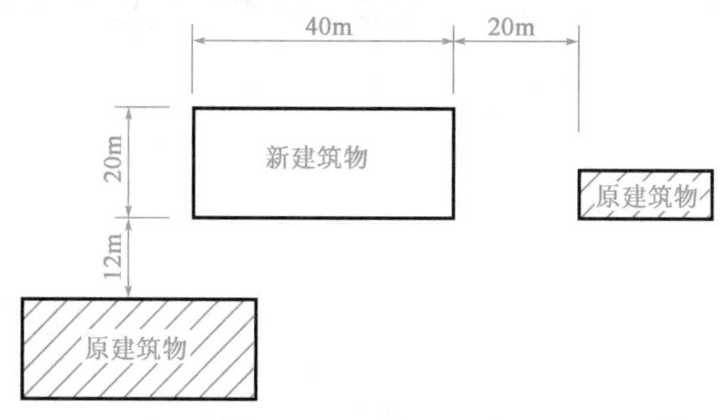

图 11-45　习题 11-6 图

11-7　施工控制网有几种形式,它们各适用于哪些场合?

11-8　如图 11-46 所示,假定建筑基线 I′、II′、III′三点已测设到地面,经检测 $\angle\beta = 179°59'30''$,$a = 100\text{m}$,$b = 150\text{m}$,试求调整值 δ,并说明应如何改正才能使三点成一直线。

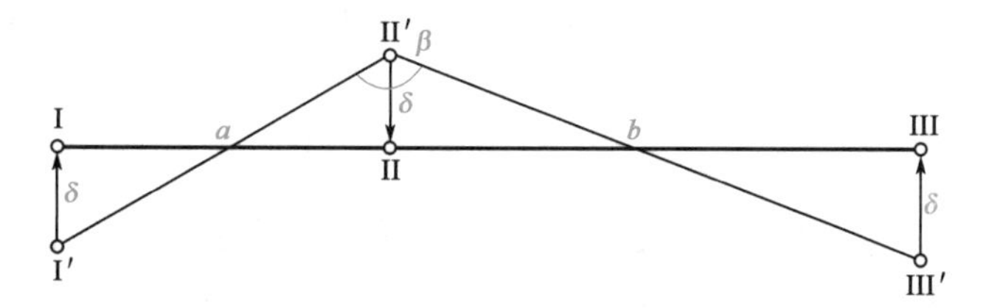

图 11-46　习题 11-8 图

11-9　民用建筑测量包括哪些主要工作?

11-10　试述柱基的放样方法?

11-11　试述吊车梁的安装测量工作,如何进行柱子的竖直校正工作?

11-12　建筑施工中,如何由下层楼板向上层传递高程?试述基础皮数杆和墙身皮数杆的立法。

单元 12　线路中线测量

内容导读

铁路、公路、河道、输电线路及管道等工程都属于线型工程，线型工程在勘测设计、施工建造和运营管理三个阶段中所进行的测量工作总称线路测量。各种线型工程的测量工作大体相似，其中铁路线路测量具有典型性。本单元主要以铁路线路测量为主介绍线路测量的方法，通过学习应达到以下目标：

知识目标：了解初测、定测阶段的主要测量工作；掌握里程、圆曲线、缓和曲线的概念和特性，曲线主点里程的推算，曲线要素的计算公式及三种测设方法。

能力目标：掌握曲线测设的三种方法（长弦偏角法、短弦偏角法、切线支距法），学会中线逐桩坐标计算方法。

素质目标：培养学生探究问题和解决问题的能力；培养学生建立工作的大局意识和核心意识。

12.1　线路测量概述

修建一条新的道路，比如铁路、高速公路等，其目的是在国民经济建设和国防建设中发挥其效益，其程序一般要经过方案研究、初测、初步设计、定测、施工设计、施工、竣工验收及运营等过程。初测和定测是勘测设计阶段的主要测量工作。

12.1.1　线路勘测设计测量

线路勘测设计测量之前一般先进行方案研究，它的主要任务是在小比例尺地形图上找出线路可行的方案和初步选定一些重要技术标准，如线路等级、限制坡度等，并提出初步方案。

初测阶段的测量任务是沿线路可能经过的范围进行导线测量建立平面控制，进行水准测量建立高程控制，平面控制测量和高程控制测量前面已经学习过。然后以导线点和沿线水准点作为平面控制点和高程控制点来测绘带状地形图，并在地形图上选定线路中心线的位置——纸上定线，编制比较方案，为初步设计提供依据。根据初步设计，选定某一定线方案，转入定测工作。

定测阶段的测量任务是把已报上级部门批准的初步设计中所定的线路中线测设到地面上去。主要内容有中线测量、纵断面和横断面测量，对个别工程还要测绘大比例尺的工点地形图，为线路全线和所有个体工程的详细设计、工程数量和工程造价的计算提供资料。

12.1.2　线路施工测量

线路设计完成后，在施工开始之前对全线的控制点进行加密和复测，在整个施工过程中，配合施工的进度，将线路中线及其构筑物按设计文件要求的位置、形状和规格，正确地放样于地面。工程完工后，进行竣工验收测量，为工程竣工后的使用和养护提供资料。

12.2　线路中线测量

线路中线测量是定测阶段的主要工作，它的任务是把带状地形图上设计好的线路中线测设到地面上，并用木桩标定出来，作为进一步测绘线路纵横断面图和日后施工的依据。

12.2.1　线路平面位置的组成

由于受地形、地质、技术条件等因素的限制和经济发展的需要，线路的方向要不断改变。为了保持线路的圆顺，在改变方向的两相邻直线间用曲线连接起来，这种曲线称为平面曲线。因此线路平面由直线和平面曲线组成，平面曲线分圆曲线和缓和曲线两种类型，如图 12-1 所示。

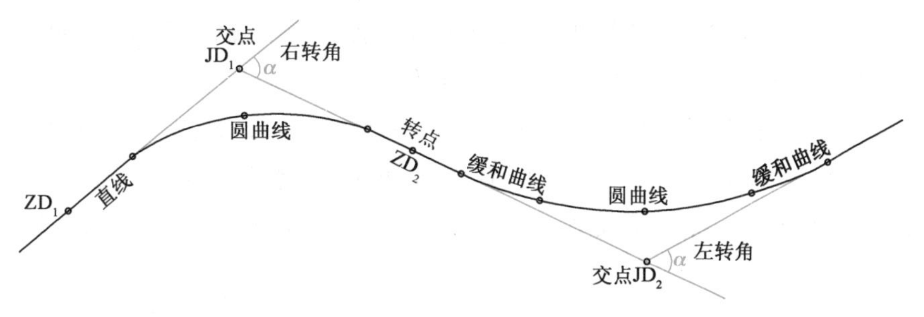

图 12-1　线路平面组成

圆曲线是一段具有一定半径的圆弧，缓和曲线是连接直线和圆曲线间的过渡曲线，其曲率半径由无穷大逐渐变化到圆曲线的半径。

12.2.2　线路平面位置的标志

在地面上标定线路的位置，是将一系列的木桩标定在线路的中心线上，这些桩称为中线桩，简称中桩。中线桩除了标出中线位置外，还应标出各个桩的名称、编号及里程等。图 12-2 为各种平面位置的标志图示，其中图 12-2a)、b)、c)为线路中线桩。

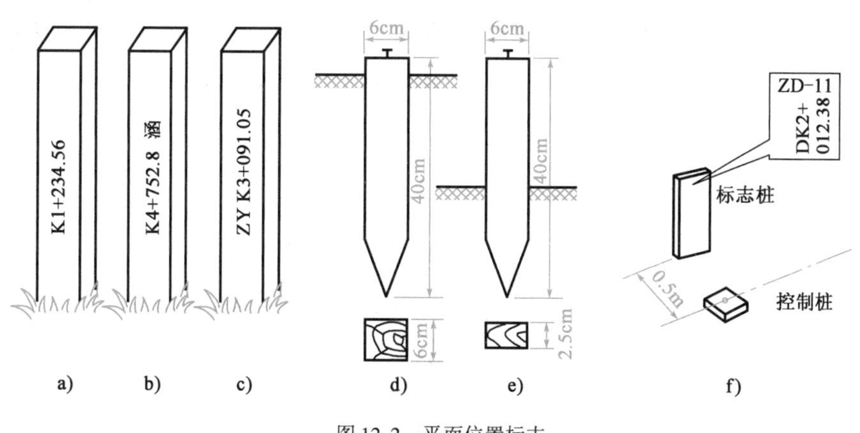

图 12-2　平面位置标志

1)控制桩

标定线路的起点、终点、交点 JD、直线转点 ZD 的桩称为控制桩。曲线上的五大桩也为控制桩,控制桩对线路位置走向起控制作用。

控制桩用桩顶边长 4~6cm、桩长 30~40cm 的方桩制作,如图 12-2d)所示,控制桩桩顶与地面齐平,并钉一小钉表示它精确的点位。为了便于寻找,在线路前进方向的左侧(曲线地段在外侧),距控制桩约 50cm 处打一标志桩,如图 12-2e)所示,标志桩用宽 6~10cm 的板桩制成,上面要标明点的名称、编号及里程,如图 12-2f)所示。

2)里程桩

里程是指中线桩沿线路至线路起点的长度,里程沿线路中线计量。里程为整百米的中线桩称为百米桩。里程为整公里的中线桩称为公里桩。在百米桩之间地形明显变化处及与其他道路、管线等交叉处设置的桩,称为加桩。百米桩和加桩都是中线桩,也叫里程桩。每隔 10m、20m 或 50m 的整数倍桩号而设置的里程桩称为整桩。

里程桩的注写方法是以公里和米为单位进行编号注记。线路起点里程一般为 DK0+000,DK 表示定测里程。如某中线桩的里程为 DK326+750.89,表示从线路起点起沿中线到该点的距离为 326km 又 750.89m。里程桩在注记时,其字迹面向着线路起点方向,如图 12-2a)、b)、c)所示。

12.2.3 线路中线测量

中线测量是新线定测阶段的主要工作,它的任务是把带状地形图上设计好的线路中线测设到地面上,并用木桩标定出来。中线测量包括放线和中桩测设两部分工作。

1)放线测量

把带状地形图上纸上定线所确定的交点及交点间的直线段测设到地面上,即放样控制桩 JD、ZD。放线测量的方法有拨角放线法、支距放线法、极坐标放线法。

(1)拨角放线法

根据图上定线交点的坐标,经过内业计算得到相邻两交点的直线距离及直线的坐标方位角,由方位角计算出转向角,然后到现场根据计算资料放出各个交点,定出中线位置。

拨角放线的工作程序为计算放线资料、实地放线、联测与放线误差的调整。以图 12-3 为例说明。

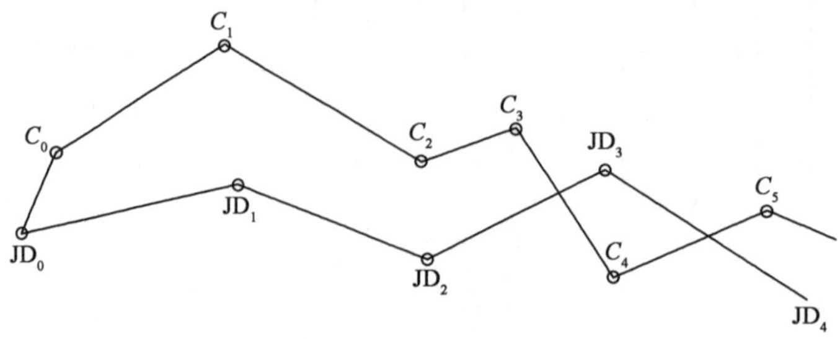

图 12-3 拨角放线法

①计算放线资料。图 12-3 中 C_0、C_1、C_2、…为初测导线点，其各点坐标在初测导线计算表中可查得；JD_0、JD_1、JD_2、…为纸上定线各直线段的交点，它们的坐标可在地形图上量取。根据坐标反算公式，可以计算出各直线段的长度及其坐标方位角，相邻两直线段的坐标方位角之差，即为各交点的转向角(后视边的坐标方位角减前视边的坐标方位角，差值为正则左转，为负则右转)，见表 12-1，计算出的距离及转向角，应使用比例尺和量角器在图上检查无误后，方可提供给外业放线使用。

拨角放线资料　　表 12-1

桩(点)号	坐标		坐标增量		坐标方位角(° ′ ″)	直线长度(m)	转向角 β(° ′ ″)
	x	y	Δx	Δy			
C_1							
C_0	16263	54311			235 18 30		143 07 36
JD_0	16125	54265	-138	-46	198 26 06	145.47	124 20 17(左)
JD_1	16278	54802	153	537	74 05 49	558.37	7 12 40(右)
JD_2	16363	55358	85	556	81 18 29	562.46	9 25 19(左)
JD_3	16591	56055	228	697	71 53 10	733.34	55 42 04(右)
JD_4	16133	56650	-458	595	127 35 14	750.86	

根据计算出的转向角、直线段长度及设计的曲线半径、缓和曲线长计算出曲线要素和曲线主点里程。所有计算资料经复核后，填入“拨角放线资料表”，供外业放线及中线测量使用。

②实地放线。根据放线资料，首先置镜于初测导线点 C_0 上，后视 C_1，盘左、盘右拨角 $\beta = 143°07'36''$，分中后定出 C_0—JD_0 方向，在此方向量距 $S = 145.47$m 定出 JD_0 点。然后依次在 JD_0、JD_1、JD_2、…上置镜，根据相应的转向角和直线长度定出 JD_1、JD_2、…交点。

③放线误差的调整。拨角放线法虽然速度较快，但其缺点是放线误差累积。为保证放线精度，《铁路工程测量规范》(TB 10101—2009)规定每 5 ~ 10km 应与初测导线联测一次，其闭合差不应超过表 12-2 的规定。表中，n 为闭合环上置镜点与初测导线点的总和，长度采用初测、定测闭合环长度。

中线闭合差　　表 12-2

水平角闭合差(″)	$25\sqrt{n}$	
长度相对闭合差	光电测距	1/3000
	钢尺	1/2000

当闭合差超限时，应查找原因予以改正。若闭合差符合精度要求时，应使闭合差在 JD_4 处截断，JD_4 以前的中线位置不再调整，以后的放线资料，由 JD_4 的实测坐标和 JD_5 的理论坐标进行计算放样。

(2)支距放线法

支距放线法是以导线点为基础，独立测设出中线的各直线段，然后将两相邻直线段相交得到交点。由于每一直线段都是独立放出，误差不积累，但放线程序较繁。

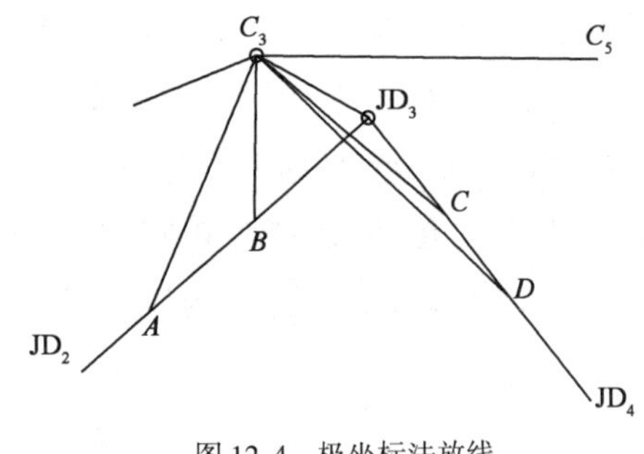

图 12-4　极坐标法放线

(3)极坐标放线法

它是利用光电测距仪(全站仪)速度快、精度高的特点,可在一个导线点上安置仪器,同时测设几条直线上的若干个点,如图 12-4 所示,置仪于导线点 C_3 上,可同时测设出 A、B、JD_3、C、D 等点,提高了效率。其距离、角度通过坐标反算可得到,最后亦要经过穿线来确定直线位置。

2)中线测设

放线工作完成后,根据地面上已有的转点桩 ZD 和交点桩 JD 即可将中线桩详细测设到地面上,这种工作通称中线测设。中线测设包括直线测设和曲线测设两部分,在地面上测设整桩、加桩、百米桩及公里桩。

12.3 圆曲线的测设

当路线由一个方向转向另一个方向时,应用曲线连接,圆曲线是最基本的平面曲线。圆曲线半径根据地形条件和设计要求选定,根据转向角 α 和圆曲线半径 R,可以计算出其他各测设元素值。圆曲线的测设分两步进行,先测设曲线的主点(ZY、QZ、YZ),再依据主点测设曲线上每隔一定距离的里程桩,以详细标定曲线位置。

12.3.1 圆曲线要素的计算与主点测设

1)圆曲线的主点

如图 12-5 所示:

JD——交点,即两直线相交的点;

ZY——直圆点,按线路前进方向由直线进入圆曲线的分界点;

QZ——曲中点,为圆曲线的中点;

YZ——圆直点,按线路前进方向由圆曲线进入直线的分界点;

ZY、QZ、YZ 三点称为圆曲线的主点。

2)圆曲线要素及其计算

在图 12-5 中:

T——切线长,为交点至 ZY 或 YZ 点的长度;

L——曲线长,为圆曲线的长度,即自 ZY 经 QZ 至 YZ 点的圆弧长度;

E——外矢距,为 JD 至 QZ 的距离;

q——切曲差,两切线长之和与曲线长之差;

α——转向角,沿线路前进方向,下一条直线段向左转为左偏 $\alpha_{左}$,向右转为右偏 $\alpha_{右}$;

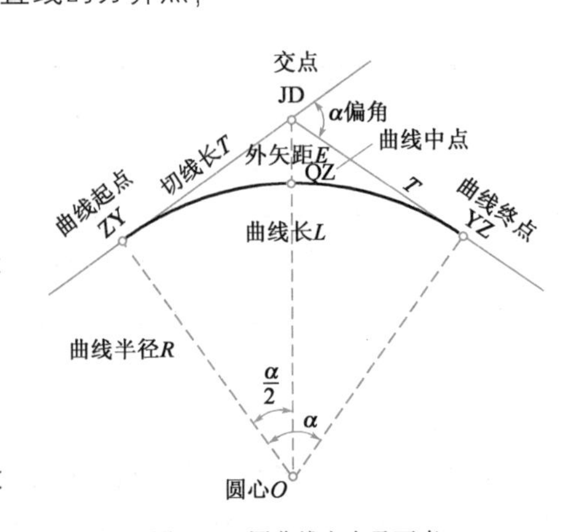

图 12-5　圆曲线主点及要素

R——圆曲线的半径，α、R 为计算曲线要素的必要资料，是已知值，α 可由外业直接测出，亦可由纸上定线求得，R 为设计时采用的半径。

T、L、E 称为圆曲线要素。

转角 α 和圆曲线半径 R 已知，圆曲线要素的计算公式由图 12-5 可得：

$$\left.\begin{aligned}&\text{切线长}\quad && T = R\tan\frac{\alpha}{2}\\ &\text{曲线长} && L = R\alpha\frac{\pi}{180^\circ}\\ &\text{外矢距} && E = R(1/\cos\frac{\alpha}{2} - 1) = R(\sec\frac{\alpha}{2} - 1)\\ &\text{切曲差} && q = 2T - L\end{aligned}\right\} \tag{12-1}$$

3）圆曲线主点里程计算

曲线主点 ZY、QZ、YZ 的里程根据 JD 里程与曲线测设元素计算。

$$ZY_{里程} = JD_{里程} - T \qquad YZ_{里程} = ZY_{里程} + L \qquad QZ_{里程} = YZ_{里程} - L/2 \tag{12-2}$$

校核：

$$JD_{里程} = QZ_{里程} + q/2 \tag{12-3}$$

4）圆曲线的主点测设

在 JD 处安置仪器，后视相邻交点或转点方向，自 JD 沿视线方向量取切线长 T，打下曲线起点桩 ZY；仪器照准前视相邻交点或转点方向，自 JD 点沿视线方向量取切线长 T，打下曲线终点桩 YZ；将视线转至内角平分线上量取外矢距 E，用正倒镜分中法得 QZ 点。在 ZY、QZ、YZ 点均要打方桩，上钉小钉以示点位。

为保证主点的测设精度，切线长度应往返丈量，其相对较差不大于 1/2000 时，取其平均位置。

12.3.2　圆曲线的详细测设

仅将曲线主点测设于地面上，还不能满足设计和施工的需要，为此应在两主点之间加测一些曲线点，这种工作称圆曲线的详细测设。圆曲线要求设桩位置从起点（终点）算起，第一点的里程应凑成整数桩号，并为中桩间距的整数倍，然后按整桩距设桩。

由于《铁路工程测量规范》（TB 10101—2009）规定，圆曲线的中桩里程宜为 20m 的整数倍，而通常在 ZY、QZ、YZ 附近的曲线点与主点间的曲线长不足 20m，则称其所对应的弦为分弦。圆曲线的详细测设方法有短弦偏角法、长弦偏角法和切线支距法。

1）短弦偏角法测设圆曲线

（1）短弦偏角法测设曲线的基本原理

偏角是指圆曲线上切线与弦线的夹角，即为几何学中的弦切角。

偏角法测设曲线的原理：根据偏角和弦长交会出曲线点，如图 12-6 所示，由 ZY 点拨偏角 δ_1 方向与量出的弦长 c_1 交于 P_1 点，拨偏角 δ_2 方向与量出的弦长 c_2 交于 P_2 点，同样方法可测设出曲线上的其他点。

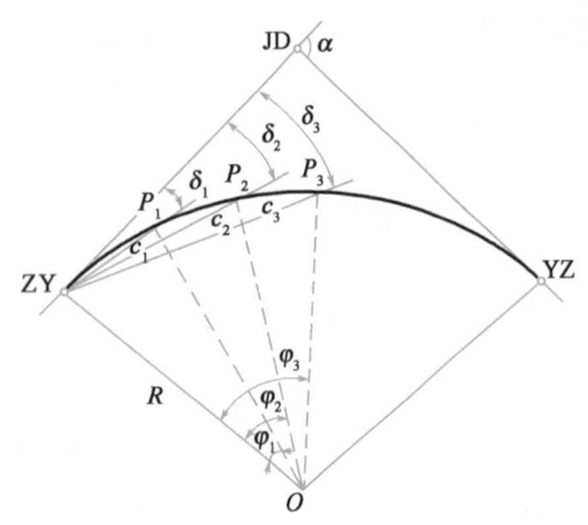

图 12-6　短弦偏角法测设圆曲线

曲线半径一般很大,20m 的圆弧长与相应的弦长相差很小,如 $R=450\text{m}$ 时,弦弧差为 2mm,两者的差值在距离丈量的容许误差范围内,因而通常情况下,可将 20m 的弧长当作弦长看待;只有当 $R<400\text{m}$ 时,测设中才考虑弦弧差的影响。

(2)圆曲线偏角计算

如图 12-6 所示,设弧长为 l_i,根据几何原理,偏角 δ_i 等于弧长 l_i 所对圆心角 ϕ_i 之半,即

$$\delta_i=\frac{\phi_i}{2}=\frac{l_i}{2R}\cdot\frac{180^\circ}{\pi} \tag{12-4}$$

式中:R——圆曲线半径;

l_i——置镜点至测设点的弧长。

(3)短弦偏角法详细测设圆曲线示例

用钢尺、经纬仪测设曲线时,由于拨角、量距误差的影响,曲线较长时,一般是从两端主点 ZY、YZ 测至 QZ,在 QZ 处闭合校核。计算偏角时,应注意正拨和反拨。以置镜点的切线为准,顺时针拨角称为正拨或顺拨,其偏角为正拨偏角值;逆时针拨角称为反拨,其偏角为反拨偏角值,反拨偏角值 =360° − 正拨偏角值。

§例 12-1§　已知某圆曲线转向角 $\alpha_{左}=18°22'00''$,圆曲线半径 $R=550\text{m}$,JD 里程为 DK18+286.28,计算圆曲线要素和主点里程,并简述细部点的测设方法。

解　(1)圆曲线要素计算

$T=550\times\tan(18°22'00''/2)=88.916\text{m}$

$L=550\times18°22'00''\cdot\pi/180°=176.307\text{m}$

$E=550\times[\sec(18°22'00''/2)-1]=7.141\text{m}$

$q=2T-L=2\times88.916-176.307=1.525\text{m}$

(2)主点里程计算

JD	里程	DK18	+ 286.28
	−T		− 88.916
ZY	里程	DK18	+ 197.364
	+L		+ 176.307
YZ	里程	DK18	+ 373.671
	−$L/2$		− 176.307 /2
QZ	里程	DK18	+ 285.518
校核:	+$q/2$		+ 1.525 /2
JD	里程	DK18	+ 286.28

(3)曲线细部点偏角计算(表 12-3)

圆曲线细部点放样资料计算表　　表 12-3

置镜点	测点里程	点间曲线长(m)	偏角	备注
ZY	DK18 +197.364		0°00′00″	后视 JD
	+200	2.636	0°08′14″	
	+220	20	1°10′45″	
	+240	20	2°13′15″	
	+260	20	3°15′45″	
	+280	20	4°18′15″	
	+285.518	5.518	4°35′30″	QZ
YZ	DK18 +373.671		0°00′00″	后视 JD
	+360	13.671	359°17′16″	
	+340	20	358°14′46″	
	+320	20	357°12′16″	
	+300	20	356°09′46″	
	+285.518	14.482	355°24′30″	QZ

(4)细部点测设方法(以置镜 ZY 点为例说明)

①置镜 ZY 点,盘左后视 JD,归零。

②松开照准部制动螺旋,顺时针转动照准部,使水平度盘读数为第一点偏角值 0°08′14″,制动照准部。

③在视线方向测距 2.636m,打入木桩得第一点,在桩的侧面写上桩号 +200。

④继续转动照准部,使水平度盘读数为第二点偏角值 1°10′45″,制动照准部,从点 1 向视线方向量距 20m,打入木桩得第二点,在桩的侧面写上桩号 +220。

⑤同上述方法,依次测设 3、4 各点至 QZ′点,并与主点 QZ 桩校核。检核限差要求为:横向误差(顺半径方向)≤ ±0.1m,纵向误差(切线方向)≤$L/2000$,L 为两主点间的曲线长。若不超限则曲线点位不做调整,若超限,则应查找原因并重测。

短弦偏角法测设方法简单,缺点是测设误差累积。

2)长弦偏角法测设圆曲线

长弦偏角法测设曲线,是将仪器安置在曲线起点(或终点)上,根据偏角(弦切角)和弦长,应用极坐标法测设曲线点。

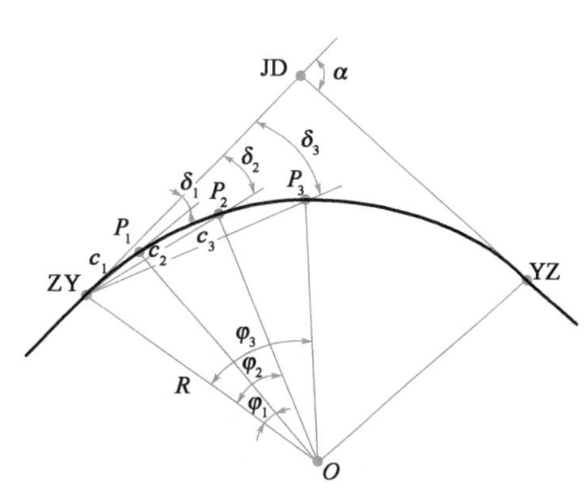

图 12-7　长弦偏角法测设圆曲线

如图 12-7 所示,P_1、P_2、P_3、… 为待测设的曲线点,其至 ZY 点的弦线分别为 c_1、c_2、c_3、…,弦线与过 ZY 点的切线之夹角(弦切角,也称偏角)分别为 δ_1、δ_2、δ_3、…,由图中的几何关系可知:

$$\delta_i = \frac{\phi_i}{2} = \frac{l_i}{2R} \cdot \frac{180°}{\pi} \tag{12-5}$$

$$c_i = 2R\sin\frac{\phi_i}{2} = 2R\sin\delta_i \tag{12-6}$$

式中:R—— 圆曲线半径;

l_i——曲线点 i 至 ZY 点的曲线长。

测设时,在 ZY 点安置仪器,瞄准 JD 点定向,拨角 δ_1 并沿该方向测设弦长 c_1 得曲线点 P_1,继续根据偏角 δ_2 及弦长 c_2 测设曲线点 P_2、根据偏角 δ_3 及弦长 c_3 测设曲线点 P_3,直至终点。所测设的 QZ 点和 YZ 点应与圆曲线主点测设时定出的 QZ 点和 YZ 点检核,检核限差要求与偏角法要求一样。

§例 12-2§ 长弦偏角法测设圆曲线,已知数据及计算数据见表 12-4。

圆曲线主点参数和详细测设参数计算表　　表 12-4

已知参数	转角 $\alpha_{右} = 10°49'$	$JD_{里程}$ = K4 + 522.31m	设计半径 R = 1200m	整桩间距 l = 20m
曲线要数	切线长 T = 113.61m	外矢矩 E = 5.37m	曲线长 L = 226.54m	切曲差 q = 0.68m
主点里程	$ZY_{里程}$ = K4 + 408.70　$QZ_{里程}$ = K4 + 521.97　$YZ_{里程}$ = K4 + 635.24			
详细测设数据			长弦偏角法(正拨) 测站:ZY　起始方向:ZY—JD	
点名	桩号里程 (km + m)	至 ZY 点的曲线长 (m)	δ (° ′ ″)	c (m)
ZY	K4 + 408.70	0	0 00 00	0
1	K4 + 420.00	11.30	0 16 11	11.30
2	K4 + 440.00	31.30	0 44 49	31.29
3	K4 + 460.00	51.30	1 13 28	51.29
4	K4 + 480.00	71.30	1 42 07	71.28
5	K4 + 500.00	91.30	2 10 46	91.27
6	K4 + 520.00	111.30	2 39 25	111.25
QZ	K4 + 521.97	113.27	2 42 15	113.23
7	K4 + 540.00	131.30	3 08 04	131.23
8	K4 + 560.00	151.30	3 36 43	151.20
9	K4 + 580.00	171.30	4 05 22	171.15
10	K4 + 600.00	191.30	4 34 00	191.08
11	K4 + 620.00	211.30	5 02 39	211.02
YZ	K4 + 635.24	226.54	5 24 30	226.21

长弦偏角法不仅可以跨越地面上的障碍,而且精度高、速度快,是一种能适用于各种地形的测设方法。随着全站仪的普及,该法是目前测设曲线的常用方法之一。

3)切线支距法测设曲线

切线支距法实质上为直角坐标法。它是以曲线起点 ZY(或终点 YZ)为独立坐标系的原点,切线为 x 轴,过原点的半径方向为 y 轴,计算出曲线细部点在该独立坐标系中的坐标进行测设,如图 12-8 所示。

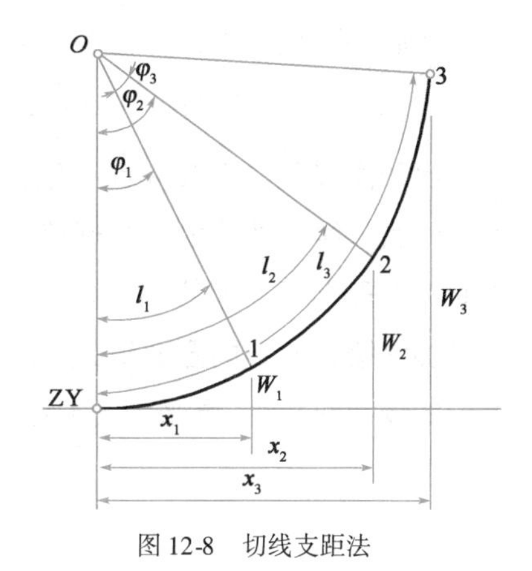

图 12-8 切线支距法

曲线点的测设坐标按下式计算:

$$\left.\begin{aligned} x_i &= R \cdot \sin\phi_i \\ y_i &= R(1-\cos\varphi_i) \\ \phi_i &= \frac{l_i}{R} \cdot \frac{180^\circ}{\pi} \end{aligned}\right\} \quad (12\text{-}7)$$

式中:l_i——曲线点 i 至 ZY(或 YZ)的曲线长。

测设时从 ZY 或 YZ 开始,沿切线方向直接量出 x_i 并打桩,在 x_i 点处用方向架或经纬仪在切线的垂线方向量出 y_i 打桩可得到曲线点 i。

切线支距法简单,各曲线点相互独立,无测量误差累积。但由于安置仪器次数多,速度较慢,同时检核条件较少,故一般适用于半径较大、y 值较小的平坦地区曲线测设。

12.4 缓和曲线连同圆曲线的测设

12.4.1 缓和曲线的作用

当列车以高速由直线进入曲线时,就会产生离心力,危及列车运行安全和影响旅客的舒适。为此,要使曲线外轨比内轨高些(称超高),使列车产生一个内倾力以抵消离心力的影响。为了解决超高引起的外轨台阶式升降,需在直线与圆曲线间加入一段曲率半径逐渐变化的过渡曲线,这种曲线称缓和曲线。另外,当列车由直线进入圆曲线时,由于惯性力的作用,使车轮对外轨内侧产生冲击力,为此,加设缓和曲线以减少冲击力。再者,为避免通过曲线时,机车车辆转向架使轮轨产生侧向摩擦,圆曲线的部分轨距应加宽,这也需要在直线和圆曲线之间加设缓和曲线来过渡。

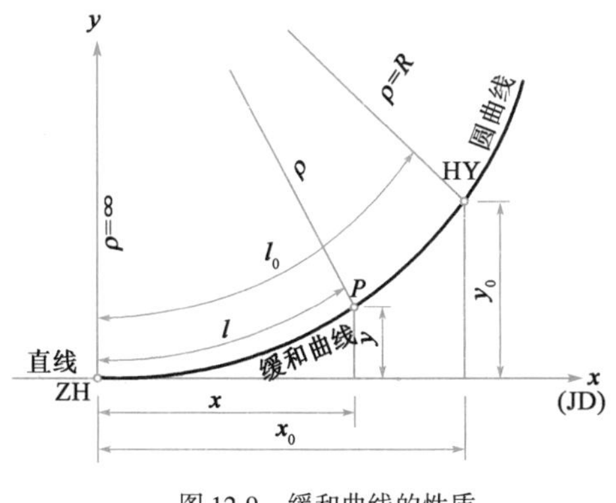

图 12-9 缓和曲线的性质

12.4.2 缓和曲线的性质

如图 12-9 所示,缓和曲线是直线与圆曲线间的一种过渡曲线。它与直线分界处的半径为∞,与圆曲线相接处的半径与圆曲线半径 R 相等。缓和曲线上任一点 P 的曲率半径 ρ 与该点到曲线起点的曲线长度 l 成反比,即 $\rho \cdot l = C$。式中,C 为常数,称曲线半径变更率。当 $l = l_0$ 时,$\rho = R$,则 $Rl_0 = C$。l_0 为缓和曲线总长。

具有上述特性,可作为缓和曲线的线型有多

种,我国公路、铁路多采用回旋曲线(辐射螺旋线)。

12.4.3 缓和曲线的插入方式

缓和曲线是在不改变直线段方向和保持圆曲线半径不变的条件下,插入到直线段和圆曲线之间的。缓和曲线的一半长度处在原圆曲线范围内,另一半处在原直线段范围内,这样就使圆曲线沿垂直于其切线的方向,向里移动距离 p,圆心由 O 移至 O_1,如图 12-10 所示,图 b)为没有加设缓和曲线的圆曲线,图 a)为加设缓和曲线后曲线的变化情况。在圆曲线两端加设了等长的缓和曲线后,原来的圆曲线长度变短。

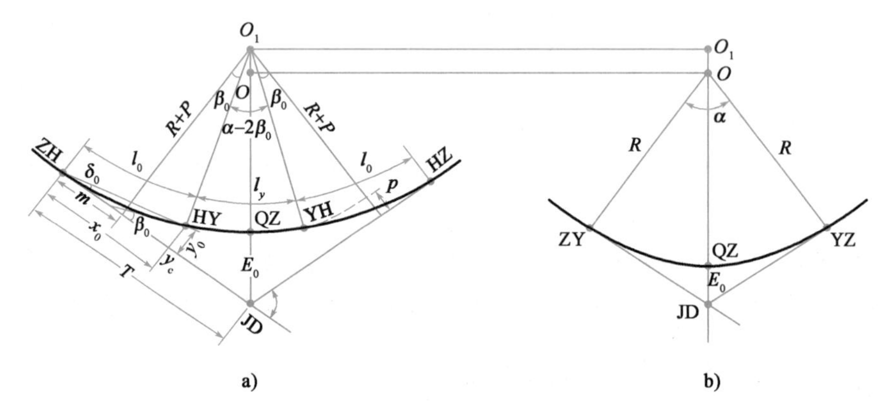

图 12-10 缓和曲线的插入

插入缓和曲线后,曲线主点有 5 个,按线路的前进方向依次是直缓点 ZH(曲线头)、缓圆点 HY、曲中点 QZ、圆缓点 YH 及缓直点 HZ(曲线尾)。

12.4.4 缓和曲线常数的计算

β_0、δ_0、m、p、x_0、y_0 等称为缓和曲线的常数。由图 12-10 可得:

m——切垂距,即 ZH(HZ)点到由圆心 O 向切线所作垂线垂足的距离;

p——圆曲线内移量,为垂线长与圆曲线半径 R 之差;

β_0——缓和曲线角,即 HY(YH)点的切线与 ZH(HZ)点切线的交角,亦即圆曲线一端延长部分所对应的圆心角;

δ_0——缓和曲线的总偏角;

x_0、y_0——HY(YH)点的坐标。

其常数的计算公式如下:

$$\left.\begin{aligned}\beta_0 &= \frac{l_0}{2R}\cdot\frac{180°}{\pi} & \delta_0 &= \frac{\beta_0}{3} = \frac{l_0}{6R}\cdot\frac{180°}{\pi}\\ m_0 &= \frac{l_0}{2} - \frac{l_0^3}{240R^2} & p_0 &= \frac{l_0^2}{24R}\\ x_0 &= l_0 - \frac{l_0^3}{40R^2} & y_0 &= \frac{l_0^2}{6R}\end{aligned}\right\} \tag{12-8}$$

12.4.5 曲线综合要素计算

圆曲线加缓和曲线构成综合曲线，其曲线要素有切线长 T、曲线长 L、外矢距 E、切曲差 q。根据图 12-10a）的几何关系，可得曲线要素的计算公式如下：

$$\begin{cases} T = (R + P)\tan\dfrac{\alpha}{2} + m \\ L = L_y + 2l_0 = R(\alpha - 2\beta_0)\dfrac{\pi}{180°} + 2l_0 \\ E = (R + P)\sec\dfrac{\alpha}{2} - R \\ q = 2T - L \end{cases} \tag{12-9}$$

12.4.6 曲线主点里程计算

曲线的主点里程计算，仍是从一个已知里程的点开始，按里程增加方向逐点向前推算。

§例 12-3§ 已知线路某转点 ZD 的里程为 K26 + 532.18，ZD 沿里程增加方向到 JD 的距离为 $D = 263.46\text{m}$。该 JD 处设计时选配的圆曲线半径 $R = 500\text{m}$、缓和曲线长 $l_0 = 60\text{m}$，实测转向角 $\alpha_z = 28°36'20''$，试计算曲线要素并推算各主点的里程。

解 （1）先根据式（12-8），计算得缓和曲线常数：

$\beta_0 = 3°26'16''$，$\delta_0 = 1°08'45''$，$p = 0.300\text{m}$，$m = 29.996\text{m}$

（2）再根据式（12-9），计算得曲线要素：

$T = 157.55\text{m}$，$L = 309.63\text{m}$，$E_0 = 16.30\text{m}$，$q = 5.47\text{m}$

（3）主点里程推算：

ZD	K26 + 532.18
$+(D - T)$	105.91
ZH	K26 + 638.09
$+ l_0$	60
HY	K26 + 698.09
$+(L - 2l_0)/2$	94.815
QZ	K26 + 792.905
$+(L - 2l_0)/2$	94.815
YH	K26 + 887.72
$+ l_0$	60
HZ	K26 + 947.72

检核计算：$HZ_{里程} = ZH_{里程} + 2T - q$

ZH	K26 + 638.09
$+(2T - q)$	309.63
HZ	K26 + 947.72

12.4.7 缓和曲线连同圆曲线的测设方法

1)短弦偏角法

如图12-11所示,可以推导出如下关系式:

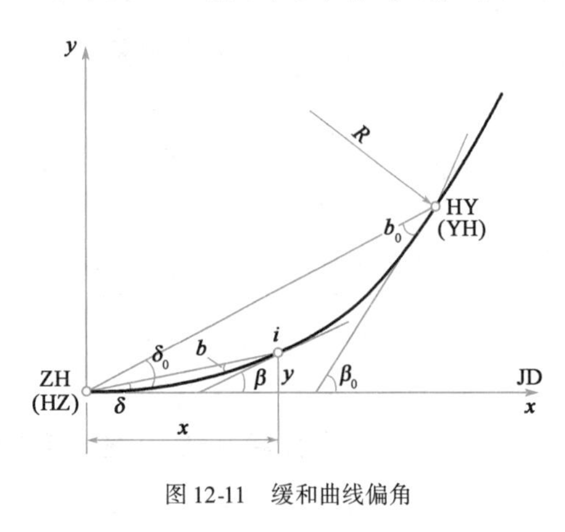

图12-11 缓和曲线偏角

$$\left.\begin{aligned}\delta &= \frac{l^2}{6Rl_0}\cdot\frac{180°}{\pi}\\ \beta &= \frac{l^2}{2Rl_0}\cdot\frac{180°}{\pi}\\ \delta &= \frac{\beta}{3}\\ b &= \beta-\delta = 2\delta\end{aligned}\right\}\tag{12-10}$$

式中:δ——缓和曲线上任一点的正偏角;

b——该点的反偏角;

l——缓和曲线上任一点i至ZH(HZ)点的弧长。

同样可得:

$$b_0 = 2\delta_0 \tag{12-11}$$

在铁路设计中,缓和曲线长度均为10m的整数倍,为测设方便,一般每10m测设一点。

若将缓和曲线等分为N段,设δ_1为第1点的偏角,δ_i为第i点的偏角,则各分段点的偏角之间有如下关系:

$$\delta_1:\delta_2:\cdots:\delta_N = l_1^2:l_2^2:\cdots:l_N^2 \tag{12-12}$$

在等分的条件下,$l_2=2l_1$,$l_3=3l_1$,$\cdots$,$l_N=Nl_1$。

故$\delta_2=2^2\cdot\delta_1$,$\delta_3=3^2\cdot\delta_1$,$\cdots$,$\delta_N=N^2\cdot\delta_1=\delta_0$。

$$\delta_1 = \frac{1}{N^2}\delta_0 \tag{12-13}$$

在此,归纳出以下有关缓和曲线偏角的三条结论:

(1)缓和曲线上任一点后视起点的反偏角等于由起点测设该点正偏角的2倍。

(2)偏角与测点到缓和曲线起点的曲线长度的平方成正比。

(3)由缓和曲线的总偏角δ_0,可求得缓和曲线上任一点的偏角δ_i。

§例12-4§ 已知$R=500$m,$l_0=60$m,ZH的里程为DK33+422.67,求缓和曲线上各点的偏角。

解 按《铁路工程测量规范》(TB 10101—2009)要求,缓和曲线应每10m测设一点,则$N=6$。

由式(12-10)可知

$$\delta_0 = \frac{\beta_0}{3} = \frac{l_0}{6R}\cdot\frac{180°}{\pi} = \frac{60}{6\times500}\cdot\frac{180°}{\pi} = 1°08'45''$$

$$\delta_1=\frac{\delta_0}{N^2}=\frac{1°08'45''}{6^2}=1'55''$$

各点偏角值计算见表 12-5。

缓和曲线偏角计算　　表 12-5

里　程	偏　角　值
↑ZH 点 DK33 +424.67	0°00′00″
+434.67	$\delta_1=1'55''$
+446.67	$\delta_2=2^2\delta_1=7'38''$
+454.67	$\delta_3=3^2\delta_1=17'11''$
+464.67	$\delta_4=4^2\delta_1=30'33''$
+474.67	$\delta_5=5^2\delta_1=47'45''$
HY 点 DK33 +484.67	$\delta_6=6^2\delta_1=1°08'45''=\delta_0$

(1)主点测设方法

如图 12-10a)所示,在交点 JD 安置经纬仪,后视切线方向上的相邻交点或转点,自 JD 沿视线方向测设($T-x_0$)距离,可钉设出 HY(或 YH)在切线上的垂足 y_c;据此继续向前测设 x_0 距离,则可钉设出 ZH(或 HZ)点;测设出内角平分线,自 JD 沿内角平分线测设外矢距 E_0,则可钉设出 QZ 点;在 y_c 点上安置经纬仪,后视切线方向上的相邻交点或转点,向曲线内侧测设切线的垂线方向,自 y_c 沿该方向测设 y_0 距离,可钉设出 HY(或 YH)点。

可见,直缓点 ZH、缓直点 HZ、曲中点 QZ 的测设方法与前述圆曲线主点测设方法相同。

(2)缓和曲线测设方法

如图 12-12 所示,将经纬仪安置于 ZH 点,后视 JD,将水平度盘安置在 0°00′00″位置,转动照准部拨偏角,依次拨 δ_1、δ_2、…、δ_N,量出点与点之间的弦长(10m),与相应视线相交,即可定出曲线点 1、2、…。

(3)圆曲线测设方法

加设缓和曲线之后圆曲线的测设,其关键是正确确定后视方向及度盘安置值。如图 12-12 所示,经纬仪安置于 HY 点上,后视 ZH,并将度盘读数安置为反偏角 b_0 值(正拨),倒转望远镜反拨圆曲线上各点的偏角,得相应曲线点直至 QZ。另一半曲线则在 YH 点设站,以($360°-b_0$)来后视 HZ,而倒镜后圆曲线用正拨偏角值来测设。

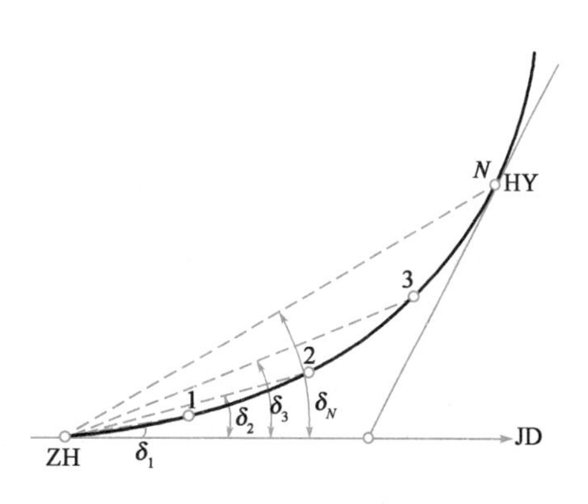

图 12-12　缓和曲线测设

为避免仪器视准误差的影响,也可以($180°+b_0$)后视 ZH,平转照准部,当度盘读数为0°00′00″时,即为 HY 点的切线方向。

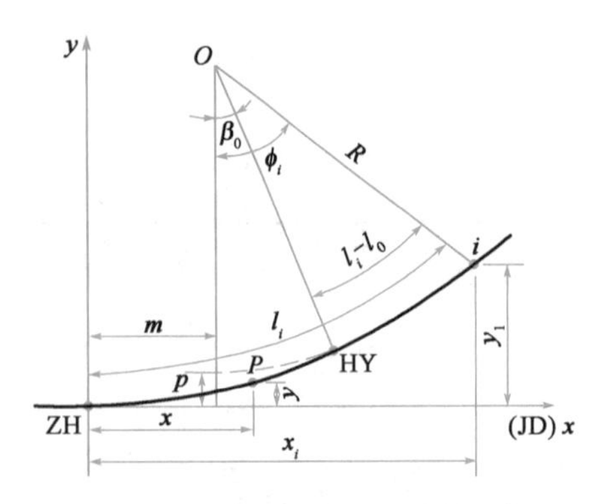

图 12-13　圆曲线加缓和曲线在切线直角坐标系中的坐标

2)切线支距法

如图 12-13 所示,以曲线起点 ZH(或终点 HZ)为独立坐标系的原点,切线为 x 轴,过原点的半径方向为 y 轴,曲线上任一点在该独立坐标系中的坐标近似公式如下:

(1)缓和曲线部分

$$\left.\begin{aligned} x_i &= l_i - \frac{l_i^5}{40R^2 l_0^2} \\ y_i &= \frac{l_i^3}{6Rl_0} \end{aligned}\right\} \tag{12-14}$$

当 $l_i = l_0$ 时,即为 HY(YH)点的坐标。

(2)圆曲线部分

$$\left.\begin{aligned} x_i &= R\sin\alpha_i + m \\ y_i &= R(1 - \cos\alpha_i) + p \end{aligned}\right\} \tag{12-15}$$

其中,$\alpha_i = \dfrac{(l_i - l_0)}{R} \cdot \dfrac{180^\circ}{\pi} + \beta_0$

式中:l_i——缓和曲线上任一点 i 至 ZH(HZ)点的弧长。

测设方法:与切线支距法测设圆曲线的方法相同。

3)长弦偏角法

在如图 12-13 所示坐标系中,由式(12-14)、式(12-15)分别计算出缓和曲线、圆曲线上点的坐标 x、y 之后,可直接根据坐标计算出任一点的弦长 c 及偏角 δ。将全站仪安置于 ZH(或HZ)点,即可进行曲线测设。

$$c_i = \sqrt{x_i^2 + y_i^2} \tag{12-16}$$

$$\delta_i = \arctan \frac{y_i}{x_i} \tag{12-17}$$

式中:x_i、y_i——曲线上任一点 i 的坐标。

12.5 道路中线逐桩坐标计算

使用钢尺、经纬仪测设线路中线时,是在线路上设站进行,测站多、工作进展慢,若中线上有障碍物,测设起来更困难。随着计算机辅助设计和全站仪的普及,建立全线统一测量坐标系,采用全站仪极坐标法进行中线测量,已成为线路测量的一种简便、迅速、精确的方法。全站仪极坐标法测设中线,是将仪器安置在导线点上,应用极坐标法测设线路上各中桩。

若是利用全站仪的坐标放样功能测设点位,只需输入有关点的坐标值即可,现场不需要做任何手工计算,由仪器自动完成有关数据计算。具体操作可参照全站仪使用手册。

12.5.1 直线上任一点坐标的计算

已知直线起点坐标(x_0、y_0),按坐标正算公式,直线上任一点 P 的坐标为

$$x_P = x_0 + l_P\cos\alpha\ ,\ y_P = y_0 + l_P\sin\alpha \tag{12-18}$$

式中:α——直线的坐标方位角;

l_P——P 点至直线起点的距离。

12.5.2 曲线上任一点坐标的计算

1)曲线主点坐标计算

如图 12-14 所示,根据线路交点及转点的坐标,按坐标反算公式计算出第一条切线的方位角 θ_1;按路线的右(左)偏角 Δ,推算第二条切线的方位角 θ_2。根据交点坐标、切线方位角和切线长,用坐标正算公式算得曲线起点(ZY 或 ZH)和终点(YZ 或 HZ)的坐标。再根据切线方位角和路线的转向角 Δ,算得外矢距的方位角 θ_3,根据外矢距方位角和外矢距用坐标正算公式算得曲线中点(QZ)的坐标。

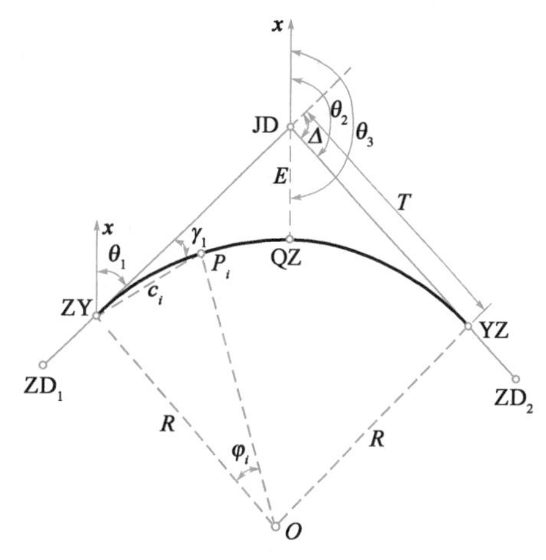

图 12-14 曲线主点坐标计算

§例 12-5§ 如图 12-14 所示,已知单圆曲线的半径 $R=300$m,交点里程为 DK3+182.76,转向角 $\alpha_y=25°48'$,JD 坐标 $x=31574.163$,$y=62571.446$;ZD_1 坐标 $x=31474.498$,$y=62579.630$,试计算曲线主点坐标。

解 (1)曲线要素计算

$T=300\times\tan(25°48'/2)=68.709\text{m}$

$L=300\times25°48'\times\pi/180°=135.088\text{m}$

$E=300\times[\sec(25°48'/2)-1]=7.768\text{m}$

$q=2T-L=2\times68.709-135.088=2.33\text{m}$

(2)主点里程计算

ZY 里程 = JD 里程 − T = DK3+182.76−68.709 = DK3+114.051

QZ 里程 = ZY 里程 + $L/2$ = DK3+114.051+135.088/2 = DK3+181.595

YZ 里程 = QZ 里程 + $L/2$ = DK3+181.595+135.088/2 = DK3+249.139

校核:YZ 里程 = JD 里程 + $T-J$ = DK3+182.76−68.709−2.33 = DK3+249.139

(3)主点坐标计算

①切线方位角推算:

$$\alpha_{ZD_1-JD} = \arctan\frac{y_{JD}-y_{ZD}}{x_{JD}-x_{ZD}} = \arctan\frac{62571.446-62579.630}{31574.163-31474.498} = 355°18'20''$$

$$\alpha_{JD-ZD_2} = \alpha_{ZD_1-JD} + \alpha_y = 355°18'20'' + 25°48' = 21°06'20''$$

$$\alpha_{JD-QZ} = \alpha_{JD-ZD_2} + \frac{180° - \alpha_y}{2} = 98°12'20''$$

②ZY 点坐标计算：

$$x_{ZY} = x_{JD} + T\cos\alpha_{JD-ZD_1} = 31574.163 + 68.709 \times \cos175°18'20'' = 31505.684$$

$$y_{ZY} = y_{JD} + T\sin\alpha_{JD-ZD_1} = 62571.446 + 68.709 \times \sin175°18'20'' = 62577.069$$

③YZ 点坐标计算：

$$x_{YZ} = x_{JD} + T\cos\alpha_{JD-ZD_2} = 31574.163 + 68.709 \times \cos21°06'20'' = 31638.263$$

$$y_{YZ} = y_{JD} + T\sin\alpha_{JD-ZD_2} = 62571.446 + 68.709 \times \sin21°06'20'' = 62596.187$$

④QZ 点坐标计算：

$$x_{QZ} = x_{JD} + E\cos\alpha_{JD-QZ} = 31574.163 + 7.768 \times \cos98°12'20'' = 31573.054$$

$$y_{QZ} = y_{JD} + E\sin\alpha_{JD-QZ} = 62571.446 + 7.768 \times \sin98°12'20'' = 62579.134$$

2)曲线细部点坐标计算

(1)偏角弦长计算法

根据已算得的第一条切线的方位角 θ_1，加偏角，推算曲线起点至细部点的方位角，再根据弦长和起点坐标用坐标正算公式计算曲线细部点坐标。

仍按上例，计算细部点的偏角和弦长，推算各弦线的方位角，然后根据方位角、弦长和起点坐标计算各细部点坐标。计算数据见表 12-6。

偏角弦长计算法 表 12-6

曲线里程	至 ZY 点的弧长	偏　角	弦　长	方 位 角	x	y
+114.051	0	0°00′00″	0	355°18′20″	31505.684	62577.069
+120	5.949	0°34′05″	5.948	355°52′25″	31511.616	62576.641
+140	25.949	2°28′41″	25.942	357°47′01″	31531.606	62576.066
+160	45.949	4°23′16″	45.904	359°41′36″	31551.587	62576.823

(2)坐标转换法

由式(12-14)、式(12-15)可得曲线细部点在切线坐标系中的坐标，根据坐标转换公式，可以将其转换为路线统一坐标系中的坐标。

图 12-15a)中，曲线右偏，以 ZH 点为坐标原点的曲线 ZH 至 QZ 上任一点的切线坐标(x',y')与大地坐标(x,y)的转换公式为

$$\begin{cases} x = x_0 + x'\cos\theta - y'\sin\theta \\ y = y_0 + x'\sin\theta + y'\cos\theta \end{cases} \tag{12-19}$$

式中：x_0,y_0——ZH 点在大地坐标系中的坐标；

θ——ZH 至 JD 的切线方位角。

图 12-15a)中，曲线右偏，以 HZ 点为坐标原点的曲线 HZ 至 QZ 上任一点的切线坐标(x',y')与大地坐标(x,y)的转换公式为

$$\begin{cases} x = x_0 + x'\cos\theta + y'\sin\theta \\ y = y_0 + x'\sin\theta - y'\cos\theta \end{cases} \tag{12-20}$$

式中：x_0，y_0——HZ 点在大地坐标系中的坐标；

θ——HZ 至 JD 的切线方位角。

图 12-15b）中，曲线左偏，以 ZH 点为坐标原点的曲线 ZH 至 QZ 上任一点的切线坐标（x'，y'）与大地坐标（x，y）的转换公式为

$$\begin{cases} x = x_0 + x'\cos\theta + y'\sin\theta \\ y = y_0 + x'\sin\theta - y'\cos\theta \end{cases} \tag{12-21}$$

式中：x_0，y_0——ZH 点在大地坐标系中的坐标；

θ——ZH 至 JD 的切线方位角。

图 12-15b）中，曲线左偏，以 HZ 点为坐标原点的曲线 HZ 至 QZ 上任一点的切线坐标（x'，y'）与大地坐标（x，y）的转换公式为

$$\begin{cases} x = x_0 + x'\cos\theta - y'\sin\theta \\ y = y_0 + x'\sin\theta + y'\cos\theta \end{cases} \tag{12-22}$$

式中：x_0，y_0——HZ 点在大地坐标系中的坐标；

θ——HZ 至 JD 的切线方位角。

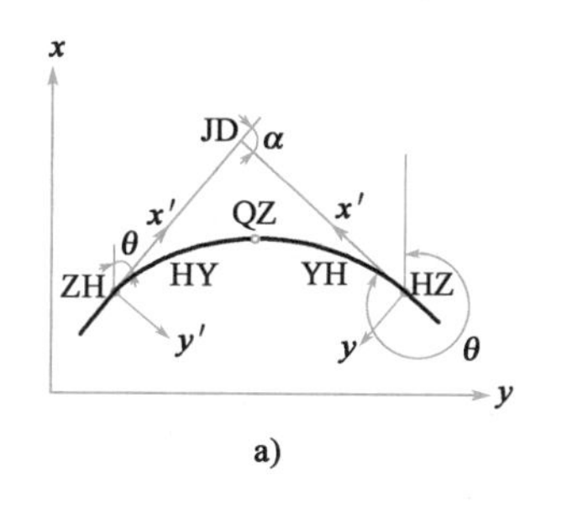

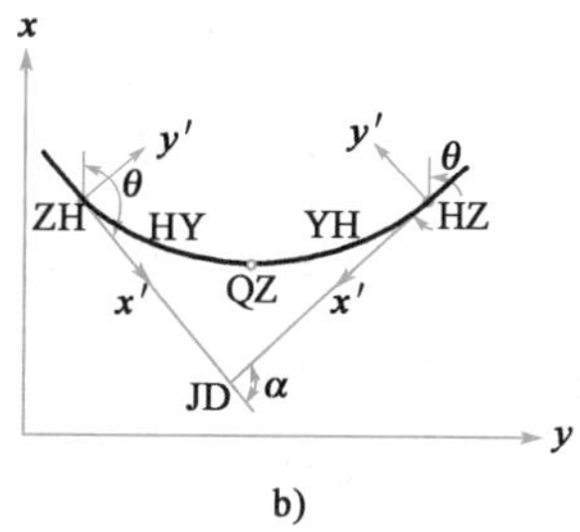

图 12-15　坐标转换

以 K3 + 120 为例，首先计算切线坐标系中的坐标：

$$l_1 = (K3 + 120) - (K3 + 114.051) = 5.949$$

$$\varphi_1 = \frac{l_1}{R}\frac{180°}{\pi} = \frac{5.949}{300} \cdot \frac{180°}{\pi} = 1°08'10''$$

$$x_1 = R\sin\varphi_1 = 300 \times \sin 1°08'10'' = 5.948$$

$$y_1 = R \cdot (1 - \cos\varphi_1) = 300 \times (1 - \cos 1°08'10'') = 0.059$$

其次计算大地坐标系中的坐标，由坐标转换公式得

$$\begin{aligned} x &= x_0 + x'\cos\theta - y'\sin\theta \\ &= 31505.684 + 5.948 \times \cos 355°18'20'' - 0.059 \times \sin 355°18'20'' \\ &= 31511.617 \end{aligned}$$

$$y = y_0 + x'\sin\theta + y'\cos\theta$$
$$= 62577.069 + 5.948 \times \text{in}355°18'20'' + 0.059 \times \cos355°18'20''$$
$$= 62576.641$$

在电子表格或程序中进行上述计算更省时省力。

12.5.3 曲线上任意一点的切线及垂线方位角的计算

从上述线路中桩坐标的计算中我们知道,要计算边桩坐标,首先要计算曲线上任意一点的法线方位角,而要计算法线方位角,必须先计算切线方位角。

1)缓和曲线上任意一点的切线和法线方位角的计算

如图12-16所示,设α为ZH至JD的切线方位角,则左偏缓和曲线上任一点i至左边桩的方位角α_z及i点至右边桩的方位角α_y为

$$\left.\begin{aligned}\alpha_z &= \alpha - \beta - 90° \\ \alpha_y &= \alpha - \beta + 90°(\alpha_y = \alpha_z \pm 180°)\end{aligned}\right\} \tag{12-23}$$

式中:β——缓和曲线上任一点i的缓和曲线角,其计算公式为

$$\beta = \frac{l^2}{2Rl_0} \cdot \frac{180°}{\pi} \tag{12-24}$$

同理可得曲线右偏时法线方位角为

$$\left.\begin{aligned}\alpha_z &= \alpha + \beta - 90° \\ \alpha_y &= \alpha + \beta + 90°(\alpha_y = \alpha_z \pm 180°)\end{aligned}\right\} \tag{12-25}$$

2)圆曲线段法线方位角的计算

方法一:如图12-17所示,左偏圆曲线上任一点i的切线方位角为

$$\left.\begin{aligned}\alpha_{Bi} &= \alpha_{AB} - 2\phi \\ \phi &= \frac{l}{2R} \cdot \frac{180°}{\pi}\end{aligned}\right\} \tag{12-26}$$

式中:ϕ——偏角;

l——i点至HY的曲线长。

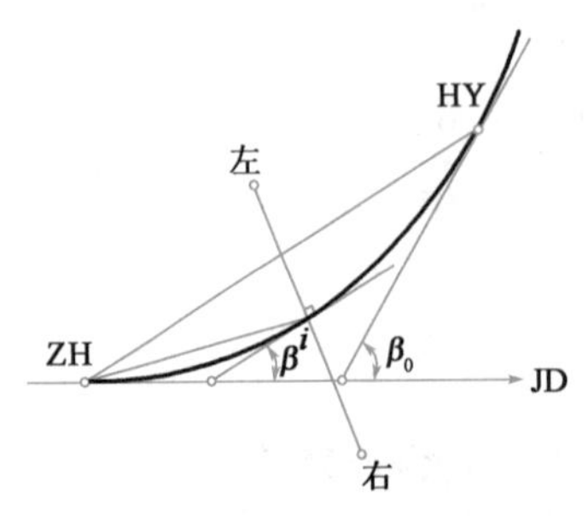

图12-16 缓和曲线任一点法线方位角

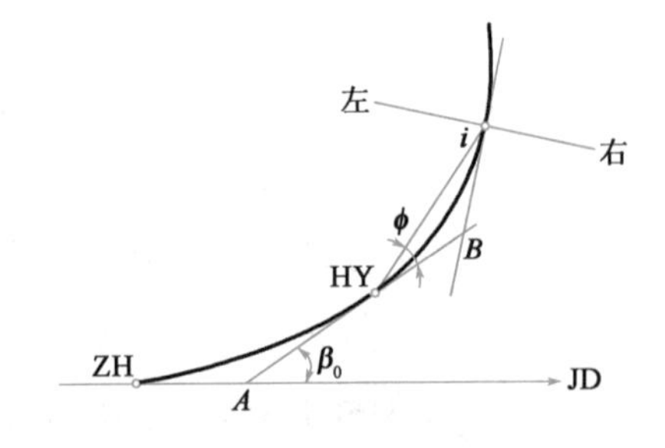

图12-17 圆曲线一点法线方位角

则圆曲线上任一点 i 至左边桩的方位角 α_z 及 i 点至右边桩的方位角 α_y 为

$$\left.\begin{aligned}\alpha_z &= \alpha_{Bi} - 90^\circ = \alpha_{AB} - 2\phi - 90^\circ \\ \alpha_y &= \alpha_{Bi} + 90^\circ = \alpha_{AB} - 2\phi + 90^\circ(\alpha_y = \alpha_z \pm 180^\circ)\end{aligned}\right\} \tag{12-27}$$

同理可得曲线右偏时任一点 i 至左边桩的方位角 α_z 及 i 点至右边桩的方位角 α_y 为

$$\left.\begin{aligned}\alpha_z &= \alpha_{AB} + 2\phi - 90^\circ \\ \alpha_y &= \alpha_{Bi} + 90^\circ = \alpha_{AB} + 2\phi + 90^\circ(\alpha_y = \alpha_z \pm 180^\circ)\end{aligned}\right\} \tag{12-28}$$

方法二：如图 12-18 所示。

(1)计算圆心坐标

$$\left.\begin{aligned}\alpha_{JD-O} &= \alpha_{JD-ZH} + \frac{180^\circ - \alpha}{2} \\ x_O &= x_{JD} + (R + E)\cos\alpha_{JD-O} \\ y_O &= y_{JD} + (R + E)\sin\alpha_{JD-O}\end{aligned}\right\} \tag{12-29}$$

(2)径向方位角计算

圆心坐标与中线坐标进行反算即可得各点法线方位角。

图 12-18　圆曲线任一点法线方位角

单元小结

本单元主要介绍了线路中线的测设方法。测量中常见的线路中线的测设方法有三种，即短弦偏角法、长弦偏角法(极坐标法)和切线支距法(直角坐标法)。通过学习应重点掌握极坐标法测设线路中线的方法，掌握曲线要素、主点里程的计算、曲线上任一点的偏角公式及其在切线支距坐标系中的坐标计算公式。

断链的标记(图片)

【知识拓展】

断　　链

断链在道路路线中经常会遇到，甚至可以说没有遇到断链反而不正常，那么什么是断链，什么是长链，什么又是短链呢？

1)断链的产生

断链指的是因局部改线或分段测量等原因造成的桩号不连续的现象。

分段测量：在勘测一条线路时，一般分两支队伍同时测量，一个队伍从起点开始测，另一支队伍从中间位置(终点)开始测，这时第二支队伍的勘测起点就假定一个起点桩号。很显然，这个假定的桩号肯定不会与前面那段道路测量的终点桩号正好一样，这样就产生了断链，此处桩号不连续。

局部改线：这种情况大多会发生在勘测设计文件在评审后的修改上，专家在评审设计文件时会提出很多意见，如某路段半径要改大(或改小)一点，以便占用更少的农田；某路段要向这个方向偏移一些，以减少填方数量；这段路线走这里不行，从村外绕过去。如此一来，需重新计算路线、打桩、测量，数据出来了，当调整的路段重新回到原设计的路线上时，桩号不连续了。

还有一种情况就是测量过的路线，回过头来突然发现某个交点的要素计算错误，导致桩号也算错了，需重新计算，这时也会产生桩号不连续的情况。

2)断链点的位置

断链点就是新老桩号不连续的那个点。一般来说,断链点之前的桩号是改线后的新桩号(当然改线路段之前的桩号还是老桩号,原测量数据可继续利用),断链点之后的桩号则是老桩号(可利用原测量数据,直到又碰到另一段改线)。断链点的设置位置一般有如下特点:

(1)最好设在改线与老线正好相接的位置上;

(2)绝对在直线上,有些就在HZ(YZ)点上。3)断链点的表示方法

断链点一般在平面图、直曲表、纵断面图等图表中均有表示。断链点不管在哪里标记,均按类似这样的格式表示:K50+622.760 = K50+621.166。这不是数学等式,它表示的是新老桩号的交汇点(即断链点)。等式前面的桩号表示的是改线段的结束桩号,等式后面的桩号是与之相接的老路线桩号。换个角度理解,路线桩号推算到这里(等式前面的桩号),突然不连续了,突然以另一个桩号出现(等式后面的桩号),而这两个不相等的桩号,实地表示的则是同一个位置的点位(计算出来的坐标应该相等)。

4)长链与短链

长链和短链是断链的两种类型,在断链的表达式中,会出现两种情况,一种是前面桩号大于后面桩号,另一种是前面桩号小于后面桩号。

第一种:前面桩号大于后面桩号,比如K112+943.305 = K112+900.001,桩号有重复,比如前面我们桩号推算到了K112+943.305,又突然从K112+900.001开始,那么断链点之后从K112+900.001~K112+943.305这一段桩号就是与断链点有重复的桩号。这种情况,就称为长链,长多少呢?就是两桩号之差43.304m,因此标记为长链43.304m。

第二种:前面桩号小于后面桩号,比如K115+309.227 = K115+320.001,桩号有空白,前面我们桩号推算到了K115+309.227,又突然从K115+320.001开始,那么从K115+309.227~K115+320.001这一段桩号就不会出现。这种情况,就称为短链,短的距离,同样是两桩号之差10.774m,因此标记为短链10.774m。

总结成一句简短的话,就是“桩号重叠为长链,桩号间断为短链”。

思考与练习题

12-1 铁路新线勘测的初测、定测阶段测量工作的主要任务是什么?

12-2 什么是里程桩,里程桩是如何分类的?

12-3 线路中线测量包括哪些内容?

12-4 已知某圆曲线JD的里程桩号为DK116+211.08,转向角$\alpha_{右}=24°18'$,半径$R=400$m,试计算曲线要素及主点里程。

12-5 某曲线设计选配的圆曲线半径$R=800$m,缓和曲线长$l_0=90$m,实测转角$\alpha_{右}=20°13'00''$,JD的里程为DK186+089.47。

求:(1)该曲线常数、曲线要素及主点里程;

(2)列表计算曲线各点偏角;

(3)仪器在HY点,如何寻找切线方向(结合具体角度说明)。

12-6 已知某曲线JD点的里程桩号为DK16+476.88,坐标为(2110.821,9120.134),ZD点的坐标为(1648.962,8465.411),转向角$\alpha_{右}=37°16'$,缓和曲线长$l_0=40$m,圆曲线半径$R=300$m,道路左幅宽4.5m、右幅宽5m,试计算曲线要素、主点里程及逐桩点的中边桩坐标。

单元 13　线路的纵、横断面测量

内容导读

○○○○○○○○○○○

纵、横断面测量成果是勘测设计单位设计线路坡度、桥涵、隧道及工程量统计的重要文件，是施工单位质量控制、工程量计算的重要依据。纵、横断面测量在施工过程中需要频繁进行。

知识目标：掌握线路纵、横断面的概念，掌握线路纵、横断面测量的目的、观测程序和方法。

能力目标：组织实施断面测量工作的能力，全站仪法测绘线路纵、横断面。

素质目标：培养学生科技攻关的创新意识和创新能力，提高理论联系实践的水平。

13.1　线路纵断面测量

线路纵断面测量的任务是测定中线上各里程桩的地面高程，绘制线路纵断面图，供线路纵向坡度、桥涵位置、隧道洞口位置等的设计使用。纵断面测量包括水准点高程测量和中桩高程测量。

13.1.1　线路水准点高程测量

定测阶段的水准点高程测量亦称基平测量，它的任务是沿线布设水准点、施测水准点的高程，作为线路及其他工种测量工作的高程控制点。

1）水准点的布设

定测阶段水准点的布设在初测水准点布设的基础上进行。先检核初测水准点，尽量采用初测成果，对于不能再使用的初测水准点或远离线路的点，应根据实际需要重新设置。水准点宜设于中心线两侧 50～100m 范围之内的地基稳固、易于引测以及施工时不易受破坏的地方。水准点间距宜为 1～2km，山岭重丘区可根据需要适当加密，大桥、隧道口及其他大型构造物两端，应增设水准点。

水准点设置在坚固的基础上或埋设混凝土桩，以 BM 表示并统一编号。

2）水准点高程测量

水准点高程测量可以采用几何水准测量，对于山岭地带以及沼泽、水网地区，可用光电测距三角高程测量代替四、五等水准测量。

13.1.2　线路中桩高程测量

中桩高程测量亦称中平测量，它的任务是测定中线上各控制桩、百米桩、加桩处的地面高程，为绘制线路纵断面图提供资料。

中桩水准一般采用一台水准仪单向观测，从一个水准点出发，逐个测定中桩的地面高程，附合到下一个水准点上，在两个水准点之间形成附合水准路线，其限差为 $\pm 50\sqrt{L}$mm（L 为水准路线长度,以 km 计)。中桩高程宜观测两次,其不符值不应超过 10cm,取位至 cm,中桩高程闭合差在限差内不作平差。

中桩高程测量方法如图 13-1 所示,将水准仪安置于测站 I,读取水准点 BM_1 上的尺读数,作为后视读数。然后依次读取各中线桩的尺读数,由于这些尺读数是独立的,不传递高程,故称为中视读数。最后读取转点 ZD_1 的读数,作为前视读数。再将仪器搬至测站 II,后视转点 ZD_1,重复上述方法,直至闭合于 BM_2。转点尺应立在尺垫、稳固的桩顶或坚石上,尺读数至 mm,视线长不应大于 150m;中间点立尺应紧靠桩边的地面,读数可至 cm,视线也可适当放长。记录计算见表 13-1。

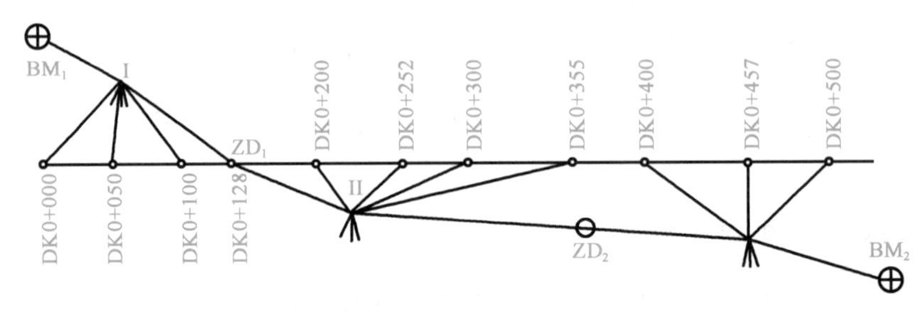

图 13-1 中桩高程测量

水准测量记录表(单位:m) 表 13-1

测站	测点	水准尺读数			仪器高程	高程	原有高程	备注
		后视	中视	前视				
1	BM_1	2.098			12.363	10.265	10.265	
	DK0 +000		1.28			11.08		
	DK0 +050		1.76			10.60		
	DK0 +100		1.82			10.54		
	DK0 +128 (ZD_1)	1.685		1.564	12.484	10.799		
2	DK0 +200		1.85			10.63		
	DK0 +252		1.90			10.58		
	DK0 +300		1.52			10.96		
	DK0 +355		1.77			10.71		
	ZD_2	1.956		1.855	12.585	10.629		
	DK0 +400		1.80			10.78		
	DK0 +457		1.72			10.86		
	DK0 +500		1.69			10.89		
	BM_2			1.502		11.083	11.105	
	Σ	5.739		4.921				

每站各项的计算公式:视线高程 = 后视点高程 + 后视读数,中桩高程 = 视线高程 − 中视读数,转点高程 = 视线高程 − 前视读数。

各站记录后，应立即计算各点高程，直至下一个水准点时计算高差闭合差。

实测高差：　$h=5.739-4.921=0.818\text{m}$

检核：　$h=11.083-10.625=0.818\text{m}$

已知高差：　$h=11.105-10.265=0.840\text{m}$

闭合差：　$f_{\text{h}}=0.818-0.840=-22\text{mm}$

允许闭合差：　$F_{\text{h}}=\pm 50\sqrt{L}=\pm 50\sqrt{0.5}=\pm 35\text{mm}>f_{\text{h}}$，合格

中桩高程测量可采用光电测距三角高程测量，隧道顶和深沟的中桩亦可采用一般三角高程测量，其要求和限差同初测。

13.1.3　绘制线路纵断面图

按照线路中线里程和中桩高程，绘制出沿线路中线地面起伏变化的图，称纵断面图。线路纵断面图是线路设计文件的基础文件之一，它将线路中线经过之处的地形、地质等自然状况以及设计资料表示出来。图 13-2 为经过简化后的某段线路纵断面图（只显示线路平面、里程和地面高程）。

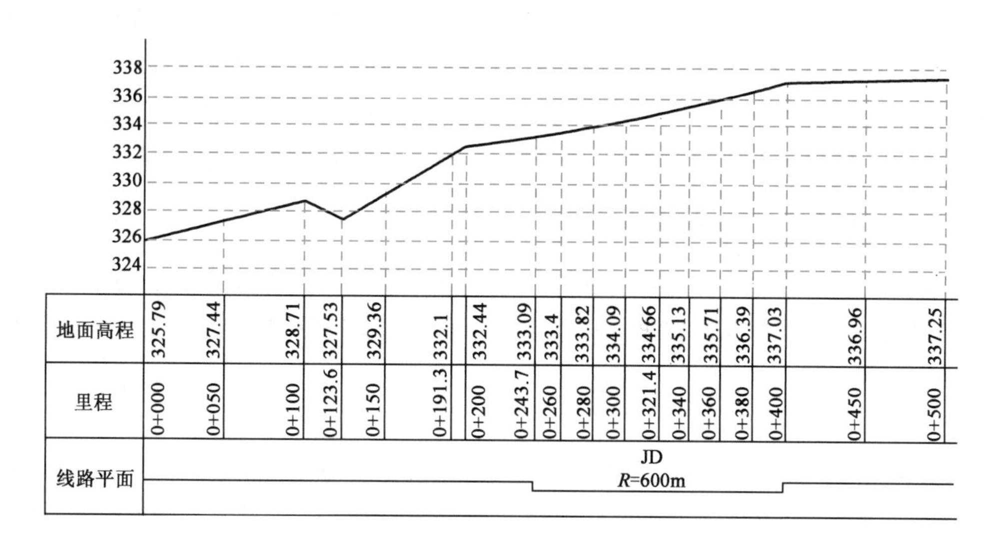

图 13-2　纵断面图

线路纵断面图一般绘在毫米方格纸上，其横向表示中桩里程，纵向表示中桩地面高程。常用的里程比例尺有 1∶5000、1∶2000、1∶1000 几种，为了明显表示地面的起伏，一般取高程比例尺为里程比例尺的 10～20 倍。

通常纵断面图的绘制步骤如下：

1）打格制表

按照选定的里程比例尺和高程比例尺打格制表，根据里程按比例标注桩号，按中平测量成果填写相应里程桩的地面高程，用示意图表示线路平面。

在线路平面中，位于中央的直线表示线路的直线段，向上或向下凸出的折线表示线路的曲

线,折线中间的水平线表示圆曲线,两端的斜线表示缓和曲线,上凸表示线路右转,下凸表示路线左转。

2)绘出地面线

首先选定纵坐标的起始高程,使绘出的地面线位于图上适当位置。为便于绘图和读图,通常是以整米数的高程标注在高程标尺上,然后根据中桩的里程和高程,在图上依次点出各中桩的地面位置,再用直线将相邻点一个个连接起就得到地面线。

13.2 线路横断面测量

文章链接

横断面是指沿垂直线路中线方向的地面断面线。线路横断面测量的任务就是在各中桩处测出垂直于线路中线方向的地面起伏情况,并绘成横断面图,作为设计路基横断面、计算土石方和施工时确定路基填挖边界的依据。

13.2.1 横断面测量的密度和宽度

横断面测量的密度和宽度,应根据沿线的地形和地质情况以及设计需要确定。一般应在曲线控制桩、公里桩、百米桩及线路纵横向地形明显变化处施测横断面。在高路堤、深路堑、挡土墙、大中桥头、隧道洞口以及地质不良地段,应按设计需要适当加密横断面。

横断面实测的宽度应满足路基、取土坑、弃土堆以及排水沟设计的要求,但每侧最少不得小于30m。在测绘过程中,若发现加桩不够或桩位置不当,可根据实际需要重新设定。

13.2.2 线路横断面方向的测定

横断面的方向在直线地段应与线路中线垂直,在曲线地段与测点的切线垂直,即该测点的法线方向。测定横断面方向的方法很多,精度要求较高时使用经纬仪(全站仪),一般情况下,则可使用方向架。

1)经纬仪定向

在直线地段,经纬仪(全站仪)安置于中桩点,后视另外一中桩点定向,拨角90°,则望远镜视线方向即为中桩处的横断面方向。在曲线上,如图13-3所示,欲测A点处横断面,根据AB弧长和曲线半径计算偏角δ,然后,置镜于A点,后视B点,归零,拨角$90° \pm \delta$,则望远镜视线方向即为A点处横断面方向。

2)方向架定向

方向架的形状如图13-4a)所示,直线地段,将方向架立于中桩上,使方向架的一条连线瞄准另一中桩点,则与之垂直的另一连线的方向即为该中桩处的横断面方向。曲线地段如图13-4b)所示,欲测A点处横断面,先在与A点前后等距的曲线上找出B、C两点,方向架立于A点,首先,用方向架的一个方向对准B点,方向架的另一方向定出AB线的垂直方向AD_2;然后,用方向架的一个方向对准C点,方向架的另一方向定出AC线的垂直方向AD_1,使$AD_1=AD_2$,取D_1D_2的中点D,则BD方向即是A点处横断面方向。

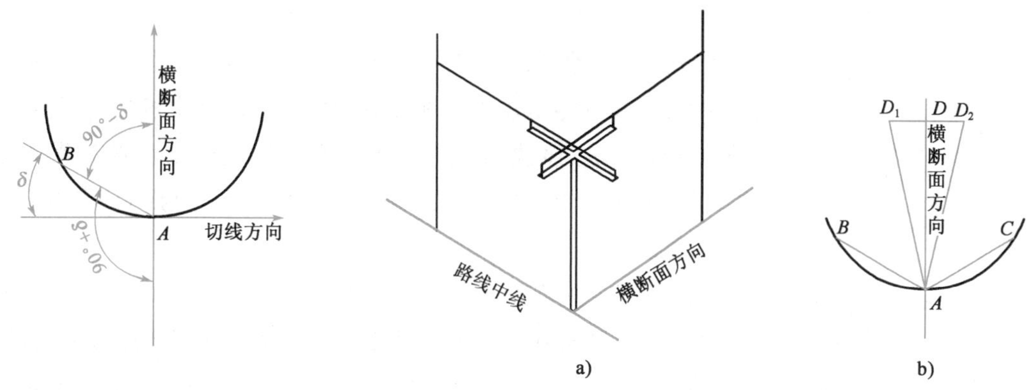

图13-3　经纬仪测设横断面方向　　　　图13-4　方向架测设横断面方向

13.2.3　横断面测设方法

横断面上中桩的地面高程已在纵断面测量时完成，横断面上各地形特征点相对于中桩的平距和高差可用下述方法测定。

1）水准仪法

在地势平坦且通视良好的地段，横断面方向用方向架定向，用钢尺（皮尺）量距。如图13-5所示，在横断面方向附近安置水准仪，以中桩地面高程点为后视点，中桩两侧横断面方向地形特征点为前视点，分别测量地形特征点的高程，水准尺读数至cm。用皮尺（或钢尺）分别测量出地形特征点至中桩点的平距，量至dm。

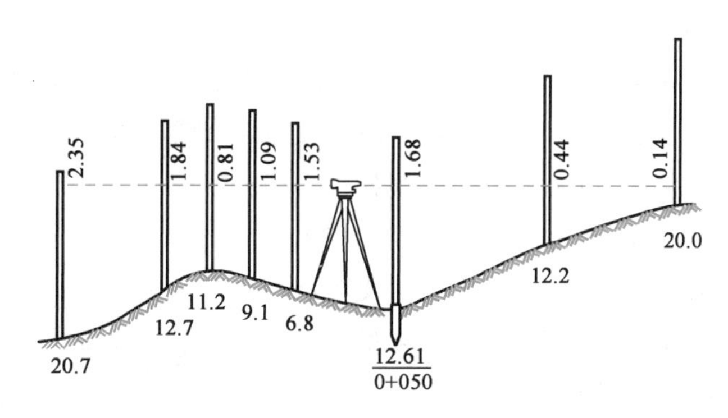

图13-5　水准仪法测设横断面

测量记录格式见表13-2，表中按路线前进方向分左、右侧记录。分式的分子表示前视读数（或高差），分母表示水平距离。水准仪安置在适当位置，一次可测多个断面，如图13-6所示。

横断面测量记录　　　　表13-2

$\frac{前视读数}{距离}$（左侧）					$\frac{后视读数}{桩号}$	（右侧）$\frac{前视读数}{距离}$	
$\frac{2.35}{20.0}$	$\frac{1.84}{12.7}$	$\frac{0.81}{11.2}$	$\frac{1.09}{9.1}$	$\frac{1.53}{6.8}$	$\frac{1.68}{0+050}$	$\frac{0.44}{12.2}$	$\frac{0.14}{20.0}$

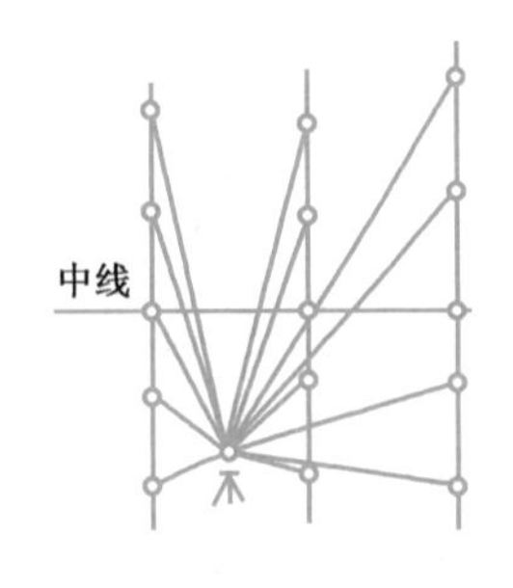

图 13-6 水准仪一次测多个横断面

2)经纬仪视距法

此法适用于地形起伏较大,不便于丈量距离的地段。将经纬仪安置在中桩上,用视距法测出横断面方向各变坡点至中桩的水平距离和高差。这种方法速度快,精度亦可满足路基设计要求,尤其在横向坡度较陡地区,其优点更明显,所以它是铁路线路横断面常用的测量方法。

3)全站仪法

此法适用于任何地形条件。利用全站仪测量横断面,不仅速度快、精度高,而且安置一次仪器可测多个断面。利用全站仪的对边测量功能可方便测得横断面上各点相对于中桩的水平距离和高差,如果利用测图软件,借助于计算机可快速绘制横断面图。

13.2.4 横断面测量的精度要求

《既有铁路测量技术规则》(TBJ 105—1988)规定,横断面检测限差(对高速公路、一级公路)如下:

高程 $\pm(h/100+l/200+0.1)$m

距离 $\pm(l/100+0.1)$m

式中:h——检查点至线路中桩的高差(m);

L——检查点至线路中桩的水平距离(m)。

13.2.5 横断面图的绘制

根据横断面测量的各点间的平距和高差,在毫米方格纸上绘制横断面图,水平方向表示平距,竖直方向表示高程,比例尺为 1:200 或 1:100。绘制时,按里程桩号的顺序在图幅内自下而上,由左至右排列,使每行的横断面中心线排在一条线上,以中桩为准,根据左右两侧的测点至中桩的距离和各点的高程,绘出地形变化点,依次连接各点所得折线,即为横断面地面线。根据表13-2中数据所绘制的横断面图,如图 13-7 所示。

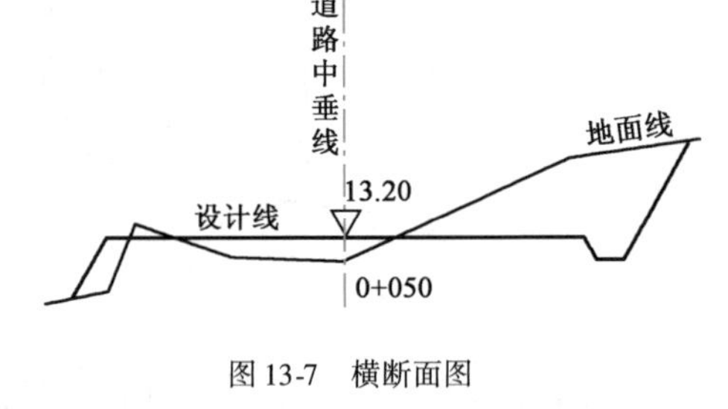

图 13-7 横断面图

可将路基断面设计线直接画在横断面图上,绘制成路基断面图,这项工作俗称"戴帽子"。图 13-7 中粗实线为半填半挖的路基断面图。根据横断面的填、挖面积及相邻中桩的桩号,算出施工的土、石方量。

单元小结

本单元主要介绍了线路纵、横断面测量的目的、程序和方法。

线路纵断面测量的目的是测定线路中桩的地面高程,其程序是"先基平,后中平"。基平测量是建立路线高程控制点,作为中平测量和施工放样的起算水准点;中平测量是测定中线逐桩地面高程。

线路横断面测量的目的是测绘各中桩垂直于线路中线方向的地面起伏情况。其程序是先确定横断面方向，再用横断面测量方法（水准仪法、经纬仪视距法或全站仪法）测定变坡点的平距和高差，最后根据所测数据绘制出横断面图。

思考与练习题

13-1　纵断面测量的任务是什么，它包括哪些内容？

13-2　中平测量与一般水准测量有何不同，中平测量的中视读数与前视读数有何区别？

13-3　横断面测量的任务是什么，如何测定横断面的方向？

13-4　某测段的中平测量记录资料见表 13-3，试完成该表的计算和检核，并绘出该段的纵断面图（里程比例尺 1∶5000；高程比例尺 1∶250）。

中平测量记录计算表　　表 13-3

测　点	水准尺读数(m)			仪器视线高程(m)	高程(m)	备　注
	后视	中视	前视			
BM_1	2.623					BM_1 的高程为 264.315m，BM_2 的高程为 267.139m
K1 +700		1.87				
+750		1.93				
+800		1.32				
+823.6		1.64				
+850		1.78				
ZD_1	2.195		1.106			
+900		2.01				
+950		1.84				
K2 +000		1.35				
+050		1.91				
ZD_2	1.976		1.352			
+100		1.63				
+150		0.94				
+200		0.72				
+250		1.88				
+264.8		1.45				
BM_2			1.489			

13-5　某横断面测量记录资料见表 13-4，试按 1∶200 比例尺绘出横断面图。

横断面测量记录(单位：m)　　表 13-4

左　侧		桩　号	右　侧		
$\frac{575.1}{20.6}$	$\frac{572.3}{9.6}$	$\frac{579.02}{\text{DK163}+050}$	$\frac{570.3}{6.6}$	$\frac{568.2}{13.1}$	$\frac{566.3}{21.2}$

注：表中分子表示高程，分母表示距中桩的距离。

单元 14　线路施工测量

内容导读

线路施工测量的任务是在地面上测设线路施工桩点的平面位置和高程。线路施工桩点主要是指中线桩和标志路基施工界线的边桩。本单元主要介绍线路施工测量的主要内容:线路施工复测、路基放样、路基竣工测量。

知识目标:了解进行线路复测的重要性和一般过程,掌握路基边桩和路基边坡的测设方法,熟悉路基竣工测量的内容。

能力目标:熟悉线路复测的全过程;根据地形实际情况,熟练地进行路基边桩的测设。

素质目标:培养学生独立分析问题和解决问题的能力;培养学生诚实守信、爱岗敬业的良好职业道德。

14.1　线路复测

线路中线桩在定测时已标定在地面上,它是路基施工的主轴线。由于定测以后往往要经过一段时间才进行施工,定测时所钉设的某些桩点难免丢失、损坏或被移动,因此,在线路施工开始之前,必须进行中线的恢复工作和水准点的检验工作,检查定测资料的可靠性和完整性,这项工作称为线路复测。施工复测后,中线控制桩必须保持正确位置,以便在施工中据此恢复中线。在施工中也经常会发生桩点被碰动或丢失,为了迅速又准确地把中线恢复到原来位置,复测过程中还应对线路各主要桩位(如交点、直线转点、曲线控制点等)在土石方工程范围之外设置护桩。

线路复测工作的内容和方法与定测时基本相同。线路复测包括转向角测量、直线转点测量、曲线控制桩测量及线路水准测量。复测的主要目的是恢复定测桩点和检查定测质量,而不是重新测设。

复测前,施工单位应检核线路测量的有关图表资料,会同设计单位进行现场桩位交接。主要桩位有:直线转点、交点、曲线主点、三角点、导线点、水准点等有关控制点。若直线上的转点丢失或移位,可在交点上用经纬仪(或全站仪)按定测资料拨角放样,补钉转点桩;若交点桩丢失或移位,可根据两直线上的两个以上的转点放线,重新钉出交点桩,重测转向角。复测结果与定测资料比较相差不大时,可按复测的转向角和定测时设计的曲线半径及缓和曲线长计算曲线要素,定出曲线控制桩。直线转点及曲线控制桩补齐以后,须在全线补钉里程桩,同样,在施工之前还须进行线路水准测量。首先复测水准点的高程,然后在中线桩恢复以后复测中桩高程。如果地面标高与原来定测资料相差过大,则应按复测结果计算填挖高差。复测与定测成果的不符值限差如下:

①水平角：±30″；②距离：钢尺量距 1/2000，光电测距 1/4000；③转点点位横向差：每 100m 不应大于 5mm，当点间距离长于 400m 时，亦不应大于 20mm；④曲线横向闭合差：10cm（施工时应调整桩位）；⑤水准点高程闭合差：$\pm 30\sqrt{L}$mm；⑥中桩高程：±10cm。

当复测与定测成果不符值超出容许范围时，应多方寻找原因，如确属定测资料错误或桩点发生移动，则应改动定测成果。

另外，由于在施工阶段对土石方的计算要求比设计阶段准确，所以横断面要求测得密些，一般在平坦地区为每 50m 一个，在土石方数量大的复杂地区，应不远于每 20m 一个。因此，在施工中线上的里程也要相应加密为每 50m 或 20m 一个桩。

14.2 护桩的设置

护桩一般设置两组，连接护桩的直线宜正交，困难时交角不宜小于 60°，每一方向上的护桩应不少于三个，以便在有一个不能利用时，用另外两个护桩仍能恢复方向线。如地形困难，亦可用一根方向线加测精确距离，也可用三个护桩作距离交会。根据中线控制桩周围的地形等条件，护桩按如图 14-1 所示的形式进行布设。对于地势平坦、填挖高度不大、直线段较长的地段，也可在设计的路基宽度之外测设两排平行于中线的施工控制桩，如图 14-2 所示。

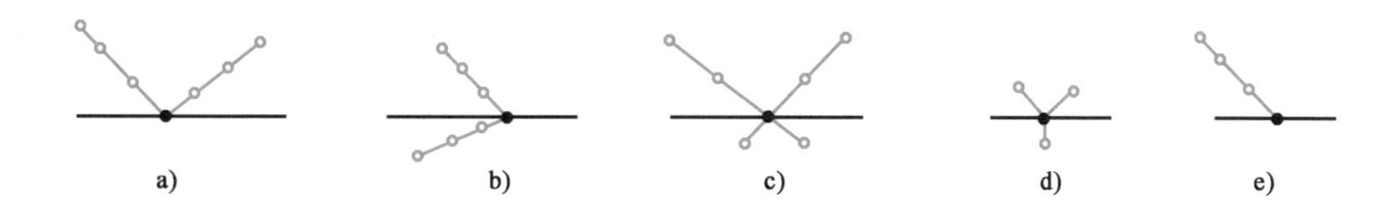

图 14-1 护桩设置

设护桩时将经纬仪（全站仪）安置在中线控制桩上，选好方向后，以远点为准用正倒镜定出各护桩的点位，然后测出方向线与线路所构成的夹角，并量出各护桩间的距离。为便于寻找护桩，护桩的位置用草图及文字作详细说明，如图 14-3 所示。护桩的位置应选在施工范围以外，并考虑施工中桩点不被破坏，视线也不至于被阻挡。

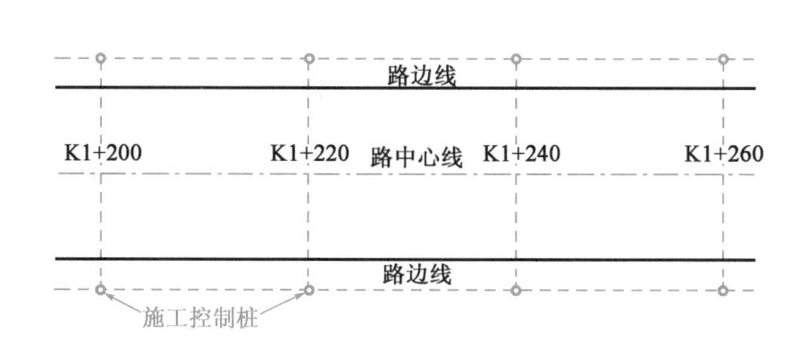

图 14-2 平行线护桩设置

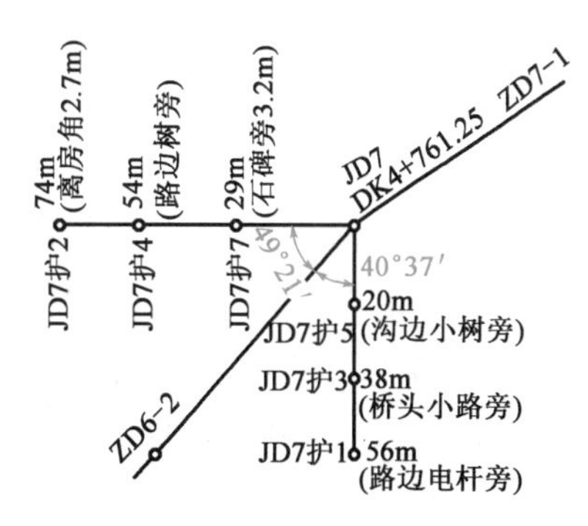

图 14-3 护桩设置点之记

14.3 路基放样

14.3.1 路基边桩的测设

路基边桩测设就是在地面上将每一个横断面的路基边坡线与地面的交点用木桩标定出来。边桩的位置由两侧边桩至中桩的距离来确定。边桩测设的方法很多,常用的有图解法和解析法。

1)图解法

在较平坦地区,当横断面的测量精度较高时,可以在横断面设计图上量取中桩至边桩的水平距离,然后到实地在横断面方向用皮尺量出其边桩位置。

2)解析法

通过计算求得路基中桩至边桩的距离。在平地和山区,计算和测设的方法不同。

(1)平坦地段路基边桩的测设

填方路基称为路堤,挖方路基称为路堑。

如图14-4a)所示,路堤边桩至中桩的距离为

$$l_{左} = l_{右} = B/2 + mh \tag{14-1}$$

如图14-4b)所示,路堑边桩至中桩的距离为

$$l_{左} = l_{右} = B/2 + s + mh \tag{14-2}$$

式中:B——路基设计宽度;

$1:m$——边坡坡度;

H——填土高度或挖土高度;

s——路堑边沟顶宽。

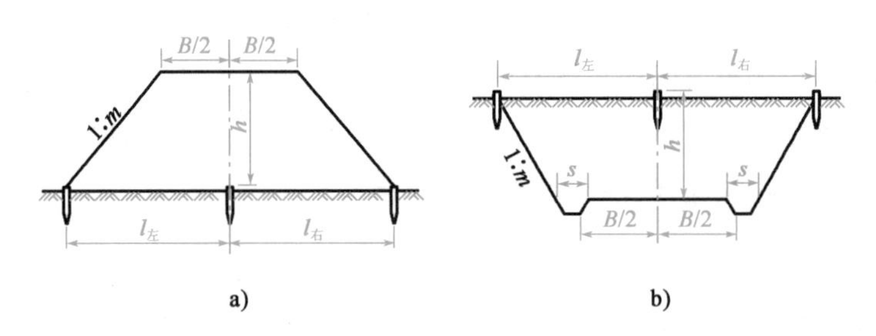

图14-4 路堤、路堑

根据算得的距离,从中桩沿横断面方向量距,测设路基边桩。若横断面位于曲线上有加宽时,在按上面公式求出 l 值后,曲线内侧的 l 值还应加上加宽值。

(2)斜坡地段路基边桩的测设

在斜坡地段,边桩至中桩的距离随着地面坡度的变化而变化。

如图14-5a)所示,路堑边桩至中桩的距离为

$$l_{左} = B/2 + s + mh_{左} \tag{14-3}$$

$$l_{右} = B/2 + s + mh_{右} \tag{14-4}$$

式中：$h_{左}$、$h_{右}$——左、右侧边桩处原地面高程与设计路基面的高差。

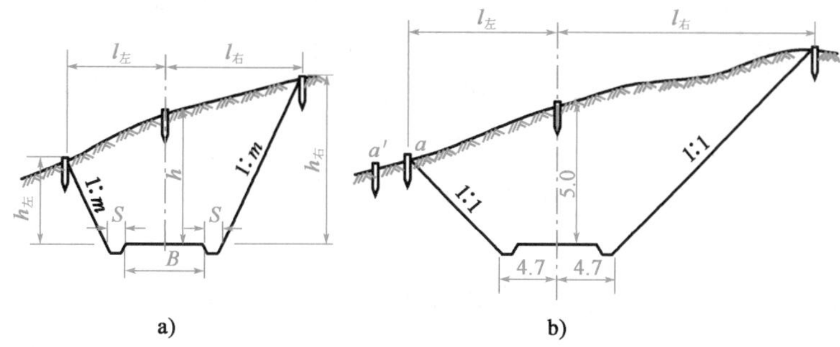

图14-5　斜坡地段路基边桩测设

式中的 B、s、m 均由设计确定，所以 $l_{左}$、$l_{右}$ 随 $h_{左}$、$h_{右}$ 而变。由于边桩位置待定，故 $h_{左}$、$h_{右}$ 均不能事先知道。在实际测设工作中，可以采用逐点趋近法。

在图14-5b）中，设路堑左侧加边沟顶宽度为4.7m，右侧也为4.7m，中桩挖深为5.0m，边坡坡度为1∶1，以左侧为例，介绍边桩测设的逐点趋近法。

①估计边桩位置。如果地面水平，则左侧边桩的距离应为 $4.7+5.0\times1=9.7\text{m}$。

实际情况是左侧地面较中桩处低，估计边桩地面比中桩低1m，则 $h_{左}=5-1=4\text{m}$，那么 $l'_{左}=B/2+s+mh_{左}=4.7+4\times1=8.7\text{m}$，在实地量8.7m平距后，得 a' 点。

②实测高差。用水准仪测定 a' 点与中桩的高差为1.3m，则 a' 点距中桩的平距应为

$$l''_{左} = B/2 + s + mh_{左} = 4.7 + (5.0 - 1.3) \times 1 = 8.4\text{m}$$

此值比初估算值（8.7m）小，故正确的边桩位置应在 a' 点内侧。

③重估边桩位置。正确的边桩位置应在离中桩8.4～8.7m之间，重新估计在距中桩8.6m处地面定出 a 点。

④重测高差。测出 a 点与中桩的高差为1.2m，则 a 点距中桩的平距应为

$$l_{左} = B/2 + s + mh_{左} = 4.7 + (5.0 - 1.2) \times 1 = 8.5\text{m}$$

此值与估计值基本相符（实际距离与计算距离不超过10cm），故 a 点即为左侧边桩位置。

使用逐点趋近法测设边桩，需要在现场边测边算。使用逐点趋近法有了实际经验之后，一般试测一两次即可达到要求。

14.3.2　路基边坡的测设

边桩测设后，为保证路基边坡施工按设计坡率进行，还应将设计边坡在实地上标定出来。

RTK路基边坡放样（图片）

1）挂线法

如图14-6a）所示，O 为中桩，A、B 为边桩，CD 为路基宽度。测设时，在 C、D 两点竖立标杆，在其上等于中桩填土高度处作 C'、D' 标记，用绳索连接 A、C'、D'、B，即得出设计边坡线。当路堤填土较高，挂线标杆高度不够时，可采用分层挂线法施工，如图14-6b）所示。

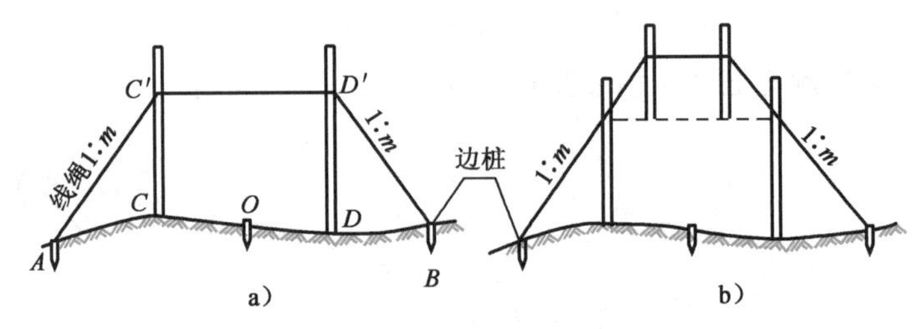

图 14-6 挂线法测设边坡

2)边坡放样板法

边坡样板按设计坡率制作,可分为活动式和固定式两种。固定式样板常用于路堑边坡的放样,设置在路基边桩外侧的地面上,如图 14-7a)所示。活动式样板也称活动边坡尺,它既可用于路堤、又可用于路堑的边坡放样,图 14-7b)为利用活动边坡尺放样路堤的情形。

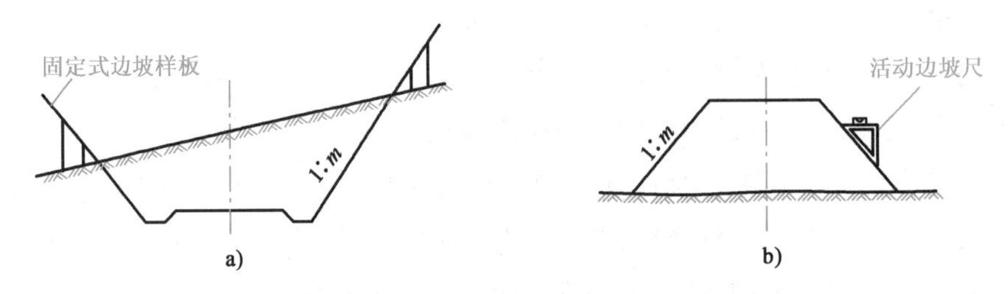

图 14-7 边坡样板法测设边坡

14.3.3 路基高程的测设

根据线路附近的水准点,在已恢复的中线桩上,用水准测量的方法求出中桩的高程,在中桩和路肩边上竖立标杆,杆上画出标记并注明填挖尺寸,在填挖接近路基设计高程时,再用水准仪精确标出最后应达到的高程。

14.4 路基竣工测量

在路基土石方工程完工之后,铺轨之前应当进行竣工测量。它的任务是最后确定线路中线位置,作为铺轨的依据;同时检查路基施工质量是否符合设计要求。其内容包括中线测量、高程测量和横断面测量。

14.4.1 中线测量

首先根据护桩将主要控制点恢复到路基上,进行线路中线贯通测量。在有桥梁、隧道的地段,应从桥梁、隧道的线路中线向两端引测贯通。贯通测量后的中线位置,应符合路基宽度和建筑物接近限界的要求,同时中线控制桩和交点桩应固桩。

对于曲线地段,应支出交点,重新测量转向角值。当新测角值与原来转向角之差在允许范围内时,仍采用原来的资料,测角精度与复测时相同。曲线的控制点应进行检查,曲线的切线长、外矢距等检查误差在 1/2000 以内时,仍用原桩点。曲线横向闭合差不应大于 ±5cm。

中线上,直线地段每 50m、曲线地段每 20m 测设一桩,道岔中心、变坡点、桥涵中心等处均需钉设加桩。全线里程自起点连续计算，消除由于局部改线或假设起始里程而造成的里程不能连续的“断链”。

14.4.2 高程测量

竣工测量时，应将水准点移设到稳固的建筑物上，或埋设永久性混凝土水准点。其间距不应大于2km，其精度与定测时要求相同。全线高程必须统一，消除因采用不同高程基准而产生的“断高”。

中桩高程按复测方法进行，路基高程与设计高程之差不应超过±5cm。

14.4.3 横断面测量

主要检查路基宽度，侧沟、天沟的深度。宽度与设计值之差不得大于5cm，路堤护道宽度误差不得大于10cm。若不符合要求且误差超限时，应进行整修。

14.5 铺设铁路上部建筑物时的测量

铁路路基竣工之后，即可着手进行路基上部建筑物的施工。路基上部建筑物包括道砟、轨枕和钢轨。在铺设道砟之前必须进行路基竣工测量，使得所测设的中线及路基面高程符合要求，之后进行铁路上部建筑物的平面位置和高程位置的放样。

铁路上部建筑物的平面位置是由中心线的标桩向两侧量距放样出来的。上部建筑物在高程方面的设计位置一般放样在中桩的侧面上，以画线或切口表示。第一个标记为路基顶面的高程，第二个标记为轨枕底平面的高程，而第三个标记则是钢轨顶面的高程。在直线地段内两轨的高程是一致的，曲线地段则应考虑到外轨超高。铺设轨道时高程放样的容许误差为±4mm，操作时应认真细致。

单元小结

线路施工测量的主要内容：线路施工复测、路基放样、路基竣工测量。

线路复测包括转向角测量、直线转点测量、曲线控制桩测量和线路水准测量。

路基放样包括路基边桩的测设、路基边坡的测设和路基高程的测设。

路基竣工测量包括中线测量、高程测量和横断面测量。

思考与练习题

14-1 线路施工测量的主要内容包括哪些？

14-2 线路复测的内容和目的是什么？

14-3 为什么复测时对线路各主要桩点设置护桩？

14-4 路基边桩测设有哪些方法？

14-5 路基边坡测设有哪些方法？

14-6 铁路路基上部建筑物在高程方面的设计位置是怎样标定的？

单元 15　桥梁施工测量

内容导读

本单元介绍桥梁测量的基本任务及分类，主要包含平面和高程控制测量，桥梁的墩台中心定位的方法，墩台细部放样，特别提出了曲线墩台的测量原理和测量方法。

知识目标：了解桥梁平面控制网和高程控制网的建立方法和要求，熟悉墩台定位、细部放样的基本方法。

能力目标：掌握桥梁墩台中心定位和细部放样的施测方法。

素质目标：培养学生的学习能力、自我发展能力和解决复杂问题的能力。

为了发展铁路、公路和城市道路工程等交通运输事业，在江河或陆地上修建了大量桥梁，有铁路桥梁、公路桥梁、铁路公路两用桥梁。这些桥梁在勘测设计、建造和运营管理期间都需要进行大量的测量工作，在施工过程中及竣工通车后，还要进行变形观测工作。根据不同的桥梁类型和不同的施工方法，测量的工作内容和测量方法也有所不同。

桥梁按其轴线长度一般分为特大型桥（>500m）、大型桥（100～500m）、中型桥（30～100m）和小型桥（<30m）四类，按平面形状可分为直线桥和曲线桥，按结构形式又可分为简支梁桥、连续梁桥、拱桥、斜拉桥、悬索桥等。

桥梁的测量工作，概括起来有桥轴线长度测量，施工控制测量，墩、台中心的定位，墩、台细部放样及梁部放样等。近代的施工方法，日益走向工厂化和拼装化，梁部构件一般都在工厂制造，在现场进行拼接和安装。

桥梁施工测量的基本任务就是按规定的精度，将设计的桥梁位置标定于地面，据此指导施工，确保建成的桥梁在平面位置、高程位置和外形尺寸等方面均符合设计要求。

15.1　桥址中线复测

15.1.1　中线复测

定测或新线复测的精度较低，一般不能满足桥梁施工测量的精度要求。因此，桥梁施工前，需对桥址线路中线以较高的精度进行复测。复测的主要方法是导线法。

1）直线桥的中线复测（图 15-1）

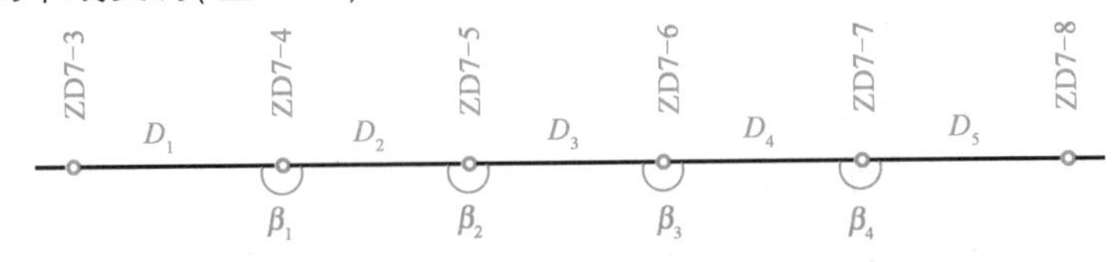

图 15-1　中线复测图

观测：桥址位置上所有转点间的水平距离 D_i 和相邻边间的水平角 β_i。

计算：以两端转点（ZD7-3，ZD7-8）的连线为 x 轴建立施工坐标系，计算各转点的坐标。

2）曲线桥的中线复测

当桥梁位于曲线上时，应对整个曲线进行复测。

检查切线方向控制桩是否在同一条直线上。如果不在同一条直线上，则应给予改正：重新精确测定线路的转向角→重新计算曲线综合要素→重新标定曲线的起点和终点。

（1）切线控制桩复测（图 15-2）

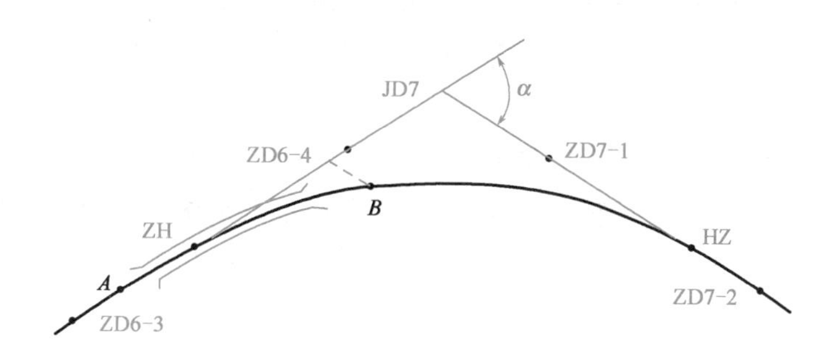

图 15-2　切线控制桩复测图

方法：穿线法、导线法。

（2）转向角复测

依据：已确认的切线控制桩。

方法：直接测量——测回法；间接测量——导线法。

如果已确认的切线控制桩中含有交点桩，则采用直接测量法。否则，采用间接测量法，即导线测量法或副交点法。

15.1.2　桥轴线长度测定

（1）桥轴线控制桩：两岸桥头中线上埋设的控制桩。

作用：保证墩台间的相对位置正确，并使之与相邻线路在平面位置上正确衔接。

（2）桥轴线长度：两岸桥轴线控制桩间的水平距离。

（3）桥轴线长度的测量方法：直接测定法——光电测距；间接测定法——三角网推算。

采用光电测距时，在测量前，应按规定的项目对仪器进行检验和校正，对使用的气压计和温度计，应进行检定。观测时应选择在气象稳定、成像清晰、附近没有光和电信号干扰的条件下进行。数据处理时，必须加入各项改正，然后换算为水平距离，再将其归算至墩顶或轨底（铁路桥）平均高程面上。对于中、小型桥梁，桥轴线长度测量的限差为 1/5000。

15.2　桥梁控制测量

桥梁的测量工作，首先是通过平面控制网的测量，求出桥梁轴线的长度、方向和放样桥墩中心位置的数据,通过水准测量,建立桥梁墩台施工放样的高程控制;其次,当桥梁构造物的主要轴线(如桥梁中线、墩台纵横轴线等)放样出来后,按主要轴线进行构造物轮廓特征点的细部放样和进行施工观测。桥梁控制测量分为平面控制测量和高程控制测量两部分。

15.2.1 平面控制测量

桥梁平面控制测量的目的是测定桥梁轴线长度和放样墩台的中心位置。跨度较小的桥梁,可选在枯水季节直接丈量出桥墩中心桩间的距离,即桥轴线长度,并建立轴线控制桩或墩台中心控制桩。对于中型以上的桥梁,要根据实际情况合理布设控制网,保证施工时放样的桥轴线和墩台位置、方向等有足够的精度。正桥施工平面控制网可一次施测,引桥施工平面控制网宜在正桥控制网基础上以附网形式布测。桥梁施工平面控制网可结合桥梁长度、平面线型和地形环境等条件采用导线测量、三角测量、边角测量或 GPS 测量的方法。

根据桥梁跨越的河宽及地形条件,平面控制网多布设成如图 15-3 所示的形式,双三角形(图 15-3a)、大地四边形(图 15-3b)、双大地四边形(图 15-3c)、大地四边形加三角形(图 15-3d)。

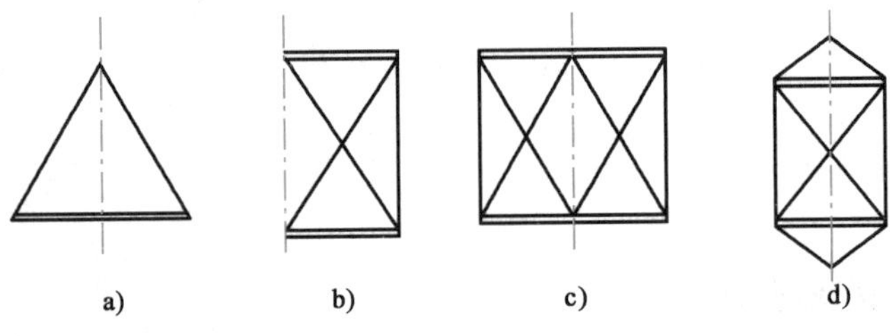

图 15-3 平面控制网的布设形式

选择控制点时,应尽可能使桥的轴线作为三角网的一个边,以利于提高桥轴线的精度。如不可能,也应将桥轴线的两个端点纳入网内,以间接求算桥轴线长度,如图 15-3d)所示。

施工平面控制点应选择在土质坚实、通视条件良好、避开施工干扰、易于保护的地方,并宜设在高处。在控制点上要埋设标石及刻有"+"字的金属中心标志。如果兼作高程控制点使用,则中心标志宜做成顶部为半球状。岸上基线边应与桥中线近于垂直,其长度宜为桥轴线长度的 7/10,困难时不应小于桥轴线长度的 1/2。三角网测量的主要技术要求见表 15-1。

三角形网测量的主要技术要求　　表 15-1

等级	平均边长(km)	测角中误差(″)	测边相对中误差	最弱边边长相对中误差	测回数			三角形最大闭合差(″)
					1″级	2″级	6″级	
二等	9	1	≤1/250000	≤1/120000	12	—	—	3.5
三等	4.5	1.8	≤1/150000	≤1/70000	6	9	—	7
四等	2	2.5	≤1/100000	≤1/40000	4	6	—	9
一级	1	5	≤1/40000	≤1/20000	—	2	4	15
二级	0.5	10	≤1/20000	≤1/10000	—	1	2	30

15.2.2　高程控制测量

在桥梁的施工阶段,为了作为高程放样的依据,应建立高程控制网。高程控制网应采用水准测量方法测量,条件困难的山区可采用精密光电测距三角高程测量方法。这些水准基点除了用于施工外,也可作为以后变形观测的高程基准点。

桥梁水准基点布设在距桥中线 50～100m 范围内,布设的数量视河宽及桥的大小而异。一般小桥可只布设一个;在 200m 以内的大、中桥,宜在两岸各布设一个;当桥长超过 200m 时,由于两岸联测不便,为了在高程变化时易于检查,则每岸至少设置两个。水准基点是永久性的,必须十分稳固。水准基点可采用混凝土标石、钢管标石、管柱标石或钻孔标石,在标石上方嵌以凸出半球状的铜质或不锈钢标志。

为了方便施工,还需在桥梁附近布设施工水准点。由于施工水准点使用时间较短,在结构上可以简化,但要求使用方便,也要相对稳定且在施工时不易被破坏。

桥梁水准点与线路水准点应采用同一高程系统。与线路水准点联测的精度不需要很高,当包括引桥在内的桥长小于 500m 时,可用四等水准测量,大于 500m 时,可用三等水准进行测量。但桥梁本身的施工水准网,则宜用较高精度,因为它直接影响桥梁各部高程放样的精度。

当跨河距离大于 200m 时,宜采用过河水准法联测两岸的水准点。跨河点间的距离小于 800m 时,可采用三等水准测量,大于 800m 时则采用二等水准进行测量。

15.3　桥梁墩台定位及轴线测设

在桥梁墩、台的施工过程中,最主要的工作是测设出墩台的中心位置。其测设数据是根据控制点坐标和墩台中心的设计位置计算确定。测设方法可采用直接测距或角度交会的方法。墩台中心位置定出以后,还要测设出墩台的纵横轴线,以固定墩台方向,同时它也是墩台施工中细部放样的依据。

15.3.1　桥梁墩台中心定位

1) 直线桥的墩台中心测设

直线桥的墩台中心都位于桥轴线的方向上。墩台中心的设计里程及桥轴线起点里程是已知的,如图 15-4 所示,相邻两点的里程相减即可求得它们之间的距离。根据地形条件,可采用直接测距法或交会法测设出墩台中心的位置。

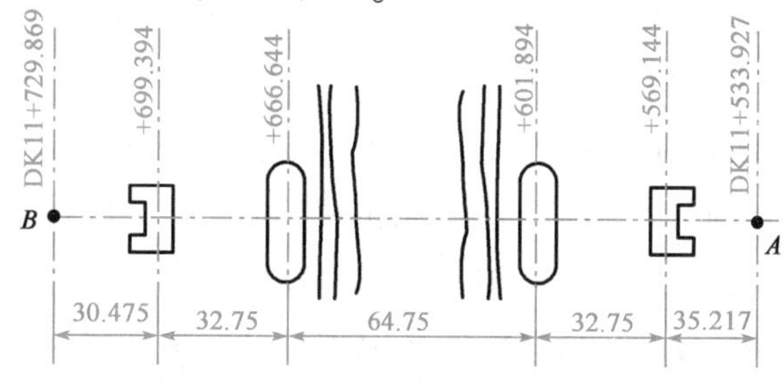

图 15-4　直线桥的墩台位置(尺寸单位:m)

(1)直接测距法

这种方法适用于无水或浅水河道。根据计算出的距离,从桥轴线的一个端点开始,用检定过的钢尺测设出墩台中心,并附合于桥轴线的另一个端点上。若在限差范围之内,则依各段距离的长短按比例调整已测设出的距离。在调整好的位置上钉一小钉,即为测设的点位。

如用全站仪测设,则在桥轴线起点或终点架设仪器,并照准另一个端点。在桥轴线方向上设置反光镜,并前后移动,直至测出的距离与设计距离相符,则该点即为要测设的墩台中心位置。为了减少移动反光镜的次数,在测出的距离与设计距离相差不多时,可用小钢尺测出其差数,以定出墩台中心的位置。

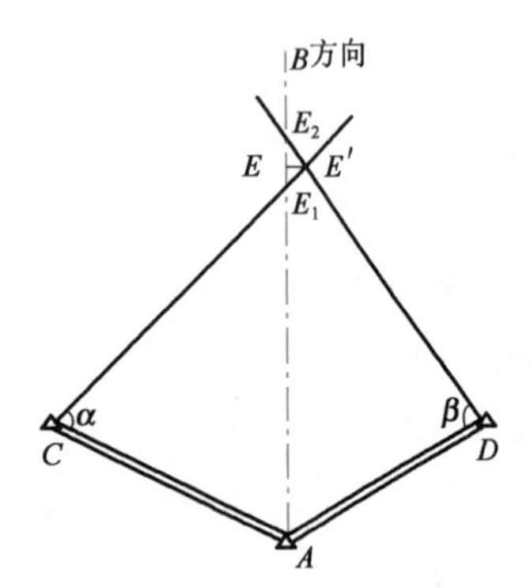

图 15-5 角度交会法

(2)角度交会法

当桥墩位于水中,无法直接丈量距离及安置反光镜时,则采用角度交会法。

如图 15-5 所示,C、A、D 为控制网的三角点,且 A 为桥轴线的端点,E 为墩中心设计位置。在控制测量中,C、A、D 各控制点坐标已知,利用坐标反算公式或正弦定理等方法即可推导出交会角 α、β。

在 C、D 点上安置经纬仪,分别自 CA 及 DA 测设出交会角 α、β,则两方向的交点即为墩心 E 点的位置。为了检核精度及避免错误,通常还利用桥轴线 AB 方向,用三个方向交会出 E 点。

由于测量误差的影响,三个方向一般不交于一点,而形成一图示的三角形,该三角形称为示误三角形。示误三角形的最大边长,在建筑墩台下部时不应大于 25mm,上部时不应大于 15mm。如果在限差范围内,则将交会点 E' 投影至桥轴轴线上,作为墩中心 E 的点位。

随着工程的进展,需要经常进行交会定位。为了工作方便,提高效率,通常将桥墩交会线延长至对岸,并埋设标志,以后交会时可不再测设角度,而直接瞄准该标志即可。

当桥墩筑出水面以后,即可在墩上架设反光镜,利用全站仪,以直接测距法定出墩中心的位置。

2)曲线桥的墩台中心定位

在直线桥上,桥梁和线路的中线都是直的,两者完全重合。但在曲线桥上则不然,桥梁中线与线路中线不重合,曲线桥的中线是曲线,而每跨桥梁却是直的,桥梁中线构成了附合的折线,这种折线称为桥梁工作线,如图 15-6 所示。墩台中心即位于折线的交点上,测设曲线桥的墩台中心,就是测设工作线的交点。

设计桥梁时,为使列车运行时梁的两侧受力均匀,桥梁工作线应尽量接近线路中线,所以梁的布置应使工作线的转折点向线路中线外移动一段距离 E,这段距离称为桥墩偏距。偏距 E 一般是以梁长为弦线的中矢值的一半,这是铁路桥梁的常用布置方法,称为平分中矢布置。相邻梁跨工作线构成的偏角 α 称为桥梁偏角,每段折线的长度 L 称为桥墩中心距。E、α、L 在设计图中都已经给出,结合这些资料即可测设墩位。

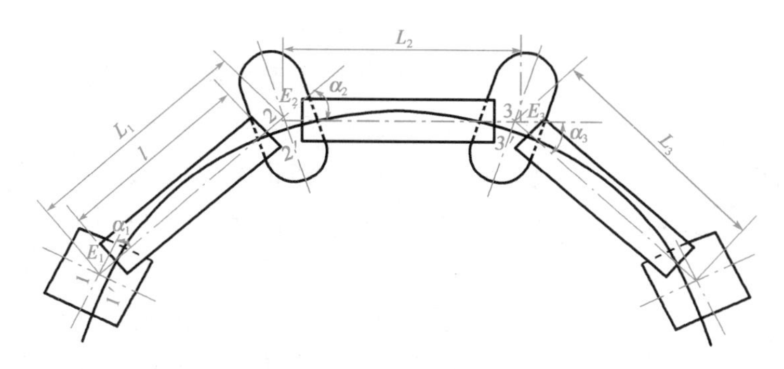

图 15-6　曲线桥的墩台位置

为了使桥墩的受力比较均匀，桥墩中心要向曲线外侧偏离一定的距离，这段距离称为横向偏心距。在计算桥墩中心位置时，横向上必须同时考虑桥墩偏距和横向偏心距的影响。而对于桥墩两端梁跨长度不同时，还要将桥墩中心向梁跨较长的方向移动一段距离，这段距离称为纵向偏心距。在计算桥墩中心位置时，纵向上要考虑纵向偏心距的影响。

从上面的说明可以看出，直线桥的墩台定位，主要是测设距离，其所产生的误差，也主要是距离误差的影响。而对于在曲线桥，距离和角度的误差都会影响到墩台点位的测设精度，所以它对测量工作的要求比直线桥要高，工作也比较复杂，在测设过程中一定要多方检核。

曲线上的桥梁是线路组成的一部分，要使桥梁与曲线正确地联结在一起，必须以高于线路测量的精度进行测设。曲线要素要重新以较高精度取得，为此，需对线路进行复测，重新测定曲线转向角，重新计算曲线要素，而不能利用原来线路测量的数据。

曲线桥上测设墩位的方法与直线桥类似，也要在桥轴线的两端测设出两个控制点，以作为墩、台测设和检核的依据。两个控制点测设精度同样要满足估算出的精度要求。在测设之前，首先要从线路平面图上弄清桥梁在曲线上的位置及墩台的里程。位于曲线上的桥轴线控制桩，要根据切线方向用直角坐标法进行测设，这就要求切线的测设精度要高于桥轴线的精度。至于哪些距离需要高精度复测，则要看桥梁在曲线上的位置而定。

将桥轴线上的控制桩测设出来以后，就可根据控制桩及给出的设计资料进行墩台的定位。根据条件，也是采用直接测距法或角度交会法。

(1) 直接测距法

在墩台中心处可以架设仪器时，宜采用这种方法。由于墩中心距 L 及桥梁偏角 α 是已知的，可以从控制点开始，逐个测设出角度及距离，即直接定出各墩台中心的位置，最后再附合到另外一个控制点上，以检核测设精度，这种方法称为导线法。

利用全站仪测设时，为了避免误差的积累，可采用长弦偏角法(极坐标法)。

因为控制点及各墩台中心点在切线坐标系内的坐标是可以求得的，故可据以算出控制点至墩、台中心的距离及其与切线方向间的夹角 δ_i。架仪器于控制点，自切线方向开始拨出 δ_i，再在此方向上测设出 D_i，如图 15-7 所示，即得墩台中心的位置。该方法的特点是独立测设，各点不受前一点测设误差的影响。

(2)角度交会法

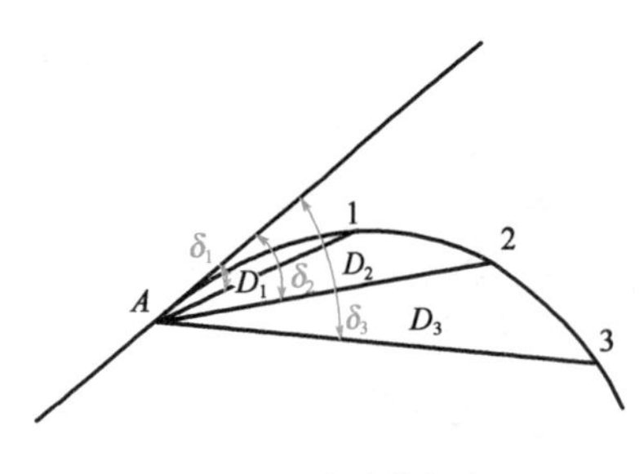

图 15-7　长弦偏角法

当桥墩位于水中无法架设仪器及反光镜时，宜采用交会法。与直线桥上采用交会法定位所不同的是，由于曲线桥的墩台中心未在线路中线上，故无法利用桥轴线方向作为交会方向之一；另外，在三方向交会时，当示误三角形的边长在容许范围内时，取其重心作为墩中心位置。

由于这种方法是利用控制网点交会墩位，所以墩位坐标系与控制网的坐标系必须一致才能进行交会数据的计算。如果两者不一致时，则须先进行坐标转换。交会数据的计算与直线桥类似，根据控制点及墩位的坐标，通过坐标反算出相关方向的坐标方位角，再依此求出相应的交会角度。

15.3.2　墩台纵、横轴线的测设

为了进行墩台施工的细部放样，需要测设其纵、横轴线。纵轴线是指过墩台中心平行于线路方向的轴线，横轴线是指过墩台中心垂直于线路方向的轴线。桥台的横轴线是指桥台的胸墙线。

直线桥墩、台的纵轴线与线路的中线方向重合，在墩台中心架设仪器，自线路中线方向测设 90°角，即为横轴线的方向(图 15-8)。

曲线桥的墩台纵轴线位于桥梁偏角的分角线上，在墩台中心架设仪器，照准相邻的墩台中心，测设 $\alpha/2$ 角，即为纵轴线的方向；自纵轴线方向测设 90°角，即为横轴线方向(图 15-9)。

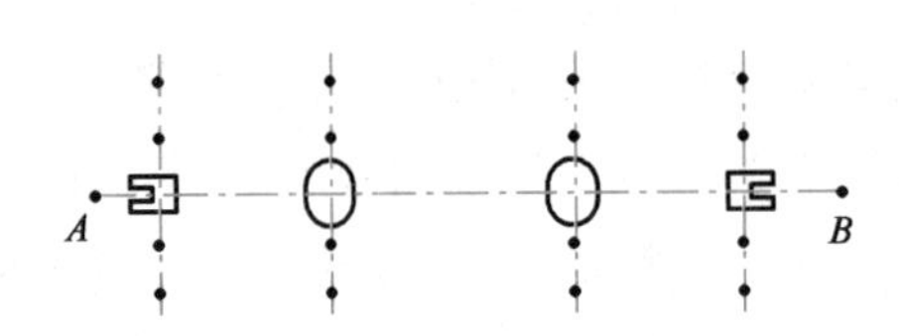

图 15-8　直线桥纵横轴线

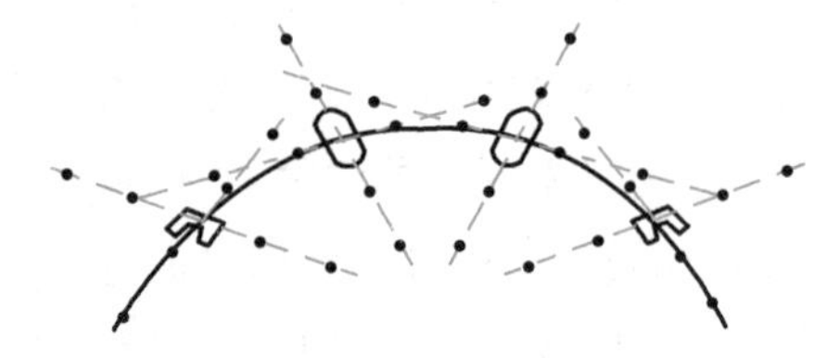

图 15-9　曲线桥纵横轴线

在基础施工过程中，墩台中心的定位桩要被挖掉，但随着工程的进展，又经常需要恢复以便指导施工。因而需在施工范围以外钉设护桩，以方便恢复墩台中心的位置。

所谓护桩，即在墩台的纵、横轴线上，于两侧各钉设至少两个木桩。因为有两个桩点才可恢复轴线的方向，为防止破坏，可以多设几个。曲线桥上的护桩纵横交错，使用时极易弄错，所以在桩上一定注意要注明墩台的编号。

15.4　桥梁细部放样

15.4.1　基础平面位置放样

1)明挖基础平面位置放样

明挖基础的构造如图 15-10 所示，它是在墩台位置处先挖基坑，将坑底整平以后，在坑内

砌筑或灌注基础及墩、台身，当基础及墩、台身修出地面后，再用土回填基坑。

基础开挖前，首先根据墩台的纵、横向护桩在实地交出十字线，并在十字线的两个方向上的稳固位置分别钉设两个固定桩，然后根据十字线、基础的长度和宽度、施工开挖的要求，放样出基础的四个转角点。

当基坑开挖到一定深度后，应根据水准点高程，在坑壁上测设距基底设计面一定高度（如1m）的水平桩，作为控制挖深及基础施工中掌握高程的依据。当基坑开挖到设计高程以后，应将坑底整平，必要时还应夯实，然后投测墩台轴线并安装模板。

立模时，在模板的外面需预先画出它的中心线，然后将经纬仪安置在轴线上较远的一个护桩上，以另一个护桩定向，这时经纬仪的视线即为轴线方向，根据这一方向校正模板的位置，直至模板中线位于视线的方向上。

2）桩基础桩位放样

桥梁墩、台基础是桩基础时，只需放样桩位就可以了。旱地施工时，先定出基础的轴线，在桩位以外适当距离处钉上木桩，并设置纵、横两方向的定位样板，在定位样板上用小铁钉标示出桩位的纵横线，施工时由此确定桩位中心。

桩基础的构造如图15-11所示，它是在基础的下部打入基桩，在桩群的上部灌注承台，使桩和承台连成一体，再在承台以上灌注墩身。基桩位置的放样如图15-12所示，它是以墩台纵、横轴线为坐标轴，按设计位置用直角坐标法测设或根据基桩的坐标用极坐标的方法置仪器于任一控制点进行测设。后者更适合于斜交桥的情况。在基桩施工完成以后承台修筑以前，应再次测定其位置，以作竣工资料。

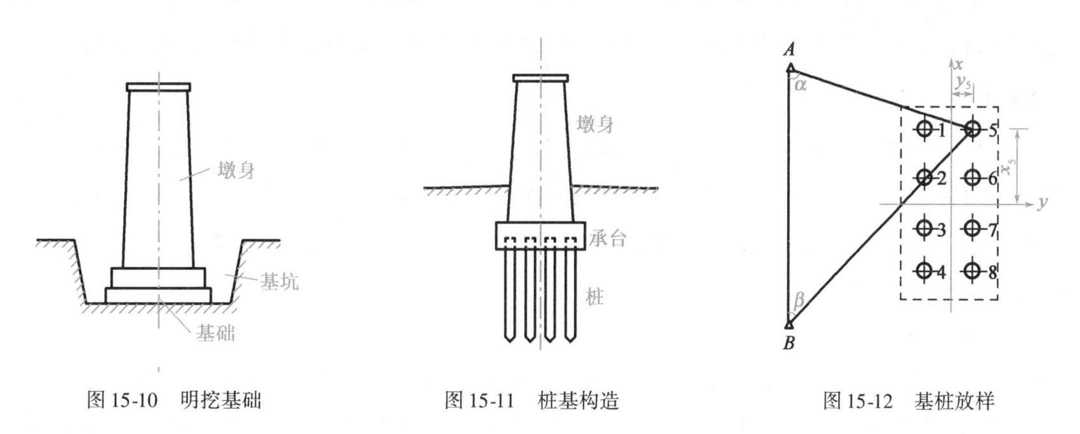

图15-10 明挖基础　　图15-11 桩基构造　　图15-12 基桩放样

3）沉井基础的施工定位

沉井制作好以后，在沉井外壁用油漆标出竖向轴线，在竖向轴线上隔一定的间距立标尺，如图15-13所示。标尺的尺寸从刃角算起，刃角的高度应从井顶理论平面向下量出。四角的高度如有偏差应取齐，可取四点中最低的点为零，沉井接高时，标尺应相应地向上画。

沉井下沉过程中，在沉井两平面轴线方向同时设置经纬仪，仪器整平后，视准轴瞄准沉井轴线方向，沉井竖轴应与望远镜纵丝重合，使沉井的几何中心在下沉过程中不致偏离设计中心。在井顶测点竖立水准尺,用水准仪将井顶与水准点联测,计算出沉井的下沉量或积累量,得到刃角离设计位置的差值,了解沉井下沉的深度,同时可求得井顶平面在轴向上的倾斜值。

沉井下沉时的中线及水平控制,至少在沉井每下沉 1m 时检查一次。如发现沉井有移位或倾斜时,应立即纠正,如图 15-14 所示。

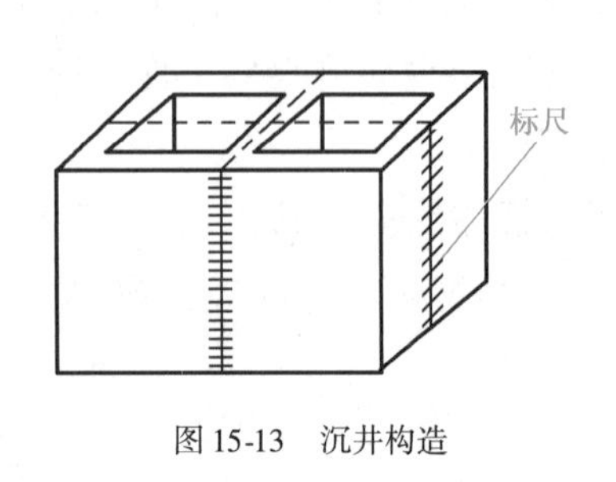

图 15-13 沉井构造

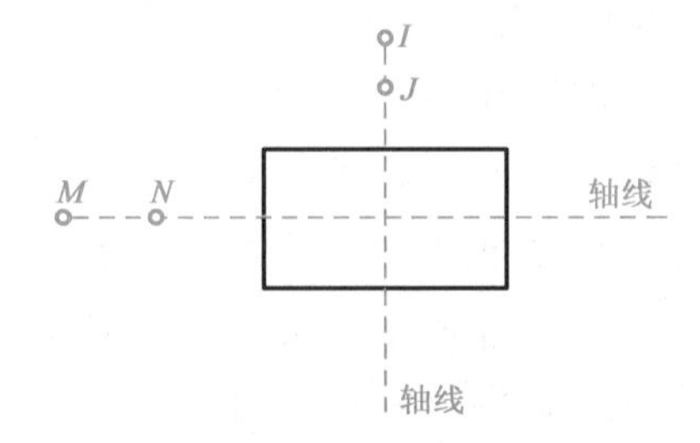

图 15-14 沉井下沉控制

15.4.2 墩(台)身、墩帽放样

基础完成之后,在基础上放样墩(台)身轴线,弹上墨线,按墨线和墩(台)身尺寸设立模板。模板下口的轴线标记与基础的墨线对齐,上口用经纬仪控制,使模板上口轴线标记与墩(台)轴线一致,固定模板,浇筑混凝土。随着墩(台)砌筑高度的增加,应及时检查中心位置和高程。

墩(台)身砌筑至离顶帽底约 3cm 时,要测出墩(台)身纵、横轴线,然后支立墩(台)帽模板。为了确保顶帽中心位置正确,在浇筑混凝土之前,应复核墩(台)纵、横轴线。墩、台身放样采用极坐标方法放样,先计算出各墩台横轴和纵轴上各两个点坐标或墩台各角点坐标,用置镜点坐标,再进行坐标反算求得置镜点至各墩台施放点的距离和方位角,然后进行放样。

15.4.3 高程放样

高程放样就是将桥梁各部分的建筑高度控制在设计高度。常规的水准测量操作简单,速度快,但在桥梁施工过程中,由于墩台基础或顶部与桥边水准点的高差较大,用水准测量来传递高程非常不方便。所以,在桥梁施工时,除了用到三角高程测量外,还常常用垂吊钢尺等方法来传递高程。

1)三角高程法

如图 15-15 所示,在桥墩基础施工时,由于高差大,用水准测量来传递高程,需多次转换测点,用三角高程测量则非常方便。假设在某水准点设立测站,在桥墩基础顶面设置反光棱镜,水准点高程为 H_0,仪器高度为 i,棱镜高度为 l,用全站仪测得仪器与反光棱镜之间的倾斜距离为 S,竖直角为 α,则桥墩基础顶面的高程为

$$H = H_0 - S \cdot \sin\alpha + i - l + \frac{l - k}{2R}S^2 \tag{15-1}$$

式中:R——地球平均半径,取 6.371×10^6 m;

K——折光系数。

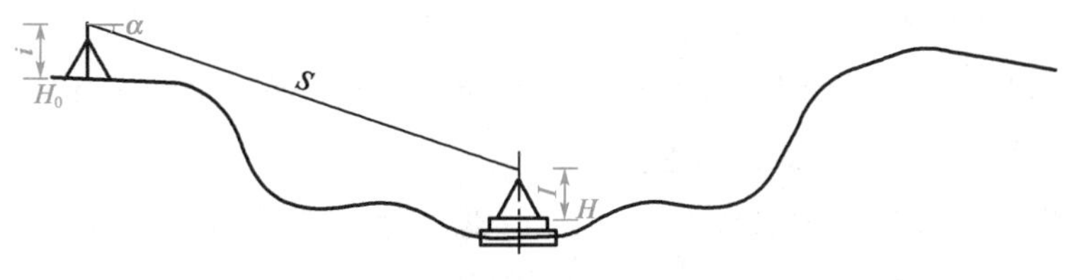

图 15-15 三角高程法

当 $S<400\text{m}$ 时,两差改正值可以忽略,因此

$$H = H_0 - S \cdot \sin a + i - l \tag{15-2}$$

2)垂吊钢尺法

当桥墩施工至一定高度时,水准测量无法将高程传递至工作面,而工作面上架设棱镜也不方便,这时可用检定过的钢尺进行垂吊测量,如图 15-16 所示。

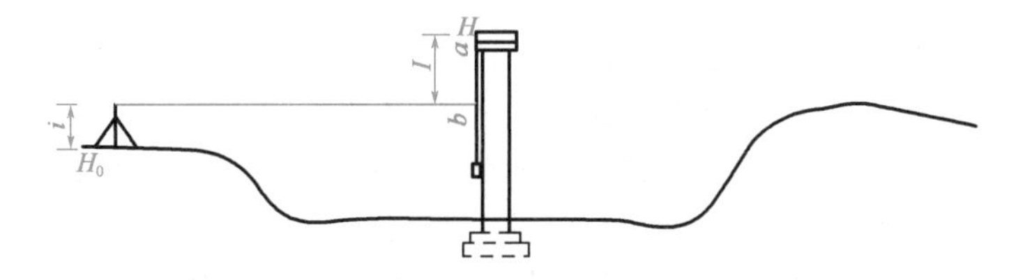

图 15-16 垂吊钢尺法

用钢尺进行垂吊测量时,在工作面边缘用钢尺垂吊一定质量的重物,在钢尺静止时,在工作面边缘读取钢尺读数 a;在某水准点上架设水准仪,对中、整平后,用水准测量的方法,在钢尺上读取中丝读数 b,则改正后钢尺测量长度 l(m)为

$$l = \left[1 + \frac{\Delta D + \Delta D_t}{D} + a(t-20)\right]|b-a| \tag{15-3}$$

式中: D——钢尺标称长度,如 30m 钢尺为 30m;

ΔD——尺长改正值(m);

ΔD_t——温度改正值(m);

$a(t-20)$——使用与检定时的温差改正值(m)。

工作面边缘的高程为

$$H = H_0 + i - l \tag{15-4}$$

水准测量放样高程,精度高,但受高差影响大。三角高程测量放样高程,不受高程影响,采用高精度全站仪进行三角高程测量完全可以代替四、五等水准测量。钢尺垂吊测量,在某些方面显示出其独特的优越性,在桥梁施工中,不失为高程放样的一种补充手段。选择那一种方法最为合理,要根据现场实际情况进行选择。

15.5 桥梁竣工测量

墩台施工完成以后架梁以前,应进行墩台的竣工测量。对于隐蔽在竣工后无法测绘的工程,如桥梁墩台的基础等,必须在施工过程中随时测绘和记录,作为竣工资料的一部分。桥梁架设完成后还要对全桥进行全面测量。

桥梁竣工测量的目的:测定建成后墩台的实际情况,检查是否符合设计要求,为架梁提供依据以及为运营期间桥梁监测提供基本资料。

桥梁竣工测量的内容:测定墩台中心、纵横轴线及跨距、丈量墩台各部尺寸、测定墩帽和支承垫石的高程、测定桥中线、纵横坡度。

文章链接

根据测量结果编绘墩台中心距表、墩顶水准点和垫石高程表、墩台竣工平面图、桥梁竣工平面图等。如果运营期间要对墩台进行变形观测,则应对两岸水准点及各墩顶的水准标以不低于三等水准测量的精度联测。

单元小结

(1)桥梁测量包括桥位测量和桥梁施工测量。

(2)桥位测量主要工作包括桥位控制测量和桥轴线纵横断面测量。

(3)桥梁施工测量的主要工作包括施工控制测量和墩台中心定位、墩台细部放样。

(4)桥梁墩台中心放样的常用方法:直接测距法,适用于无水或浅水河道;角度交会法,适用于河水较深、无法丈量距离及安置反射棱镜困难时;极坐标法,适用于墩台中心能安置反射棱镜的地方,是比较方便和灵活的方法。

思考与练习题

15-1 桥梁施工测量的主要内容有哪些?

15-2 何谓桥轴线长度?

15-3 桥梁控制网主要采取哪些形式?

15-4 简述墩台定位常用的几种方法。

15-5 什么是桥梁工作线、桥梁偏角、桥墩偏距?绘出示意图。

15-6 简述桥墩台轴线测设方法。

15-7 桥梁竣工测量的主要内容包括哪些?

单元 16　隧道施工测量

内容导读

本单元介绍了隧道施工测量的基本知识，隧道测量的主要内容及顺序，如图 16-1 所示。

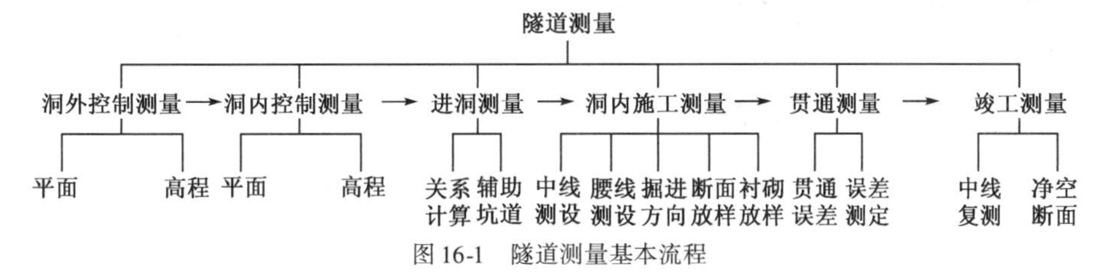

图 16-1　隧道测量基本流程

知识目标：熟悉隧道测量的工作流程，熟悉不同阶段隧道测量的主要方法。

能力目标：掌握隧道洞内中线测设的方法和贯通误差的测定方法。

素质目标：培养学生精益求精的工匠精神和严谨求实、认真负责的工作态度。

16.1 概述

隧道是线路的重要组成部分，长大隧道往往还是整个线路建设的控制工程，图 16-2 为某山岭隧道群。初测中，要结合沿线地形、地质情况，初步确定隧道的位置，选好控制线路的隧道方案，并测绘隧道线路平面图。定测时，应根据现场情况落实重点隧道方案，确定全线隧道位置及选定洞口。

在施工阶段，对长度超过 1000m 的直线隧道和 500m 的曲线隧道，要首先进行地面控制测量，提供隧道各开挖洞口控制桩的坐标、定向方向的方位角及水准点高程，以便引测进洞。施工中，为了控制洞内施工放样，保证隧道按设计正确贯通，并为隧道开挖指示方向和空间位置，必须进行施工测量。为了对既有隧道进行改建设计和对新建隧道开挖断面进行检查，以控制超欠挖，需要进行隧道净空断面测量。在隧道施工中，为了加快工程进度，一般由隧道两端洞口进行相向开挖。长大隧道施工时，通常还要在两洞口间设置斜井、横洞、竖井等，以增加掘进工作面，如图 16-3 所示。

与地面测量工作不同的是，隧道施工的掘进方向在贯通之前无法通视，只能依据沿中线布设的支导线来指导施工。由于隧道内光线暗淡，工作环境较差，施工测量干扰严重，并且有时边长较短，测量精度难以提高，因此进行隧道测量时，要十分认真细致，并注意采取多种有效措施削弱误差，避免发生错误。隧道施工测量的主要任务是保证隧道相向开挖的工作面按照规定的精度在预定位置贯通，并使各项建筑物以规定的精度按照设计位置和尺寸修建。

隧道工程施工中,需要进行的主要测量工作有隧道控制测量、施工测量和竣工测量。隧道控制测量包括洞外、洞内平面控制测量与高程控制测量,还包括洞内与洞外联系测量——进洞测量。

图 16-2 山岭隧道群

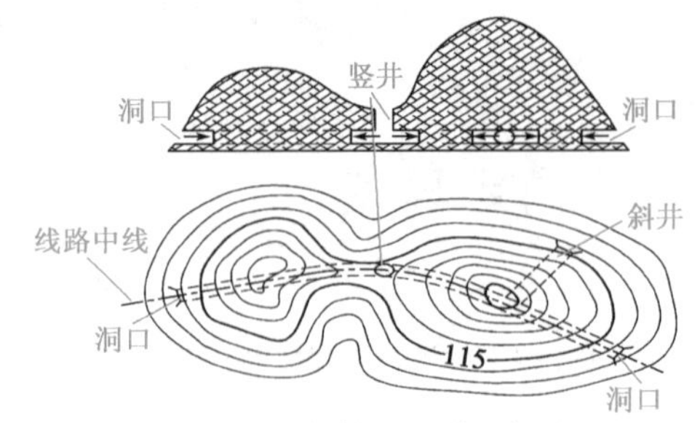

图 16-3 隧道辅助坑道示意图

16.2 隧道洞外控制测量

隧道的设计位置,一般是以定测的精度初步测设于地表。施工以前应进行复测,检查各洞口所设的中线控制桩,此控制桩称为洞口投点,它是洞内施工的主要依据。规定在直线隧道两端洞口各有一个中线控制桩,在曲线隧道两端点洞口的切线上有两个间距大于 200m 的中线控制桩。由于定测时的精度较低,满足不了贯通精度的要求,所以在施工前需进行洞外控制测量。与线路中线精密地联系起来,根据精密测定的数据,反算精密的转向角、方位角和距离,给出隧道各洞口投点的坐标,并测定洞口水准点的高程,以便引进洞内,从而保证隧道准确贯通,这就是洞外控制测量的目的。

隧道洞外控制测量包括平面控制测量和高程控制测量两部分。规定在每个洞口应测设不少于 3 个平面控制点(包括洞口投点及其相联系的三角点或导线点)和 2 个高程控制点。

16.2.1 洞外平面控制测量

洞外平面控制测量常用的方法有中线法、精密导线法、三角测量和 GPS 测量等。

1)中线法

直线隧道,于地表沿定测阶段标定的隧道中线,用经纬仪正倒镜延伸直线法测设。曲线隧道,则按曲线测设方法,把线路中线先测设在地表上,反复校核,与两端线路正确衔接后,以切线上的控制点(或曲线主点及转点等)为准,将中线引入洞内。中线法平面控制简单、直观,但精度不高,适用于长度较短或贯通精度要求不高的隧道。

2)精密导线法

在隧道进、出口之间,沿定测阶段所标定的中线或离开中线一定距离布设精密光电测距导线,测定各导线点和隧道两端控制点的点位。精密导线法比较灵活、方便,对地形的适应性较好,特别是随着全站仪的普及应用,导线法已成为当前洞外控制测量的主要方法之一。

以导线方式建立的隧道洞外平面控制,导线点应沿两端洞口的连线布设于已经确认的洞口控制桩之间,相邻导线点间的高差不宜过大,导线的边长应根据隧道的长度和辅助坑道的数量及分布情况并结合地形条件和仪器测程来选择。导线宜采用长边,最短边长不应小于

300m，相邻边长比不应小于 1∶3，并以直伸形式布设。导线各边边长观测值，经各项改正后应归算到隧道平均高程处，精度要求一般不低于 1/50000 ~ 1/10000。

导线的水平角观测，一般采用方向观测法。当水平角只有两个方向时，可按奇数和偶数测回分别观测导线的左角和右角，左、右角分别取中数后，按式（16-1）计算圆周角闭合差 Δ，其限差应满足表 16-1 的规定。

$$\Delta = 左角_{中} + 右角_{中} - 360° \tag{16-1}$$

测站圆周角闭合差的限差　　表 16-1

导线等级	二	三	四	五
Δ''	±2.0	±3.5	±5.0	±8.0

为了提高导线测量的精度和增加校核条件，一般将导线布置成多边形闭合环，它可以是独立闭合导线，也可以与国家三角点联测。当丈量距离困难时，可布设成主副导线环，副导线只测其转折角而不量距离，这种只是角度闭合的导线也叫半闭合导线。我国的大瑶山隧道，全长 14.295km，其洞外平面控制采用精密导线，如图 16-4 所示。

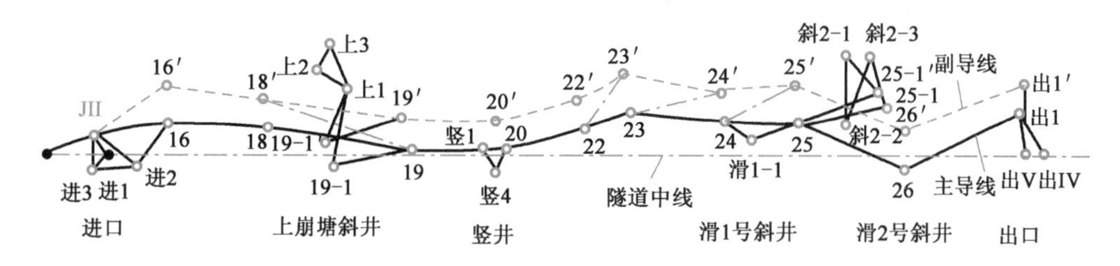

图 16-4　大瑶山隧道洞外导线网示意图

在一个控制网中，导线环的个数不宜少于 4 个，每个环的边数宜为 4 ~ 6 条。导线的内业计算一般采用严密平差法，对于四、五等导线也可采用近似平差计算。

3）三角测量

三角测量建立隧道洞外平面控制时，一般是布设成单三角锁的形式。三角网的水平角观测采用方向观测法，基线边采用光电测距。经平差计算可求得各三角点和隧道轴线上控制点的坐标，然后以控制点为依据，确定进洞方向。三角测量的方向控制较中线法、导线法都高，如果仅从提高横向贯通精度的观点考虑，它是最理想的隧道平面控制方法。

在测距技术手段落后而测角精度较高的时期，三角锁是隧道控制的主要形式。但由于其测角工作量大、三角点的定点布设条件苛刻，现仅用于个别曲线隧道的洞外平面控制。

4）GPS 测量

隧道洞外控制测量可利用 GPS 相对定位技术，采用静态测量方式进行。只需在隧道洞口（或竖井、斜井、平洞口）布设控制点，对于直线隧道洞口点应选在线路中线上，另外再在地面布设至少两个定向控制点，并要求定向控制点与洞口控制点通视。对于曲线隧道还应把曲线上的主要点（例如始终点、切线上的两点等）包括在网中。GPS 网点布设除与常规方法要求相同外，特别要注意点位环境应适宜于 GPS 接收机观测。

用GPS做控制测量,其工作量小,精度高,而且可以全天候观测,因此是大中型隧道洞外控制测量的首选方案。对于只有一个贯通面的直线隧道,一个标准的GPS网如图16-5所示。假设采用4台接收机作业,只需观测三个时段,其观测方案见表16-2,整个外业观测在半天内就能完成。

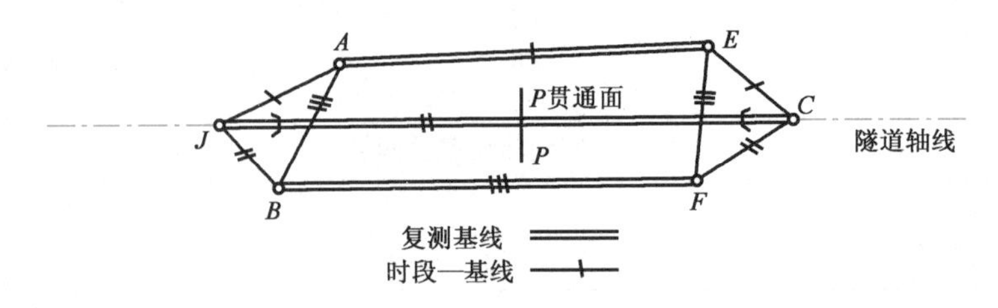

图16-5 GPS隧道控制网

GPS网观测方案 表16-2

时段	接收机			
	No.1	No.2	No.3	No.4
1(8:00~8:40)	C	J	A	E
2(9:20~10:00)	C	J	B	F
3(10:30~11:10)	A	E	B	F

16.2.2 洞外高程控制测量

隧道洞外高程控制测量的主要任务是按照设计精度施测各开挖洞口(包括正洞进出口、横洞、竖井等)附近水准点之间的高差,作为高程引测进洞的依据,保证隧道在高程方面正确贯通,并使隧道各附属工程按要求的高程精度正确修建。高程控制采用二、三、四、五等水准测量,当山势陡峻采用四、五等水准测量困难时,亦可采用光电测量距三角高程的方法测定各洞口高程。多数隧道采用三、四等水准测量。

水准路线应选择在连接两端洞口最平坦和最短的地段,以期达到设站少、观测快、精度高的要求。每一洞口埋设的水准点应不少于两个,两个水准点间的高差,以能安置一次水准仪即可联测为宜。

16.3 隧道进洞测量

洞外控制测量完成之后,应把各洞口的线路中线控制桩和洞外控制网联系起来。若控制网和线路中线两者的坐标系不一致,应首先把洞外控制点和中线控制桩的坐标纳入同一坐标系统内,即必须先进行坐标转换。一般在直线隧道以线路中线作为X轴,曲线隧道以一条切线方向作为X轴,建立施工坐标系。用控制点和隧道内待测设的线路中线点的坐标,反算两点的距离和方位角,按极坐标方法或其他方法测设出进洞的开挖方向,并放样出洞门点点位及其护桩,指导隧道进洞及洞内控制建立之前的洞内开挖。

如图16-6所示，A、B是已确认的线路中线控制桩并纳入洞外平面控制网，其坐标已知，P为设计洞门位置，根据这些点的坐标，利用坐标反算即可求得极坐标法测设P点的数据D和α。

16.3.1　进洞关系计算和进洞测量

1）直线隧道

直线隧道进洞计算比较简单，常采用拨角法。如图16-7所示，A、D为隧道的洞口投点，位于线路中线上，当以AD为坐标纵轴方向时，可根据洞外控制测量确定的A、B和C、D点坐标进行坐标反算，分别计算放样角β_1和β_2。测设放样时，仪器分别安置在A点，后视B点，安置在D点，后视C点，相应的拨角分别为β_1和β_2，就得到隧道口的进洞方向。

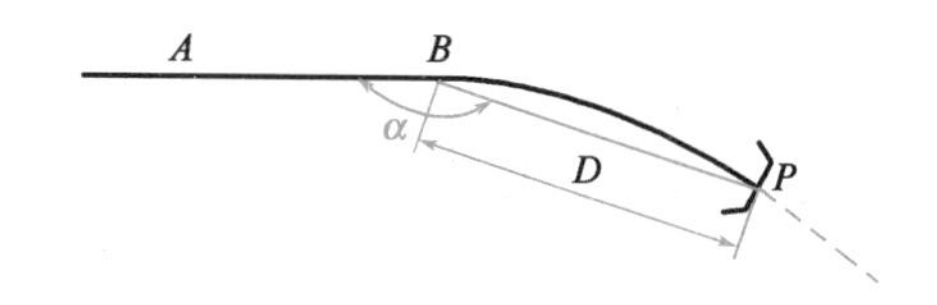

图16-6　极坐标法进洞测量原理图

图16-7　拨角法进洞测量原理图

2）曲线隧道

曲线隧道每端洞口切线上的投点（如图16-8所示的A、B、C、D）的坐标在平面控制测量中已计算出，根据四个投点的坐标可算出两切线间的转向角α（α为两切线方位角之差，即$\alpha = \alpha_{CD} - \alpha_{AB}$），$\alpha$值与原来定测时所测得的偏角值可能不相符，应按此时所得α值和设计所采用曲线半径R和缓和曲线长l_0，重新计算曲线要素和各主点的坐标，将洞口控制点坐标和整个曲线转换为同一施工坐标系。

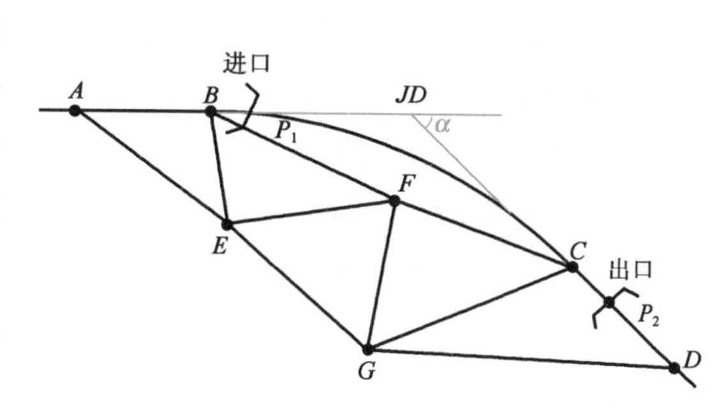

图16-8　曲线隧道进洞测量示意图

无论待测设点是位于切线、圆曲线上还是位于缓和曲线上，都可根据其里程计算出施工坐标，在洞口控制点上安置仪器用极坐标法即可标定洞门的位置和进洞方向。

16.3.2　辅助坑道的进洞测量

使用斜井、横洞等来增加隧道开挖工作面时，为保证各相向开挖面能正确贯通，都要布设联系导线，将洞外地面控制的平面及高程系统传递到洞内导线点和水准点，构成一个洞内、外统一的控制系统。

1）由洞外向洞内传递方向和坐标

通过斜井、横洞等布设导线（联系导线），可由洞外向洞内传递方向、坐标，如图16-9所示。联系导线是一种支导线，其测角误差和边长误差直接影响洞内控制测量及隧道的贯通精度，必须多次精密测定，确保无误。当经由竖井进行联系测量时，由于不能直接布置联系导线，可采用联系三角形法或光学垂准配合陀螺经纬仪法,来传递坐标和方向。

2)由洞外向洞内传递高程

经由斜井或横洞传递高程时,可采用水准测量方法或光电测距三角高程测量方法进行。经由竖井传递高程时,可采用悬挂钢尺的方法进行,如图16-10所示;也可采用光电测距导高法,将光电测距仪安置在井口盖板上的特制支架上,使照准头向下直接瞄准井底的反光镜,用光电测距代替钢尺测定竖井的深度。

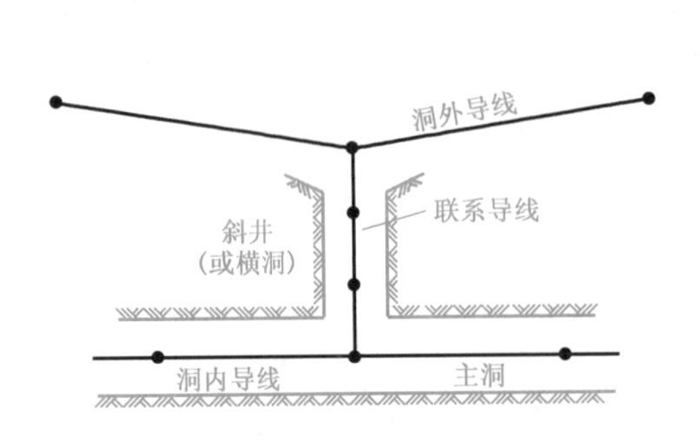

图16-9 联系导线

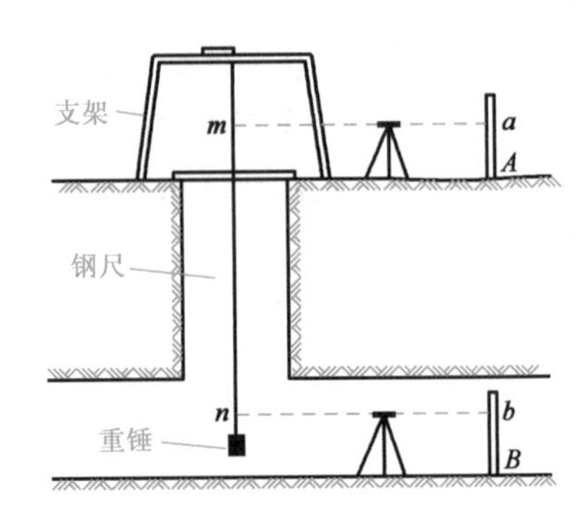

图16-10 悬挂钢尺传递高程

16.4 隧道洞内控制测量

洞外控制测量完成后,可利用控制点指导隧道开挖进洞。隧道开挖初期,洞内的施工是由进洞测量引进的临时中线点控制的。临时中线延伸一定距离后,需建立正式中线控制或导线控制,以控制隧道的延伸。隧道洞内控制测量主要是在洞内建立一个与洞外控制相统一的平面和高程控制网,作为确定掘进方向和隧道施工放样的依据,以确保隧道在规定的精度范围内贯通。

16.4.1 洞内平面控制测量

洞内平面控制通常采用中线形式或导线形式。

1)中线形式

中线形式就是以洞外控制测量定测的洞口控制点为依据,以定测(或稍高于定测)的精度,向洞内直接测设隧道中线点,并不断延伸作为洞内平面控制。这是一种特殊的支导线形式,即把中线控制点作为导线点,直接进行施工放样。该法只适用于较短隧道(小于500m的曲线隧道和小于1000m的直线隧道)。

2)导线形式

洞内导线测量是建立洞内平面控制的主要形式。临时中线控制隧道开挖至一定的深度后,应立即建立正式中线,以满足控制隧道延伸的需要。正式中线点是通过导线点按极坐标法测设的,因此,隧道开挖至一定的距离后,导线测量必须及时跟上。洞内导线点不宜保存,观测条件差,标石顶面最好比洞内地面低20~30cm,上面加设坚固护盖,然后填平地面。注意护盖不要和标石顶点接触,以免在洞内运输或施工中遭受破坏。

洞内导线可采用单导线、导线环、主副导线环、交叉导线、旁点闭合环等多种形式，以下以导线闭合环与主副导线闭合环为例说明。

(1)导线闭合环

如图16-11所示，两条导线每隔两三边闭合一次，形成导线环。导线的边长在直线地段不宜短于200m，在曲线地段不宜短于70m。每设一对新点，应首先根据观测值求解出所设新点的坐标。在角度和边长观测以后，即可根据5点的坐标求6点的坐标，根据5′点的坐标求6′点的坐标，这种导线闭合前的坐标称为资用坐标。然后由6、6′点的坐标反算两点间的距离，并与实地量测的距离作比较，以进行实地检核。若比较后未超限，即可根据这些点测设中线点或施工放样。若导线闭合后，经平差计算后的坐标与资用坐标值相差很小(一般为2~3mm)，则根据资用坐标测设的中线点可不再改动；若超限，则应按平差后的坐标值来改正中线点的位置。计算到最后一点坐标时，则取平均值作为最后结果。

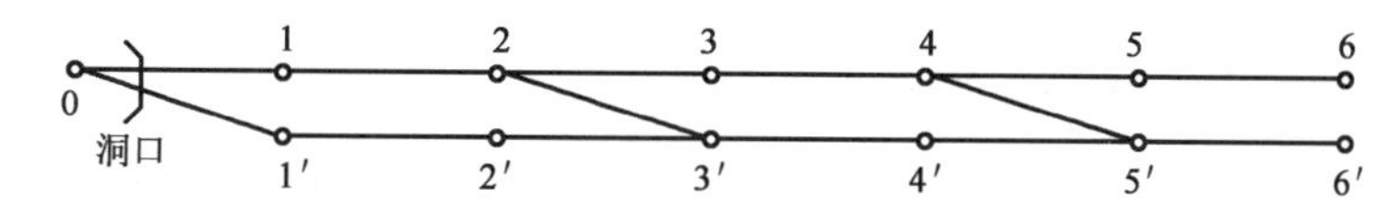

图16-11 导线闭合环

(2)主副导线闭合环

如图16-12所示，其形式与导线闭合环基本相同，但主副导线埋设不同的标志。图中双线为主导线，单线为副导线。主导线既测角又测边长，副导线只测角不测边，供角度闭合。主副导线环可对测量角度进行平差，提高了测角精度，对提高导线端点的横向点位精度非常有利。角度闭合差分配后按平差后角度值计算主导线各点的坐标，最后按主导线点的坐标来测设中线点的位置。

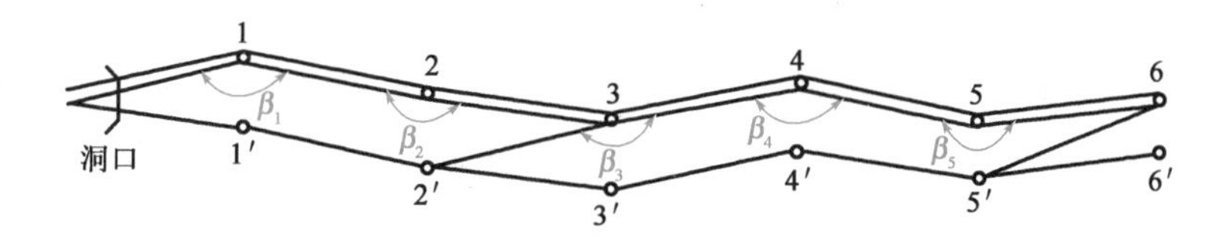

图16-12 主副导线闭合环

16.4.2 洞内高程控制测量

洞内高程控制测量可采用水准测量或光电测距三角高程测量的方法。洞内高程控制点可选在导线点上，也可根据围岩等级埋设在洞顶、洞底或洞壁上，要求必须稳固和便于观测。高程控制路线随开挖面的进展向前延伸，一般可先布设较低精度的临时水准点，其后再布设较高精度的永久水准点。隧道贯通之前洞内水准路线属于水准支线，故需往返多次进行检核。洞内高程控制点作为施工高程的依据，必须定期复测。测量新的水准点前，应注意检查前一水准点的稳定性，以免产生错误。永久水准点最好按组设置，每组应不少于两个点，各组之间的距离一般为200~400m。采用水准测量时，应往返观测，视线长度不宜大于50m；采用光电测距三角高程测量时,应进行对向观测,注意洞内的除尘、通风排烟和水汽的影响。

放样洞顶高程时要运用倒尺法传递高程,如图16-13所示。应用倒尺法传递高程时,倒尺的读数为负值,高差的计算与常规水准测量方法相同。

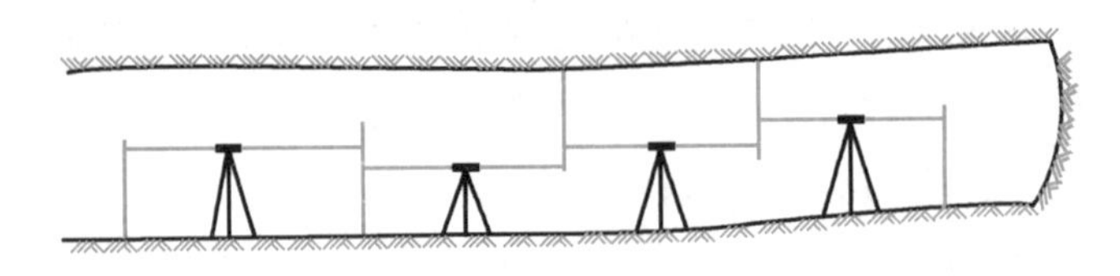

图16-13 倒尺法传递高程示意图

当隧道贯通之后,求出相向两支水准路线的高程贯通误差,在允许误差以内时可在未衬砌地段进行调整。所有开挖、衬砌工程应以调整后的高程指导施工。

16.5 隧道施工测量

16.5.1 洞内中线和腰线的测设

隧道洞内掘进施工是以中线为依据进行的。洞内控制点控制正式中线点(正式中线点是洞内衬砌和洞内建筑物施工放样的依据),正式中线点控制临时中线点,临时中线点控制掘进方向。永久性中线点间距应符合表16-3的规定。

永久性中线点间距(单位:m) 表16-3

中线测量	直线地段	曲线地段	中线测量	直线地段	曲线地段
由导线测设中线	150~250	60~100	独立的中线法	≥100	≥50

1)由导线测设中线

用精密导线进行洞内隧道控制测量时,应根据导线点位的实际坐标和中线点的理论坐标,反算出距离和角度,利用极坐标法或者直接利用全站仪坐标放样法,在导线点上架设仪器,测设出中线点。为方便使用,底部中线桩宜采用混凝土包木桩,桩顶钉一小钉以示点位;顶板上的中线桩点可灌入拱部混凝土中或打入坚固岩石的钎眼内,且应能悬挂垂球线以标示中线。测设完成后应进行检核,确保无误。

2)独立的中线法

对于较短隧道,若用中线法进行洞内控制测量,则在直线隧道内应用正倒镜分中法延伸直线;在曲线上一般采用弦线偏角法或其他曲线测设方法延伸中线。

3)洞内临时中线的测设

为了知道隧道洞内开挖方向,随着向前掘进的深入,平面测量的控制工作和中线工作也需紧随其后。当掘进的延伸长度不足一个永久中线点的间距时,应先测设临时中线点,如图16-14中的1、2、…,点间距离,一般直线上不大于30m,曲线上不大于20m,临时中线点应该用仪器测设。当延伸长度大于永久中线点的间距时,就可以建立一个新的永久中线点,如图中的e。永久中线点应根据导线或用独立中线法测设,然后根据新设的永久中线点继续向前测设临时中线点。当掘进长度距最新的导线点 B 大于一个导线的设计边长时，就可以建立一个新的导线点 C，然后根据 C 点继续向前测设中线点。当采用全断面法开挖时，导线点和永久中线点都应紧跟临时中线点。这时临时中线点要求的精度也较高。

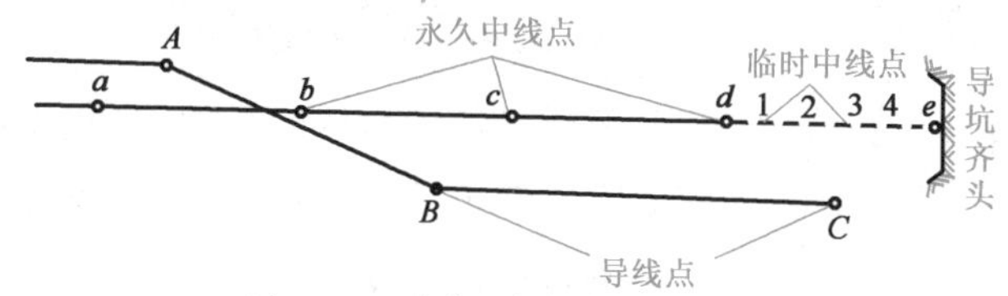

图 16-14　隧道洞内中线测设示意图

4）腰线的测设

在隧道施工中，为了随时控制洞底的高程，通常在隧道侧面岩壁上沿中线前进方向每隔一定距离（5～10m），标出比洞底设计地坪高出 1m 的抄平线，称为腰线。腰线是用来指示隧道在竖直面内掘进方向的一条基准线，可以根据腰线随时定出断面各部位的高程及隧道坡度，对于隧道断面的放样和指导开挖都十分方便。

16.5.2　掘进方向的指示

导坑掘进方向在直线上可用正倒镜分中或旋转 180°的方法延伸；在曲线上则需要用弦线偏距法或其他方法延伸。当隧道采用开挖导坑法施工时，为了减少仪器测量与施工的干扰，也可用串线法指导开挖方向。此法不用仪器，工班容易掌握，待导坑掘进一定长度后，再用仪器检查。

如果用激光指向仪，对于直线隧道和全断面开挖的定向，既快捷又准确。如图 16-15 所示，光电跟踪靶安装在掘进机器上，激光指向仪安置在工作点上并调整好视准轨的方向和坡度，其发射的激光束照射在光电跟踪靶上。当掘进方向发生偏差时，光电跟踪靶输出偏差信号给掘进机，掘进机通过液压控制系统自动纠偏，使掘进机沿着激光束指引的方向和坡度正确掘进。

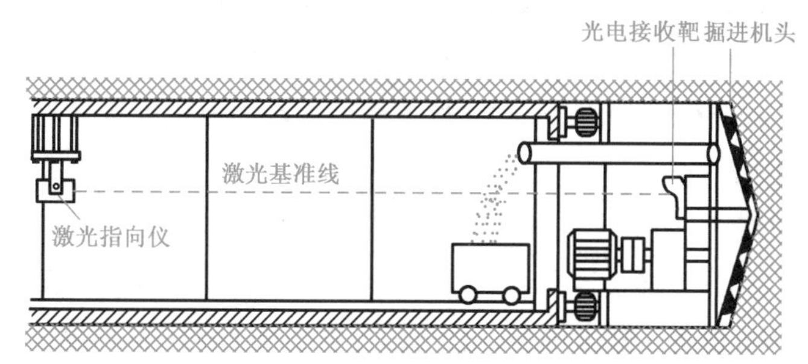

图 16-15　激光指向仪指示施工

16.5.3　开挖断面放样

全站仪隧道开挖断面放样（图片）

开挖断面的放样是在中线和腰线基础上进行的，包括两侧边墙、拱顶、底板（仰拱）的放样。分部开挖的隧道在拱部和马口开挖后，全断面开挖的隧道在开挖成形后，应采用断面自动测绘仪或断面支距法测设断面轮廓，检查断面是否符合要求，并用来确定超欠挖工程数量。如图 16-16 所示，测量时按中线和外拱顶高程，从上至下每 0.5m（拱部和曲墙）和 1.0m（直墙）向左右量支距。量支距时，应考虑到曲

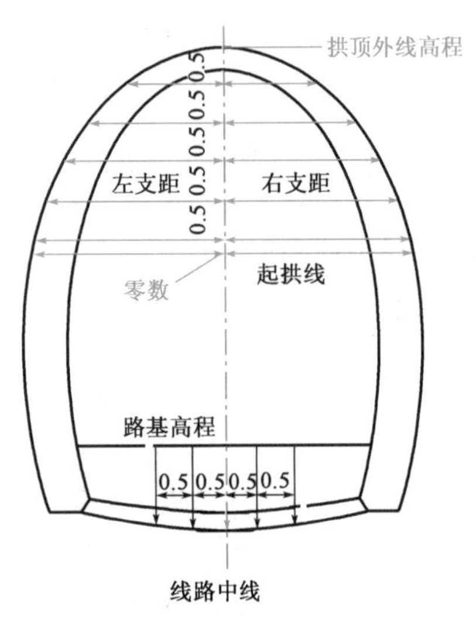

图 16-16 隧道断面(尺寸单位:m)

线隧道中心与线路中心的偏移量和施工预留宽度。

如隧道底部设有仰拱,可由线路中线起,向左、右每隔0.5m由路基高程向下量出设计的开挖深度。

16.5.4 衬砌放样

隧道各部位衬砌的放样,是根据线路中线、起拱线及路基高程定出其断面尺寸,在衬砌放样之前,首先应对这三条基本线进行复核检查。

1) 拱部衬砌放样

拱部衬砌的放样主要是将拱架安置在正确位置上。拱部分段进行衬砌,一般按5~10m进行分段,地质不良地段可缩短至1~2m。拱部放样根据线路中线点及水准点,用仪器放出拱架顶的位置和起拱线的位置以及十字线(是指路线中线与其垂线所形成的十字线,在曲线上则是路线中线的切线与其垂线所形成的十字线),然后将分段两端的两个拱架定位。拱架定位时,应将拱架顶与放出的拱架顶位置对齐,并将拱架两侧拱脚与起拱线的相对位置放置正确。两端拱架定位并固定后,在两端拱架的拱顶及两侧拱脚之间绷上麻线,据以固定其间的拱架。在拱架逐个检查调整后,即可铺设模板衬砌。

2) 边墙及避车洞的衬砌放样

边墙衬砌先根据线路中线点和水准点,按施工断面各部位的高程,用仪器放出路基高程、边墙基底高程及边墙顶高程,对已放过起拱线高程的,应对起拱线高程进行检核。如为直墙,可从校准的线路中线按设计尺寸放出支距,即可立模衬砌。如为曲墙,可先按1∶1的大样制出曲墙模型板,然后从线路中线按算得的支距安设曲墙模型板进行衬砌。

避车洞的衬砌放样与隧道的拱、墙放样基本相同。其中心位置是按设计里程,由线路中线放垂线(即十字线)定出。

3) 仰拱和铺底放样

仰拱砌筑时的放样,是先按设计尺寸制好模型板,然后在路基高程位置绷上麻线,再由麻线向下量支距,定出模型板位置。隧道铺底,是先在左、右边墙上标出路基高程,由此向下放出设计尺寸,然后在左、右边墙上绷以麻线,以此来控制各处底部是否挖够了尺寸,之后即可铺底。

随着测量技术的进步,激光断面仪、免棱镜全站仪在隧道断面中的应用越来越广,仪器通过辐射测量极坐标的方式,能准确迅速地完成断面测量、放样等工作。

16.6 隧道贯通测量

16.6.1 隧道贯通误差及限差

在隧道施工中,由于洞外控制测量、联系测量、洞内控制测量以及细部放样的误差,使得两个相向开挖的工作面的施工中线，不能理想地衔接而产生错开，即为贯通误差。贯通误差在线路中线方向上的投影长度为纵向贯通误差，在垂直于中线方向的投影长度为横向贯通误差，在高程方向（竖向）的投影长度为高程贯通误差。纵向贯通误差影响隧道中线的长度，只要它不低于线路中线测量的精度（$\leqslant L/2000$，L 为隧道两开挖洞口间的长度），就不会造成对线路坡度的有害影响，因此规范中没有单独列出纵向贯通要求。

高程贯通误差影响隧道的纵坡，一般应用水准测量的方法测定，较易达到限差要求。横向贯通的精度至关重要，倘若横向贯通误差过大，就会引起隧道中线几何形状的改变，严重者会使衬砌部分侵入到建筑限界内，影响施工质量并造成巨大的经济损失。所以一般说的贯通误差，主要是指隧道的横向贯通误差。图 16-17 为我国第一条海底隧道——厦门翔安海底隧道贯通时的情景。

图 16-17　隧道贯通

《既有铁路测量技术规则》（TBJ 105—1988）对隧道贯通误差的规定见表 16-4。

铁路隧道贯通误差的限差　　表 16-4

两开挖洞口间长度（km）	<4	4 ~ 8	8 ~ 10	10 ~ 13	13 ~ 17	17 ~ 20	>20
横向贯通限差（mm）	100	150	200	300	400	500	根据实际条件
高程贯通限差（mm）	50						

16.6.2　隧道贯通误差的测定

隧道贯通后，应及时进行贯通测量，测定实际的横向、纵向和竖向贯通误差。由隧道两端洞口附近的水准点向洞内各自进行水准测量，分别测出贯通面附近的同一水准点的高程，其高程差即为实际的高程贯通误差（竖向贯通误差）。

1）纵、横向贯通误差的测定

洞内平面控制应用中线法的隧道，贯通之后，应从相向测量的两个方向各自向贯通面延伸中线，并各钉设一临时桩 A 和 B，如图 16-18 所示。量测出两临时桩 A、B 之间的距离，即得隧道的实际横向贯通误差；A、B 两临时桩的里程之差，即为隧道的实际纵向贯通误差。该法对于直线隧道和曲线隧道都适用。

如果是用导线作洞内平面控制的隧道，可在实际贯通点附近设置一临时桩点 P，如图 16-19所示，分别由贯通面两侧的导线测出其坐标。由进口一侧测得的 P 点坐标为（x_J，y_J），由出口一侧测得的 P 点坐标为（x_C，y_C），则实际贯通误差为

$$f = \sqrt{(x_C - x_J)^2 + (y_C - y_J)^2} \tag{16-2}$$

2）方位角贯通误差的测定

如图 16-19 所示，将仪器安置在 P 点上，测出转折角 β，将进、出口两边导线连通，应能求

出导线的角度闭合差。这里称作方位角贯通误差,它表示测角误差的总影响。

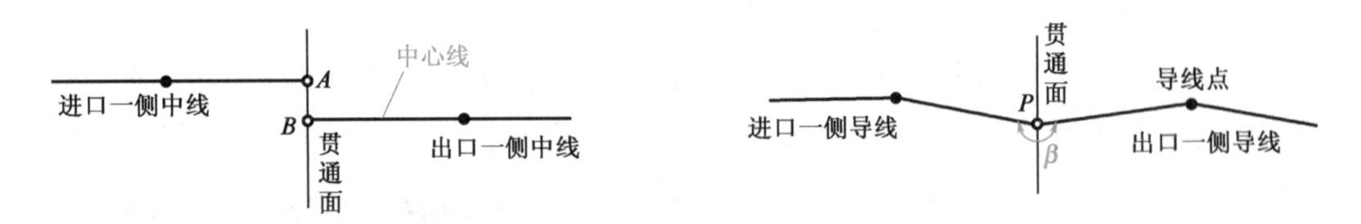

图 16-18　中线控制的贯通误差　　　　图 16-19　导线控制的贯通误差

若贯通误差在容许范围之内,就可认为测量工作已达到预期目的。然而,由于贯通误差将导致隧道断面扩大及影响衬砌工作的进行,因此,要采用适当的方法将贯通误差加以调整,进而获得一个对行车没有不良影响的隧道中线,作为扩大断面、修筑衬砌以及铺设路基的依据。调整贯通误差,原则上应在隧道未衬砌地段上进行,一般不再变动已衬砌地段的中线。所有未衬砌地段的工程,在中线调整之后,均应以调整后的中线指导施工。

16.7 隧道竣工测量

隧道竣工后,为了检查主要结构物及线路位置是否符合设计要求,并为将来运营中的工程维护和设备安装等提供测量保障,要进行竣工测量。该项工作包括永久中线点及水准点的测设、隧道断面净空测绘。

隧道竣工测量时,首先从一端洞口至另一端洞口检测中线点,进行线路中线复测。中线复测合格后,应在直线上每 200 ~ 250m 以及各曲线主点上埋设永久中线桩点。隧道竣工时洞内仍保存的中线点,其间距和埋石均符合永久中线点的要求时,不再埋设新点。洞内高程点在复测的基础上应每公里埋设一个永久水准点。短于 1km 的隧道,应至少设立一个或两端洞口附近各设一个永久水准点,并在隧道边墙上做出标记,注明高程点的编号和高程。洞内永久性中线桩和永久性高程点测设后,应列出实测成果表,注明里程,作为竣工资料之一,供将来运营中工程维修、养护和设备安装时使用。

隧道净空断面测绘时,应在直线地段每 50m、曲线地段每 20m 或需要加测断面处测绘隧道的实际净空。测量时均以线路中线为准,包括测量隧道的拱顶高程、起拱线宽度、轨顶水平宽度、铺底或仰拱高程。近年来,许多施工单位已开始应用便携式断面仪进行隧道的净空断面测量,该种仪器可进行自动扫描、跟踪和测量,并可立即显示面积、高度和宽度等测量结果,测量速度快、精度高。

单元小结

本单元主要介绍了隧道工程测量的内容、方法及程序等,主要内容有洞内外控制测量、进洞(联系)测量、洞内施工测量、贯通测量及竣工测量等。

通过本单元的学习,应了解隧道测量的任务和基本内容,了解隧道洞内外控制网的主要形式,掌握进洞测量的方法和相关数据计算。本单元的重点是隧道洞内中线测设的方法、贯通误差的概念及测定方法。

【知识拓展】

××隧道施工测量方案

1. 工程概况

××隧道二期工程是在原有××隧道一期工程西侧新建的一条隧道，为单向双车道隧道，设计行车速度60km/h。与一期工程线位基本平行，两洞测设间距30～35m。隧道起讫桩号YK0+875～YK2+140，全长1265m；平面线型：直线，$R=1500$右偏圆曲线（表16-5）；纵坡为1.35%（1245m）和-1.5%（20m）的人字坡。隧道竖曲线变坡点里程为YK1+820。采用进出口双向掘进。

右线平曲线要素表　　表16-5

桩点名称	里程桩号	坐标	
		X(N)	Y(E)
直圆点（ZY）	YK0+976.14	3339559.053	502914.002
曲中点（ZQ）	YK1+217.81	3339318.777	502890.653
圆直点（YZ）	YK1+459.48	3339085.357	502829.062

2. 施工工序流程

1）主要测量工作及仪器配置（表16-6）

①平面控制测量；

②高程控制测量；

③放样洞内开挖断面、钢支撑定位；

④放样衬砌断面；

⑤贯通测量。

复测及控制测量使用测量仪器表　　表16-6

序号	仪器名称	规格型号	单位	数量	备注
1	双频GPS	RTKGPS1230	台	3	5mm+1ppm
2	全站仪	徕卡TCR402	套	1	2″,2mm+2ppm
3	水准仪	徕卡DSZ2+FS1	台	1	0.01mm
4	水准仪	苏光DS3	台	1	1mm
5	限界检测仪	BJSD-2	套	1	1mm

2）测量人员配备及分工

项目部工程部设测量班，隧道工区设测量组，综合素质能达到独立胜任隧道工程的控制测量和隧道放样的水平。测量班和工区测量组实行班（组）长负责制，测量班负责对隧道工区施工测量工作进行指导，测量组长为隧道施工及时提供定位和服务。我公司实行三级复核制度，平面测量和导线点的布控由公司精测队完成，并按开挖进度情况进行复检；项目部测量班长负责测量组测量过程的监督和测量成果的复核，随时做到监控测量；测量组在测量时加强自检自核。

3. 主要测量工作及内容

1）平面控制测设

隧道平面控制测量的任务主要是保证隧道的精度和正确的贯通,并定出施工中线。

(1)洞口投点测设

施工时通过洞外精测点引进洞内,并采用双导线布置形成闭合导线,采用全站仪、精密水准仪等测量仪器,精确控制隧道中线。洞口导线点位埋设使用 φ22 钢筋(钢筋顶上刻十字线)埋于洞口附近坚固稳定的地面上,并用混凝土固定桩位,点与点之间通视良好。点位布置完毕后,利用设计院交接的导线网点 GPS 点(已知)作基准点,使用全站仪引测附合导线上各点的坐标值(并经平差),使用精密水准仪从高等级的 2 个 BM 点测定导线上各点的高程(并经平差)。水平角的观测正倒镜六个测回中误差 $\leqslant \pm 2.5''$,每条附合导线长度必须往返观测各三次读数,在允许值内取均值,导线全长闭合差 $\leqslant \pm 1/30000$。

(2)洞内导线测量

隧道洞内导线控制测量在洞外控制测量的基础上,结合洞内施工特点布设导线,以洞口投点为起始点,沿中线布设,形成导线环。导线边长根据测量设计的要求并考虑实际通视条件,选择长边布设。导线点布设在施工干扰小、稳固可靠的地方。由洞外向洞内的测角、测距工作,在夜晚或阴天进行。洞内的测角、测距,在测回间采用仪器和觇标多次置中的方法,并采用双照准法(两次照准、两次读数)观测。照准的目标应有足够的明亮度,并保证仪器和反射镜面无水雾。洞内导线平差,采用条件平差或间接平差,也可采用近似平差。洞内导线的坐标和方位角,必须依据洞外控制点的坐标和方位角进行传算。

2)高程控制

高程控制点的布设是利用平面控制点的埋石,其布置形式也为附和水准线路,如有特殊需要时进行加密。精密水准点的复测按四等水准控制,观测精度符合偶然误差 ±2mm,全中误差 ±4mm,往返闭合差不大于 $\pm 8\sqrt{L/2}$(L 为往返测段路线段长,以 km 计)。两次观测误差超限时重测,当重测结果与原测成果比较不超过限值时,取三次成果的平均值。洞内高程必须由洞外高程控制点传算,每隔 100 ~ 150m 设立一对高程控制点。洞内高程采用水准仪进行往返观测,并定期进行复测。

3)放样洞内开挖断面、钢支撑定位

隧道开挖采用全站仪进行中线放样及水准仪进行高程测量。开挖面至预计贯通面 100m 时,开挖断面可适当加宽(加宽值不超过隧道横向贯通误差限差的一半)。初期支护完成后,采用断面检测仪对开挖断面进行检查,发现欠挖后及时报与施工班组处理。仰拱断面由设计高程线每隔 0.5m(自中线向左右)向下量出开挖深度。

4)放样衬砌断面

隧道立模衬砌前,必须对衬砌段进行中线放样和高程测定,并标注特殊部位的高程位置。隧道衬砌施工完成后,必须对衬砌段进行中线放样和高程复合,并测出衬砌后的净空断面。

5)贯通误差的测定及调整

为确保施工进度和改善施工环境,项目部采用进出口两方相向掘进,考虑出口施工条件比较好,预计贯通点为 YK1 +400,取 YK1 +400 的理论坐标为贯通点,由两端导线分别测量该点坐标,测量该点横向贯通误差、纵向贯通误差、水平角,求算方位角贯通误差和高程贯通误差。

隧道贯通误差计算:

$$m_{外1}^2 = m_1^2 + m_2^2 = s_1^2 \frac{m^2\beta_1}{\rho_2} + {s_2}^2 \frac{m\beta_2^2}{\rho_2}$$

式中:$m_{外}$——控制网误差对横向贯通误差影响值;

m_1——由进口计算的影响值;

m_2——由出口计算的影响值;

m_{β}——由控制点放设中线时水平角度中误差。

$$m_{内} = \pm \sqrt{m_{总}^2 - m_{外}^2}$$

隧道贯通后,中线和高程的实际贯通误差,应在未衬砌地段调整,调线地段的开挖和衬砌,均应以调整后的中线和高程进行放样。因本隧道贯通面处于直线地段,因此中线采用折线法调整并符合《铁路工程测量规范》(TB 10101—2018)的规定。通过导线测得的贯通误差按下述要求调整:

(1)方位角贯通误差分配在未衬砌地段的导线角上。

(2)计算贯通点坐标闭合差。

(3)坐标闭合差在调线地段导线上,按边长比例分配,闭合差很小时按坐标平差处理。

(4)采用调整后的导线坐标作为未衬砌地段中线放样的依据。高程贯通误差在规定的贯通误差限差之内时,按下列方法调整:

①由两端测得的贯通点高程,取平均值作为调整后的高程;

②按高程贯通误差的一半,分别在两端未衬砌地段的高程点上按路线长度的比例调整;

③以调整后的高程,作为未衬砌地段高程放样的依据。

4.竣工测量

隧道竣工后,在中线复测的基础上埋设永久中线点。在直线上每200m埋设一个,曲线上按曲线五大桩埋设。永久中线点设立后,应在隧道边墙上绘出符合《工程测量规范(附条文说明)》(GB 50026—2007)、《城市测量规范》(CJJ/T 8—2011)的标志。

5.测量资料管理

测量放样的依据是施工图纸及相关规范,要求使用的图纸及规范必须盖"受控"章,确保其有效。对工程所用测量资料加以分类存档,并按要求进行管理。所有原始测量数据必须在现场用铅笔记录在规定的测量手簿内,记录数据字迹应端正、整齐、清楚,不得更改、擦改、转抄。每次施测前应在室内做好测量资料计算,同时将施工过程、测量方法及要求对测量人员交底。测量资料必须由一人计算、另一人复核签认后才能用于现场测量放样。所有现场测量原始记录,必须将观测者、记录者、复核者记录清楚且须是各岗位操作人员自己签名。中线施工放样记录必须用经纬仪簿记录,各项内容应填写清楚;水平高程施工放样记录必须用水准仪簿记录,记录中各项内容应填写清楚、完整。

6.注意事项

严格按规程办事,遇到超限时要认真检查,不合规范要求要及时返工。测量组人员团结配合,保持测量人员的相对稳定。制定仪器维修和保养制度以及周检计划,加强仪器的维修和保养工作,保持其良好状态,按时送检。专人负责对桩点的保护,注意防止桩点沉降、偏移并定期复核,有偏差时及时调整。观测和计算结果必须做到记录真实,注记明确,计算清楚,格式统一,装订成册和长期保管。一切原始观测记录和记事项目必须在现场记录清楚,不得涂改,不得凭记忆补记,手簿必须填明页次,注明观测人、记录人、计算人、复核人、观测日期、起始时间、气象条件、使用的仪器和觇标的类型,并详细记录观测时的特殊情况,因超限划去的观测记录应注明原因,未经复核和检算的资料严禁使用。

7.测量质量的保证措施

执行现行有关测量技术规范,保证各项测量成果的精度和可靠性。定期组织测量人员与相邻施工单位共同进行洞内、外控制点联测,保证控制点的准确性。认真审核用于测量的图纸资料,复测后方可使用;抄录数据资料,必须仔细核对,且须经第二人核对。各种测量的原始记录,必须在现场同步完成,严禁事后补记补绘,原始资料不允许涂改,不合格时,应当补测或重测。测量的外业作业必须采取多测回观测,并形成合格检核条件;内业工作坚持两组独立平行计算和相互校核。重要的定位和放样,必须采用不同的测量方法在不同的测量环境下进行。利用已知点(包括控制点、方向点、高程点)必须坚持先检测后使用的原则,即已知点检测无误或合格时才能利用。

思考与练习题

16-1　隧道施工测量的主要内容有哪些?

16-2　隧道洞外控制测量的目的是什么?

16-3　洞外平面、高程控制测量一般采用什么方法?

16-4　如图16-20所示,A、C投点在线路中线上,导线坐标计算结果如下:$A(0,0)$、$B(248.830,-42.378)$、$C(1740.020,0)$、$D(1889.590,0.008)$,问仪器在A、C点安置时,怎样进行进洞测设?

图16-20　习题16-4图

16-5　隧道洞内平面控制有哪些形式,洞内导线布设有哪几种形式?

16-6　隧道贯通误差包括哪些,什么误差是主要的?

单元 17　高速铁路测量技术简介

内容导读

○○○○○○○○○○○

高速铁路是当今世界各国竞相发展的高速运输模式之一，拥有高铁已成为一个国家科技水平与经济实力的象征。近年来，我国在对既有线进行技术改造和提速的同时，也在不断加大投资修建高速铁路和客运专线。为适应铁路运输发展，满足铁道工务（工程）专业人才培养要求，本单元以无砟轨道为主，将高速铁路（客运专线）的施工测量方法作以简要介绍。

知识目标：理解专业术语，熟悉高速铁路（客运专线）与普通铁路的区别及高速铁路（客运专线）测量的技术特点，掌握高速铁路（客运专线）无砟轨道测量的工作流程。

能力目标：能够绘制高速铁路（客运专线）无砟轨道工程测量工作流程图，能够运用所学知识从事高速铁路（客运专线）的测量工作。

素质目标：引导学生树立正确的人生观、世界观和价值观；培养学生良好的职业操守和社会责任感。

17.1　概述

17.1.1　高速铁路（客运专线）与普通铁路的区别

为保证高速列车运行的平顺性，高速铁路（客运专线）必须具备准确的几何参数。以无砟轨道为主的高速铁路（客运专线）施工工艺复杂，与普通铁路相比，高速铁路（客运专线）无论是工程结构的技术含量还是施工精度都有显著提高。因此，两者的施工工艺也存在很大差异，主要区别体现在以下方面：

（1）线路平面以长直线为主，直线段长可达几十公里；曲线半径大（最高时速 300km，最小曲线半径为 4000m），曲线较长（一般长达 2km 以上）。

（2）轨道构造不同。采用新型轨道结构，一次铺设跨区间超长无缝线路，道岔采用高速可动心道岔，其通过速度比普通道岔高很多。轨道结构轻，建筑高度低，刚度均匀，平顺性高，稳定性好，但轨道弹性差，振动、噪声相对较大。

（3）轨道必须修建于坚实、稳定、不变形或有限变形的基础之上，因此对路基施工质量要求高，要严格控制工后沉降。

（4）桥梁比例大，高架长桥数量多。例如，我国武广客运专线桥梁占线路总长的 42.14%，京沪高速铁路桥梁占线路总长的 86.5%。

（5）列车采用高速动车组，构造速度高，轴重小。由于高速列车动能和惯性力都很大，一旦与其他物体发生碰撞，后果不堪设想。故高速铁路（客运专线）要求有一个独立的运行空间，即采用全封闭形式，沿线路两侧设全长护栏。同时，在高速铁路（客运专线）与道路或既有铁路相交时,一律采用立体交叉。

(6)高速铁路(客运专线)是一个系统化、集成化的大型工程,其信号系统与传统铁路有很大不同,对电气连接的安全性和可靠性要求更高。

17.1.2 高速铁路(客运专线)测量技术的特点

高速铁路(客运专线)最大的特点是快,而快的同时必须保证高平顺性、高稳定性、高安全性、高舒适性。要达到这一目标,必须提高测量精度。因此,使用高精度的测量仪器设备,采用高等级的测量方法,建立测量控制网是高速铁路(客运专线)建设中的一项关键技术。其测量难点,一是里程长,里程往往是几百公里,甚至几千公里;二是精度高,精度要求保持在毫米级范围以内。测量控制网的精度在满足线下工程施工控制测量要求的同时,必须满足轨道铺设精度要求,使轨道几何参数与设计目标的偏差保持最小。

根据国外高速铁路建设和运营经验,在无砟轨道的勘测设计、施工、竣工和运营维护的各个环节,需要建立统一的空间数据基础,这样才能在勘测、施工、竣工和运营过程中使轨道变形监测的测量数据基准统一,才有利于第三方的检测验收及测量数据的标准化、规范化。为此,要求高速铁路(客运专线)必须做到"三网"合一。

17.1.3 "三网"合一的具体内容

"三网"是指勘测控制网、施工控制网和运营维护控制网。"三网"合一的具体内容如下:

(1)"三网"的平面坐标、高程系统统一。

(2)"三网"的起算基准统一。平面基准为CPI,高程基准为二等水准基点。

(3)线下工程施工控制网与轨道施工控制网、运营维护控制网的坐标高程系统和起算基准统一。

(4)"三网"测量精度协调统一。

17.1.4 高速铁路(客运专线)测量遵循的规范

高速铁路(客运专线)测量应遵循《高速铁路工程测量规范》(TB 10601—2009)的规定。

17.1.5 无砟轨道类型

因高速铁路(客运专线)是以无砟轨道为主的轨道结构,为便于读者理解,现将常见的无砟轨道类型分述如下:

1)板式无砟轨道(图17-1)

板式无砟轨道由钢轨、扣件、预制轨道板、CA砂浆调整层、混凝土底座、轨道板间的凸形挡台等组成。目前板式无砟轨道的标准结构形式主要有普通型[平板式见图17-1a),框架式见图17-1b)]、减振G型和BöGL(博格)型。

2)弹性支承块式无砟轨道(图17-2)

弹性支承块式无砟轨道由钢轨与扣件、钢筋混凝土支承块、橡胶靴套、块下橡胶垫板、混凝

a)平板式

b)框架式

图17-1　板式无砟轨道

土道床板、隔离层及混凝土底座等组成。轨下胶垫与块下胶垫的双层弹性实现特殊减振要求。

图17-2　弹性支承块式无砟轨道

3)Rheda(雷达)系列无砟轨道(图17-3)

该系列包括普通Rheda型(又称长枕埋入式,见图17-3a)和Rheda2000型(又称双块式,见图17-3b)无砟轨道,由钢轨与扣件、预制混凝土轨枕或双块式轨枕、混凝土道床板、隔离层及混凝土底座等组成。

我国修建的无砟轨道以板式和双块式为主。

a)

b)

图17-3　Rheda(雷达)系列无砟轨道

17.2　无砟轨道测量工作流程

高速铁路(客运专线)无砟轨道工程测量分为勘测设计、施工、运营维护三个阶段,其基本工作流程如图17-4所示。

17.2.1　勘测设计阶段

1)控制网设计

(1)平面控制网设计

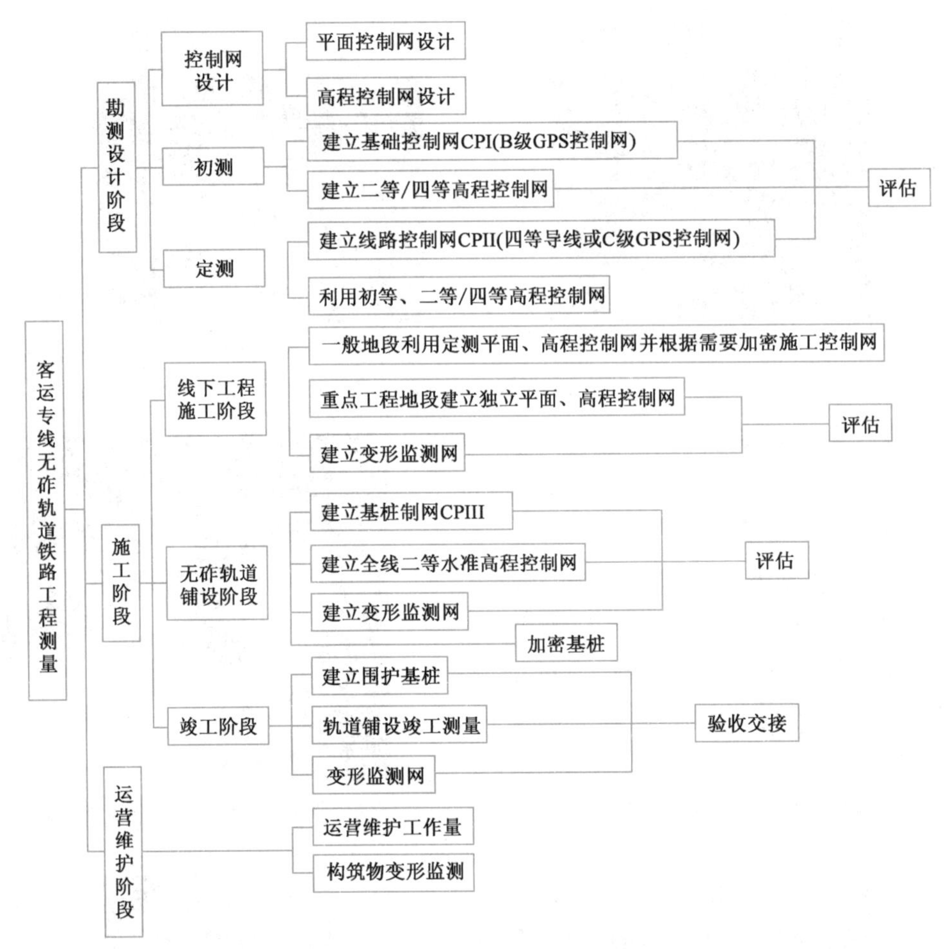

图 17-4　客运专线无砟轨道铁路工程测量基本工作流程

高速铁路平面控制测量应按逐级控制的原则布设,各级平面控制网的设计应符合表 17-1 的规定,其三级平面控制网示意图如图 17-5 所示。

各级平面控制网设计的主要技术要求　　表 17-1

控制网	测量方法	测量等级	点间距	相邻点的相对中误差(mm)	备注
CP0	GPS	—	50km	20	
CPI	GPS	二等	≤4km 一对点	10	点间距≥800m
CPII	GPS	三等	600 ~ 800m	8	
	导线	三等	400 ~ 800m	8	附合导线网
CPIII	自由测站 边角交会	—	50 ~ 70m 一对点	1	

注:1. CPII 采用 GPS 测量时,CPI 可按 4km 一个点布设。

2. 相邻点的相对点位中误差为平面 x、y 坐标分量中误差。

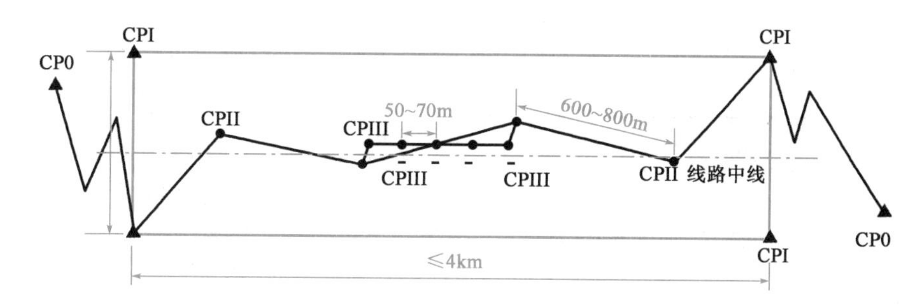

图 17-5　高速铁路三级平面控制网示意图

线路平面控制测量应按 CP0、CPI 和 CPII 控制测量的规定施测。

CP0 控制点应沿线路走向每 50km 左右布设一个点，在线路起点、终点或与其他线路衔接地段，应至少有 1 个 CP0 控制点。

在初、定测阶段不具备建立 CPI、CPII 平面控制网条件时，可根据勘测设计要求，建立满足初测、定测需要的平面控制。在线下工程施工前，全线应建立完整的 CPI 和 CPII 平面控制网。

(2) 高程控制网设计

高程控制测量等级依次划为二等、精密水准、三等、四等、五等。各等级技术要求应符合表 17-2 的规定。

高程控制网的技术要求　　表 17-2

水准测量等级	每千米高差偶然中误差 M_{Δ}(mm)	每千米高差全中误差 M_w(mm)	附合路线或环线周长的长度(km)	
			附合路线长	环线周长
二等	≤1	≤2	≤400	≤750
精密水准	≤2	≤4	≤3	—
三等	≤3	≤6	≤150	≤200
四等	≤5	≤10	≤80	≤100
五等	≤7.5	≤15	≤30	≤30

2) 初测

初测阶段控制测量的内容及要求如下：

(1) 建立基础平面控制网 CPI

CPI 控制网宜在初测阶段建立，困难时应在定测前完成。CPI 网主要为勘测设计、施工、运营维护提供坐标基准，按 B 级 GPS 网精度要求施测，全线(段)一次布网，统一测量，整体平差。

CPI 控制网应以 CP0 为基准，按表 17-1 的要求沿线路走向布设，控制点宜设在距线路中心 50～1000m 范围内、不易被施工破坏、稳定可靠、便于测量的地方。点位布设宜兼顾桥梁、隧道及其他大型构(建)筑物布设施工控制网的要求，并按规定埋设标石，现场填写点位说明，丈量标石至明显地物的距离，绘制点位示意图，按表 17-3 的要求做好点之记。

控制点点之记　　表17-3

×××点之记

工程名称　　　　第　页　共　页

点名		等级			
详细位置图		标石断面图			
点位详细说明		(点位近视图片)			
交通路线					
所在地		(点位远景、远视图片)			
标石类型		概略坐标			
标石质料		B		L	
选点单位		埋石单位		观测单位	
选点者		埋石者		观测者	
选点日期		埋石日期		观测日期	
备注					

(2)建立高程控制网

在初测阶段,有条件的测区可一次布设二等水准测量精度的高程控制网。如果不具备二等水准测量条件,可分两阶段施测:勘测阶段按四等水准测量精度建立高程控制网,在线下工程施工前,全线应建立线路水准基点。线路水准基点应沿线路布设成附合路线或闭合环,每2km布设一个水准基点,重点工程(大桥、长隧道及特殊路基结构)地段应根据实际情况增设水准基点。点位距线路中线50～300m为宜。水准基点可与平面控制点共用,也可单独设置。

高程控制测量应与高一等级及以上的国家水准点联测。四等水准测量一般每30km联测一次,困难条件下不应大于80km;二等水准测量一般每150km联测一次,困难条件下不应大于400km,并形成附合水准路线。

无砟轨道高程控制网采用两阶段施测的前提条件是:线下工程施工完成后,应根据二等水准贯通测量的结果,允许对线路纵断面进行调整,否则应在勘测阶段或在线下工程施工前布设二等水准高程控制网。

3)定测

定测阶段测量的工作内容包括CPII控制网测量、线路定线测量、路基断面测量、桥涵定测、隧道定测、站场定测和现场交桩。这里只介绍CPII控制网测量、线路定线测量和现场交桩三项内容。

(1)CPII控制网测量

CPII控制网测量是定测阶段最主要的一项控制测量工作,此时线路方案已定,为建立线路平面控制网(CPII)创造了条件。

CPII控制网应按表17-1的要求沿线路布设,并附合于CPI控制网上。CPII控制网测量是在CPI网的基础上采用四等导线测量或C级GPS测量方法施测。CPII控制点宜选在距线路中线50~200m范围内、稳定可靠、便于测量的地方,并按规定埋设标石,现场填写点位说明,丈量标石至明显地物的距离,绘制点位示意图,按表17-3要求做好点之记。

在线路勘测设计起、终点及不同测量单位衔接地段,应联测2个及以上CPII控制点作为共用点,并在测量成果中反映出相互关系。

CPII控制网测量的具体方法和技术要求应符合有关规定。

(2)线路定线测量

线路定线测量的目的是确定线路的空间位置,并将线路中线按设计位置进行实地测设。当控制点密度不能满足中线测量需要时,平面应按五等GPS或一级导线加密,导线长度应不大于5km;高程按五等水准测量精度要求加密。中线测量应符合下列规定:

①线路中线桩可根据CPI或CPII控制点采用全站仪极坐标法或GPS RTK法测设并钉设桩位,测定高程。采用全站仪极坐标法测设中线,宜使用标称精度不低于2″、2mm+2ppm的全站仪,置镜于CPI或CPII控制点上直接观测定点,困难情况下不能通视时,应从CPI或CPII控制点发展附合导线或从CPI、CPII控制点上转一站(转点要返测)置镜测设。采用GPS RTK测设中线,基准站应设置于CPI、CPII控制点上,基准站间距以3~5km为宜。

②新建铁路应注明与既有铁路接轨站的里程关系。

③中线上应钉设公里桩和加桩。直线上中桩间距不宜大于50m;曲线上中桩间距不宜大于20m,如地形平坦时中桩间距可为40m。在地形变化处或设计需要时,应设加桩。新建双线铁路在左右线并行时,应以左线钉设桩橛,并标注贯通里程。在绕行地段,两线应分别钉桩,并分别标注左右线里程。

(3)现场交桩

施工前,由建设单位组织,设计单位应向施工单位提交控制测量成果资料和现场桩橛,并履行交接手续,监理单位应按有关规定参加交接工作。现场交桩是无砟轨道铁路工程测量的重要环节,施工单位以此作为平面和高程控制基准开展施工测量工作。现场交桩也是实现无砟轨道铁路工程测量"三网"合一的一个重要环节。控制网交桩成果资料应包括以下内容:

①CP0、CPI、CPII控制点成果及点之记;

②CPI、CPII测量平差计算资料;

③线路水准基点成果及点之记;

④水准测量平差计算资料;

⑤测量技术报告(含平面、高程控制网联测示意图);

⑥CP0、CPI、CPII控制桩和线路水准基点桩。

17.2.2 施工阶段

1)线下工程施工测量

线下工程施工测量的内容,包括施工控制网复测、施工控制网加密测量、线路施工测量、路基施工测量、桥涵施工测量和隧道施工测量,分述如下。

(1)施工控制网复测

复测采用的方法、使用的仪器和精度应符合相应等级规定。当复测结果与设计单位提供的勘测结果不符时,必须再进行复测。复测结果应符合线路平面控制网(CPII)和水准点复测限差要求。

(2)施工控制网加密测量

当CPI、CPII控制点的密度和位置无法满足施工要求时,在线下工程施工前,应进行平面控制网加密。加密测量可根据施工要求采用同级扩展或向下一级发展的方法。加密前,应根据现场情况制定施工控制网加密测量技术设计书。施工控制网加密测量可采用导线或GPS测量方法施测。施工控制网加密必须就近附合到CPI或CPII控制点,采用固定数据约束平差。施工控制网加密完成后,应提交下列成果资料:

①测量技术设计书;

②加密测量成果(含点之记);

③外业测量观测数据资料;

④平差计算资料;

⑤加密测量技术报告。

(3)线路施工测量

线路施工测量是将线路中线按设计位置进行实地测设。在地面上放出中线上的直线控制点、曲线交点或副交点,直缓、缓圆、曲中、圆缓、缓直等桩橛及中线加桩,并在施工前设置护桩。

中线测量应在定测平面控制网和线路水准基点或四等高程控制网基础上进行。测量的方法和要求与线路定线测量相同。

(4)路基施工测量

路基施工测量包括路基横断面施工放样测量、地基加固工程施工放样测量、桩板结构路基施工放样测量。路基横断面施工放样测量和地基加固工程施工放样测量可在恢复线路中线的基础上采用横断面法、极坐标法或GPS-RTK施测。

地基加固工程中各类群桩基础的桩位应根据设计要求在已测设的地基加固范围内布置,一般采用横断面法测设。为有效控制地基不均匀沉降,要求相邻桩位距离限差不大于50mm。

桩板结构路基是一种特殊的路基结构,由下部钢筋混凝土桩基、上部钢筋混凝土承载板与地基共同组成,钢筋混凝土承载板直接与轨道结构相连。桩板结构路基平面控制测量可采用GPS测量、导线测量,要求桩位及承载板平面控制点的线路纵、横向中误差不大于10mm;高程控制测量采用水准测量,桩顶及承载板高程控制点的高程中误差不大于2.5mm。

(5)桥涵施工测量

桥涵施工测量应在平面控制网(CPI、CPII)和线路水准基点的基础上进行。当平面控制网尚未建立或有其他特殊需要时，应按要求先建立桥涵测量控制网。复杂特大桥应建立独立的施工测量平面、高程控制网。

桥梁施工平面控制网可结合桥梁长度、平面线形和地形环境等条件选用GPS、三角形网、导线方法及其组合法测量。高程控制网应采用水准测量方法测量，条件困难的山区可采用精密光电测距三角高程测量方法。

(6)隧道施工测量

隧道施工测量应结合隧道长度、平面形状、辅助坑道位置以及线路通过地区的地形和环境条件等，采用GPS测量、导线测量、三角形网测量及其综合测量方法。高程控制测量可采用水准测量、光电测距三角高程测量。

2)线下工程竣工测量

线下工程施工完毕后，应进行线路竣工测量。竣工测量的主要内容有线路中线贯通测量、路基竣工测量、桥涵竣工测量以及隧道竣工测量。其目的：一是对线下工程施工做出评价，二是为无砟轨道铺设做好准备。

下面仅就线路中线贯通测量简介如下：

线下工程竣工测量前，应沿线路进行全线(段)二等水准贯通测量，以二等水准点和CPII控制点为基准进行线路中线测量和高程测量，并贯通全线的里程和高程。

线路中线加桩设置，应满足编制竣工文件的需要。中线上应钉设公里桩和加桩，并宜钉设百米桩。直线上中桩间距不宜大于50m，曲线上中桩间距宜为20m。在曲线起终点、变坡点、竖曲线起终点、立交道中心、桥涵中心、大中桥台前及台尾、每跨梁的端部、隧道进出口、隧道内断面变化处、车站中心、道岔中心、支挡工程的起终点和中间变化点等处均应设置加桩。线路中线加桩应利用CPII控制点测设，桩位限差应满足纵向$S/20000+0.005$(S为转点至桩位的距离，以m计)、横向±10mm的要求。线路中线加桩高程应利用二等水准基点作为起闭点进行测量，中桩高程限差为±10mm。

3)无砟轨道铺设阶段施工测量

轨道施工前应对线下工程竣工测量成果进行评估，检查线路平、纵断面是否满足轨道铺设条件。必要时，应对线路平、纵断面进行调整以满足铺轨要求。

轨道工程施工前应按规范要求建立轨道控制网(CPIII)。高速铁路(客运专线)轨道铺设阶段的施工应以轨道控制网CPIII为基准，进行轨道施工测量。主要的测量工作有加密基桩测量、轨道安装测量、道岔安装测量、轨道衔接测量及线路整理测量。分述如下：

(1)建立轨道控制网(CPIII)

轨道控制网(CPIII)主要为铺设无砟轨道和运营维护提供控制基准，其布网和测量方法应根据无砟轨道的结构形式及施工工艺确定。

①轨道控制网(CPIII)平面测量。CPIII网平面测量应在线下工程竣工，通过沉降变形评估后施测。测量前应对全线的CPI、CPII控制网进行复测，并采用复测后合格的CPI、CPII成果

进行 CPIII 控制网测设。

轨道控制网（CPIII）的平面控制网宜采用如图 17-6 所示的构网形式。平面观测测站间距应为 120m 左右，每个 CPIII 控制点应有三个方向交会。

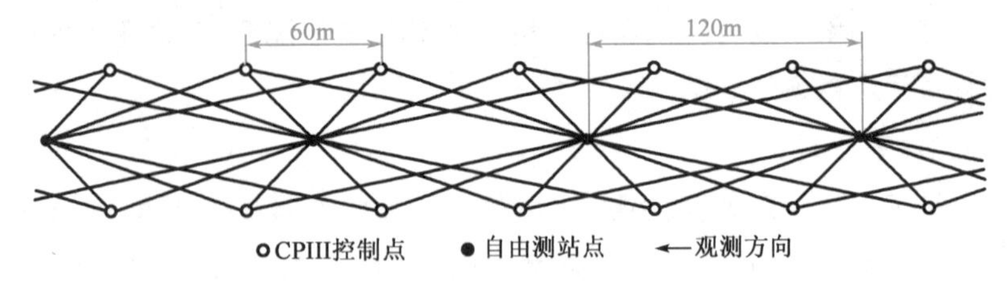

图 17-6 测站间距为 120m 的 CPIII 平面网观测网形示意图

因遇施工干扰或观测条件稍差时，CPIII 平面控制网可采用如图 17-7 所示的构网形式，平面观测测站间距应为 60m 左右，每个 CPIII 控制点应有四个方向交会。

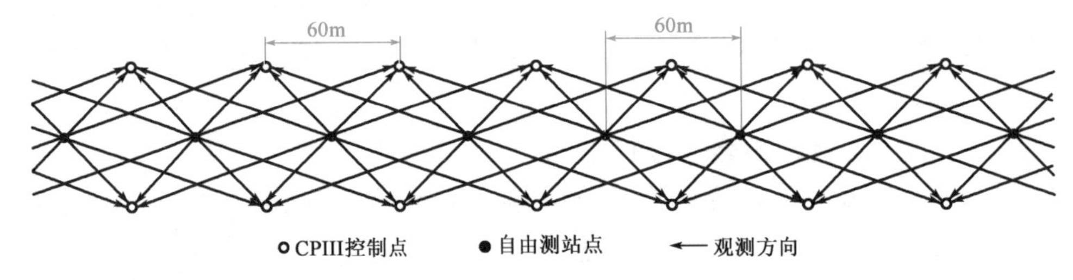

图 17-7 测站间距为 60m 的 CPIII 平面网观测网形示意图

CPIII 平面网与上一级 CPI、CPII 控制点联测可以通过自由测站置镜观测 CPI、CPII 控制点，或采用在 CPI、CPII 控制点置镜观测 CPIII 点。

当采用在自由设站置镜观测 CPI、CPII 控制点时，应在 2 个或以上连续的自由测站上观测 CPI、CPII 控制点。其观测图形如图 17-8 所示。

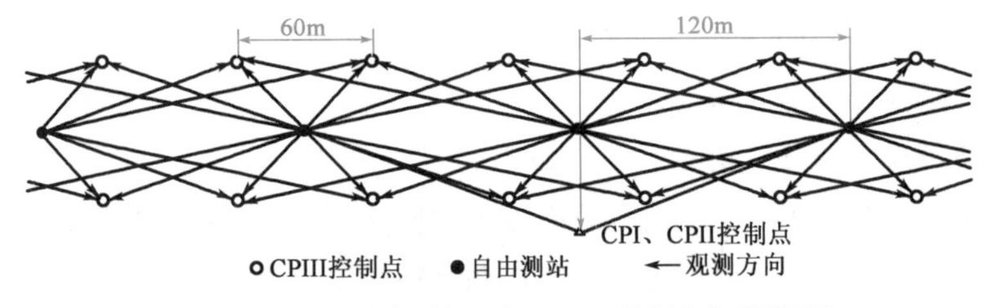

图 17-8 在自由测站置镜观测 CPI、CPII 控制点的观测网图

当采用在 CPI、CPII 控制点置镜观测 CPIII 点时，应在 CPI、CPII 控制点置镜观测三个以上 CPIII 控制点。其观测图形如图 17-9 所示。

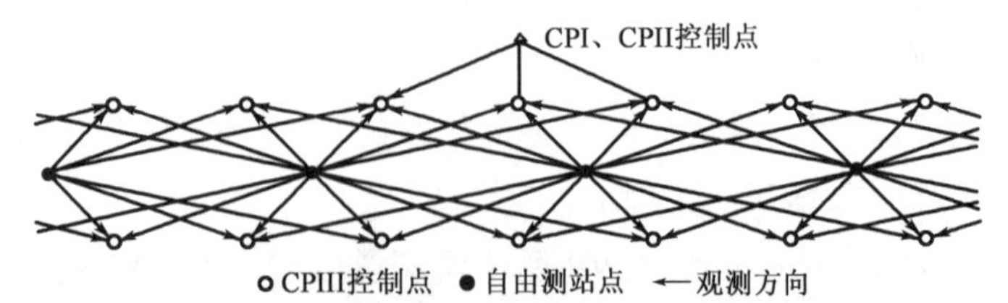

图 17-9 在 CPI、CPII 控制点置镜观测 CPIII 点的观测网图

应采用强制对中标志的方法将 CPIII 控制点埋设在接触网杆基础、桥梁固定支座端的防撞墙、隧道边墙或排水沟上。有条件时，宜埋设混凝土强制对中标志。CPIII 控制点号和自由测站的编号应唯一，便于查找。其点号标志如图 17-10 所示，编号原则如下：CPIII 点按照公里数递增进行编号，其编号反映里程数。CPIII 点以数字为数字代码，所有处于线路里程增大方向轨道左侧的标记点编为奇数，处于线路里程增大方向轨道右侧的标记点编为偶数，在有长短链地段应注意编号不能重复。具体编号原则实例见表 17-4。

图 17-10　CPIII 控制点编号

CPIII 点编号原则　　表 17-4

点编号	含义	数字代码	在里程内点的位置
231323	表示线路里程 DK231 范围内线路里程增大方向左侧的 CPIII 第 23 号点，“3”代表“CPIII”	231323	（轨道左侧）奇数 1、3、5、7、9、11 等
231324	表示线路里程 DK231 范围内线路里程增大方向右侧的 CPIII 第 24 号点，“3”代表“CPIII”	231324	（轨道右侧）偶数 2、4、6、8、10、12 等

②轨道控制网(CPIII)高程测量。CPIII 网高程测量按精密水准测量要求施测，并起闭于二等水准基点。水准路线附合长度不得大于 3km。

CPIII 控制点高程的水准测量宜采如图 17-11 所示的水准路线形式。测量时，左边第一个闭合环的四个高差应该由两个测站完成，其他闭合环的三个高差可由一个测站按照后—前—前—后或前—后—后—前的顺序进行单程观测。单程观测所形成的闭合环如图 17-12 所示。

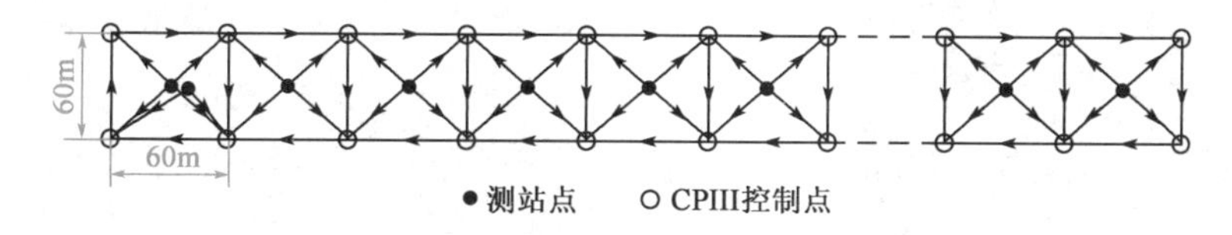

图 17-11　矩形法 CPIII 水准测量原理示意图

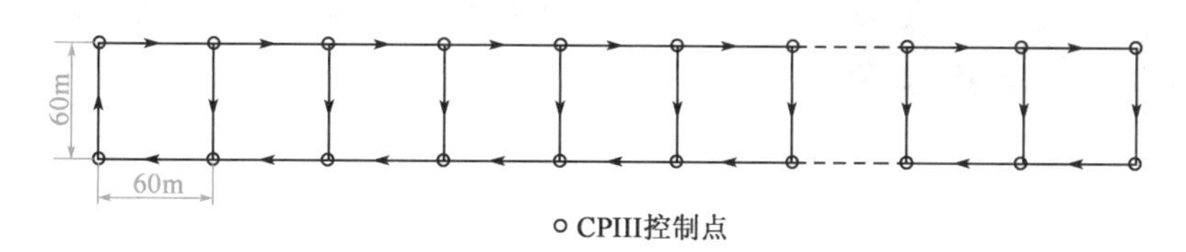

图 17-12　矩形法 CPIII 水准网单程观测形成的闭合环示意图

(2)加密基标测量

无砟轨道安装之前，应依据 CPIII 网进行基桩加密。加密基标测量应依据 CPIII 控制点，平面可采用全站仪自由设站极坐标法或光学准直法，高程应采用几何水准测量方法，逐一测定加密基桩的位置和高程,并标定点位。加密基标应根据轨道类型和施工工艺要求进行设置,并应埋置永久性桩位。其测设应符合如下规定:

①CRTSI 型板式无砟轨道加密基标应设于凸形挡台中心,如图 17-13 所示。

图 17-13　凸形挡台中心设置加密基标

②CRTSII 型板式无砟轨道加密基标(基准点)应设于混凝土底座或支承层上,位于轨道板横接缝的中央、相应里程中心点的法线上,偏离轨道中线 0.10m。曲线地段应置于轨道中线内侧,直线地段应置于线路中线同侧。

③CRTSI 型双块式无砟轨道是利用 CPIII 控制网采用全站仪自由设站直接对轨排进行粗调和精调,将轨排浇筑在混凝土底座及支承层上,不需要测设加密基标。

④CRTSII 型双块式无砟轨道加密基标(支脚)应设于混凝土底座或支承层上,位于轨道两侧,纵向和横向间距应分别为 3.27m 和 3.20m,特殊地段可适当调整纵向间距,但最大调整量不应超过 15mm,轨排通过支脚点定位后将轨枕嵌入道床板混凝土中,如图 17-14 所示。

图 17-14　利用加密基标(支脚)进行轨排定位

(3)无砟轨道安装测量

无砟轨道类型不同,所测设的内容也有所不同,其基本工作有底座施工测量、支承层施工测量及轨排或轨道板安装测量。

①无砟轨道混凝土底座及支承层测设。混凝土底座测设目的是利用控制基桩放样控制模板的安装位置,平面放样应依据 CPIII 网,采用全站仪自由设站极坐标法测设。自由设站点的

精度三维坐标 X、Y、H 均不大于 2mm，定向精度不大于 3″。高程测量可采用全站仪自由设站三角高程或几何水准施测。

混凝土支承层施工测量应以 CPIII 控制点为依据，进行模板或基准线桩位放样。基准线桩纵向间距不应大于 10m，平、竖曲线地段应根据曲线半径大小加密布置，最小值为 2.5m。

混凝土底座及支承层模板或基准线桩放样应满足表 17-5 的精度要求。

混凝土底座及支承层放样精度要求　　表 17-5

<table>
<tr><th colspan="3">轨道类型</th><th>横向定位允许偏差（mm）</th><th>纵向定位允许偏差（mm）</th><th>高程定位允许偏差（mm）</th></tr>
<tr><td rowspan="2">CRTSI 型板式无砟轨道</td><td colspan="2">混凝土底座</td><td>±2</td><td>±5</td><td>0，-5</td></tr>
<tr><td colspan="2">凸形挡台</td><td>±2</td><td>±2</td><td>+4，0</td></tr>
<tr><td rowspan="2">CRTSII 型板式无砟轨道</td><td colspan="2">支承层</td><td>±10</td><td>—</td><td>±3</td></tr>
<tr><td colspan="2">桥上底座</td><td>±5</td><td>±5</td><td>±3</td></tr>
<tr><td rowspan="3">CRTSI 型、CRTSII 型双块式无砟轨道</td><td colspan="2">支承层</td><td>±10</td><td>—</td><td>+2，-5</td></tr>
<tr><td rowspan="2">桥上底座</td><td>底座</td><td>±2</td><td>±5</td><td>±5</td></tr>
<tr><td>凹槽</td><td>±3</td><td>±3</td><td>±3</td></tr>
<tr><td rowspan="3">道岔</td><td colspan="2">枕式道岔底座</td><td>±2</td><td>±5</td><td>±5</td></tr>
<tr><td rowspan="2">板式道岔</td><td>找平层</td><td>±5</td><td>—</td><td>±20</td></tr>
<tr><td>底座</td><td>±2</td><td>±2</td><td>±5</td></tr>
</table>

②轨道安装测量。轨道安装测量主要是控制轨道板（轨排）的安装定位，分为粗调和精调测量。粗调测量以加密基桩为调整基准点，控制轨道中线放样误差和钢轨顶面高程放样误差；精调测量应在长钢轨应力放散并锁定后，以控制基桩或加密基桩为调整基准点，采用全站仪自由设站方式配合轨道几何状态测量仪进行。每一测站最大测量距离不应大于 80m。轨道几何状态测量仪测量步长：无砟轨道宜为 1 个扣件间距，有砟轨道不宜大于 2m。更换测站后，应重复测量上一测站测量的最后 6～10 根轨枕（承轨台）。长轨精调基本方法如下：

a. 轨道精调基本原则：先轨向，后轨距；先高低，后水平。

b. 钢轨精调作业的基准轨：曲线地段以外轨为准，直线地段同前方曲线的基准轨。

c. 钢轨精调时，宜先调基准轨的轨向和另一轨的高低，再调两轨的轨距和水平。

d. 调整轨距时，固定基准股钢轨，调整另一股钢轨，轨距应符合标准要求。

e. 调整水平时，固定经高低调整的钢轨，调整另一股钢轨高低，校核水平精度，达到标准要求。

轨道精调测量前应将线路平面、纵断面设计参数和曲线超高值等数据录入轨道几何状态测量仪，并复核无误。此外，还要按规范要求对 CPIII 控制点进行复测，复测结果在限差以内时采用原测成果，超限时应检查原因，确认原测成果有错时，应采用复测成果。测量内容包括线路中线位置、轨面高程、测点里程及轨距、水平、高低、扭曲。完成精调后，轨道静态平顺性应符合表 17-6 的规定。

高速铁路轨道静态平顺度允许偏差

表 17-6

序号	项　目	无砟轨道		有砟轨道	
		允许偏差	检测方法	允许偏差	检测方法
1	轨距	±2mm	相对于1435mm	±2mm	相对于1435mm
		1/1500	变化率	1/1500	变化率
2	轨向	2mm	弦长10m	2mm	弦长10m
		2mm/ 8a（m）	基线长48a(m)	2mm/5m	基线长30m
		10/240a(m)	基线长480a(m)	10mm/150m	基线长300m
3	高低	2mm	弦长10m	2mm	弦长10m
		2mm/ 8a(m)	基线长48a(m)	2mm/5m	基线长30m
		10/240a(m)	基线长480a(m)	10mm/150m	基线长300m
4	水平	2mm	—	2mm	—
5	扭曲(基长3m)	2mm	—	2mm	—
6	与设计高程偏差	10mm	—	10mm	—
7	与设计中线偏差	10mm	—	10mm	—

注:1. 表中 a 为轨枕/扣件间距。

2. 站台处的轨面高程不应低于设计值。

现将各种类型的无砟轨道安装测量方法分述如下:

CRTSI 型轨道板安装定位(精调)可采用速调标架法或基准器法进行。采用速调标架法测量时,全站仪自由设站应满足规范规定。每一测站精调的轨道板不应多于5块,换站后应对上一测站的最后一块轨道板进行检测。速调标架法的测量标架主要有以下两种类型:

①螺栓孔测量标架:是以轨道板螺栓孔作为定位基准,上部放置测量反射棱镜,并装配倾斜传感器的标架。螺栓孔测量标架放置在单元板承轨台第二和倒数第二个位置进行测量定位,靠近单元板的起吊螺栓孔位置。测量软件可根据单元板的板长和板间距自动布设和施测螺栓孔测量标架上安装的棱镜,如图17-15所示。

图17-15　速调标架法(螺栓孔测量标架)

②T形标架:采用基准器精调轨道板时,是以基准器精调数据及基准器中心位置为基准,用三角规控制轨道板扣件安装中心线。采用专用油压千斤顶、支撑螺栓、螺纹丝杆顶托等,调

整轨道板的高低、方向,实现轨道板纵向、横向及竖向的调整,如图 17-16 所示。

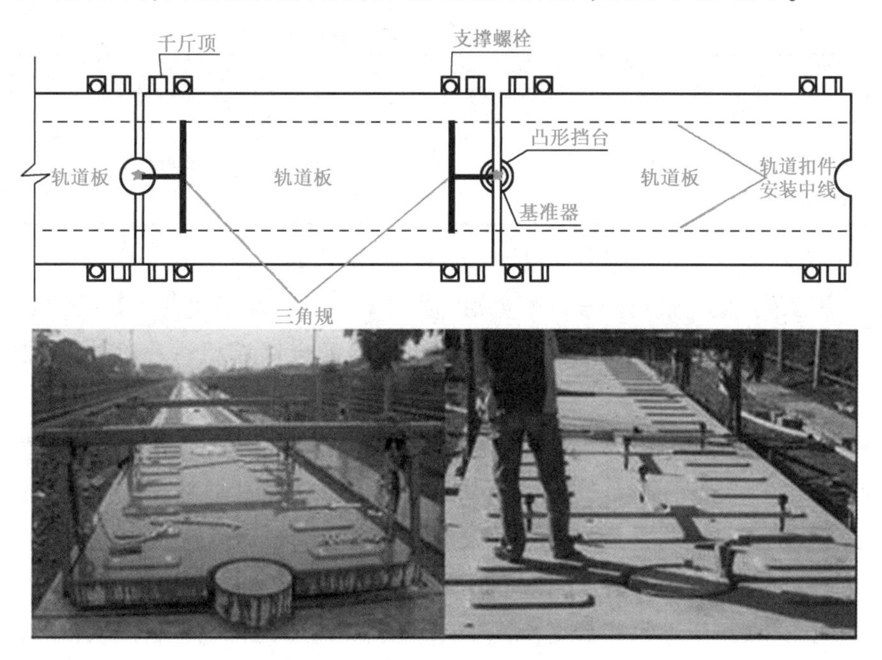

图 17-16　基准器法(三角规使用示例)

CRTSII 型轨道板安装定位测量应依据加密基标配合轨道精调系统进行。具体要求和测量方法如下:

每一测量组应配备专用全站仪和专用控制电脑各 1 台,精调标架 4 根,数据显示器 8 个,倾斜传感器 2 个,电缆线多根。安置全站仪于基准点,3 根精调标架分别安置在待调板的前、中、后承轨槽内,另 1 根安置在相邻已调整轨道板的最后 1 根承轨槽内。将全站仪、数字显示器通过电缆与专用控制电脑相连。精调支架应安置在混凝土承轨台面支点上,并通过固紧调节装置单侧与支点面相触,由此建立与精调标架支点间的几何关系。利用轨道基准点对全站仪进行程控设站,通过已精调好的轨道板上的精调支架进行定向,用另一基准点进行检查。运行专用配套软件,控制全站仪自动测量各精调标架两端反射器的距离及角度,计算所测反射器的平面及高程值,测量结果与设计值比较得到测点的调整值,调整值通过数字显示器告知作业人员,作业人员根据显示值进行板的平面和高程调整。重复上述工作,直到支点平面精度达到要求为止。其调整过程如图 17-17 所示。

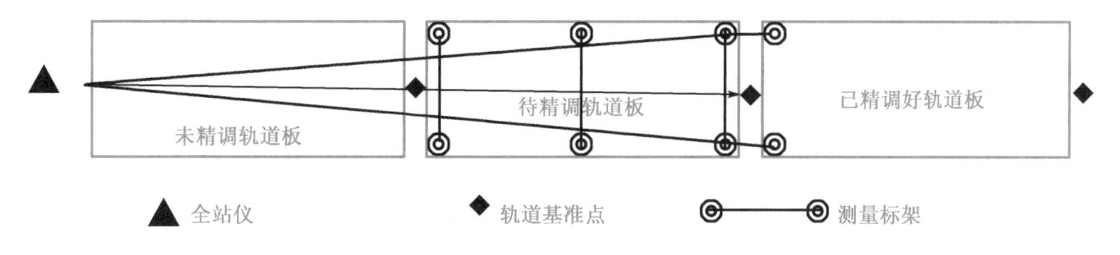

图 17-17　CRTSII 型轨道板调整过程示意图

轨道板精调后的限差应满足表 17-7 的要求。

轨道板精调后的允许偏差　　表 17-7

项　目	允许偏差(mm)	项　目	允许偏差(mm)
板内各支点实测与设计值的横向偏差	0.3	相邻轨道板间横向偏差	0.4
板内各支点实测与设计值的竖向偏差	0.3	相邻轨道板间竖向偏差	0.4
轨道板竖向弯曲	0.5		

CRTSI 型双块式无砟轨道安装测量(粗调、精调)方法如下:

轨排粗调宜采用全站仪自由设站配合粗调机或轨道几何状态测量仪进行,也可采用全站仪自由设站配合水准仪进行。采用全站仪自由设站配合粗调机进行轨排粗调如图 17-18 所示。

轨排精调应采用全站仪自由设站配合轨道几何状态测量仪进行,具体操作方法如下:

先依据 CPIII 网完成全站仪自由设站,轨道几何状态测量仪应按由远及近靠近全站仪的方向进行测量。将其停在当前设站区间的最后一对螺杆调节器位置,其偏差尽可能调整到 0 并采集数据。下一站开始测量前,不移动轨道几何状态测量仪,检测上一站最后一个点处的偏差值,如果小于 2mm 则再次采集数据,轨道几何状态测量仪会将偏差存入软件并自动开始交叠补偿。对没有补偿功能的轨道几何状态测量仪可人工按 1mm/10m 补偿量进行换算调整。偏差大于 2mm,则需要重新设站。精调过程如图 17-19 所示。

图 17-18　采用全站仪配合粗调机进行轨排粗调

图 17-19　全站仪配合轨道几何状态测量仪进行轨排精调

CRTSII 型双块式无砟轨道的安装方法及测量要求如下:

应依据 CPIII 网,采用全站仪自由设站的方法测设道床板模板轴线,每一设站放样距离不应大于 90m。道床模板定位允许偏差:平面 2mm,高程 5mm。轨排安装应利用精调完成后的支脚(加密基标)进行定位,道床板混凝土浇筑前应检测支脚点三维坐标。实测与设计三维坐标(X,Y,H)较差均不应大于 1mm。全站仪在支脚上设站精调观测如图 17-20 所示。

轨排安装允许偏差要求:相邻轨枕框架首根承轨槽(台)横向偏差≤3mm,轨枕框架内相邻承轨槽(台)横向偏差≤1mm,相邻承轨槽(台)高差偏差≤0.5mm。

(4)道岔安装测量

道岔安装测量的主要任务是测设中线控制点、道岔粗调测量和精调测量，具体测量步骤如下：

①测设中线控制点。道岔铺设前，应以 CPIII 控制点为依据，在混凝土底座或支承层及板式道岔的找平层上于岔心、岔前、岔后、岔前 100m 和岔后 100m 采用全站仪自由设站按坐标测设或光学准直法分别测设道岔控制基标和加密基标。根据道岔控制基标施测岔前、岔心、岔后点位中线控制点。

②道岔粗调测量。道岔粗调测量应以加密基标为准，也可采用全站仪自由设站配合轨道几何状态测量仪进行。全站仪自由设站应满足规范规定，每个测站最大测量距离不应大于 80m。道岔平面位置及高程粗调偏差均不应大于 ±5mm。

③道岔精调测量。道岔精调的基本原则是先直股、后曲股。枕式道岔精调测量可采用全站仪自由设站配合轨道几何状态测量仪进行。首先将道岔及前后各 300m 范围内的 CPIII 网测量成果及道岔轨道线形数据输入轨道几何状态测量仪系统软件，全站仪架设在线路中线上，后视线路两侧 8 个 CPIII 控制点进行自由设站，观测轨检车上的棱镜，全站仪将测量数据传递给轨道几何状态测量仪，轨道几何状态测量仪通过自身携带的传感器对轨道的超高、轨距进行测量，使用软件将所有测量数据进行处理，实时形成每个测量点的绝对坐标（竖向、横向）、轨距、方向、高低与设计数据对照，并通过不同的界面予以显示或输出打印，测量过程如图 17-21 所示。

图 17-20　全站仪在支脚上设站精调观测

图 17-21　全站仪自由设站配合轨道几何状态测量仪进行道岔精调

（5）轨道衔接测量

区间无砟轨道施工宜采取单一作业面。当采用多个作业面施工时，应做好各施工作业面的衔接测量。衔接测量的主要内容是设置贯通作业面，并在贯通作业面上设置共用中线及高程控制点（在距贯通作业面不小于 200m 范围内），作为两作业面施工测量的共用控制桩。

（6）线路整理测量

线路整理测量前应对 CPIII 控制点进行复测。需要设置临时铺轨基桩时，应以 CPIII 控制点为基准测设线路中线。钢轨调整宜采用轨检小车测量，也可采用全站仪 + 水准仪测量。线路中线整理测量完成后，应编制线路、道岔调整后的坐标、高程成果表。测量过程如图 17-22 所示。

图 17-22　线路整理测量

4）轨道铺设竣工测量

竣工阶段应建立维护基桩。竣工测量之前，应进行维护基桩测量。维护基桩应根据维修检测方式布设，利用已设置的基桩作为维护基桩时，应对其进行复测。需要增设中线维护基桩时，应检测 CPIII 控制点，并根据 CPIII 控制点进行线路中线和维护基桩测量。维护基桩复测和增设的测量精度应不低于相应轨道结构加密基桩的精度要求，且满足线路维护要求。

竣工测量应包括控制网竣工测量、轨道竣工测量、线下工程建筑及线路设备竣工测量、竣工地形图及铁路用地界测量。其中，轨道竣工测量包括轨道几何状态测量、线路里程贯通测量、线路平面和纵断面竣工测量及线路横断面竣工测量。现将轨道竣工测量的有关要求简介如下：

（1）轨道几何状态测量：应利用竣工测量的 CPIII 控制点成果，采用全站仪自由设站配合轨道几何状态测量仪，按规范规定进行测量。

（2）里程贯通测量：

①根据线路中线测量数据，贯通全线里程，消除断链。左右线并行地段应以左线贯通里程，绕行地段左右线分别计算里程。

②根据贯通里程测设公里标和百米标，并测量曲线五大桩位、变坡点、竖曲线起终点、立交桥中心、涵洞中心、桥梁台前、台尾及桥梁中心、隧道进出口、隧道内断面变化处、车站中心、道

岔中心和支挡工程起终点里程。

③里程测量宜采用线路中心坐标进行里程贯通计算。

(3)线路平面和纵断面竣工测量：应利用轨道几何状态测量仪测量的线路中线位置、轨面高程等数据，进行线路平面曲线要素和纵断面坡度计算。

(4)线路横断面竣工测量：包括路基、桥梁和隧道测量，技术要求执行有关规范规定。

竣工测量完成后，应提交成果资料。

17.2.3　运营维护阶段

高速铁路(客运专线)应在施工阶段建立变形观测网。施工和运营期间，应根据设计文件要求对高速铁路(客运专线)及其附属建筑物进行变形测量。

变形测量的内容包括路基、涵洞、桥梁、隧道、车站、道路两侧高边坡及滑坡地段的垂直位移监测和水平位移监测。

每周期变形观测时，宜按下列规定执行：

(1)采用相同的图形或观测路线和观测方法；

(2)使用同一仪器和设备；

(3)固定观测人员；

(4)固定基准点和工作基点；

(5)在基本相同的环境和观测条件下工作。

单元小结

本单元以无砟轨道结构为主，有详有略地介绍了高速铁路(客运专线)测量的新技术、新方法，并与传统的普通铁路测量技术进行比较。为便于读者理解，对测量中涉及的专业术语加以注释，并采用大量图片以增加读者的感性认识。重点是高速铁路(客运专线)无砟轨道铺设阶段的施工测量，难点为各种类型无砟轨道的安装测量(粗调和精调测量)。

【知识拓展】

术语释义：

高速铁路：是指通过改造原有线路，使营运速度达到200km/h以上，或者专门修建新的“高速新线”，使营运速度达到250km/h以上的铁路系统。广义的高速铁路包含使用磁悬浮技术的高速轨道运输系统。

客运专线：是指营运速度达到250km/h以上客货分线运输的铁路系统。

无砟轨道：是指以混凝土或沥青混合料等取代散粒体道砟道床而组成的轨道结构形式。

CP0：为框架控制网，是采用卫星定位测量方法建立的三维控制网，作为全线(段)的坐标起算基准。

CPI：为基础平面控制网。在框架控制网(CP0)的基础上，沿线路走向布设，按GPS静态相对定位原理建立，为线路平面控制网(CPII)提供起闭的基准。

CPII：为线路平面控制网。在基础平面控制网(CPI)上沿线路附近布设，为勘测、施工阶段的线路平面测量和轨道控制网(CPIII)测量提供平面起闭的基准。

CPIII:为轨道控制网。沿线路布设的平面、高程控制网,平面起闭于基础平面控制网(CPI)或线路平面控制网(CPII),高程起闭于线路水准基点,一般在线下工程施工完成后进行施测,为轨道铺设和运营维护的基准。

加密基标:在轨道控制网(CPIII)基础上加密的轨道控制点,为轨道铺设所建立的基准点,一般沿线路中线布设。

维护基标:在轨道控制网(CPIII)基础上测设,为无砟轨道养护维修时所需的永久性基准点,应根据运营养护维修方法确定其设置位置。

1. 高铁测量新设备

为满足修建高速铁路(客运专线)需要,近年来我国自主研制了轨检小车、精调框、轨道板精调标架、平顺仪和徕卡、天宝高精度全站仪及双频 GPS 接收机等高铁专用测量设备。高精度移动测绘车,以及隧道形变监测系统、卫星沉降观测系统、高铁过程化控制智能压实系统、工程机械控制系统、土石方施工管理系统、工程资料管理系统、动态遥感监测系统等最新高铁测量施工管理成果,带来了高铁建设的新理念、新方法。

2. 我国高速铁路(客运专线)发展现状

截至 2010 年年初,我国高速铁路(客运专线)在建规模达 1 万多公里。再过两年,将有 1.3 万公里客运专线及城际铁路投入运营,基本建成"四纵四横"的全国快速客运网,完成长三角、珠三角、环渤海地区及其他城市密集地区的城际铁路系统建设,并将形成以北京为中心,到绝大部分省会城市 1~8h 的交通圈,上海、郑州、武汉等中心城市与周边城市 0.5~1h 的交通圈。这一快速客运网连接所有省会及 50 万以上人口的大城市,覆盖全国 90% 以上人口,大大缩短城市间的时空距离。届时,我国将超越日本和德国等高铁起步较早的国家,成为全球高铁运营里程最长的国家。

到 2015 年,全国铁路营业里程将由现在的 9.1 万公里增加到 12 万公里左右,其中快速铁路 4.5 万公里左右,西部地区铁路 5 万公里左右,复线率和电化率将分别达到 50% 和 60% 以上。

思考与练习题

17-1 何谓高速铁路和客运专线?

17-2 简述 CP0、CPI、CPII、CPIII 的含义。

17-3 高速铁路(客运专线)测量有何技术特点?

17-4 线下工程竣工测量的工作内容有哪些?

17-5 CPIII 控制点的编号原则有何规定?

17-6 长轨精调的基本方法有哪些?

17-7 如何对 CRTSI 型轨道板进行安装定位(精调)?

17-8 轨道铺设竣工测量的工作内容有哪些?

参考文献

[1] 王兆祥.铁道工程测量[M].北京:中国铁道出版社,2002.

[2] 全志强.铁路测量[M].北京:中国铁道出版社,2008.

[3] 中国有色金属工业协会.工程测量规范(附条文说明):GB 50026—2007[S].北京:中国计划出版社,2008.

[4] 徐绍铨.GPS测量原理及应用[M].武汉:武汉大学出版社,2008

[5] 纪勇.数字测图技术应用教程[M].郑州:黄河水利出版社,2008.

[6] 王洪章.工程测量[M].北京:人民交通出版社:2008

[7] 解宝柱,蒋伟.工程测量[M].成都:西南交通大学出版社,2009.

[8] 杨国清.控制测量学[M].郑州:黄河水利出版社,2010.

[9] 聂让,付涛.公路施工测量手册[M].北京:人民交通出版社,2008.

[10] 姜远文,唐平英.道路工程测量[M].北京:机械工业出版社,2002.

[11] 邱国屏.铁路测量[M].北京:中国铁道出版社,2007.

[12] 中铁二院工程集团有限公司.高速铁路工程测量规范:TB 10601—2009[S].北京:中国铁道出版社,2009.

[13] 古爱军.铁路轨道[M].北京:中国铁道出版社,2007.

[14] 李仕东.工程测量[M].北京:人民交通出版社,2009.

[15] 李青岳,陈永奇.工程测量学[M].北京:测绘出版社,2008.

[16] 朱颖.客运专线无砟轨道铁路工程测量技术[M].北京:中国铁道出版社,2008.

[17] 国家测绘地理信息局职业技能鉴定指导中心.测绘案例分析[M].北京:测绘出版社,2012.